材料基因工程丛书

低维形态样品组合材料芯片
高通量制备技术与示范应用

刘 茜等 编著

科学出版社

北 京

内 容 简 介

本书重点介绍薄膜、厚膜及粉体样品组合材料芯片高通量制备技术及其应用示范，内容依托国家重点研发计划项目"低维组合材料芯片高通量制备及快速筛选关键技术与装备"（2016YFB0700200），同时增加了国内外相关技术领域的研究进展、应用案例和专利分析。本书技术内容 11 章：基于物理气相沉积的薄膜组合材料芯片高通量制备技术，基于化学气相沉积的薄膜厚膜组合材料芯片高通量制备技术，基于多源喷涂/光定向电泳沉积厚膜组合材料芯片高通量制备技术，基于外场加热结合的多通道并行合成粉体组合材料芯片制备技术，以及基于多通道微反应器的微纳粉体组合材料芯片制备技术。此外，在第 12 章专门对比分析国内外高通量制备技术与装备的专利特点和专利布局，对制定我国相关技术领域的发展战略具有参考价值。

本书适合材料科学与技术领域相关高等院校、科研院所、生产企业、政府管理部门的科研人员、管理人员、政策研究人员等阅读和参考，也可作为相关专业本科生和研究生的选修课教材。

图书在版编目（CIP）数据

低维形态样品组合材料芯片高通量制备技术与示范应用 / 刘茜等编著. —北京：科学出版社，2023.9

（材料基因工程丛书）

ISBN 978-7-03-075992-4

Ⅰ. ①低… Ⅱ. ①刘… Ⅲ. ①芯片－工业生产设备－研究 Ⅳ. ①TN43

中国国家版本馆 CIP 数据核字（2023）第 123517 号

责任编辑：张淑晓 罗 娟 / 责任校对：杜子昂
责任印制：吴兆东 / 封面设计：蓝正设计

科学出版社 出版
北京东黄城根北街 16 号
邮政编码：100717
http://www.sciencep.com

中煤（北京）印务有限公司印刷
科学出版社发行 各地新华书店经销

*

2023 年 9 月第 一 版 开本：720×1000 1/16
2024 年 1 月第二次印刷 印张：30
字数：600 000

定价：198.00 元
（如有印装质量问题，我社负责调换）

作 者 简 介

　　刘　茜　中国科学院上海硅酸盐研究所研究员，博士生导师，国务院政府特殊津贴获得者。自 2000 年开始组建组合材料芯片高通量制备和表征技术研究团队并建立研发平台，应用于发光材料、红外热辐射材料、耐腐蚀合金等的成分设计及性能优选。先后完成国家 863 计划、国家自然科学基金、中国科学院创新方向性项目等科研任务，是国家重点研发计划项目"低维组合材料芯片高通量制备及快速筛选关键技术与装备"（2016YFB0700200）的负责人，与项目团队研发了一系列针对薄膜、厚膜和粉体样品的高通量制备装备原型，为快速筛选和发现新材料提供了技术支撑。目前，担任中国材料与试验团体标准材料基因组领域标准化工作技术委员会副主任委员、高通量制备技术委员会主任委员，中国稀土学会稀土催化专业委员会委员。曾任中国科学院上海硅酸盐研究所无机材料基因科学创新中心副主任、高性能陶瓷和超微结构国家重点实验室副主任。发表学术论文 200 余篇，获授权发明专利 30 余项，合著《材料科学与微观结构》（科学出版社）与《我国高耗能工业高温热工装备节能科技发展战略研究》（科学出版社）。

❚❚❚ 丛 书 序

从 2011 年香山科学会议算起,"材料基因组"在中国已经发展了十余个春秋。十多年来,材料基因组理念在促进材料、物理、化学、数学、信息、力学和计算科学等学科的深度交叉,在深度融合材料理论-高通量实验-高通量计算-数据/数据库,系统寻找材料组分-工艺-组织结构-性能的定量关系,在材料从研发到工业应用的全链条创新,在变革材料研究范式等诸多方面取得了有目共睹的成就。材料基因组工程、人工智能/机器学习和材料/力学的深度交叉和融合催生了材料/力学信息学等新兴学科的出现,为材料、物理、化学、力学等学科的发展与教育改革注入了新动力。我国教育部也设立了"材料设计科学与工程"等材料基因组本科新专业。

高通量实验、高通量计算和材料数据库是材料基因工程的三大核心技术。包含从微观、介观到宏观等多尺度的集成计算材料工程,经由高通量计算模拟进行目标材料的高效筛选,逐步发展为人工智能与计算技术相结合的智能计算材料方法。在实验手段上强调高通量的全新模式,以"扩散多元节""组合材料芯片"等技术为代表的高通量制备与快速表征系统,在材料开发和数据库建立上发挥着重要作用。通过对海量实验和计算数据的收集整理,运用材料信息学方法建立化学组分、晶体和微观组织结构以及各种物理性质、材料性能的多源异构数据库。在此基础上,发挥人工智能数据科学和材料领域知识的双驱动优势,运用机器学习和数据挖掘技术探寻材料组织结构和性能之间的关系。材料基因工程三大核心技术相辅相成,将大大提高材料的研发效率,加速材料的应用和产业化。同时,作为第四范式的数据驱动贯穿其中,在材料科学和技术中的引领作用越来越得到科学家们的普遍认可。

材料基因工程实施以来,经过诸多科技工作者的潜心研究和不懈努力,已经形成了初步的系统理论和方法体系,也涌现出诸多需要系统总结和推广的成果。为此,中国材料研究学会材料基因组分会组织本领域的一线专家学者,精心编写了本丛书。丛书将涵盖材料信息学、高通量实验制备与表征、高通量集成计算、功能和结构材料基因工程应用等多个方面。丛书旨在总结材料基因工程研究中业已形成的初步系统理论和方法体系，并将这一宝贵财富流传于世，为有志于将材料基因组理念和方法运用于材料科学研究与工程应用的学者提供一套有价值的参考资料，同时为材料科学与工程及相关专业的大学生和研究生准备一套教材。

材料基因工程还在快速发展中，本丛书只是抛砖引玉，如有不当之处，恳请同行指正，不胜感激！

"材料基因工程丛书"编委会

2022 年 8 月

序 一

材料基因工程是材料科技变革性前沿技术，旨在突破传统"试错法"瓶颈，提出材料计算-实验-数据深度交叉融合、研发全过程协同创新，加速新材料研发应用的新型理念，高通量实验方法与技术是其硬核之一。其中，高通量制备技术以比传统实验方法快百倍、千倍甚至更高的效率制备样品库，结合高通量结构与性能表征方法，可快速获得材料成分-工艺-结构-性能-服役行为的关联规律，是快速发现和筛选新材料、快速验证计算和设计结果，为材料计算和大数据分析快速积累原始数据的共性关键技术。

该书以作者等承担的首批"材料基因工程"国家重点研发计划项目"低维组合材料芯片高通量制备及快速筛选关键技术与装备"（2016YFB0700200）的成果为核心，以薄膜、厚膜和粉体形态样品组合材料芯片制备技术为主要内容，通过分析国内外技术发展现状和趋势、阐明技术原理、展示技术应用案例及效果，系统性地介绍高通量制备技术的分类、特点和实施成效。

全书由 6 篇 12 章组成，主要涉及基于物理气相沉积的薄膜组合材料芯片高通量制备技术、基于化学气相沉积的薄膜厚膜组合材料芯片高通量制备技术、基于多源喷涂/光定向电化学沉积厚膜组合材料芯片高通量制备技术、基于外场加热结合的多通道并行合成粉体组合材料芯片制备技术，以及基于多通道微反应器的微纳粉体组合材料芯片制备技术。除技术内容外，最后对比分析国内外高通量制备专利技术特点和专利布局，对制定我国相关技术领域的发展战略具有借鉴意义。

该书内容翔实，特色鲜明，是国内外材料高通量制备领域难得的一部学术著作，期待能为广大读者提供有益参考。

中国工程院院士

中国材料研究学会副理事长

国家新材料产业发展专家咨询委员会副主任

"十三五"国家材料基因工程重点专项专家组组长

2022 年 6 月 15 日

序 二

　　材料研究方法的变革可以极大地推动材料研究进程和加速材料进入应用领域，这已被历史所证实。正如该书前言所引达尔文的一句名言："最有价值的知识是关于方法的知识"，材料基因工程的提出与实施是 21 世纪以来发生的又一次重大变革，将材料研究从传统的"试错法"变革为在广泛分析材料组成元素或化合物的物理化学特性基础上，依靠快速先进的实验方法和大数据技术等应用，获得"系统寻优"的高效模式。高通量制备技术就是快速实验方法的核心之一。

　　该书为读者提供了针对薄膜、厚膜和粉体样品的各种高通量制备技术，除作者自身参与的研究工作外，还广泛引用了众多国内外的研究案例，可以让读者饱览高通量制备技术的发展过程和功效。该书更为突出的特点是，把各项高通量制备原理、技术与装备、典型应用案例相结合，贯穿各章节，充分展示各项技术的先进性和可应用性。

　　参加该书撰写的有一些是我的同事和曾经培养过的研究生，更多的是他们的年轻合作伙伴，他们都亲身参与了高通量制备技术与装备的研发，深有体会，把实践经验和见解融入书中，传递给读者，使读者可以从中学习到各种高通量制备技术的原理、要领和应用流程。

　　该书内容丰富，叙述翔实，是一本特色鲜明的书籍，可供材料专业的学者、研究生和本科生学习、参考。

中国工程院院士
中国科学院上海硅酸盐研究所研究员
2022 年 6 月 16 日

前　言

达尔文有一句名言：最有价值的知识是关于方法的知识。

材料基因工程理念和方法的提出极大地推动了材料研究从传统的"试错法"模式变革为以当代计算材料学、高效实验方法学和大数据科学等高科技手段为支撑的新模式，加速了材料研发进程。组合材料芯片高通量制备与筛选技术是材料基因工程中高效实验方法的具体体现，本书重点介绍一系列组合材料芯片高通量制备技术及示范应用，以期传播当代先进和高效的材料研究方法，令读者从中获益。

从原理上分析，高通量制备是指在限域空间下快速制备阵列排布的多样品、梯度分布的多样品和多界面结合的多样品，所制备的多样品也称为组合材料芯片或组合材料样品库（combinatorial material chip, material library or sample library），通常需要借助掩模或模具选控的方式有限分割各独立样品的制备空间，并将反应物向这些独立空间精准输运，实现各样品成分的分立变化或梯度变化或准连续变化，获得一系列可比对的有效样品，从中筛选优值。高通量制备样品的最终形态可以包括粉体、纤维、薄膜、厚膜、块材以及流体等。

高通量制备的雏形思想大体可追溯到 20 世纪 70 年代前后美国科学家 Hanak明确提出的多样品概念（multiple-sample concept）[1, 2]。他在总结前人采用共蒸发或共溅射方法制备薄膜样品研究相图的工作基础上，尝试用拼接靶材共溅射方式快速制备成分梯度变化的超导样品，使材料实验数据产出速度高于传统方法约30 倍，凸显了多样品方法的高效性。但在当时背景下，该方法并未引起广泛关注。随着时间推移，特别是组合化学方法在药物和有机化学品高效筛选上取得的显著成果不断冲击材料研发工作者的观念，人们开始反观多样品概念及其效果，并逐步将其付诸实践。20 世纪 90 年代，基于组合化学思想与组合多样品制备方法而设计及研发的组合薄膜与粉体材料制备技术诞生[3-5]，组合薄膜样品制备将沉积与物理掩模技术相结合，通过操控旋转或移动掩模制备分立成分样品库和成分准连续变化的梯度材料芯片，其制备样品的效率高于传统方法百倍、千倍，甚至更优[6-7]。而针对功能粉体研发的组合合成技术主要借鉴了催化剂样品库快速制备筛选的模式（有限空间下的浸渍、沉淀、溶胶-凝胶等）[8, 9]。相对于以溶液态为特征的药物和化学品筛选，对于多因素控制的无机材料组合制备技术，除成分变化控制外，还需解决诸如前驱物成分均匀混合、低温扩散、高温煅烧、晶粒尺寸效应等一系列复杂问题，由此实现制备样品的多样性，因此该类技术研发面临诸多挑战，但研发工作从未止步。经过材料科技工作者的不断努力，组合材料制备技术在巨磁阻材料[10]、燃料电池[11]、合金材料[12]、催化剂[13]等一系列新型材料研究中实现了示范应用。至此，这门新兴的学科——组合材料科学（combinatorial materials science）顺势创立。显而易见，研发材料高通量制备技术的驱动力不仅来源于已凸显的材料研发效率大幅提升的现实，而且还有诱人的、不可估量的技术装备商业化前景。

2011 年，美国政府以强化其全球制造业领先地位为目的，提出了"材料基因组计划（Materials Genome Initiative，MGI）"，以期最大程度地缩短新材料进入应用领域的周期，为制造业提升能级提供物质基础。快速实验方法与材料模拟计算、数据库技术并称为 MGI 中三大关键核心技术，组合实验方法赢得了高速发展的机遇，并演化为目前的高通量实验技术（high throughput experimental technology）。我国科学技术部也相继启动了首批国家重点研发计划"材料基因工程（Materials Genome Engineering，MGE）关键技术与支撑平台"专项（2016 年）。同年，国家发布了《新材料产业发展指南》，在"新材料创新能力建设工程"部分明确提出"搭建材料基因技术研究平台，开发材料多尺度集成化高通量计算模型、算法和软件，开展材料高通量制备与快速筛选、材料成分-组织结构-性能的高通量表征与服役行为评价等技术研究，建设高通量材料计算应用服务、多尺度模拟与性能优化设计实验室与专用数据库，开展对国家急需材料的专题研究与支撑服务"的发展要求。至此，国家开始高投入支持材料高通量实验方法、高效计算方法和数据库建设，推动 MGE 进入应用领域。

本书内容就是以作者团队承担的首批国家重点研发计划"材料基因工程关键技术与支撑平台"专项中"低维组合材料芯片高通量制备及快速筛选关键技术与装备"项目（2016YFB0700200，2016 年 7 月～2021 年 6 月）的研究内容及成果为蓝本来展开的，不仅阐述高通量制备技术原理和技术装备，还汇集国内外该技术领域的研究进展，以众多范例展示高通量制备技术的应用和效果；同时，也系统性地介绍高通量制备技术的分类、特点和应用场景。

上述"低维组合材料芯片高通量制备及快速筛选关键技术与装备"项目，主要面向可实际应用的大尺寸、高密度组合材料芯片高通量制备和快速筛选需求，针对技术通用性、材料多样性、产物多形态、表征多参量等核心问题，发展低维形态样品组合材料芯片制备科学与技术原理，建立以膜材和粉体组合材料芯片为特色的低维形态样品的高通量制备新方法及核心技术体系，研发两大类高通量制备技术和装备原型。第一大类技术和装备原型的研发重点是薄膜厚膜组合材料芯片制备，分别聚焦：①基于物理气相沉积的薄膜组合材料芯片高通量制备，包括磁控溅射、电子束蒸发和脉冲激光沉积技术；②基于化学气相沉积的薄膜厚膜及涂层组合材料芯片高通量制备，包括化学气相沉积薄膜材料芯片技术和多组元高温陶瓷涂层的高通量化学气相沉积技术；③基于多源喷涂/光定向电化学沉积的厚膜组合材料芯片高通量制备，包括多源等离子喷涂高通量制备梯度厚膜组合材料芯片和光定向电泳沉积制备阵列式厚膜组合材料芯片技术。第二大类技术和装备原型的研发重点是粉体组合材料样品库制备，分别聚焦：①基于外场加热结合的多通道合成微纳粉体组合材料样品库，包括高能激光束并行加热结合的多通道合成微纳粉体技术、粉体多通道配置与电场辅助瞬态超高温合成陶瓷技术；②基于多通道微反应器的微纳粉体材料样品库制备，包括溶胶-凝胶及水热-溶剂热高通量并行合成、基于微流体操控的微纳粉体高通量并行合成技术。研发的高通量制备技术与同步辐射微区 X 射线衍射结构分析、克尔效应测试、纳米压痕力学性能表征、光谱技术和红外成像、高通量电化学表征等评价手段相结合，在具有重要应用背景的稀土永磁材料、固体电解质、钙钛矿结构材料、掺杂石墨烯、高温硼氮碳化合物、钛合金、发光材料、红外辐射陶瓷粉、氧化钛基光催化材料、多组元电催化材料等 10 余种典型材料中开展了高通量可控制备应用示范，建立了材料成分-工艺-结构-性能统计映射关系，丰富了材料基因数据库。研发工作不仅为我国新材料研发奠定了具有实用化基础的高通量制备和筛选技术，还在一定程度上提升了我国高通量制备技术与装备原型的设计、制造和应用水平。

　　本书主要章节就是按照上述各技术层面设置的，分 6 篇，共 12 章。前 11 章聚焦技术内容，第 12 章专门对比分析国内外高通量制备技术与装备的专利特点和专利布局，对确定相关技术领域的发展方向具有参考价值。

　　承担本书撰写的专家主要来自"低维组合材料芯片高通量制备及快速筛选关键技术与装备"项目的团队，均是国内该领域核心单位的专家，包括项目牵头及课题四负责单位中国科学院上海硅酸盐研究所（简称上硅所），课题一负责单位电子科技大学（简称电子科大）、课题二负责单位宁波星河材料科技有限公司（简称星河公司）、课题三负责单位上海大学（简称上大）、课题五负责单位中国科学技术大学（简称中科大），以及课题参加单位北京科技大学（简称北科大）、浙江大学（简称浙大）、中国科学院宁波材料技术与工程研究所（简称材料所）、宁波中国科学院信息技术应用研究院（简称信应院）、钢铁研究总院（简称钢研总院）、中国科学院理化技术研究所（简称理化所）和天津大学（简称天大）。此外，来自福州大学（简称福大）、安徽大学（简称安大）和上海交通大学（简称上交大）的合作人员也参加了本书撰写工作。除了项目团队成员，还邀请到中国科学院成都文献情报中心学科咨询服务部的专家检索及分析国内外高通量技术和装备专利情况，对后续部署该类技术重点发展方向大有裨益。本书第 1 章由电子科大闫宗楷、朱俊和赵攀峰撰写，第 2 章由星河公司郭鸿杰、冯秋洁、张浩辉、徐子鹏、马博和廖承丰撰写，第 3 章由上大吕文来、葛军饴和张金仓撰写，第 4 章由材料所肖惠、邬苏东（现就职南方科技大学）、陈颖、肖明晶、王紫泷、廖明墩和叶继春撰写，第 5 章由上硅所阚艳梅撰写，第 6 章由上大贾延东撰写，第 7 章由福大林枞（钢研总院特聘）和钢研总院余兴撰写，第 8 章由上硅所刘茜、周真真、徐小科、邓明雪、唐扬敏和王马超撰写，第 9 章由理化所双爽和李宏华撰写，第 10 章由安大魏宇学、沈成、孙松及中科大鲍骏、徐法强和高琛撰写，第 11 章由上交大胡洋及天大刘斌和钟澄撰写，第 12 章由中国科学院成都文献情报中心学科咨询服务部徐英祺撰写，上硅所协助信息处理。全书统稿由上硅所刘茜、周真真和邓明雪完成。

本书从 2021 年中启动撰写，几乎与项目结题同步，时间紧，任务重，倾注了所有撰稿专家的心血，若干项目团队专家由于各种原因未能参与本书的撰写，深感遗憾。此外，由于高通量制备技术兴起的历史并不长，且仍在不断发展中，有些技术相对成熟，内容更丰富，章节介绍篇幅就较长；而有些技术处于起步阶段，可报道的内容有限，章节介绍篇幅相对较短。需要强调的是，随着材料基因工程的持续发展，组合材料科学的研究内容也从原来的高通量制备与表征逐渐与新兴的"材料信息学""智能材料设计""数据挖掘"等交叉领域相结合，其内涵也在不断深化，高通量制备和表征手段也更加智能化和多元化。2020 年，英国科学家发明了化学机器人，将人工智能技术和算法融入材料制备与筛选技术中，大大提高了光催化剂的筛选效率[14]。因此，本书所写只是抛砖引玉，起到普及新兴科学技术知识的作用，希望能引起广大读者的关注和兴趣，促进同行及跨学科的交流学习和技术创新。由于作者学科知识的限制、获取信息渠道的限制等，无法将该领域的所有研究进展完整地呈现给读者，撰写过程中难免出现遗漏和不足，敬请读者谅解。

在这里要特别感谢为本书作序的谢建新院士的支持和鼓励，谢院士作为"低维组合材料芯片高通量制备及快速筛选关键技术与装备"项目的责任专家，全程指导项目推进，高标准严要求，促使研究团队整体科研能力大幅提升、对该领域的认知不断深化、对技术发展愿景充满信心和激情。还要特别感谢为本书作序的江东亮院士，是江院士不断鼓励我们团队勇于担起重任，为国家做出有创新性的、有特色的工作，为材料研发提供高效技术平台。

本书的出版得益于"材料基因工程丛书"编委会及科学出版社专家们的严格把关，他们兢兢业业、一丝不苟，对保证本书质量起了重要作用，在此代表参与本书撰写的全体人员对专家们表示衷心的感谢。

在本书撰写中，还引用了大量参考文献和专利的相关研究成果，在这里向各位文献中的作者和技术发明者表示感谢。出于对作者及出版社的尊重，我们尽可能以征得出版社的引用授权和在书中明确标记引用的方式加以处理，但由于时间紧张和疏忽，难免有疏漏之处，在这里向作者及出版社深表歉意。

感恩有这样一次承担国家重点研发计划项目的历练，感恩获得参加"材料基因工程丛书"撰写的机会，如经历了一场战斗的洗礼，与日俱进。

刘　茜

中国科学院上海硅酸盐研究所研究员

2022 年 6 月于上海

[1] Hanak J J. The "multiple-sample concept" in materials research: Synthesis, compositional analysis and testing of entire multicomponent systems. Journal of Materials Science, 1970, 5: 964-971.

[2] Hanak J J, Gittleman J I, Pellicane J P, et al. The effect of grain size on the superconducting transition temperature of the transition metals. Physics Letters A, 1969, 30 (3): 201-202.

[3] Xiang X D, Sun X, Briceño G, et al. A Combinatorial approach to materials discovery. Science, 1995, 268 (5218): 1738-1740.

[4] van Dover R B, Schneemeyer L F, Fleming R M. Discovery of a useful thin-film dielectric using a composition-spread approach. Nature, 1998, 392: 162-164.

[5] Xiang X D. Combinatorial materials synthesis and screening: An integrated materials chip approach to discovery and optimization of functional materials. Annual Review of Materials Science, 1999, 29: 149-171.

[6] Koinuma H, Takeuchi I. Combinatorial solid-state chemistry of inorganic materials. Nature Materials, 2004, 3: 429-438.

[7] Amis E J, Xiang X D, Zhao J C. Combinatorial materials science: What's new since Edison? MRS Bulletin, 2002, 27: 295-300.

[8] Reddington E, Sapienza A, Gurau B, et al. Combinatorial electrochemistry: A highly parallel, optical screening method for discovery of better electrocatalysts. Science, 1998, 280 (5370): 1735-1737.

[9] Scheidtmann J, Weiß P A, Maier W F. Hunting for better catalysts and materials-combinatorial chemistry and high throughput technology. Applied Catalysis A, 2001, 222 (1-2): 79-89.

[10] Briceño G, Chang H Y, Sun X D, et al. A class of cobalt oxide magnetoresistance materials discovered with combinatorial synthesis. Science, 1995, 270 (5234): 273-275.

[11] Service R F. The fast way to a better fuel cell. Science, 1998, 280 (5370): 1690-1691.

[12] Cahn R W. Shape-memory alloys: Combinatorial high jinks. Nature Materials, 2003, 2 (3): 141-143.

[13] Taylor S J, Morken J P. Thermographic selection of effective catalysts from an encoded polymer-bound library. Science, 1998, 280 (5361): 267-270.

[14] Burger B, Maffettone P M, Gusev V V, et al. A mobile robotic chemist. Nature, 2020, 583: 237-241.

目　录

第六篇 组合材料芯片高通量制备技术与装备专利分析

第一篇

基于物理气相沉积的薄膜组合
材料芯片高通量制备技术

第1章 ▉▍▎

基于磁控溅射的薄膜材料
芯片高通量制备技术

传统基于"试错法"的新材料发现往往耗时费力，已逐渐成为制约技术进步的瓶颈。近年来，随着大数据和机器学习等技术的发展，将新材料研究范式从传统的"试错法"转变为以"数据驱动"为代表的科学研究第四范式，为新材料研发过程提供了一条"高速公路"，而其中的关键在于收集高质量的材料数据[1]。高通量组合材料实验（high-throughput combinatorial experimentation，HTC）为系统地获得大量材料数据提供了有效途径，过去 30 年里已广泛应用于新材料的发现和现有材料的优化[2-5]。与传统"试错法"相比，HTC 可获得成分等参量系统分布的组合样本库，由于其单次实验通量的巨大提升，依赖更少的实验即可获得对成分和工艺参数空间更大范围的覆盖，大大加快了新材料的研发速度。过去 30 年，各类高通量组合材料实验技术得到了较快的发展，本章将对其中的高通量磁控溅射技术的概念和应用情况进行简要介绍。

1.1 基 本 原 理

1.1.1 磁控溅射的基本原理

溅射是指固态或液态在一定温度条件下，当受到具有足够高能量的粒子轰击后，通过原子碰撞，实现动量传递，进而使原子获得足够多的能量摆脱原子间束缚，最终从材料中逃逸的过程。

上述将原子"撞出"的过程可以类比为水滴落在平静的水面，进而引起水花飞溅的现象。上述过程发生在真空环境下就可用于真空溅射镀膜，具体过程是：受到电场的影响，带电离子可以发生定向移动，并具有较高的能量，当上述粒子运动至固体靶材表面时，会溅射出表面原子，进而反溅出的材料原子具有较高动能，故可按照一定角度出射，并沉积形成薄膜[6]。

在磁控溅射技术中，电子在电场加速下与真空中氩气等环境气体分子碰撞产生氩离子,而产生的氩离子在电场作用下向靶材运动,并溅射出靶材原子,这些原子沉积在基片上就形成了所制备的薄膜。在上述过程中,溅射产生的二次电子在磁场的作用下在靶材表面做圆周运动,故增大了与氩气分子碰撞的概率,产生了更多的氩离子,增大了靶材的溅射速率。与其他溅射方法相比,磁控溅射技术具有高速、低温和低损伤等优点,广泛应用于各类薄膜的大规模制备中。

1.1.2 高通量磁控溅射制备技术的基本原理

高通量材料实验技术的雏形诞生于 20 世纪 60~70 年代。当时 Kennedy 等[7]、Miller 等[8]、Sawatzky 等[9]、Hanak[10]、Wang 等[11]采取多元共溅射等真空镀膜技术分别完成了合金材料、超导材料等材料体系的三元材料相图制备和相关材料筛选,并研究了 Au/SiO$_2$ 中金含量改变对材料电学特性、微观结构等的影响。其中,Kennedy 等[7]发现,采用"多样品"实验思想制备的三元相图与传统分立实验结果绘制的相图不尽相同。但受到当时精密加工能力弱、自动化控制水平低、材料表征技术精度不高和计算机技术发展较差等因素的影响,上述"多样品"材料制备方法并没有得到广泛的接受,并逐步淡出了人们的视线。90 年代中期,随着集成电路的大规模发展,受组合化学思想的影响,"高通量实验思想"重新得到科学家的重视,劳伦斯伯克利实验室的旅美华人科学家项晓东博士和 Schultz 重新将"多样品组合"思想引入材料研究,借鉴生命科学中的"生物基因芯片"技术,开发了基于真空镀膜技术和物理掩模的高通量组合材料芯片技术,该技术的核心是在一块基片上实现多达 10^6 个具有不同实验参数的样品,结合高通量快速表征,实现材料研发从量变到质变的巨大转变[12]。此后,随着在巨磁阻材料和超导材料等领域实际应用的巨大成功[13, 14],该技术得到迅速推广并应用于荧光材料、光学材料、合金材料等领域的新材料开发[15-20]。

高通量实验技术与常规实验技术的区别主要体现在"实验通量"上,包括高通量制备技术和高通量表征技术。其中,在高通量制备技术中,基于物理气相沉积(physical vapor deposition,PVD)的高通量薄膜制备技术发展较为成熟,如高通量离子束溅射、高通量电子束蒸发、高通量分子束外延和高通量脉冲激光沉积等,特别是高通量磁控溅射制备技术应用最为广泛。

通常,物理气相沉积的 HTC 采用的组合制备工艺过程包括前驱物组合沉积、前驱物扩散和退火形成材料相三个步骤。前驱物组合沉积的策略包括共沉积和交替多层堆叠沉积等,按照制备前驱物方法的不同,高通量磁控溅射制备技术可以分为多源共溅射[21-24]和物理掩模法[25-30]。两者的区别主要体现在两个方面:①多个溅射源是同时工作还是先后依次镀膜;②是否需要借助物理掩模实现成分分布的控制。

1. 多元共溅射

多源共溅射法是通过多个溅射源同时进行制备工作,可以在制备过程中同时实现材料样品的沉积和均匀混合,所制备样品成分连续分布,如图 1-1 所示。该方法可通过改变溅射源的相对角度和功率等参数实现成分分布规律的改变,而无需物理掩模实现样品成分的可控分布。采用该制备方法,可以实现原子尺度下的材料直接均匀混合,可避免额外的低温热处理工艺,即通过扩散的方法帮助成分非均匀的前驱物实现薄膜厚度和薄膜表面方向上的均匀分布。而在上述扩散热处理过程中,往往会生成二元和多元中间相,会阻碍成分均匀扩散分布。因此,共溅射方法可降低实验操作的复杂度,目前大多数高通量磁控溅射制备技术正是基于这一方法实现的。但该技术也存在使用缺点,因为各材料从靶材表面溅射出后,其在空间分布规律较为复杂,若不借助额外的物理场控制方法,往往无法直接实现线性分布,因而成分分布的可控性较小,不能实现样品的按需可控分布和对样品成分空间的完整覆盖,所制备的材料样品其成分分布需要额外的成分测试环节才可确认。采用上述方法,往往需要多次实验反复摸索,才能逐步逼近所需要的材料分布范围。

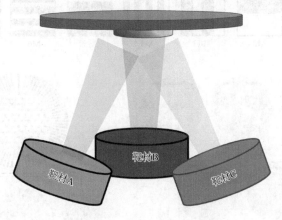

图 1-1   三源共溅射示意图

2. 分立掩模法

物理掩模法是依靠多个溅射源依次沉积,并结合物理掩模实现成分分布的高通量薄膜制备方法。按照掩模的工作方式,可以分为分立掩模法[25-27]和连续掩模法[28-29]。考虑到物理掩模法无法直接实现原子级别的材料混合,往往需要额外的热处理工艺,通过促进叠层薄膜相互扩散,最终实现成分均一分布的非晶相前驱物制备。由此,基于物理掩模法制备高通量薄膜样品的过程,将遵循"叠层薄膜沉积—低温扩散—高温成相"的样品合成工艺路线。

　　分立掩模法可以根据表征技术的要求，使用不同形式的分立掩模来实现样品的制备，是薄膜制备技术与物理掩模技术结合的产物。每一套分立掩模组包括一个或多个不同的掩模，如四元掩模各掩模上的样品数量满足 4^n，而二元掩模上的样品数量满足 2^n（n 为掩模编号，如一号掩模上只有两个样品单元，二号掩模上有 $2^2=4$ 个样品单元，n 的最大值取决于基片大小和表征技术的空间分辨率）。其每一层材料沉积时都只使用单一沉积源和掩模组中的一块掩模，并依次使用掩模组中的不同掩模和不同沉积源。在大面积薄膜（大于基片尺寸）均匀沉积的基础上，通过多层膜叠层沉积实现多元组合和样品成分的可控空间分布。常用的分立掩模包括二元掩模[12]、四元掩模[31,32]和多元掩模[32]（图 1-2），该方法适用于组成成分多、工艺参数复杂的多变量材料筛选实验，尤其是成分跨度大的目标材料体系。其优势在于，除了材料样品库的制备，亦可以用于器件的高通量制备。该技术的缺点是实验通量相对有限，制备的样品成分空间上具有一定的跳跃性，无法实现多元材料体系的系统、连续和完整制备，且由于需要额外机械部件来实现掩模的更换，其实验效率有待进一步提高。

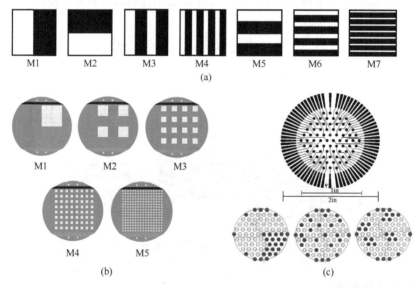

图 1-2　分立掩模法①

（a）二元掩模[12]；（b）四元掩模[32]；（c）多元掩模（1in = 2.54cm）[32]

3. 连续掩模法

　　连续掩模法是在大面积薄膜（大于基片尺寸）均匀沉积的基础上，通过控制

___

① 扫描封底二维码可见本图彩图。全书同。

连续掩模按照一定速度和规律移动，进而实现薄膜厚度梯度分布的方法。结合基片旋转和沉积源的依次更换，可实现二元、三元甚至多元材料样品库的制备，如图 1-3 所示[33]。该方法实验通量可达 10^6 以上，大大提高了实验效率，具有代表性的工作包括项晓东等开发的高通量脉冲激光沉积镀膜系统[34, 35]等。

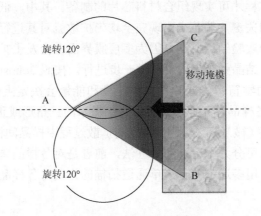

图 1-3　连续掩模法[33]

连续掩模法可以用于制备三元相图组合材料芯片，按照其制备工艺参数的不同又可以分为三元叠层梯度沉积[36]和多层膜梯度沉积[37]，如图 1-4 所示。在上述两种方法中，其成分分布都是采用物理掩模，并按照一定规律移动，实现成分分布 0%～100% 的完整覆盖，且都可以实现 0.1%～1%（取决于表征分辨率）的成分分辨率。两者的区别主要在于：三元叠层梯度沉积三种材料各层薄膜都是以楔形结构沉积在基片上，且每种材料均为一次沉积完成，而多层膜梯度沉积是将上述单一厚度梯度的膜层分为多层膜沉积，并实现三元材料的交替镀膜，每层膜厚度可控制在几十到几百纳米量级。

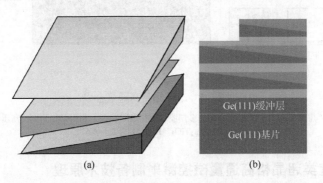

(a)　　　　　　　(b)

图 1-4　三元叠层梯度沉积[36]和多层膜梯度沉积[37]工艺示意图

（a）三元叠层梯度沉积；（b）多层膜梯度沉积

4. 多层膜扩散——结晶热力学窗口

上述基于物理掩模技术制备的叠层薄膜只是简单的材料堆叠，需要低温扩散热处理过程方可实现多元材料的均匀"组合"，此外还需"原位"或"离位"热处理"成相"过程才可实现组合材料芯片的制备。其中，低温扩散热处理是组合材料芯片制备的关键，倘若未实现完全均匀扩散就对其进行高温结晶，就会由于存在复相而影响实验结论。这是因为多层膜界面上会发生扩散和结晶竞争热处理过程，界面一旦结晶就会阻碍扩散进一步进行。按照 Johnson 理论[38-41]，在上述过程中存在热力学窗口，即薄膜临界厚度和能量会决定上述竞争过程的发生（图 1-5）。考虑到各样品单元通常为大于几十微米的三角形或正方形，其横向尺寸远远大于样品厚度（微米/亚微米），故纵向扩散过程中样品间横向扩散可以忽略。具体的热处理方法可分为平行法和分立法，前者是对各样品单元进行相同热处理过程，而后者是采用多通道并行或单通道扫描的方式对各样品单元进行不同的热处理过程。

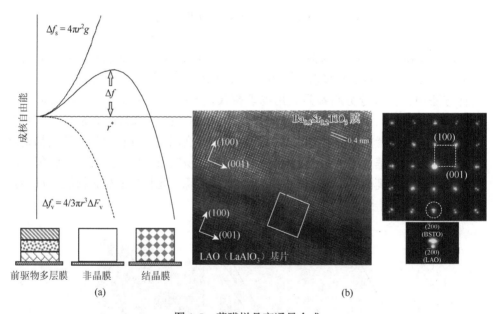

图 1-5　薄膜样品高通量合成

（a）利用"层厚/温度"热力学窗口可让多层膜均匀扩散[33]；（b）利用平行法生长高质量的钛酸锶钡（Ba$_{0.8}$Sr$_{0.2}$TiO$_3$，BSTO）外延薄膜[42]

1.1.3　梯度类超晶格高通量磁控溅射制备技术原理

对比上述制备方法可知，采用连续掩模法的高通量磁控溅射制备技术能在一次实验中制备满足三元相图绘制所需的样品。具体而言，该方法是基于多层膜堆叠的方法，通过制备厚度梯度可精确控制的前驱物层堆叠，然后在一定温度热处理下，前驱物多层膜发生热扩散，并最终高温成相形成成分梯度分布和覆盖完整三元成分空间的材料样品库。在上述工艺中，其成分比例是由前驱物多层膜之间的厚度比例决定的。采用该方法可确保所制备的材料样品库中样品的成分更容易控制。Chang 等[43]1999 年提出了一种基于多层膜堆叠的组合材料制备技术，该方法可以制备厚度梯度可精确控制的多层膜堆叠前驱物。然后在高温退火时，前驱物层通过热扩散过程，并结晶形成覆盖全成分空间的成分梯度分布样品。然而，由于前面提到的薄膜临界厚度的影响，层间扩散和前驱物层结晶之间可能存在竞争过程。通常，对于大多数材料，当每层的厚度为纳米级别时，从热力学的角度来看，多层膜的层间扩散将比层内结晶形成中间相更容易发生。根据 Joshon 的理论[38]，在上述过程中，不同温度下不同材料存在的临界厚度各不相同。当每层厚度大于其临界厚度时，多层膜技术将很难实现前驱物的均匀混合，为此需要将薄膜厚度减小到纳米级，从而促进层间扩散过程。

由上述介绍可知，在上述高通量样品制备过程中，成分比例是依赖多元材料厚度进行调控的，而实现成分精准控制的基础在于薄膜大面积均匀沉积，并在此基础上对掩模进行形状尺寸和运动方式的精准控制。

1. 薄膜均匀沉积

磁控溅射镀膜技术是利用辉光放电产生的正离子在电场作用下高速轰击阴极靶材表面，溅射出原子或分子，并在基片表面沉积薄膜的一种镀膜方式。其溅射出的原子或分子在空间的分布规律将决定所制备薄膜的均匀性。通常基片上沉积薄膜的厚度分布与溅射靶材上的刻蚀区形状直接相关。例如，一般实验室常见的圆形溅射靶，其刻蚀区为环形，因此其所沉积薄膜的厚度将沿径向由内向外以环状梯度分布。而更进一步地，上述刻蚀区的形状是由磁控溅射阴极内嵌入的磁钢形状所决定的，因此很难实现大面积均匀沉积。采用连续掩模法的高通量磁控溅射制备，其实现的基础在于薄膜的大面积均匀沉积，通常有两种策略可以完成这一挑战。

（1）需要对圆形靶材磁钢形状进行设计，在确保大面积薄膜均匀沉积的前提下，通过掩模实现样品成分分布的精准控制。通过调整溅射阴极背部的磁钢布局，设置多条刻蚀轨道，进而实现大面积的材料均匀沉积。

（2）根据圆形靶材刻蚀区的形状，设计图形化的掩模，通过掩模的形状设计以及靶材和掩模的相对移动，帮助修正溅射不均匀的区域。例如，采用特殊设计的异形遮挡板，设置于基片和靶材之间，并保持靶材和基片之间的相对位置固定，根据基片表面不同位置的沉积速率，设计不同形状的异形遮挡板来实现薄膜的大面积厚度均匀分布。

此外，考虑到组合材料芯片的连续制备通常需要较长时间，基于成分梯度分布的高通量磁控溅射样品制备中另外一个挑战就是需要确保长时间、大面积的薄膜厚度均匀沉积。特别是针对常用的圆形靶材，随着溅射的进行，刻蚀区形状的改变会造成溅射材料空间分布的变化，进而影响所制备薄膜的均匀性。然而，上面提到的两个方法并不能确保在长时间制备过程中沉积材料空间分布的均匀性，并且复杂的腔体结构和部件设计会增加装备开发及实验操作的难度。

为满足上述要求，电子科技大学借鉴工业化大面积光学薄膜沉积方法，研究和发展了梯度类超晶格高通量磁控溅射制备技术，如图 1-6 所示，该技术中采用的流水线（in-line）制备方式是目前工业化高均匀性薄膜制备的主流方法[44]。

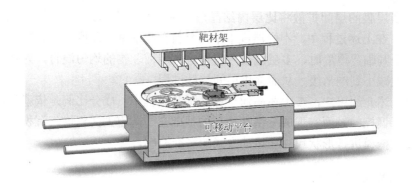

图 1-6 高通量磁控溅射组合材料芯片制备技术设计图

该方法通过优化溅射阴极磁钢分布和基片冷却模块，进一步提高溅射靶材刻蚀区均匀性，可实现英寸级薄膜的厚度均匀分布。同时，适当增大靶基距，并在基片和溅射靶之间设置带水冷的狭缝挡板，既能降低沉积速率以实现原子层沉积，又能控制基片温升。在传统的组合磁控溅射方法中，基片位置与靶材位置相对固定，如果基于连续掩模实现高通量样品的成分可控分布，就需要确保在二维平面上所有区域的薄膜厚度分布高度一致。对于传统磁控溅射方法，这一要求十分苛刻，为此，设计了矩形磁控溅射靶并通过连续串行镀膜的方式来实现多源材料的沉积。因为矩形磁控溅射靶其刻蚀区（磁路）是沿着靶材长度一维方向分布的，而矩形磁控溅射靶的磁路均匀性直接影响其溅射沉积薄膜的均匀性。对此，只需要控制矩形磁控溅射靶上磁路分布均匀，就可以确保薄膜在磁路分布方向上的厚度均匀。这样一来，只需要控制矩形磁控溅射靶在一定时间内刻蚀区稳定和基片移动速度一定，使基片沿着磁路垂直方向与基片做相对运动，就可以控制在基片二维平面上薄膜厚度的均匀分布。通常为确保刻蚀区有足够长的均匀区（至少长过基片），其磁路长度应是磁路宽度的三倍以上（可忽略端部效应）。选择高磁阻且耐高温的钐钴永磁磁钢，采用发散式非平衡磁路布局，同时放弃传统磁体浸泡在冷却水中的结构，通过设置整体式匀磁极靴并固定在水冷背板的一侧，在确保热量充分传导的同时，可以保证靶材表面磁场强度不会衰减，亦能提高平行于靶材上表面的磁场水平分量[44]。

2. 成分可控分布

按照叠层薄膜扩散-结晶理论，叠层薄膜厚度和工艺参数直接决定了扩散和结晶热力学过程的竞争规律。为此，电子科技大学提出了梯度超晶格沉积方法类比共溅射镀膜技术，即将薄膜总厚度平均分成若干层，通过连续掩模挡板的微步长移位分成若干步沉积，每步交叉进行多种材料的原子层沉积，可有效保证单层薄膜厚度接近或低于扩散-结晶热力学临界厚度，可解决叠层薄膜界面第二相的形成问题，同时亦可确保制备样品成分的准确测量。通过在腔体内引入可旋转和更换的连续/分立掩模自动更换装置，可进一步提高样品单元密度和增加样品制备种类。

该方法是将单层的顺序沉积与超晶格结构堆叠阵列相结合。工艺中需要自动控制基片依次通过不同的靶材沉积区域，每种靶材所沉积的薄膜单层厚度一定，并且其沉积区域由移动掩模稳定控制。所制备的组合材料芯片示意图如图 1-7 所示。其中，每次移动掩模的步长为 d，基片的三角形高度为 nd。编号 n 取决于制备设备的控制精度和表征技术的分辨率。

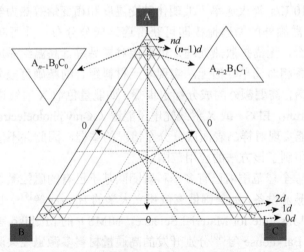

图 1-7　基于梯度超晶格制备工艺制备的组合材料芯片示意图

所制备的样品中有两个不同方向的等边三角形样品，如图 1-7 所示，一个是顶点向上，另一个是顶点向下。顶点向上样品的分子式为 $A_xB_yC_z(x+y+z=n)$，顶点向下的分子式为 $A_xB_yC_z(x+y+z=n-1)$。顶点向上的样品总数是 $(n^2+n)/2$ 个，而顶点向下的数量是 $(n^2-n)/2$ 个，库中样本的总数是 n^2。考虑到掩模阴影效应的影响，用上述方法制备的样品可以准确地控制除去阴影区域后样品的成分精度。另外，可以明确没有阴影效应影响的精确区域，而在测试时只有测试上述精确成分区域才可能得到准确的实验结果。相反，传统组合扩散法制备的样品是连续的，没有样品边界，不能区分阴影区域，当样品密度过大时，会导致不可靠的测试结果。

上述工艺方法将在 1.2.4 节中详细介绍。

1.2 高通量制备技术与装备

1.2.1 高通量共溅射磁控溅射制备技术与装备

共沉积法是指利用多个沉积源同时工作，共同完成单一样品的制备，所形成的样品上材料成分渐变连续分布，并且通过改变沉积源的出射角度或相对位置等制备参数可以调整高通量样品的成分分布[7]。Vlassak 等[45, 46]利用三靶磁控共溅射装置在并行纳米量热器件阵列上单次实验完成 22 种不同成分的 Cu-Au-Si 玻璃态合金材料样品库制备；通过改变溅射源相对垂直方向的倾斜角度和溅射功率，进一步改变所制备样品的成分分布；并结合同步辐射微区 X 射线衍射技术，对上述样品进行了 2×10^4K/s 淬火速率下玻璃化转变温度和相变焓等热力学参数的快速表征。该方法无需额外的物理掩模即可获得连续成分分布，并可实现不同材料原子级的均匀混合，无需扩散热处理，可直接对样品进行高温结晶成相，材料制备工艺和制备装备相对简单，但无法实现多元材料组合的精确可控分布和多元成分空间的完整覆盖，需要额外的成分标定步骤（如能量色散 X 射线谱（X-ray energy dispersive spectrum，EDS）或 X 射线光电子能谱（X-ray photoelectron spectroscopy，XPS）等）才能实现对样品表面成分分布情况的掌握，因此并不能实现完整材料相图的绘制，限制了该方法的应用范围。

过去 20 年，全球范围内已有多个科研团队基于已有的磁控溅射镀膜技术开发了多元材料共溅射设备，如美国俄亥俄州立大学的 Hauser 等[47]、日本国立材料研究所（National Institute for Material Science，NIMS）的 Michiko 等[48]和加拿大达尔豪斯大学的 Barkhouse 等[49]分别开发的高通量材料多源磁控共溅射系统。美国田纳西大学的 Deng[50]等开发了多源射频磁控溅射镀膜系统，该系统由制备腔和过渡腔组成，最多可同时实现五靶共溅射，可在最大 6in①基片上实现高通量组合材

① 1in=2.54cm。

料样品库的制备。该系统可引入反应气体进行反应溅射沉积；利用电阻加热装置，可对样品进行最高 800℃的热处理操作。美国马里兰大学的 Gao 等[51]也开发了基于实验室的超高真空共溅射组合材料芯片制备系统，该系统中三个直径 1.5in 靶材按照等边三角形平行排布，每一个靶材上方安装有一个直径 2in 套筒，一定程度上可控制不同材料在基片上的沉积区域，同时可以防止不同材料之间的交叉污染，通过调整靶材电源的功率和靶基距来调整三元材料相图中不同元素的分布比例。由于磁控溅射参数控制较为复杂，且材料沉积阴影效应影响较大，其样品组分并不能完全按照实验设计的线性分布，不同溅射功率和靶材与基片夹角会影响材料在基片上的分布情况。具有代表性的案例如下。

美国 PVD Products 定制设计了采用共溅射方法的真空溅射组合沉积系统[52]。该系统由四个水冷磁控枪组成，各磁控枪上都可以安装一个靶材，靶材直径和厚度分别为 38.1mm 和 3.2mm，采用由上向下的溅射方式。各靶材可以通过预设的角度，将垂直靶材表面的法线聚焦于基片位置处，靶基距恒定为 90mm。在计算机的控制下移动掩模可实现自动打开、运动和关闭。在溅射之前，使用前级泵（≥250mTorr①）和涡轮泵（<250mTorr）组合将溅射室背底真空抽至约 5×10^{-7}Torr。四个直流（DC）磁控枪的最大功率为 100W，其中两个可以在需要时切换到射频（RF）模式，其最大功率为 100W。决定溅射薄膜的成分和厚度分布的可编程参数包括沉积时间、移动掩模的打开位置（打开或关闭）或磁控溅射靶材的开关状态、溅射靶材的功率、氩气压力和流量等。此外，还可以根据需要定制各类基片架，以便用于制备各种分立样品单元或者连续薄膜样品。

Suram 等针对传统共溅射成分分布需要非原位测量，无法实时原位获得成分分布规律，设计了一套新型磁控共溅射组合材料芯片制备系统[53]。该系统在具有平移和旋转自由度的平台上安装三个石英晶体微天平（quartz crystal microbalance，QCM），实时测量了具有相对基片倾斜角度可控沉积源的三维沉积轮廓。图 1-8是配备六个同轴磁控管的组合磁控溅射系统（Kurt J Lesker，Clairton，PA）的示意图。基于该系统采取自下向上的沉积方式，基片架组件配备了涂有氮化硼（BN）涂层的石墨蛇形灯丝以用于高温沉积，整个基片架组件安装在一个电动平台上。定制的真空移动和联通组件由 Kurt J Lesker 公司提供，如图 1-8（b）所示，该组件安装在腔室盖上，其中的线性波纹管可实现对 z 方向靶基距的调控。电动平台的旋转由固定在波纹管顶部法兰上的一个内部为大气的管子实现，该管子用于各类电气和液体连通装置的安装。该设备基片架最大可以安装直径 100mm 的基片。

---

① 1Torr = 1mmHg = 1.33322×10^2Pa。

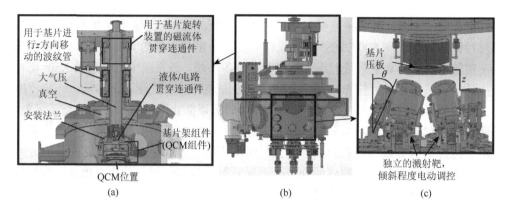

图 1-8　Kurt J Lesker 公司 CMS-24 型磁控溅射组合制备系统的示意图[53]

（a）带有旋转和平移运动功能的基片架，安装法兰、基片架和 QCM 压板的横截面示意图；（b）整个腔室的外部
示意图；（c）六个同轴磁控管和基片架的示意图

为了实时原位测量沉积材料的空间分布，将安装有基片架组件的法兰替换为安装有石英晶体膜厚监测仪组件的法兰。该组件包含三个 6MHz 镀有金涂层的石英晶体，每个都安装在水冷的 Inficon SL-A 晶体支架中。三个 QCM 与基片架上基片安装位置共面，并分别位于距离基片中心 0mm、28mm 和 45mm 的等效位置处。该系统包括 6 个 2in Kurt J Lesker Torus 磁控溅射溅射靶，各溅射靶都配置有独立的电动倾斜控制装置，由此可实现对溅射靶相对基片和 QCM 平面的倾斜角进行调整。测量结果表明，当倾角 $\theta = 15°$ 和基片架高度 $z = 3.5\text{cm}$ 时可覆盖最大的沉积成分范围，各元素的沉积成分范围约为 8%～82%（质量分数）。

1.2.2　高通量分立掩模磁控溅射制备技术与装备

分立掩模法是将物理掩模技术和薄膜材料沉积技术相结合，单层材料沉积使用一个掩模和一种沉积源，并多次组合和更换不同的掩模和沉积源，在薄膜均匀沉积的前提下，实现多元材料的组合、叠层薄膜的依次沉积和样品单元的空间可控分布，常用的分立掩模包括二元掩模、四元掩模和多元掩模。该技术最早应用于脉冲激光沉积[30]、离子束溅射[31]等制备技术中，将二元和四元分立掩模成功应用于荧光材料、超导材料和介电材料等的高通量制备，单个基片最多可制备 1024 个不同组成的样品单元，一定程度上提高了材料研究的效率。但该方法样品数量有限，并不能实现完整连续成分空间的覆盖。过去已有一些采用该工艺方法的高通量磁控溅射组合材料制备系统，具有代表性的包括：Cooper 等开发了五靶磁控溅射高通量样品沉积系统[32]，该系统通过可旋转的掩模更换装置将 12 种掩模分别移动至对应直径 2in 靶材上方，可实现直径 2in 基片上多达 64 个不同样品的制备。美国 PVD Products 公司开发的 Combo-4000 四靶磁控共溅射组合材料样品制备系统[54]，由溅射腔、过渡腔和控制系统等部分组成，最多可为四个直径 2in 靶材配备四个射频电源和两个直流电源，该系统分立掩模装置位于基片表面 200μm 处，可根据实验需要在直径 50～300mm 大小基片上实现最小 4mm^2 样品的制备，可实现最多 49 个样品的分立制备。其具体设计如下。

　　美国圣母大学的 McGinn 等[32]设计了一套用于分立样品制备的高通量组合材料芯片制备系统。该系统包括五个固定的直径 2in 的溅射靶，以及由计算机控制的掩模组。各溅射靶可以在直流或射频电源下进行金属或绝缘靶材的制备。溅射靶和基片架之间是一个掩模转盘，可容纳 12 个直径为 2in 的掩模。上述系统可用于在直径 2in 的基片上进行样品的高通量制备，其基本布局如图 1-9 所示。在计算机程序的控制下，可以通过旋转掩模转盘和基片架至任意靶材上方，以实现任意靶材和掩模图形的组合，最终完成在基片上制备具有不同成分组成的多层膜前驱物。其中，分立掩模转盘由一组 12 个激光蚀刻的不锈钢四元掩模组成，具体包括四种基本掩模设计，每种掩模设计由三个不同取向（彼此旋转 90°）的掩模组成，叠加使用，共同形成由 16×16 个单元组成的镂空的沉积位置。在计算机程序的控制下，通过选择不同的掩模和靶材种类，即可实现 256 个不同成分的高通量样品组合制备。上述掩模转盘通过步进电机从下方驱动，而基片架则由齿轮电机从顶部驱动 T 形臂实现升降控制。考虑到当掩模与基片之间存在空隙时，会由于物理掩模阴影效应而造成成分分布不均匀。因此，可以通过 T 形臂的升降实现掩模与基片的接触，并通过掩模转盘旋转至对应靶材上方实现材料的沉积。在上述样品组合中，大约有 180 种的成分取决于所使用的掩模顺序，因此通过选择不同的掩模使用顺序，可以实现对三元相图不同成分区域的覆盖。此外，也可以根据需要灵活设计掩模的形状。例如，在进行低温燃料电池（氢气和直接甲醇）催化剂的研发中，需要在扫描电化学显微镜（scanning electrochemical microscope，SECM）中对其催化性能进行测试，也可以参考四元掩模的设计原理，设计满足多通道微电极阵列测试的掩模组。如图 1-2（c）所示，每个催化样品都沉积在一个独立的 TiN 电极片上，这些 TiN 电极连接到恒电位仪，可以并行测量各成分单元的电化学性能。为实现在 64 个独立电极阵列上进行催化样品的组合高通量制备，可以设计由三种掩模组成的掩模组，每种掩模各四个，共计 12 个掩模。如图 1-2（c）所示，三种掩模中的蓝色部分表示四元掩模的镂空部分，通过这些开口可以实现样品的沉积，通过切换相互旋转 90°的多个分立掩模，即可实现样品的组合制备。作者采用该装置用于 Pt-Ru 催化材料的高通量研发。

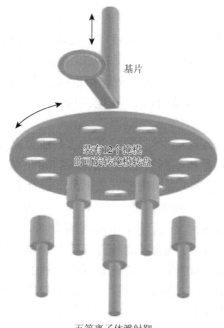

基片

装有12个掩模
的可旋转掩模转盘

五等离子体溅射靶

图 1-9　基本溅射系统布局示意图，包括基片支架、掩模转盘和溅射源[32]

1.2.3　高通量连续掩模磁控溅射制备技术与装备

　　此外，也有人结合磁控溅射和连续掩模采用连续梯度分布的策略实现样品制备，如 Brunken 等基于固定靶材位置[55]，采用楔形多层膜沉积的方式制备了 FeCo/Ti 组合材料样品库，但该方法在实际的应用中仍有一些难题需要突破。考虑到该方法是基于移动掩模来实现薄膜厚度的梯度分布，故该方法实现成分梯度分布的基础是薄膜厚度均匀沉积。具体如下。

　　德国波鸿鲁尔大学的 Ludwig 团队拥有一套超高真空组合溅射系统[56]（CMS 600/400LIN，DCA，芬兰）。该系统包含一个过渡腔、一个热处理腔、两个溅射腔（连续掩模工艺腔、共沉积腔），以及一个掩模存储腔。该系统由计算机实现全自动化控制，溅射前的背底气压低于 $6.6×10^{-6}$Pa，且可以在 Ar、N_2 和 O_2 气氛 10^{-4}Pa 工作气压下薄膜的溅射沉积。该系统采用的靶材为直径 4in 的圆形靶，以便在最大尺寸为 100mm 的基片上实现尽可能的薄膜均匀沉积。该系统沉积过程中的原位基片温度和沉积后热处理温度最高可达 1000℃。此外，该系统还有共溅射沉积腔，其中有射频（RF）和直流（DC）溅射源各 5 个，以 45°倾角环形排列，其靶基距约为 185mm。在连续掩模工艺腔中，拥有安装在可移动臂上的三个直流和三个射频磁控溅射源，该可移动臂位于集成有加热器的可旋转基片架上方，且靶基距约为88mm。此外，四个可独立移动的移动掩模以90°间隔放置在基片上方，在计算机的控制下，上述掩模可以使用楔形多层膜结构实现连续成分梯度扩散的材料样品库的制造[57]。

1.2.4　基于梯度类超晶格工艺的高通量磁控溅射制备技术与装备

电子科技大学 Yan（闫宗楷）等提出了一种基于梯度成分分布和纳米层堆叠的高通量组合薄膜制备工艺技术[58]。该技术基于大面积薄膜均匀沉积，在基片依次通过各溅射靶材的同时，按照一定步长移动遮挡基片的掩模，直至逐步完全覆盖基片上的全部区域。通过控制在各溅射靶材下的沉积时间，实现对单层薄膜沉积厚度的控制，在纳米尺度上形成交替堆叠的各个前驱物层，总体形成异质多层的薄膜结构。上述方法有助于结晶过程中的层间扩散，从而实现混合均匀前驱物薄膜的制备。在上述制备过程中，堆叠过程按照一定顺序重复进行，每沉积一层后掩模向前移动一步，由于沉积过程中基片遮挡的区域不同，不同层材料形成不同长度的周期性多层结构。其中，对于各单元材料，多层薄膜的截面呈阶梯式厚度梯度分布。考虑掩模阴影的影响[32]，在上述制备工艺中，各微区形成了清晰的边界，因此所提出的工艺还可以提高单个样品的成分准确率。结合高精度步进电机，精准控制移动掩模移动和基片架的旋转，从而可以实现对目标材料样品库全部组成空间的覆盖。

1. 梯度多层膜堆叠组合材料芯片制备工艺

该工艺技术基于交替层堆叠策略，通过在纳米尺度上控制每一层薄膜的厚度，可以促进前驱物层间的扩散过程，可扩展适用材料种类，并降低扩散热处理工艺窗口的设计难度。为了制备覆盖目标梯度组分的样品，采用 PVD 方法，按照固定步长逐步移动掩模直至覆盖完整基片，从而实现单一材料厚度梯度分布；通过旋转基片并依次对不同的目标靶材依次沉积，可以得到梯度多层膜堆叠结构的组合材料芯片前驱物。

具体以磁控溅射制备技术为例对三元组合材料样品的制备过程进行介绍：首先将三种不同靶材并行排列，并通过优化沉积腔室布局，以确保基片架上全部区域都可以实现材料的均匀气相沉积。利用移动掩模控制基片上不同位置具有不同的溅射暴露时间，从而控制基片上对应位置的沉积厚度。为了实现各材料的组分按照一定预设梯度进行分布，需要控制掩模按照固定的步长逐步移动，并旋转基片依次对不同的靶材进行制备。重复上述过程，最终可以得到在纳米尺度上交替堆叠的各材料多层膜前驱物，且各单一材料截面整体呈楔形，厚度按照阶梯分布。图 1-10 所示为采用该工艺制备三元组合材料样品库的具体制备过程。

在步骤 1 中，如图 1-10（a）所示，设定掩模的固定片步长为 b，并将其设定于位置 $a+b$ 处。其中，a 是从组合材料样品库的初始位置到基片边缘的距离，对于三角形基片等于 h，而对于边长为 L 的方形基片等于 $1/4(L+2h)$，h 代表基片上测试夹具所占的边缘宽度，在制备过程中通常用掩模或胶带遮盖。如图 1-10（a）所示，所制备的三元材料样品库在几何上是边长为 $L-2h$ 正方形基片中心内接圆的内接等边三角形。

在步骤 2 中，将基片移动通过沉积源 A 的均匀气相沉积区域，因此材料 A 就沉积在基片未被掩模遮挡的区域上，如图 1-10（b）所示。

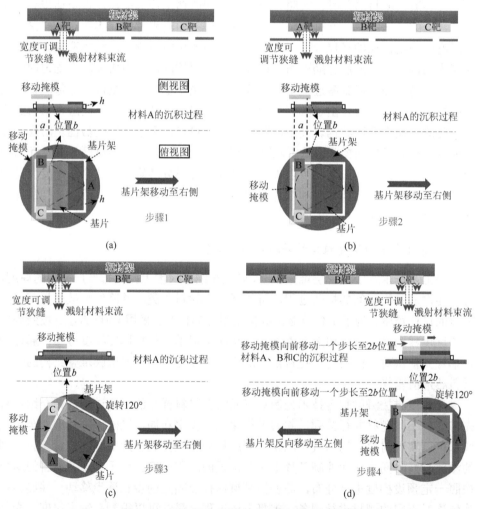

图 1-10　梯度组成和超点阵纳米层堆叠过程[58]

（a）掩模移动至 b 位置，材料沉积在基片上；（b）材料沉积在曝光的基片表面；（c）基片顺时针旋转 120°沉积另一个材料；（d）沉积 A～C 之后，掩模移动到 $2b$ 位置

在步骤 3 中，基片顺时针旋转 120°，并沉积材料 B（图 1-10（c））。对材料 B 和材料 C 执行步骤 2 和步骤 3 中的相同过程，就完成了三种材料一个周期的沉积过程。

在步骤 4 中，将移动掩模向前移动一个步长，设置在位置 $a+2b$ 处，然后基片架返回到溅射腔室的初始位置，如图 1-10（d）所示。重复上述过程，直到移动掩模移动到基片的另一侧（位置 $a+nb$，其中对于方形基片，$a+nb$ 等于 $L-h$）或基片的对角（位置 $a+nb$，其中 a 等于 h，nb 等于三角形基片的高度减去 $3h$），即掩模完全覆盖基片表面。在进行了这样的处理之后，所获得的各个样品单元都呈现为等边三角形。因此，一旦根据掩模阴影效应确定了受影响的区域，剩余的中心区域即可认为其成分就是预期的准确成分。通常设置掩模移动的步长时，应确保样品单元去掉阴影效应区域后，所剩余的中心区域尺寸大于表征技术的最小分辨率要求。

2. 高通量组合磁控溅射系统设计

高通量磁控溅射由于操作方便、沉积速率高、薄膜结晶性好、工艺可复制性强以及适用于广泛的材料，已成为基于 PVD 的 HTC 技术中应用最广泛的技术之一[57]。为了验证上面所提出的梯度类超晶格组合薄膜材料制备工艺技术，电子科技大学的闫宗楷等开发了高通量组合材料磁控溅射系统。传统的圆形溅射靶在磁控溅射过程中会产生刻蚀区域的形变，从而导致所沉积薄膜厚度的不均匀变化。因此，大多数高通量磁控溅射技术采用共沉积策略，而不是基于均匀气相沉积过程的交替层堆积策略。一般有两种方法可以实现圆形溅射靶的均匀气相沉积：一种是在溅射阴极上设计一组同心排列的磁体，在靶上产生多个刻蚀环，并在与靶面积相等的区域上形成均匀的气相沉积；另一种方法是采用 Chevrier 和 Dahn 设计的一系列特殊形状的物理掩模来控制基片上不同位置沉积时的暴露时间[59]，从而得到具有不同薄膜沉积厚度的样本单元。虽然这两种方法都在一定程度上提高了薄膜的厚度均匀性，但它们都不能在组合材料样品库中保持长期的薄膜沉积厚度均匀性。此外，溅射阴极和形状掩模设计复杂，增加了制造工艺和设备操作的难度。

为了解决这些问题，引入一种制备大面积均匀薄膜的方法，将矩形靶材平行固定在靶材架上，溅射时靶材随靶材架沿矩形靶材短边方向做匀速往复运动，如图 1-11（a）所示为高通量组合磁控溅射系统的原理图。三个独立的高真空沉积腔设计成相互成 90°角的环形分布，因此可以根据不同靶材的沉积需要，单独控制其沉积时的基片压力和气氛。基片传送转台安装在基片传递腔中，可以将基片从一个沉积室传送到另一个沉积室，以实现依次沉积不同前驱物材料的过程，腔室之间通过闸板阀隔断。如图 1-11（b）所示，通过最小步长为 1μm 的高精度电机和基片旋转架可实现对基片移动的精准控制。在各沉积腔中，两个靶材安装在靶材旋转架上，旋转架与移动导轨相连，以实现在溅射工作位和等待位之间的切换，如图 1-11（c）所示。在薄膜沉积时，基片旋转到制备腔室并保持相对静止，移动导轨用于控制靶材与基片做相互往复运动。此时矩形靶材平行于基片，两者之间由一个宽度可调且平行于矩形靶材长边方向的狭缝隔开，即可实现对基片上沉积区域的控制，系统实物如图 1-11（d）所示。

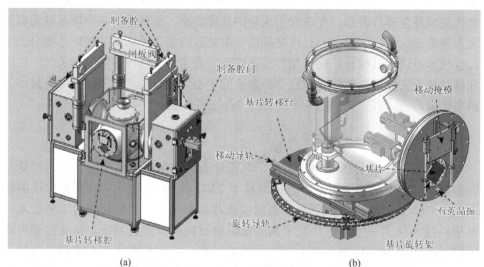

(a)   (b)

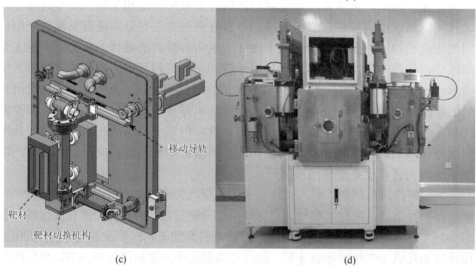

(c)   (d)

图 1-11 （a）高通量组合磁控溅射系统原理图，该系统具有三个独立的沉积室，它们之间呈90°环形分布；（b）基片转移支架；（c）在沉积室门内侧，靶材旋转架上连接到移动轨道上具有两个靶材安装位置；（d）高通量组合磁控溅射系统照片[58]

为了实现薄膜的大面积均匀沉积，还设计了如图 1-12（a）所示的矩形溅射阴极，它由图 1-12（b）所示的条形磁铁和环形磁铁组合而成。溅射靶安装在矩形溅射阴极上，可以称为矩形靶材。图 1-12（c）和图 1-12（d）分别给出了平

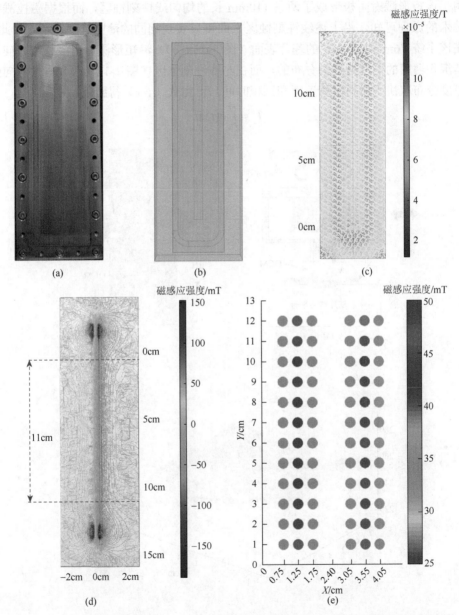

图 1-12　（a）矩形溅射阴极照片；（b）矩形溅射阴极示意图；（c）矩形溅射源平行于基片表面方向和（d）垂直于基片表面方向磁场分布仿真结果；（e）矩形溅射阴极在靶面上方 3mm 处磁场分布的测量结果

行于靶面和垂直于靶面方向的矩形溅射阴极磁场分布的仿真结果。图 1-12（e）为矩形溅射阴极的实测磁场分布。在图 1-12（c）和图 1-12（d）中，矩形溅射阴极磁场分布的仿真结果与图 1-12（e）中所测得的磁场分布一致。上述结果表明，该矩形溅射阴极形成了两条 110mm 长的均匀线性刻蚀区，而根据磁控溅射技术的原理可知，沿上述线性刻蚀区方向可以实现相同的薄膜沉积速率。由此，在该系统 76mm×76mm 的基片表面（图 1-13（b））沿矩形溅射阴极长边方向，其沉积薄膜的厚度是均匀分布的，而在与线性刻蚀区（图 1-12（e））垂直方向的厚度分布取决于材料沉积速率和沉积时间，可由式（1-1）得到：

$$T_x = \int_{t_0}^{t} r(t)\mathrm{d}t \tag{1-1}$$

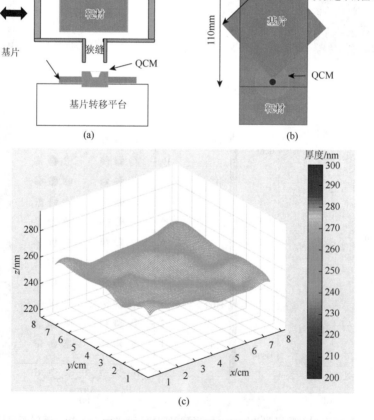

(a)

(b)

(c)

图 1-13　QCM 和靶材布局示意图

（a）侧视图；（b）俯视图；（c）制备的 250nm 薄膜的厚度分布，该薄膜在 76mm×76mm 基片上的沉积不均匀性小于 3%

式中，T_x 表示沿 x 轴（与线性刻蚀区垂直方向）任意点所沉积的薄膜厚度；$r(t)$ 表示任意时刻 x 点处的靶材沉积速率。采用宽度可调的狭缝屏蔽板置于矩形溅射阴极与基片之间，在实现对沉积速率和空间分布控制的同时，也会导致沿 x 轴方向沉积速率的不均匀分布。因此，用 t_0 和 t 分别表示基片 x 点处，与垂直基片的法线和狭缝两边的相交时间。在本系统中，基片安装在可移动平台上固定不动，采用靶材相对于基片往复运动实现薄膜沉积，而靶材材料穿过可调节的狭缝溅射到基片上。当狭缝的宽度调整到足够窄时（根据靶材材料种类和靶材移动速度的不同，为 1~50mm），在靶材通过狭缝宽度方向的沉积率变化可以忽略不计。此时，t_0 和 t 分别为 0 和 $\frac{w}{v}$。其中，w 和 v 分别为狭缝宽度和靶材的移动速度。考虑到靶材沉积速率会随着刻蚀区深度和形状的变化而变化，因此在基片附近设置一个面向狭缝的带有水冷装置的 QCM，实时监测材料的沉积速率，具体如图 1-13（a）和（b）所示。由此，薄膜沉积厚度可由式（1-2）计算：

$$T_x = r(t) \frac{w}{v} \tag{1-2}$$

根据式（1-2），可以通过 QCM 实时检测沉积速率，并反馈控制靶材的移动速度，从而实现对沿 x 轴方向薄膜厚度的控制。考虑到沉积速率 $r(t)$ 在较短的沉积时间内变化不大，也可以近似为一个常数 R。常数 R 可以采用非原位台阶轮廓仪测量一定厚度薄膜的平均沉积速率，或拟合沉积速率曲线来获得。因此，可以在大面积基片上实现薄膜大面积均匀沉积。

综上所述，上述装置溅射靶材的沉积速率由工作气压、靶材移动速度、狭缝宽度、工作气流量和电源功率等五个因素共同决定。为验证设备的均匀性，作者制备了厚度为 250nm 的 Mo 薄膜，采用 Mo 靶（纯度 99.995%），溅射源参数为 1.5A 和 355V，工作气压为 0.1Pa，氩气流速为 180sccm（1sccm = 1mL/min），靶材移动速度为 25mm/s。图 1-13（c）为使用表面轮廓仪（Dektak，XT）所测量的薄膜厚度分布。结果表明，76mm×76mm 基片上所沉积的薄膜厚度不均匀性小于 3%，满足预期对薄膜均匀性的设计要求。

通常情况下，大多数高通量表征技术最低分辨率要求大于 500μm，考虑到物理掩模造成的溅射阴影效应，阴影区域的长度通常大于 100μm，故各样品微区至少应该大于 700μm，才能保证测量区域的成分可靠性。因此，在 700μm 的固定步长下，移动掩模需要移动一百多步才能覆盖 76mm 的距离，从而实现超过 10000 微区样品单元的组合材料样品库制备。

3. Ti-Zr-Ni 三元组合材料样品库制备验证

为了对所研发的设备进行应用验证，作者在室温条件下，在 76mm×76mm

（100）硅片基片和 76mm×76mm 钠钙玻璃基片上制备了组分梯度分布的 Ti-Zr-Ni 三元薄膜组合材料样品库。Ti-Zr-Ni 是一种极具潜力的形状记忆合金材料，可用于各类传感器。在上述样品制备过程中，所采用的溅射功率为 200W，氩气流量为 180sccm，工作气压为 0.1Pa，掩模的移动步长 b 为 3mm，基片边缘空白区域宽度 h 为 2mm，当掩模位置移动至 $a+nb$ 时（其中 $a=20mm$，$n=18$，$nb=54mm$），即可沉积得到多层膜梯度堆叠结构的前驱物。为确保各单层薄膜的厚度，使用表面轮廓仪（Dektak，XT）分别对 200 层的 Ti、Ni 和 Zr 薄膜样品进行厚度-层数曲线的标定，并通过 QCM 分别监测和控制 Ti、Ni 和 Zr 单层薄膜厚度分别为 1nm、0.6nm 和 1.3nm。然后，将制备好的前驱物多层膜样品在 10^{-3}Pa 的真空热处理炉中进行退火热处理，退火工艺为 300℃下 20h 低温扩散热处理和 550℃下 2h 高温成相热处理。最后，就完成了具有 324 个独立三角形样品单元的 Ti-Zr-Ni 三元合金组合材料样品库的制备（图 1-14（a））。其中，各样品微区的厚度范围是 108～234nm。利用微区 X 射线荧光光谱仪（micro-region X-ray diffraction，micro-XRF，Bruker，M4 TORNADO）获得了所制备材料样品库的元素分布结果，显示了 Ti、Ni 和 Zr 在基片上的梯度浓度分布。采用 X 射线光电子能谱（XPS，Thermo Fisher SCIENTIFIC，Escalab250xi）对样品单元 $Ti_{35}Ni_{25}Zr_{40}$ 进行成分分析，如表 1-1 所示，所制备的样品与设计成分基本一致。这些结果表明，所制备的样品库中成分覆盖了 Ti-Zr-Ni 三元成分空间。在此基础上，电子科技大学研究团队采用四探针电阻扫描系统表征了 Ti-Zr-Ni 合金组分的方阻[60]，并绘制了方阻分布图，如图 1-14（b）所示。其中，富 Ti 和富 Ni 区域的薄膜方阻超过 $10^4\Omega$，而富 Zr 区域的薄膜方阻一般低于几千欧姆。而上述高电阻可能是由于在空气气氛下样品转移或测试过程中存在氧化现象，导致样品表面形成高阻氧化膜。此外，高的薄膜方阻也可能是形成非晶相造成的。如图 1-14（c）所示，四种富 Zr 区域的合金成分，随着 Ti 浓度的增加电阻率呈增大趋势，其电阻率变化与文献数据相符，这可能是由于非晶相出现增强了材料结构无序性。

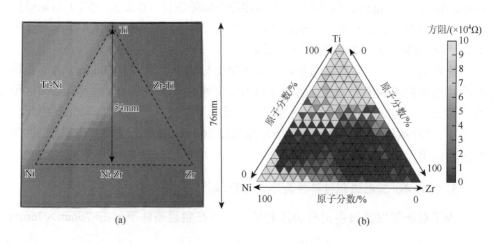

（a）   （b）

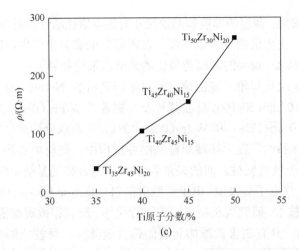

(c)

图 1-14　（a）高度为 54mm 的 Ti-Zn-Ni 三元组合材料样品库；（b）制备的 Ti-Zr-Ni 三元合金体系的方阻分布图；（c）富 Zr 区域的电阻率

表 1-1　样品单元 Ti$_{35}$Ni$_{25}$Zr$_{40}$ 的元素成分

元素种类	设计含量/%（原子分数）	实测含量/%（原子分数）
Ti	35	36.7
Ni	25	23
Zr	40	40.3

1.3　应　用　范　例

1.3.1　基于共溅射的高通量实验案例

德国波鸿鲁尔大学的 Kumari 等[61]为寻找合适的光解水催化材料，采用磁控溅射共沉积并在空气中退火的方法合成成分梯度从 Fe$_{10}$V$_{90}$O$_x$ 到 Fe$_{79}$V$_{21}$O$_x$ 的薄膜 Fe-V-O 材料样品库。利用高通量表征技术，从成分、结构、光学和光电化学性能等方面对材料样品库进行表征，以建立成分、厚度、结晶度、微观结构和光电流密度之间的关系。此项研究发现，在整个成分梯度中存在三种不同的结晶相：在低铁含量区域（11%～42%，原子分数，下同）为 Fe$_2$V$_4$O$_{13}$，在富铁含量区域（37%～79%）为 FeVO$_4$，在低铁至富铁过渡区域（23%～79%）为 Fe$_2$O$_3$。以 Fe$_2$V$_4$O$_{13}$ 为主相的薄膜具有低光电流密度（28μA/cm^2）；以 FeVO$_4$ 为主相的薄膜显示出高达 190μA/cm^2 的光电流密度。光电流密度最高的薄膜具有 2.04eV 的间接带隙和

2.80eV 的直接带隙。薄膜的厚度和晶粒尺寸对光电催化活性没有显著影响。在铁含量大于 66%时，光电流密度显著下降。在所研究的成分空间中，以 $FeVO_4$ 为主导相的铁含量为 54%～66%的薄膜是最优的光解水催化材料。

奥地利科学院埃里希·施密德材料科学研究所的 Nikolić 等[62]采用磁控溅射共沉积法，在 100mm Si(100) 单晶基片上，制备了 W-Fe（0%～7%，原子分数，下同）、W-Ti（0%～15%）和 W-Ir（0%～12%）三种成分连续分布的二元钨合金薄膜组合材料样品库。在上述薄膜样品制备过程中，靶材中心到基片中心的距离为 185mm，两个溅射靶材之间的夹角为 144°。结合高通量能量色散 X 射线光谱仪、自动化的扫描电子显微镜、电子背散射衍射（electron backscattering diffraction, EBSD）等表征技术，研究人员对样品库进行化学、形貌和微观截面的高通量表征。SEM 观察表明，具有高含量添加元素的钨合金薄膜，呈柱状结构，其形貌为具有圆顶并由空隙隔开的倒锥形。而上述形貌与合金的含量具有较强的相关性：添加元素含量越低，则薄膜密度越高、晶界越致密；而随着添加元素含量增加，薄膜的孔洞逐渐增大。钨合金薄膜的 EBSD 成像结果显示微观结构由均匀分布的晶粒组成，随着铁含量的增加，晶粒平均尺寸从 401nm 降低到 330nm。W-Ir 合金的 EBSD 晶粒尺寸分析表明，晶粒尺寸随着铱（Ir）含量的降低而增加，在 13.1% Ir 和 5.8% Ir 含量（原子分数）下，平均晶粒直径分别为 149nm 和 239nm。在 W-Ti 合金中，随着 Ti 含量的增加，晶粒垂直于参考方向略微拉长，W-5.3%Ti 的平均直径为(139±20)nm，W-14.6%Ti（原子分数）的平均直径为(162±25)nm。该工作在满足必要的微观结构要求和沉积参数优化的基础上，建立了通过微观力学实验研究单一添加元素对合金性能影响的方法。

电子科技大学的 Zhang 等[63]发展了一种测量导电薄膜电阻的高通量传感器阵列技术，实现组合溅射技术与传感器技术的结合，可以原位研究复杂合金的相变行为。他们通过使用传感器测定了几种典型 Pd-Si-Cu 基金属玻璃的玻璃化转变温度和结晶温度。实验发现，在 PdCuSi 和 NiZr 两种金属玻璃体系中，结晶材料与沉积材料的电阻比和玻璃成型能力相关。该传感器具有良好的灵敏度，表征温度可以达到材料的熔融温度，能以高通量的方式测量较大成分区间的玻璃相成型能力。

柏林亥姆霍兹材料与能源中心的 Schwanke 等[64]采用组合磁控溅射技术，合成了 $Ni_{1-y-z}Fe_yCr_zO_x$ 伪三元材料样品库，采用 X 射线吸收光谱（X-ray absorption spectroscopy，XAS）结合自动微滴扫描系统对其进行表征。具体通过 XAS 和电化学高通量表征方法对析氧反应（oxygen evolution reaction，OER）催化剂的电子结构与催化活性之间的关系进行研究，XAS 测试结果如图 1-15 所示。研究发现，铬的存在增加了研究成分范围内的析氧活性。在所研究的化合物分布范围内，Ni 和 Cr 的电子结构保持不变。

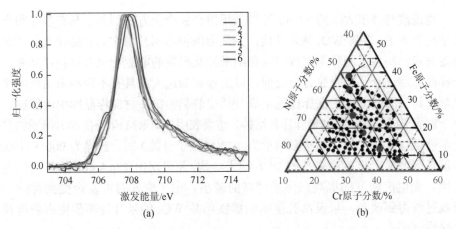

图 1-15　　(a) $Ni_{1-y-z}Fe_yCr_zO_x$ 样品库中编号 1~6 的样品 XAS 测试的 FeL3 带边谱图，
(b) $Ni_{1-y-z}Fe_yCr_zO_x$ 三元材料成分分布图（扫描封底二维码可见本图彩图）[64]

　　日本东北大学的 Nguyen 等[65]为开发高性能的 AlN 基压电材料，采用 AlN 和 MgHf 靶材，在 600℃的 Si(100)基片上采用组合共溅射方法制备了具有组分梯度分布的$(Mg, Hf)_xAl_{1-x}N(0<x<0.24)$薄膜组合材料样品库，并对其基本性能进行了高通量实验研究。XRD 结果表明，Mg 和 Hf 部分取代了 Al，导致 AlN 晶体的 c 轴伸长，在 $x = 0$ 时 c 轴长为 5.00Å，当 $x = 0.24$ 时 c 轴伸长为 5.11Å。压电响应显微镜测试结果表明，c 轴伸长使压电系数从 $x = 0$ 时的 1.48pm/V 几乎线性增加到 $x = 0.24$ 时的 5.19pm/V。采用 $0.07mm^2$ 电极平行板电容结构对$(Mg, Hf)_xAl_{1-x}N$ 的介电常数进行研究，结果表明，$(Mg, Hf)_xAl_{1-x}N$ 的介电常数随着 x 的增大有轻微的增加。上述结果证实$(Mg, Hf)_xAl_{1-x}N$ 是一种很有前景的压电材料，特别适合用于振动采集器。

　　德国路德维希-马克西米利安-慕尼黑大学（简称慕尼黑大学）的 Kadletz 等[66]为了寻找具有微致动性和生物医用植入物应用价值的 Ti-Ta 薄膜，采用组合磁控溅射方法，在 25℃下沉积了 Ti-Ta 薄膜组合材料样品库。随后通过高通量表征方法快速系统地研究了上述体系中微观结构和形态特性与化学成分相关性。SEM 观察发现，在富钛区柱状晶体呈金字塔形，尖端锋利，柱体较粗。通过掠入射 X 射线衍射，确定了从贫钽区到富钽区的四个相：ω 相、α 马氏体、β 相和四方富钽相（Ta(tetr)）。研究人员用结构精修方法分析了晶体结构和微观结构，确定了晶体结构和微观结构随钽含量的变化趋势。实验结果表明，$\beta \leftrightarrow \alpha$ 相变在马氏体相变温度低于室温的成分处（Ta 原子分数处于 34%~38%）呈现不连续性，呈现一级相变，证实了其马氏体性质。该研究利用朗道理论对 α 马氏体进行了简单的研究，对室温下的自发晶格应变进行了数学定量分析。Ti-Ta 的马氏体性质有利于开发在转变温度大于 100℃时具有驱动响应的高温致动器。

德国波鸿鲁尔大学的 Khare 等[67]采用组合脱合金方法制备了具有多孔和光电化学活性的 Fe 掺杂 WO$_3$ 纳米结构，并采用两种不同几何布局的磁控溅射共沉积制备技术，制备了两种不同致密度和纳米柱状形貌的前驱物组合材料样品库。两个样品库都进行了组合脱合金处理，以制备和筛选大量具有不同纳米结构的光电化学材料。脱合金过程选择性地从成分梯度前驱物钨铁材料样品库中溶解铁，在整个表面形成单斜单晶纳米叶片状结构。结果表明，纳米结构 Fe：WO$_3$ 薄膜的光电化学性质与成分有关。Fe 掺杂浓度为 1.7%（原子分数）时，膜厚为 900～1100nm 的测量区域显示出高度多孔的 WO$_3$ 纳米结构，并展现出 72μA/cm^2 的最高光电流密度。光电流密度的提高归因于禁带的减小、电子空穴对的复合受到抑制、光吸收过程得到改善，以及高孔隙率的掺铁单晶 WO$_3$ 纳米叶片薄膜中有效电荷的传输。

哈佛大学的 Zheng 等[68]开发了一种用于形状记忆合金和金属玻璃相转变研究的温度电阻传感器组合阵列。他们使用一种简单而廉价的制造工艺来测量薄膜材料电阻随温度和成分变化的规律。该传感器能够表征从液氮温度到 900K 左右的材料电阻变化，并且不受低样品电导率的限制。通过分析 Ti-Ni-Cu 形状记忆合金和 PdSi 基金属玻璃的相变过程，证明了该技术的灵敏度和准确性。此外，发现 PdSi 基金属玻璃电阻的变化与玻璃的形成能力有关，这一观察结果有助于高通量技术在玻璃态合金中的应用。

Mg-Zn-Ca 和 Fe-Mg-Zn 三元非晶合金是生物可吸收植入装置的理想选择。用于生物医学的合金材料应同时具有较好的力学性能（模量、强度、硬度）和生物响应性能（如原位降解速率、细胞黏附和增殖性能），其筛选过程通常十分复杂。耶鲁大学机械工程与材料科学系的 Datye 等[69]采用组合磁控溅射方法制备了非晶态 Mg-Zn-Ca 和 Fe-Mg-Zn 合金组合材料样品库，并使用 EDS、XRD 和纳米压痕等表征手段对组合样品的结构和力学性能进行扫描高通量测试。结果表明，在 Mg-Zn-Ca 和 Fe-Mg-Zn 组合样品空间中的大多数合金成分都是可生物降解的，相关材料有望应用于生物医学领域。

美国国家可再生能源实验室的 Rajbhandari 等[70]采用组合薄膜实验研究了镓（Ga）掺杂镁锌氧化物的性质。通过共溅射沉积制备了 Zn$_{1-x}$Mg$_x$O 组合材料样品库，结合 XRD、XRF、XPS 和开尔文扫描探针等测试手段对样品库进行表征。研究结果表明，对于 Mg 原子分数在 0.04<x<0.17 范围内的组分空间，Zn$_{1-x}$Mg$_x$O 薄膜的禁带为 3.3～3.6eV。而同时其微观结构和光学性质之间表现出明显的相关性，其载流子浓度为 10^{17}～10^{20}cm^{-3}，且与镓掺杂含量直接相关。结果表明，Ga: (Zn, Mg)O 薄膜可以通过与不同吸收层材料接触形成 PN 节，探究 Ga: (Zn, Mg)O 能带结构如何影响太阳能电池的性能。

奥地利林茨约翰内斯·开普勒大学的 Mardare 等[71]采用共溅射法制备了含

Hf-Nb-Ta 的三元薄膜组合样品库，并对 Hf-Nb-Ta 体系的基本材料性质进行了表征（图 1-16）。结果显示，其显微组织和晶体结构作为材料样品库的基本变量，可揭示合金演化的过程。立方相的 Nb 与四方相的 Ta 混合，使得合金表面晶粒分布具有明确的边界。当加入六方 Hf 后，可观察到明显的晶格畸变，当铪原子分数在 32%以上、铌和钽原子分数分别小于 27%和 41%时，形成非晶态合金。通过扫描微液滴显微镜观察了材料样品库的阳极氧化现象。此外，也对 Hf-Nb-Ta 混合氧化物的电化学性质进行了表征。所研究的 Hf-Nb-Ta 氧化物都具有 N 型半导体性质。通过绘制载流子浓度和平带电位的分布关系，发现它们的值主要取决于 Nb 元素的含量。

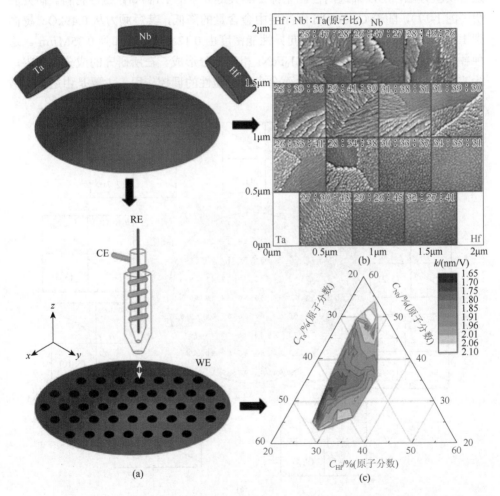

图 1-16　Ta、Nb、Hf 三元共溅射示意图（RE 表示参比电极；CE 表示对电极；WE 表示工作电极）(a)、SEM 图（b）、氧化物形成因子 k（以 nm/V 为单位）示意图（c）[71]

德国波鸿鲁尔大学的 Wambach 等[72]采用高通量磁控溅射方法建立了 Ni-Si-B 材料样品库，并系统研究了 Ni-Si 材料体系的功函数与 B 原子分数（0%～30%）的关系，并对其结构和电性能进行了研究。结果表明，对于(NiSi)B$_x$，其功函数可以在 4.86eV（B 原子分数为 4.2%）和 5.16eV（B 原子分数为 29.2%）之间进行调控。

L1$_0$-FeNi 合金是理想的高性能无稀土元素磁性材料。对于 FeNi 合金，该材料制备的关键在于制备稳定的 L1$_0$-FeNi 相。通常可以通过不同基片或设置不同的缓冲层，进而对晶胞施加应变来稳定亚稳态四方相。其中，Au-Cu-Ni 合金是一种极具潜力的缓冲层材料，但关于其组成对四方相形成影响的研究较少。希腊纳米科学与纳米技术研究所的 Giannopoulos 等[73]提出了一种基于高通量磁控溅射技术的组合实验方法，用以筛选高性能无稀土等关键元素的 L1$_0$-FeNi 磁性材料。研究表明（图 1-17），随着 Cu-Au-Ni 缓冲层中金含量的降低，其矫顽力从 0.49kOe①提高到 1.30kOe。同样，面外磁晶各向异性能密度由 0.12MJ/m^3 增加到 0.35MJ/m^3。这种各向异性是由缓冲层诱导 L1$_0$FeNi 相的部分形成。在所研究的成分范围内，缓冲层结构没有发生明显变化，而金含量对磁性的调控作用，主要是由层间扩散过程不同造成的。

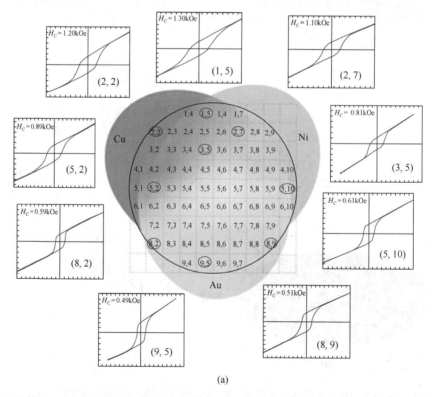

(a)

---

① 1Oe = 79.5775A/m。

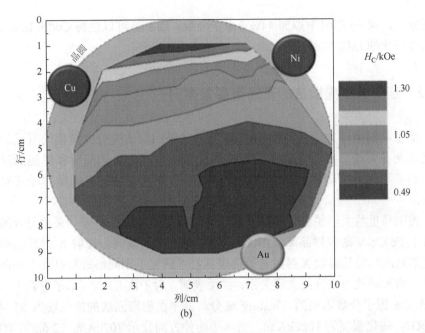

(b)

图 1-17　（a）代表性的室温极化场诱导的磁滞回线，显示了矫顽力（H_C）随着 Au-Cu-Ni 成分比例的系统改变；（b）彩色编码矫顽场图；数字（X, Y）表示晶片上对应于不同的 Au-Cu-Ni 成分的测量区域。所施加的磁滞回线的磁场强度范围为±5kOe（扫描封底二维码可见本图彩图）[73]

　　北京科技大学的 Zhang 等[74]采用磁控共溅射制备了成分梯度分布的伪三元 Ti-Al-(Cr, Fe, Ni)薄膜组合样品库。该样品库对上述伪三元成分空间具有较高的成分覆盖率，元素原子分数范围平均为 3.3%～89.2%。此外，为了便于性能表征，将薄膜分成了 144 个面积为 1cm² 的独立样品。并从相结构和微观形貌对材料样品库进行了研究。结果表明，在上述样品库中相主要由非晶相和体心立方相组成，而硬度随成分改变呈非线性变化。

　　新加坡-麻省理工学院低能电子系统研究与技术联盟的 Sasangka 等[75]基于共沉积原理开发了一种新型高通量薄膜制备技术，用于研究焊料 Cu/Sn 和 Cu/Sn_xIn_{100-x} 双层薄膜系统中的金属间化合物（intermetallic compound，IMC）的生长动力学过程。该项研究提出了 Cu/Sn 系统中 IMC 生长动力学模型，且所得到的模型数据与实验数据非常一致。该模型分别考虑了 Cu 和 Sn 通过 IMC 层的扩散通量，以及 Cu/IMC 和 IMC/Sn 界面处 Cu 与 Sn 原子的反应通量。观察发现，对于低温下的薄 IMC，IMC 生长由 Cu 和 Sn 之间的反应速率控制，而对于高温下的厚 IMC，Cu 沿着 IMC 晶界的扩散和 Sn 通过 IMC 晶格的扩散速率是受限制的。研究人员观察到 IMC 生长受低温下薄 IMC 的 Cu 和 Sn 之间反应速率控制，而对于高温下的厚 IMC，沿 IMC 晶界的 Cu 扩散速率和通过 IMC 晶格的 Sn 扩散速率是受限的。研究还发现，向 Sn 焊料中添加 44%（原子分数）的 In，可以使得 Cu/Sn$_x$In$_{100-x}$ 双层膜具有最快的 IMC 生长速率。

1.3.2　基于分立掩模法的高通量实验案例

除了美国圣母大学的 McGinn 等[32,76]，采用集成有分立掩模的五元磁控溅射组合制备系统，成功开展了面向析氧反应、甲醇电氧化反应和氧还原反应等应用的新型催化剂研发，具有代表性的基于分立掩模法的高通量实验还有如下案例。

美国马里兰大学帕克分校材料科学与工程系的 Fackler 等[77]采用复合溅射法制备了 Fe-Co-V 薄膜样品库（图 1-18），并结合高通量同步辐射 X 射线衍射、磁光克尔效应和波长色散X射线光谱等表征技术研究了不同组成和厚度下该薄膜体系的结构和磁性与成分的关联关系。结果表明，对于由 8% V（原子分数）和相等 Fe 和 Co 原子分数组成的 Vicalloy 成分，其平面磁滞回线的矫顽场为 23.9kA/m（300G），磁化强度为1000kA/m。而其平面外方向显示 207kA/m（2.6kG）的增强矫顽场，这是柱状晶粒的形状各向异性所导致的。此外，在钒原子分数为 0.5%～24%的成分范围内，磁化反转机制受 180°畴壁钉扎控制。通过对高通量磁光克尔效应和传统振动样品磁强计测量结果的比较，发现在大多数的成分和厚度区域内，其矫顽场测量结果是一致的。

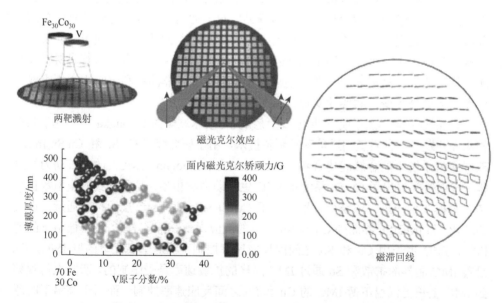

图 1-18　复合溅射法制备 Fe-Co-V 薄膜样品库示意图[77]

1.3.3　基于连续掩模法的高通量实验案例

德国波鸿鲁尔大学的 Wambach 等[78]基于连续掩模磁控溅射组合制备技术,采用直径 101.6mm(4in)的靶材,在具有光刻图形的 100mm 直径多晶氧化铝基片上,制备了成分梯度分布的 Ti-Ni-Si 薄膜组合材料样品库,薄膜沉积后,在超声波浴中剥离光刻胶,留下"十字"薄膜样品单元。上述制备过程采用连续掩模制备工艺,通过移动掩模实现单一材料的厚度梯度分布,通过将每个元素的基片旋转 120°,实现对三元成分空间的完全覆盖,薄膜平均厚度为 480nm。并通过 EDS、高通量电阻测量系统、扫描轮廓仪和扫描 X 射线衍射仪对薄膜样品库的元素分布、电阻分布、厚度分布和物相分布数据进行测量,通过电导率-塞贝克系数扫描探针显微镜(Potential & Seebeck microprobe,PSM)对样品单元的塞贝克系数分布进行测量。该 PSM 由内部构建的加热探针、X-Y-Z 移动平台、两个 T 型热电偶和一个用于数据采集的数字万用表组成。其中,一个热电偶连接到加热的铜探针,该探针的顶端包含一个碳化钨尖端,接触直径为 12μm;另一个热电偶用银膏固定在样品单元的十字尖端。通过对高通量 X 射线衍射结果的分析建立相图,从而得到二元合成空间中组分、相组成与各种性能之间的关系。实验结果表明,该体系与其他硅化物体系相比塞贝克系数较低,在 Ni_3Si 相非常显著的测量区域,测量的最高塞贝克系数为–12μV/K。

波鸿鲁尔大学材料研究所的 Naujoks 等[79]采用连续掩模和磁控溅射制备技术,实现了 Co-Al-Cr 三元体系和 Co-Al-Cr-W 准三元体系(W 原子分数为 10%)Co 基高温合金薄膜组合材料样品库的制备,并在 500℃空气中对其相稳定性和氧化行为进行了分析。不同退火状态样品的光学分析数据和 EDS 结果揭示了材料亮度损失与氧浓度增加之间具有相关性,而其电阻率只与 EDS 测定的氧浓度变化具有微弱相关性。结合高通量 EDS 和 XPS 技术,对各样品单元的表面氧化膜成分进行了测试,结果表明 W 掺杂量为 10%(原子分数)时,在整个组成范围内都具有较低的氧化动力学。从 XPS 深度剖面测量结果可以观察到富 Co 区域表面氧化膜的分层,这表示表面未氧化样品的热力学稳定性增强。另外,将薄膜样品测量结果与氧化的块体样品测量结果比较表明,两种样品中都存在 Co 氧化物,而薄膜表面氧化膜中还含有 Al 氧化物和 Cr 氧化物。

德国波鸿鲁尔大学的 Naujoks 等[80]采用磁控溅射和连续掩模法制备了Co-Ti-W 三元材料样品库,通过高通量能量色散 X 射线光谱仪、扫描四探针电阻测量技术和 X 射线衍射技术对 1mm 厚的薄膜材料样品库进行了表征,确定了稳定的组分范围。同时制备了组分确定的块体合金样品,以便进行薄膜和块体合金的对比研究。利用扫描电子显微镜和透射电子显微镜对薄膜和块体样品进行测试后表明，D85 相（μ 相）与 C36 相和 A2 相共存，其平均化学成分相当。再比较纳米压痕法测定的 μ 相和 C36 相的弹性模量及硬度，发现实验得到的弹性模量变化趋势与密度泛函理论（density functional theory，DFT）计算结果一致。此外，在采用钢锭冶金工艺生产的块体样品中，发现了与薄膜材料样品库中相同的相混合物。

1.3.4　梯度类超晶格工艺的高通量实验案例

1. In 掺杂的 LLZO 固体电解质薄膜性能研究

近年来随着电动汽车和可穿戴设备领域的发展，全固态锂离子电池由于其高能量密度和高安全性引起了人们的极大兴趣。该电池成功应用的关键在于找到具有与液体电解液离子电导率相当的固体电解质。在各种固体电解质中，立方相石榴石型 $Li_7La_3Zr_2O_{12}$（LLZO）具有良好的热稳定性、高离子电导率（$10^{-3}\sim10^{-4}$S/cm）和宽的电化学窗口，被认为是一种具有潜力的候选电解质材料[81-83]。以往的研究表明，在室温下，立方相 LLZO 容易转变为四方相，导致离子电导率降低两个数量级[84]。已有研究表明，高价阳离子掺杂可以在室温下稳定立方相，同时产生额外的 Li^+ 空位，从而提高材料的离子电导率[85, 86]。基于这一原理，引入 Al^{3+}、Ga^{3+}、Cr^{3+}、Fe^{3+}、Sc^{3+}、Ta^{5+} 和 Nb^{5+}，取代 Li 或 Zr 位的阳离子[87-93]，显著提高了其离子电导率。Miara 等[94]利用 DFT 计算了所有可能掺杂到 LLZO 中阳离子的杂质缺陷能和位置偏好，表明铟可能是潜在的掺杂剂。然而，对铟掺杂 LLZO 的系统研究还很少。此外，生成结构致密、锂浓度高的 LLZO 电解质也可以有效提高离子电导率。通常高样品致密度和高锂浓度可以通过严格控制制造工艺和热处理过程中补充过量的锂来获得[95, 96]。然而，不同于其块体材料，LLZO 薄膜的离子电导率通常在 10^{-5}S/cm 以下[97]。这往往是由 PVD 制备和退火过程中 Li 元素蒸发造成的，可能会导致 $La_2Zr_2O_7$（LZO）相的形成，并降低晶界的致密度，进而造成离子电导率降低[98, 99]。因此，在较低的热处理温度下改善 LLZO 薄膜的结晶和致密化受到了广泛的关注。

为了减少沉积过程中的锂损失，提高晶粒和晶界的离子电导率，目前已有大量报道。据报道，通过共沉积工艺可以将锂化合物引入 LLZO 中，以弥补锂蒸发造成的贫锂。Rawlence 等[100]采用射频磁控溅射技术，通过同时溅射 Ga_2O_3 和 Li_2O，制备了掺杂 Ga^{3+} 的 LLZO 薄膜，薄膜的离子电导率为 1.6×10^{-5}S/cm。Pfenninger 等[101]提出了一种以 Li_3N 为锂源的脉冲激光沉积方法，制备了 Li_3N-LLZO 多层膜。经退火处理后得到了离子电导率为 2.9×10^{-5}S/cm 的石榴石型 LLZO 薄膜。考虑到水和氧气对 Li_2CO_3 影响较小，且在制备过程中没有引入额外元素，Zhu 等[102]合成了 LLZO-Li$_2$CO$_3$-Ga$_2$O$_3$ 前驱物多层膜。他们提出，在 LLZO 晶粒之间构建一个非晶态区域作为晶界，从而减少空间电荷层，释放晶界中捕获的 Li$^+$。然而，晶界中原本的孔洞可能会限制 LLZO 薄膜的电化学稳定性。上述研究表明，掺杂 Ga^{3+} 或者过量补锂都能促进高导电立方 LLZO 相的形成。然而，采用前驱物多层膜制备工艺制备的 LLZO-LZO 薄膜，仍不可避免地存在欠锂的 LZO 相[100, 102]，这可能与退火温度较低有关。

为了探究不同热处理温度下，铟掺杂对 LLZO 薄膜稳定性的影响，电子科技大学的 Yan（闫宗楷）等[103]基于高通量组合磁控溅射制备系统，借鉴梯度类超晶格工艺思想，采用纳米层堆叠和不同温度下退火的方法制备了铟掺杂的 LLZO-LZO 薄膜。为了促进层间相互扩散，根据 Johnson 等[38]的观点，薄膜的厚度应控制在纳米级。因此，通过反复在基片上沉积 LLZO-Li$_2$CO$_3$-In$_2$O$_3$ 得到了多层膜结构的前驱物。通过比较不同退火温度下铟掺杂的 LLZO-LZO 薄膜的形貌和相结构，研究铟掺杂对立方 LLZO 相形成和稳定性的影响，具体如下。

采用组合射频磁控溅射系统[56]制备铟掺杂的 LLZO-LZO 薄膜。如图 1-19 所示，在硅片(100)和 304 不锈钢上依次重复沉积 LLZO、Li$_2$CO$_3$ 和 In$_2$O$_3$ 薄膜，制备了铟掺杂 LLZO 薄膜前驱物。沉积的工作压力为 1Pa，而 LLZO 的功率密度为 2.38W/cm^2，其他为 1.90W/cm^2。LLZO、Li$_2$CO$_3$ 和 In$_2$O$_3$ 薄膜的各层厚度分别控制为 7nm、0.8nm、6nm，而通过重复 80 次堆叠的 LLZO-Li$_2$CO$_3$-In$_2$O$_3$ 多层膜前驱物结构总厚度为 1550nm。在 600℃、700℃、800℃下分别以 5℃/min 的速率从室温升温到 500℃，并以 1℃/min 的升温速率在 500℃ 和 500℃ 以上退火 2h 后，制备了不同退火温度的铟掺杂 LLZO 薄膜样品。LLZO-LZO 薄膜的详细制备参数如表 1-2 所示。

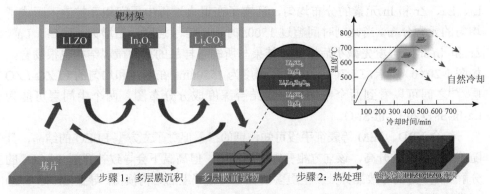

图 1-19　铟掺杂 LLZO-LZO 薄膜制备工艺流程图，依次重复沉积 LLZO、Li$_2$CO$_3$ 和 In$_2$O$_3$ 薄膜，然后在不同温度下进行退火[103]

表 1-2　LLZO-LZO 薄膜固体电解质样品及其制备参数

样品	前驱物结构	热处理温度/℃	是否掺杂铟	是否补锂
#800-IL	$LLZO-Li_2CO_3-In_2O_3$	800	是	是
#800-L	$LLZO-Li_2CO_3$	800	否	是
#700-IL	$LLZO-Li_2CO_3-In_2O_3$	700	是	是
#700-I	$LLZO-In_2O_3$	700	是	否
#600-IL	$LLZO-Li_2CO_3-In_2O_3$	600	是	是

用表面轮廓仪（Dektak，XT）分别测量 LLZO、Li_2CO_3 和 In_2O_3 薄膜厚度。采用 X 射线衍射（XRD，Bruker D8 advance）研究了铟掺杂 LLZO-LZO 薄膜的结晶过程。利用飞行时间二次离子质谱（time of flight secondary ion mass spectrometry，TOF-SIMS）深入测量了多层膜相互扩散后的 LLZO-LZO 薄膜的化学成分。利用扫描电子显微镜（SEM，JSM-7600F）对制备的薄膜进行微观结构表征。在薄膜表面溅射沉积了两个 4mm×8mm、200nm 厚、间距为 3mm（与前面的工作[102]所示的模式相同）的正方形 Au 顶电极，并在室温（25℃）下使用电化学工作站（Ametek VersaSTAT 3F）测量频率范围为 $1\sim1\times10^6$Hz 的电化学阻抗谱（electrochemical impedance spectroscopy，EIS），最后利用 Zview 软件对阻抗谱数据进行处理，计算其离子电导率。

考虑到上述工作采用纳米层堆叠技术制备了铟掺杂的 LLZO-LZO 前驱物薄膜[56]，并采用 $LLZO-Li_2CO_3-In_2O_3$ 多层膜结构和 Li_2CO_3 层的厚度对补充锂源的含量进行调节。为了使前驱物沿着薄膜厚度方向具有均匀的成分，在该工作中，对各样品在 600~800℃不同温度下退火 2h，以促进不同层间的相互扩散。采用 TOF-SIMS 表征了铟掺杂的 LLZO-LZO 薄膜沿薄膜厚度方向的成分分布情况。如图 1-20（a）所示，#600-IL 样品的深度成分分布表明，在表面以下约 1500nm 处，Li、La、Zr 和 In 元素的分布均匀，证实了在退火过程中层间相互扩散，形成了均匀的元素分布。当蚀刻时间超过 1500s 时，Si^+信号强度开始增大，而 Li^+、La^+、Zr^+ 和 In^+信号强度先减小后增大。结果与所制备样品的截面微观结构也很吻合，如图 1-20（b）所示，LLZO-LZO 薄膜厚度为 1550nm，在基片和均匀的 LLZO-LZO 层[104]之间可以看到两个中间层，而结合深度成分分布图，两个中间层可能为 La-In-Si-O 和 Li-In-Si-O。

结合 XRD、SEM 等表征手段可知，铟的掺入促进了立方型 LLZO 的结晶，且随着退火温度的升高，该立方相变得更加稳定。但高温下会导致补锂剂 Li_2CO_3 的分解加剧，进而导致晶界处产生更多的孔隙和更严重的结构损伤，导致 LLZO-LZO 薄膜的致密化程度降低。最后，利用阻抗谱分析了退火温度对掺杂 LLZO-LZO 薄膜离子电导率的影响。考虑到 c-LLZO 的稳定性和薄膜结构的完整性，在 800℃退火时获得了最高的离子电导率。这可能是由于铟的掺入促进了 c-LLZO 的形成和高导电性 LLZO-LZO 界面的形成，降低了总电阻。

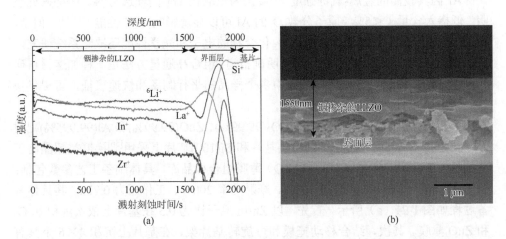

图 1-20　（a）#600-IL 样品的 TOF-SIMS 深度剖面：Si[+]、In[+]、[6]Li[+]、La[+]和 Zr[+]；（b）制备的 #600-IL 样品的截面微观结构[103]

2. 面向柔性显示的非晶氧化物半导体材料高通量实验研究

近十年来，基于非晶氧化物半导体（amorphous oxide semiconductor，AOS）的薄膜晶体管（thin film transistor，TFT）因其载流子迁移率高、制造成本低、制作工艺简单等优点而受到越来越多的关注[105-108]。对于大多数基于 TFT 的电子应用，如集成电路、射频识别（radio frequency identification，RFID）、平板显示等，工作频率一直被认为是影响其工作性能的主要参数之一，主要受半导体材料[109]载流子迁移率的影响。因此，随着对显示技术更高刷新频率和计算机更高处理能力的要求，AOS 的载流子迁移率需要进一步提高。AOS 的高载流子迁移率可归因于 In 等阳离子具有（n–1）d[10]ns[0]（$n>5$）电子结构，其近邻原子外层 s 轨道重叠，构建了高的载流子传输通道[110]。载流子浓度（N）是控制 TFT 器件性能的另一个重要参数，通常需要低于 $10^{17} cm^{-3}$ 的值。AOS 通常是由多种金属氧化物组合而成的，各种金属氧化物对其性能的影响各不相同。例如，InGaZnO（IGZO）是 AOS 中的主流材料，它通常是由三元化合物 IZO 和二元氧化物 Ga_2O_3[111]结合形成的。InZnO（IZO）具有较高的载流子迁移率，但同时由于大量的氧空位产生了过量的自由电子，载流子浓度也很高。由于 Ga—O 键比 In—O 键[112]更强，Ga_2O_3 的引入可引起局域晶格畸变[113]，形成不同配位的 MO_x 多面体和局域网络结构，进而抑制氧空位生成。不同的局域网络结构具有不同的 In-In 距离，导致相邻原子外层轨道重叠程度的变化，因而产生不同的载流子迁移率[114]。自 2004 年发现 a-IGZO 半导体沟道层材料以来，大多数研究都集中在通过控制多元氧化物[110]的组成和比例来调节其电子结构等方面。

Al 因其较高的金属-氧键强度[111]被认为是取代 Ga 的候选材料。一些研究表明，低掺入含量（<5%（原子分数））的 Al 可以显著影响 TFT 性能[111-113]。但是，对于 Al 如何影响 InAlZnO（IAZO）化合物的电子和光学性能还缺乏系统研究，特别是在 Al 含量较高的情况下尚无明确报道。组合高通量方法是一种加速材料研究的新方法，借助组合材料样品库中多个样品的平行制备和快速表征，可提供快速、系统的新材料筛选研究。

电子科技大学的闫宗楷等以 In$_2$O$_3$(99.99%)、ZnO(99.99%)和 Al(99.995%)靶材为原料，在 76mm×76mm 钠钙玻璃基片和 Si(100)基片上采用[56]梯度类超晶格工艺制备了(In$_2$O$_3$)(ZnO)(Al$_2$O$_3$)$_x$（IAZO）薄膜组合样品库。具体制备工艺参数包括：Ar 和 O$_2$ 混合气氛（低氧分压 10%）、溅射功率 200W、工作压力 0.2Pa，其具体制备过程如图 1-21（a）所示。首先，以 Zn/In 原子比为 0.5 在基片上依次沉积 In$_2$O$_3$ 和 ZnO 薄膜。其次，结合移动掩模和可旋转基片架，在基片上沉积 4×6 个具有

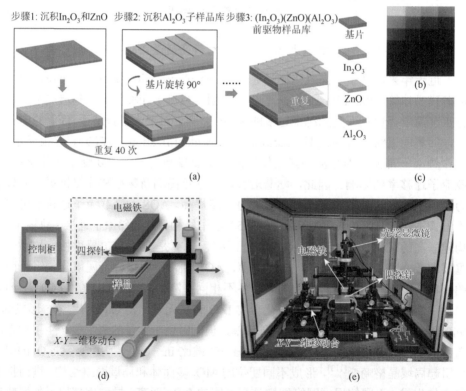

图 1-21　（a）IAZO 组合薄膜库的制备工艺；（b）制备的前驱物材料样品库热处理前照片；（c）热处理后的组合薄膜样品库照片；扫描霍尔效应测试系统设置的原理图（d）和实物照片（e）

不同厚度的 Al_2O_3 薄膜，厚度范围为 0～3.9nm。上述制备过程重复 40 次，即可得到如图 1-21（b）所示的 In_2O_3-ZnO-Al_2O_3 多层膜前驱物。最后，在空气中 350℃下退火 12h 后得到了 4×6 个具有不同成分的 $(In_2O_3)(ZnO)(Al_2O_3)_x$ 组合薄膜样品库，如图 1-21（c）所示，其中 $0 \leqslant x \leqslant 1.725$。

针对薄膜样品库的半导体特性，采用实验室自主设计的扫描霍尔效应微区表征系统（图 1-21（d）和（e）），表征了载流子迁移率和载流子浓度与铝掺杂含量之间的关系。该系统由四探头模块、中心磁感应强度为 0.5T 的电磁铁模块、最小移动步长为 1μm 的 X-Y 二维移动平台、光学显微镜和控制柜组成。基于上述功能模块，该系统可以通过改进的范德堡法对非正方形样品单元进行高通量霍尔效应测试。在样品表征方面，采用表面轮廓仪（Dektak，XT）测量薄膜样品的厚度分布，采用 micro-XRF（Bruker，M4 TORNADO）进行样品库中的成分分布测试，采用 XRD（Cu-Kα, Bruker D8 ADVANCE）分析了各样品单元 2θ 在 25°～65°范围内的物相信息，利用 TOF-SIMS 深入表征了样品 $(In_2O_3)(ZnO)(Al_2O_3)_{1.725}$ 厚度方向的薄膜化学组成，采用紫外-可见-近红外分光光度计（Cary 5000，安捷伦科技公司）记录波长为 360～780nm 的光学透射光谱，采用电子顺磁共振（electron paramagnetic resonance，EPR）波谱仪（Magnettech ESR5000，Bruker）分析氧空位的构成，采用场效应扫描电子显微镜（SEM，Phenom LE）测量了在（100）硅片上制备的各薄膜样品的微观结构。

该团队对样品 $(In_2O_3)(ZnO)(Al_2O_3)_{1.725}$ 进行了 TOF-SIMS 测试，如图 1-22（a）所示。结果表明，In、Al 和 Zn 元素沿垂直样品表面方向均匀分布，证实了在 350℃热处理下多层膜之间发生了充分的相互扩散。采用高通量扫描 XRF 技术研究了 Al、In 和 Zn 元素在薄膜样品库上的分布情况，如图 1-22（b）～（d）所示。结果表明，在化学式为 $(In_2O_3)(ZnO)(Al_2O_3)_x$ 的组合样品库中的各样品单元，In 和 Zn 原子比都为 2∶1，符合实验设计。图 1-22（b）所示的 XRF 测试结果显示了 Al 与 Zn 的原子比从 0 到 3.45 呈现梯度分布，这与预先设计的 Al 梯度分布规律相一致。综上所述，所制备的薄膜组合材料样品库在厚度方向和水平方向都实现了预设的成分分布。

氧空位含量是影响 AOS 半导体性能的一个关键参数，它决定了自由电子的产生数量。影响氧空位含量的主要因素是金属阳离子含量，因为金属阳离子会产生强的 M—O 键[114-116]，可影响氧空位的生成。因此，在该研究中通过添加具有较强化学键的 Al 元素可以有效抑制氧空位的出现。EPR 测量结果表明，随着 Al 含量的变化，氧空位含量也发生了相应变化。g 因子为 2.001 时对应于氧化物[117]的氧空位信号，其强度随 Al 含量的增加而减小，如图 1-23 所示，证实了 Al 含量的增加可实现对氧空位形成的抑制。

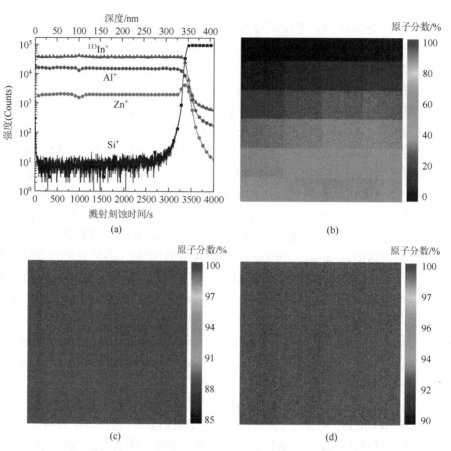

图 1-22　（a）热处理后样品$(In_2O_3)(ZnO)(Al_2O_3)_{1.725}$ 的 TOF-SIMS 深度分布图，以及采用 XRF
测试得到的（b）Al、（c）In 和（d）Zn 元素在组合薄膜样品上的分布情况

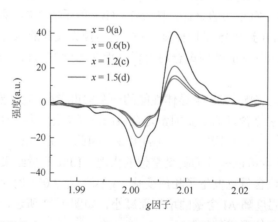

图 1-23　在组合薄膜样品库$(In_2O_3)(ZnO)(Al_2O_3)_x$ 中，Al_2O_3 含量分别为 $x = 0$（a）、$x = 0.6$（b）、
$x = 1.2$（c）和 $x = 1.5$（d）样品的 EPR 谱图

如图 1-24（a）所示，对六个选定的 Al_2O_3 含量在 $x = 0 \sim x = 1.5$ 的 a-IAZO 样品进行 XRD 测试，实验结果证实了结晶相的出现。通常情况下，纳米晶作为载流子散射中心会产生在晶界上，进而影响载流子的传输过程[118, 119]。XRD 图谱表明，所制备的 IAZO 样品存在 ZnO 和 In_2O_3 纳米晶相。这可能是由于原本用于促进堆叠多层膜扩散的高温退火过程，可能会促进 ZnO 和 In_2O_3 的结晶。图 1-24（b）展示了上述样品单元的 XRD 主峰半峰宽（full wide of half maximum，FWHM）的变化趋势，对应的晶粒尺寸使用 Scherrer 公式计算得到[120, 121]。由结果可知，在 $x = 1.2$ 转折点之前，微晶的最小尺寸为 300nm，随着 x 进一步增加到 1.5，会导致微晶尺寸的急剧增加，而当 $x = 1.2$ 时，晶粒尺寸最小。图 1-24（c）～（e）为 Al_2O_3 含量分别为 $x = 0$、$x = 0.6$ 和 $x = 1.2$ 的三种典型 a-IAZO 样品单元的 SEM 图像，光滑的形貌表明其结晶程度较差。

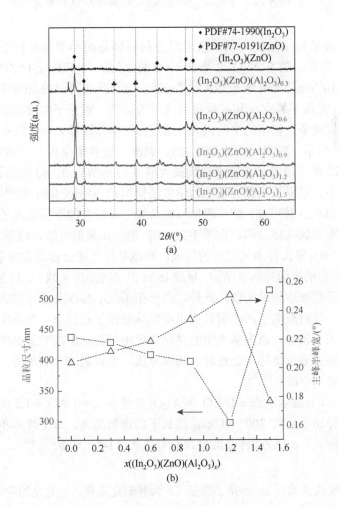

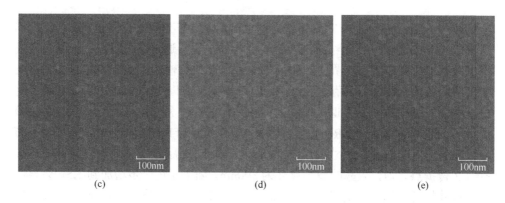

图 1-24　Al$_2$O$_3$ 含量分别为 $x = 0$、$x = 0.3$、$x = 0.6$、$x = 0.9$、$x = 1.2$ 和 $x = 1.5$ 时，六个典型 a-IAZO 样品的 XRD 结果（a）及对应的晶粒尺寸和主峰半峰宽（b），以及不同 Al$_2$O$_3$ 含量 $x = 0$（c），$x = 0.6$（d），$x = 1.2$（e）的 a-IAZO 薄膜的 SEM 结果

　　通过高通量霍尔效应测试系统对组合材料样品的半导体特性进行测量。如图 1-25（a）所示，随着 Al$_2$O$_3$ 含量从 $x = 0$ 增加到 $x = 1.725$，a-IAZO 的载流子浓度从 2.95×10^{18} cm^{-3} 下降到 8.23×10^{16} cm^{-3}。结合前面得到的 EPR 谱结果可知，通过掺杂 Al 实现了氧空位和过量自由电子的抑制，载流子浓度降低了 97.21%。组合样品库载流子迁移率的平均误差（通过标准偏差计算）为 0.526cm^2/(V·s)。如图 1-25（a）所示，随着 x 增大到 1.725，载流子迁移率呈先上升后下降的趋势；当 x 为 1.275 时，载流子迁移率达到最大值 9.93cm^2/(V·s)；而载流子浓度随着 x 的增大而减小。根据从头算分子动力学方法模拟和 Medvedeva 等[113]提出的基于 DFT 的电子结构计算可知，这一现象可能是氧空位浓度的不同造成了不同的 MO$_x$ 多面体配位和局域网络结构。由图 1-25（b）的关系模型可知，随着 Al 浓度的提高，抑制了 MO$_x$ 多面体中氧空位的生成，局域基团之间会形成非共享、共享角、共享边、共享面的多面体网络结构，导致 In-In 原子间距逐渐减小，直至在 $x = 1.275$ 时，载流子迁移率达到最大值。此外，由于在 In$_2$O$_3$-ZnO 体系中加入 Al$_2$O$_3$ 后有纳米晶生成，其对载流子的散射效应也会影响载流子迁移率。在本实验中，作者采用相同的工艺条件，首先从典型的样品单元中可筛选出相对最高的载流子迁移率，在此基础上通过优化工艺过程，如氧分压、退火温度、膜厚等，其电子性能有可能得到进一步改善[122-124]。

　　图 1-26（a）显示了在 a-IAZO 中 Al$_2$O$_3$ 含量从 $x = 0$ 到 $x = 1.5$ 的变化过程中挑选的六个样品单元在 300～900nm 波长下的透射光谱。每个样本单元的透光率超过 80%。因此，a-IAZO 样品的禁带能可由式（1-3）计算[125, 126]。

$$\alpha h\nu = B(h\nu - E_{\mathrm{g}})^{1/2} \tag{1-3}$$

式中，α 为吸收系数；$h\nu$ 为光子能量（h 为普朗克常量，ν 为光的频率）；B 为常

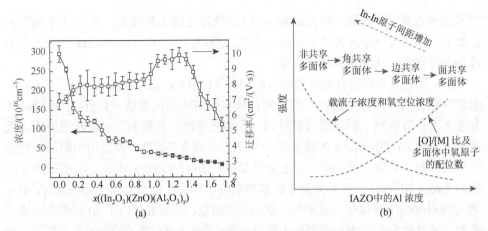

图 1-25　（a）所制备的 IAZO 组合薄膜样品库中的载流子浓度、载流子迁移率与 Al₂O₃ 含量的关系；（b）Al 浓度与载流子浓度、氧空位浓度、MOₓ 多面体中氧原子配位数、In-In 原子间距的关系模型

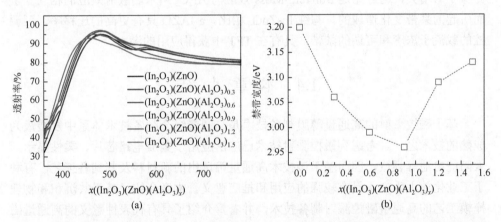

图 1-26　Al₂O₃ 含量分别为 x = 0、x = 0.3、x = 0.6、x = 0.9、x = 1.2 和 x = 1.5 时的六种典型 a-IAZO 样品的透射光谱（a）及对应的禁带宽度（b）（扫描封底二维码可见本图彩图）

数；E_g 为半导体的禁带能。从图 1-26（b）可以看出，随着 x 的增大，禁带宽度呈先下降后上升趋势，Al₂O₃ 含量从 $x = 0$ 增加到 $x = 0.9$ 时，a-IAZO 样品的禁带宽度从最大 3.2eV 降低到最小 2.96eV，然后 Al₂O₃ 含量从 $x = 0.9$ 增加到 $x = 1.5$，a-IAZO 样品的禁带宽度逐级上升。这表明所制备的具有梯度成分的 a-IAZO 样品为宽禁带半导体，而禁带宽度降低的趋势可以由 Burstein-Moss 效应解释，该效应表明禁带能与载流子浓度[127]呈正相关关系。由于载流子浓度增加，费米能级向导带移动并部分占据导带底。因此，价带和导带之间的跃迁需要更大的能量，反之亦然。a-IAZO 是 In₂O₃、ZnO 和 Al₂O₃ 形成的复合氧化物，氧化铝具有宽的禁带（7.0eV）[128]，

当其含量达到临界点后，成为影响 a-IAZO 禁带能的主要因素。在 $x = 0.9$ 的转折点处后，禁带与 Al_2O_3 含量呈正相关关系，Al_2O_3 在与 Burstein-Moss 效应竞争中成为主导因素，从而导致禁带变窄。

综上所述，采用组合磁控溅射系统制备了 $(In_2O_3)(ZnO)(Al_2O_3)_x$（$0 \leqslant x \leqslant 1.725$）组合材料样品库，并利用自主设计的扫描霍尔效应测试系统和紫外-可见-近红外分光光度计等研究了铝含量对材料的电子和光学性质的影响。实验结果表明，载流子浓度随 Al 含量从 $x = 0$ 增加到 $x = 1.725$ 单调降低，这可能是由于铝和氧的强化学键抑制了氧空位的生成。在上述样品中，$(In_2O_3)(ZnO)(Al_2O_3)_{1.275}$ 的载流子浓度为 $2.65 \times 10^{17} cm^{-3}$，而其载流子迁移率获得了样品中的最大值（$9.93 cm^2/(V \cdot s)$），这比 $(In_2O_3)(ZnO)$ 薄膜样品高 43%。基于上述结果，该研究提出了 Al 浓度与载流子浓度、氧空位浓度、MO_x 多面体中氧原子配位数、In-In 原子间距的关系模型。此外，XRD 测试结果与载流子迁移率的变化相一致，当 $x = 1.275$ 时晶粒尺寸最小。而禁带的变化与铝含量也相关，具体而言，随着 Al 含量的增加，a-IAZO 的禁带宽度先减小后增大，这可能是 Burstein-Moss 效应与 Al_2O_3 纳米晶散射效应的相互竞争而引起的禁带变化造成的。与纯 In_2ZnO_4 相比，a-IAZO 具有更高的迁移率、可调控的载流子浓度和可调的禁带，具有在 TFT 中获得应用的潜力。

1.4　本　章　小　结

基于磁控溅射的高通量薄膜制备技术是高通量组合制备技术体系中发展最为成熟的技术之一。考虑到磁控溅射技术已广泛应用于集成电路芯片、柔性显示、太阳能电池等领域，因而基于该技术高通量筛选出的新材料及其制备工艺，有利于工业化放大生产，具有较强的应用和推广意义。本章介绍了基于共沉积和物理掩模工艺的高通量磁控溅射制备技术，并着重介绍了具有代表性意义的高通量磁控溅射制备装备，最后通过一些案例介绍了基于上述技术的新材料研究方法与思路，希望为相关科研人员开展高通量材料实验提供借鉴和参考。

参 考 文 献

[1] Agrawal A，Choudhary A. Materials informatics and big data: Realization of the "fourth paradigm" of science in materials science. APL Materials，2016，4：053208.

[2] Green M L，Choi C L，Hattrick-Simpers J R，et al. Fulfilling the promise of the materials genome initiative with high-throughput experimental methodologies. Applied Physics Reviews，2017，4：011105.

[3] Muster T H，Trinchi A，Markley T A，et al. A review of high throughput and combinatorial electrochemistry. Electrochimica Acta，2011，56（27）：9679-9699.

[4] Potyrailo R，Rajan K，Stoewe K，et al. Combinatorial and high-throughput screening of materials libraries: Review of state of the art. ACS Combinatorial Science，2011，13（6）：579-633.

[5]   McGinn P J. Thin-film processing routes for combinatorial materials investigations—A review. ACS Combinatorial Science，2019，21（7）：501-515.

[6]   郑伟涛. 薄膜材料与薄膜技术. 北京：化学工业出版社，2004：69.

[7]   Kennedy K，Stefansky T，Davy G，et al. Rapid method for determining ternary-alloy phase diagrams. Journal of Applied Physics，1965，36（12）：3808-3810.

[8]   Miller C N，Shim G A. Co-sputtered Au-SiO$_2$ cermet films. Applied Physics Letters，1967，10（3）：86.

[9]   Sawatzky E，Kay E. Cation deficiencies in RF sputtered gadolinium iron garnet films. IBM Journal of Research and Development，1969，13（6）：696-702.

[10] Hanak J J. The "multiple-sample concept" in materials research：Synthesis，compositional analysis and testing of entire multicomponent systems. Journal of Materials Science，1970，5（11）：964-971.

[11] Wang J. SURVEY AND SUMMARY：From DNA biosensors to gene chips. Nucleic Acids Research，2020，28（16）：3011-3016.

[12] Xiang X D，Sun X，Briceño G，et al. A combinatorial approach to materials discovery. Science，1995，268（5218）：1738-1740.

[13] Lederman，D，Vier C D，Mendoza D，et al. Detection of new superconductors using phase-spread alloy-films. Applied Physics Letters，1995，66（26）：3677-3679.

[14] Briceño G，Chang H Y，Sun X D，et al. A class of cobalt oxide magnetoresistance materials discovered with combinatorial synthesis. Science，1995，270（5234）：273-275.

[15] Yoo Y K，Xue Q Z，Chu Y S，et al. Identification of amorphous phases in the Fe-Ni-Co ternary alloy system using continuous phase diagram material chips. Intermetallics，2006，14（3）：241-247.

[16] Xiang X D. High throughput synthesis and screening for functional materials. Applied Surface Science，2004，223（1-3）：54-61.

[17] Chang K S，Green M L，Suehle J，et al. Combinatorial study of Ni-Ti-Pt ternary metal gate electrodes on HfO$_2$ for the advanced gate stack. Applied Physics Letters，2006，89（14）：5243-239.

[18] Christen H M，Silliman S D，Harshavardhan K S. Continuous compositional-spread technique based on pulsed-laser deposition and applied to the growth of epitaxial films. Review of Scientific Instruments，2001，72（6）：2673-2678.

[19] Christen H M，Rouleau C M，Ohkubo I，et al. An improved continuous compositional-spread technique based on pulsed-laser deposition and applicable to large substrate areas. Review of Scientific Instruments，2003，74（9）：4058-4062.

[20] Potyrailo R A，Morris W G，Wroczynski R J. Multifunctional sensor system for high-throughput primary，secondary，and tertiary screening of combinatorial materials. Review of Scientific Instruments，2004，75（6）：2177-2186.

[21] Mardare A I，Yadav A P，Wieck A D，et al. Combinatorial electrochemistry on Al-Fe alloys. Science and Technology of Advanced Materials，2008，9（3）：035009.

[22] Li Y L，Jensen K E，Liu Y H，et al. Combinatorial strategies for synthesis and characterization of alloy microstructures over large compositional ranges. ACS Combinatorial Science，2016，18（10）：630-637.

[23] Kim D，Shim H C，Yun T G，et al. High throughput combinatorial analysis of mechanical and electrochemical properties of Li [Ni$_x$Co$_y$Mn$_z$]O$_2$ cathode. Extreme Mechanics Letters，2016，9：439-448.

[24] Unosson E，Rodriguez D，Welch K，et al. Reactive combinatorial synthesis and characterization of a gradient Ag-Ti oxide thin film with antibacterial properties. Acta Biomaterialia，2015，11：503-510.

[25] 高琛，鲍骏，罗震林，等. 组合材料学研究进展. 组合材料学研究进展，2006，22（7）：899-912.

[26] Marshal A，Pradeep K G，Music D，et al. Combinatorial synthesis of high entropy alloys：Introduction of a novel，single phase，body-centered-cubic FeMnCoCrAl solid solution. Journal of Alloys and Compounds，2017，691：683-689.

[27] Kotoka R，Konchady M，Ramakrishnan G，et al. High throughput corrosion screening of Mg-Zn combinatorial material libraries. Materials & Design，2016，108：42-50.

[28] Ahmet P，Nagata T，Kukuruznyak D，et al. Composition spread metal thin film fabrication technique based on ion beam sputter deposition. Applied Surface Science，2006，252（7）：2472-2476.

[29] Ahmet P，Yoo Y Z，Hasegawa K，et al. Fabrication of three-component composition spread thin film with controlled composition and thickness. Applied Physics A，2004，79：837-839.

[30] Goto M，Sasaki M，Xu Y B，et al. Control of p-type and n-type thermoelectric properties of bismuth telluride thin films by combinatorial sputter coating technology. Applied Surface Science，2017，407：405-411.

[31] Chang H，Gao C，Takeuchi I，et al. Combinatorial synthesis and high throughput evaluation of ferroelectric/ dielectric thin-film libraries for microwave applications. Applied Physics Letters，1998，72（17）：2185-2187.

[32] Cooper J S，Zhang G，McGinn P J. Plasma sputtering system for deposition of thin film combinatorial libraries. Review of Scientific Instruments，2005，76（6）：062221.

[33] 王海舟，汪洪，丁洪，等.材料的高通量制备与表征技术. 科技导报，2015，33（10）：31-49.

[34] Xiang X D. High throughput in-situ combinatorial materials synthesis and characterization//International Forum of Advanced Materials，Beijing，2014：61-70.

[35] Pascal. Combinatorial research and development by a compact，high performance，and fully PC controlled system. http://www.pascal-co-ltd.co.jp/products/deppld_mcpld.html[2016-5-30].

[36] Fleischauer M D，Hatchard T D，Bonakdarpour A，et al. Combinatorial investigations of advanced Li-ion rechargeable battery electrode materials. Measurement Science and Technology，2005，16（1）：212-220.

[37] He L，Collins B A，Tsui F，et al. Epitaxial growth of $Co_xMn_ySi_z$(111) thin films in the compositional range around the Heusler alloy Co_2MnSi. Journal of Vacuum Science & Technology B，2011，29（3）：03C124.

[38] Fister L，Johnson D C. Controlling solid-state reaction mechanisms using diffusion length in ultrathin-film superlattice composites. Journal of the American Chemical Society，1992，114：4639-4644.

[39] Hornbostel M D，Hyer E J，Thiel J，et al. Rational synthesis of metastable skutterudite compounds using multilayer precursors. Journal of the American Chemical Society，1997，119：2665-2668.

[40] Fister L，Li X M，Mcconnell J，et al. Deposition system for the synthesis of modulated，ultrathin-film composites. Journal of Vacuum Science & Technology A，1993，11（6）：3014-3019.

[41] Fister L，Johnson D C，Brown R. Synthesis of $Cu_xMo_6Se_8$ without binary compounds as intermediates：A study using superlattices to kinetically control a solid-state reaction. Journal of the American Chemical Society，1994，116：629-633.

[42] Takeuchi I，Chang K，Sharma R P，et al. Microstructural properties of (Ba, Sr) TiO_3 films fabricated from $BaF_2/SrF_2/TiO_2$ amorphous multilayers using the combinatorial precursor method. Journal of Applied Physics，2001，90（5）：2474-2478.

[43] Chang H，Takeuchi I，Xiang X D. A low-loss composition region identified from a thin-film composition spread of （$Ba_{1-x-y}Sr_xCa_y$）TiO_3. Applied Physics Letters，1999，74（8）：1165-1167.

[44] 闫宗楷. VIA 族化合物能源材料掺杂效应的高通量实验研究. 成都：电子科技大学，2018.

[45] McCluskey P J，Vlassak J J. Glass transition and crystallization of amorphous Ni-Ti-Zr thin films by combinatorial nano-calorimetry. Scripta Materialia，2011，64（3）：264-267.

[46] McCluskey P J，Vlassak J J. Combinatorial nanocalorimetry. Journal of Materials Research，2011，25（11）：2086-2100.

[47] Hauser A J，Williams R E A，Ricciardo R A，et al. Unlocking the potential of half-metallic Sr_2FeMoO_6 films through controlled stoichiometry and double-perovskite ordering. Physical Review B，2011，83（1）：014407.

[48] Michiko S，Masahiro G，Akira K，et al. Hard coatings of oxide ceramics for tribology with a combinatorial sputter coating system. Oyo Buturi，2012，81（9）：769-773.

[49] Barkhouse D A R，Bonakdarpour A，Fleischauer M，et al. A combinatorial sputtering method to prepare a wide range of A/B artificial superlattice structures on a single substrate. Journal of Magnetism and Magnetic Materials，2003，261（3）：399-409.

[50] Deng Y，Fowlkes J D，Fitz-Gerald J M，et al. Combinatorial thin film synthesis of Gd-doped $Y_3Al_5O_{12}$ ultraviolet emitting materials. Applied Physics A，2005，80（4）：787-789.

[51] Gao T R，Wu Y Q，Fackler S，et al. Combinatorial exploration of rare-earth-free permanent magnets：magnetic and microstructural properties of Fe-Co-W thin films. Applied Physics Letters，2013，102：022419.

[52] Falch A，Lates V，Kriek R J. Combinatorial plasma sputtering of Pt_xPd_y thin film electrocatalysts for aqueous SO_2 electro-oxidation. Electrocatalysis，2015，6（3）：322-330.

[53] Suram S K，Zhou L，Becerra-Stasiewicz N，et al. Combinatorial thin film composition mapping using three dimensional deposition profiles. Review of Scientific Instruments，2015，86：033904.

[54] PVD Products. Combinatorial sputtering systems. http://www.pvdproducts.com/sputtering-systems/combinatorial-sputtering[2018-03-20].

[55] Brunken H，Somsen C，Savan A，et al. Microstructure and magnetic properties of FeCo/Ti thin film multilayers annealed in nitrogen. Thin Solid Films，2010，519（2）：770-774.

[56] Ludwig A，Zarnetta R，Hamann S，et al. Development of multifunctional thin films using high-throughput experimentation methods. International Journal of Materials Research，2008，99（10）：1144-1149.

[57] Naujoks D，Richert J，Decker P，et al. Phase formation and oxidation behavior at 500℃ in a Ni-Co-Al thin-film materials library. ACS Combinatorial Science，2016，18（9）：575-582.

[58] Yan Z K，Wu S，Song Y，et al. A novel gradient composition spreading and nanolayer stacking process for combinatorial thin-film materials library fabrication. Review of Scientific Instruments，2020，91（6）：065107.

[59] Chevrier V，Dahn J R. Production and visualization of quaternary combinatorial thin films. Measurement Science and Technology，2006，17（6）：1399-1404.

[60] Li M X，Zhao S F，Lu Z，et al. High-temperature bulk metallic glasses developed by combinatorial methods. Nature，2019，569：99-103.

[61] Kumari S，Gutkowski R，Junqueira J R C，et al. Combinatorial synthesis and high-throughput characterization of Fe-V-O thin-film materials libraries for solar water splitting. ACS Combinatorial Science，2018，20（9）：544-553.

[62] Nikolić V，Wurster S，Savan A，et al. High-throughput study of binary thin film tungsten alloys. International Journal of Refractory Metals & Hard Materials，2017，69：40-48.

[63] Zhang H T，Lee D W，Shen Y，et al. Combinatorial temperature resistance sensors for the analysis of phase transformations demonstrated for metallic glasses. Acta Materialia，2018，156：486-495.

[64] Schwanke C，Stein H S，Xi L F，et al. Correlating oxygen evolution catalysts activity and electronic structure by a high-throughput investigation of $Ni_{1-y-z}Fe_yCr_zO_x$. Scientific Reports，2017，7：44192.

[65] Nguyen H H，Oguchi H，Van Minh L，et al. High-throughput investigation of a lead-free AlN-based piezoelectric material，$(Mg, Hf)_xAl_{1-x}N$. ACS Combinatorial Science，2017，19（6）：365-369.

[66] Kadletz P M, Motemani Y, Iannotta J, et al. Crystallographic structure analysis of a Ti-Ta thin film materials library fabricated by combinatorial magnetron sputtering. ACS Combinatorial Science, 2018, 20 (3): 137-150.

[67] Khare C, Sliozberg K, Stepanovich A, et al. Combinatorial synthesis and high-throughput characterization of structural and photoelectrochemical properties of Fe:WO_3 nanostructured libraries. Nanotechnology. 2017: 28 (18): 185604.

[68] Zheng J J, Zhang H T, Miao Y C, et al. Temperature-resistance sensor arrays for combinatorial study of phase transitions in shape memory alloys and metallic glasses. Scripta Materialia, 2019, 168: 144-148.

[69] Datye A, Kube S A, Verma D, et al. Accelerated discovery and mechanical property characterization of bioresorbable amorphous alloys in the Mg-Zn-Ca and the Fe-Mg-Zn systems using high-throughput methods. Journal of Materials Chemistry B: Materials for Biology and Medicine, 2019, 7 (35): 5392-5400.

[70] Rajbhandari P P, Bikowski A, Perkins J D, et al. Combinatorial sputtering of Ga-doped (Zn, Mg) O for contact applications in solar cells. Solar Energy Materials and Solar Cells, 2017, 159: 219-226.

[71] Mardare A I, Mardare C C, Kollender J P, et al. Basic properties mapping of anodic oxides in the hafnium-niobium-tantalum ternary system. Science and Technology of Advanced Materials, 2018, 19 (1): 554-568.

[72] Wambach M, Nguyen N T, Hamann S, et al. Electrical and structural properties of the partial ternary thin-film system Ni-Si-B. ACS Combinatorial Science, 2019, 21 (4): 310-315.

[73] Giannopoulos G, Barucca G, Kaidatzis A, et al. $L1_0$-FeNi films on Au-Cu-Ni buffer-layer: A high-throughput combinatorial study. Scientific Reports, 2018, 8 (1): 15919.

[74] Zhang Y, Yan X H, Ma J, et al. Compositional gradient films constructed by sputtering in a multicomponent Ti-Al-(Cr, Fe, Ni) system. Journal of Materials Research, 2018, 33 (19): 3330-3338.

[75] Sasangka W A. Kinetics of thin film intermetallic compound formation in the Cu/Sn_xIn_{100-x} system characterized using color change observations. Journal of Alloys and Compounds, 2018, 731: 1053-1062.

[76] Hauck J G, McGinn P J. Screening of novel Li-air battery catalyst materials by a thin film combinatorial materials approach. ACS Combinatorial Science, 2015, 17 (6): 355-364.

[77] Fackler S W, Alexandrakis V, König D, et al. Combinatorial study of Fe-Co-V hard magnetic thin films. Science and Technology of Advanced Materials, 2017, 18 (1): 231-238.

[78] Wambach M, Ziolkowski P, Müller E, et al. Structural and functional properties of the thin film system Ti-Ni-Si. ACS Combinatorial Science, 2019, 21 (5): 362-369.

[79] Naujoks D, Weiser M, Salomon S, et al. Combinatorial study on phase formation and oxidation in the thin film superalloy subsystems Co-Al-Cr and Co-Al-Cr-W. ACS Combinatorial Science, 2018, 20 (11): 611-620.

[80] Naujoks D, Eggeler Y M, Hallensleben P, et al. Identification of a ternary μ-phase in the Co-Ti-W system—An advanced correlative thin-film and bulk combinatorial materials investigation. Acta Materialia, 2017, 138: 100-110.

[81] Murugan R, Thangadurai V, Weppner W. Fast lithium ion conduction in garnet-type $Li_7La_3Zr_2O_{12}$. Angewandte Chemie-International Edition, 2007, 46 (41): 7778-7781.

[82] Albertus P, Babinec S, Litzelman S, et al. Status and challenges in enabling the lithium metal electrode for high-energy and low-cost rechargeable batteries. Nature Energy, 2018, 3 (1): 16-21.

[83] Gao Z H, Sun H B, Fu L, et al. Promises, challenges, and recent progress of inorganic solid-state electrolytes for all-solid-state lithium batteries. Advanced Materials, 2018, 30 (17): 1705702.

[84] Larraz G, Orera A, Sanz J, et al. NMR study of Li distribution in $Li_{7-x}H_xLa_3Zr_2O_{12}$ garnets. Journal of Materials Chemistry A, 2015, 3 (10): 5683-5691.

[85] Orera A, Larraz G, Alberto R J, et al. Influence of Li^+ and H^+ distribution on the crystal structure of Li_{7-x}

$H_xLa_3Zr_2O_{12}$(0≤x≤5) garnets. Inorganic Chemistry，2016，55（3）：1324-1332.

[86] Thompson T，Wolfenstine J，Allen J L，et al. Tetragonal *vs.* cubic phase stability in Al - free Ta doped $Li_7La_3Zr_2O_{12}$ (LLZO). Journal of Materials Chemistry A，2014，2（33）：13431-13436.

[87] Ahn J H，Park S Y，Lee J M，et al. Local impedance spectroscopic and microstructural analyses of Al-in-diffused $Li_7La_3Zr_2O_{12}$. Journal of Power Sources，2014，254：287-292.

[88] Rettenwander D，Redhammer G，Preishuber-pflügl F，et al. Structural and electrochemical consequences of Al and Ga co-substitution in $Li_7La_3Zr_2O_{12}$ solid electrolytes. Chemistry of Materials，2016，28（7）：2384-2392.

[89] Li Y T，Wang C A，Xie H，et al. High lithium ion conduction in garnet-type $Li_6La_3ZrTaO_{12}$. Electrochemistry Communications，2011，13（12）：1289-1292.

[90] Song S F，Yan B G，Zheng F，et al. Crystal structure，migration mechanism and electrochemical performance of Cr-stabilized garnet. Solid State Ionics，2014，268：135-139.

[91] Wagner R，Redhammer G J，Rettenwander D，et al. Fast Li-ion-conducting garnet-related $Li_{7-3x}Fe_xLa_3Zr_2O_{12}$ with uncommon I43d structure. Chemistry of Materials，2016，28（16）：5943-5951.

[92] Wu J F，Chen E Y，Yu Y，et al. Gallium-doped $Li_7La_3Zr_2O_{12}$ garnet-type electrolytes with high lithium-ion conductivity. ACS Applied Materials & Interfaces，2017，9（2）：1542-1552.

[93] Huang M，Shoji M，Shen Y，et al. Preparation and electrochemical properties of Zr-site substituted $Li_7La_3(Zr_{2-x}M_x)O_{12}$(M = Ta, Nb) solid electrolytes. Journal of Power Sources，2014，261：206-211.

[94] Miara L J，Richards W D，Wang Y E，et al. First-principles studies on cation dopants and electrolyte/cathode interphases for lithium garnets. Chemistry of Materials，2015，27（11）：4040-4047.

[95] Kotobuki，M，Munakata H，Kanamura K，et al. Compatibility of $Li_7La_3Zr_2O_{12}$ solid electrolyte to all-solid-state battery using Li metal anode. Journal of the Electrochemical Society，2010，157（10）：A1076-A1079.

[96] Ohta S，Kobayashi T，Asaoka T. High lithium ionic conductivity in the garnet-type oxide $Li_{7-x}La_3$ $(Zr_{2-x}, Nb_x)O_{12}$ (x = 0-2). Journal of Power Sources，2011，196（6）：3342-3345.

[97] van den Broek J，Afyon S，Rupp J L M. Interface-engineered all-solid-state Li-ion batteries based on garnet-type fast Li^+ conductors. Advanced Energy Materials，2016，6（19）：1600736.

[98] Langer F，Glenneberg J，Bardenhagen I，et al. Synthesis of single phase cubic Al-substituted $Li_7La_3Zr_2O_{12}$ by solid state lithiation of mixed hydroxides. Journal of Alloys and Compounds，2015，645：64-69.

[99] Chen R J，Huang M，Huang W Z，et al. Effect of calcining and Al doping on structure and conductivity of $Li_7La_3Zr_2O_{12}$. Solid State Ionics，2014，265（6）：7-12.

[100] Rawlence M，Filippin A N，Wäckerlin A，et al. Effect of gallium substitution on Lithium-ion conductivity and phase evolution in sputtered $Li_{7-3x}Ga_xLa_3Zr_2O_{12}$ thin films. ACS Applied Materials & Interfaces，2018，10（16）：13720-13728.

[101] Pfenninger R，Struzik M，Garbayo I，et al. A low ride on processing temperature for fast lithium conduction in garnet solid-state battery films. Nature Energy，2019，4（6）：475-483.

[102] Zhu Y L，Wu S，Pan Y L，et al. Reduced energy barrier for Li^+ transport across grain boundaries with amorphous domains in LLZO thin films. Nanoscale Research Letters，2020，15：153.

[103] Yan Z K，Song Y，Wu S，et al. Improving the ionic conductivity of the LLZO-LZO thin film through Indium doping. Crystals，2021，11（4）：426.

[104] Park J S，Cheng L，Zorba V，et al. Effects of crystallinity and impurities on the electrical conductivity of Li-La-Zr-O thin films. Thin Solid Films，2015，576：55-60.

[105] Tiwari N，Nirmal A，Kulkarni M R，et al. Enabling high performance n-type metal oxide semiconductors at low

temperatures for thin film transistors. Inorganic Chemistry Frontiers, 2020, 7 (9): 1822-1844.

[106] Anh L D, Kaneta S, Tokunaga M, et al. High-mobility 2D hole gas at a $SrTiO_3$ interface. Advanced Materials, 2020, 32 (14): 1906003.

[107] Mallick A, Basak D. Revisiting the electrical and optical transmission properties of co-doped ZnO thin films as n-type TCOs. Progress in Materials Science, 2018, 96: 86-110.

[108] Rao Z G, Du B K, Huang C, et al. Revisit of amorphous semiconductor $InGaZnO_4$: A new electron transport material for perovskite solar cells. Journal of Alloys and Compounds, 2019, 789: 276-281.

[109] Paterson A F, Anthopoulos T D. Enabling thin-film transistor technologies and the device metrics that matter. Nature Communications, 2018, 9: 5264.

[110] Hosono H. Ionic amorphous oxide semiconductors: Material design, carrier transport, and device application. Journal of Non-Crystalline Solids, 2006, 352 (9-20): 851-858.

[111] Hoffman R L, Norris B J, Wager J F. ZnO-based transparent thin-film transistors. Applied Physics Letters, 2003, 82 (5): 733-735.

[112] Matsuzaki K, Yanagi H, Kamiya T, et al. Field-induced current modulation in epitaxial film of deep-ultraviolet transparent oxide semiconductor Ga_2O_3. Applied Physics Letters, 2006, 88 (9): 92106.

[113] Medvedeva J E, Buchholz D B, Chang R P H. Recent advances in understanding the structure and properties of amorphous oxide semiconductors. Advanced Electronic Materials, 2017, 3 (9): 1700082.

[114] Yang H J, Seul H J, Min J K, et al. High-performance thin-film transistors with an atomic-layer-deposited indium gallium oxide channel: A cation combinatorial approach. ACS Applied Materials & Interfaces, 2020, 12 (47): 52937-52951.

[115] Xu W D, Jiang J F, Zhang Y, et al. Effect of substrate temperature on sputtered indium-aluminum-zinc oxide films and thin film transistors. Journal of Alloys and Compounds, 2019, 791: 773-778.

[116] Chen X F, He G, Gao J, et al. Substrate temperature dependent structural, optical and electrical properties of amorphous InGaZnO thin films. Journal of Alloys and Compounds, 2015, 632: 533-539.

[117] Zeng H B, Duan G T, Li Y, et al. Blue luminescence of ZnO nanoparticles based on non-equilibrium processes: Defect origins and emission controls. Advanced Functional Materials, 2010, 20 (4): 561-572.

[118] Meng L, Miyajima S, Konagai M. Effect of Al doping concentration on the electrical and optical properties of sol-gel derived $Zn_{0.87}Mg_{0.13}O$ thin film. Japanese Journal of Applied Physics, 2015, 54 (8S1): 08KB09.

[119] Srikant V, Clarke D R. Anomalous behavior of the optical band gap of nanocrystalline zinc oxide thin films. Journal of Materials Research, 1997, 12 (6): 1425-1428.

[120] Calvin S, Luo S X, Caragianis-Broadbridge C, et al. Comparison of extended X-ray absorption fine structure and Scherrer analysis of X-ray diffraction as methods for determining mean sizes of polydisperse nanoparticles. Applied Physics Letters, 2005, 87 (23): 233102.

[121] Kato K, Tanaka K, Suzuki K, et al. Impact of oxygen ambient on ferroelectric properties of polar-axis-oriented $CaBi_4Ti_4O_{15}$ films. Applied Physics Letters, 2005, 86 (11): 112901.

[122] Chen X F, He G, Liu M, et al. Modulation of optical and electrical properties of sputtering-derived amorphous InGaZnO thin films by oxygen partial pressure. Journal of Alloys and Compounds, 2014, 615: 636-642.

[123] Jeon J W, Jeon D W, Sahoo T, et al. Effect of annealing temperature on optical band-gap of amorphous indium zinc oxide film. Journal of Alloys and Compounds, 2011, 509 (41): 10062-10065.

[124] Tsai D C, Chang Z C, Kuo B H, et al. Thickness dependence of the structural, electrical, and optical properties of amorphous indium zinc oxide thin films. Journal of Alloys and Compounds, 2018, 743: 603-609.

[125] Vinod E M，Ramesh K，Ganesan R，et al. Direct hexagonal transition of amorphous $(Ge_2Sb_2Te_5)_{0.9}Se_{0.1}$ thin films. Applied Physics Letters，2014，104（6）：063505.

[126] Dang G T，Yasuoka T，Tagashira Y，et al. Bandgap engineering of α-$(Al_xGa_{1-x})_2O_3$ by a mist chemical vapor deposition two-chamber system and verification of Vegard's law. Applied Physics Letters，2018，113（6）：062102.

[127] Sernelius B E，Berggren K F，Jin Z C，et al. Band-gap tailoring of ZnO by means of heavy Al doping. Physical Review B，1988，37（17）：10244-10248.

[128] Filatova E O，Konashuk A S，et al. Interpretation of the changing the band gap of Al_2O_3 depending on its crystalline form：Connection with different local symmetries. The Journal of Physical Chemistry C，2015，119（35）：20755-20761.

第 2 章 ‖▃▁

电子束蒸发高通量制备
薄膜材料芯片技术

电子束物理气相沉积是真空蒸发技术的一种，广泛应用于材料表面镀膜。该技术是利用金属灯丝在高温状态下内部的一部分电子获得足够大的能量逸出金属表面，发射出热电子，在电磁场的作用下热电子高速运动，形成电子束轰击靶材表面，电子的动能转变成热能，使材料表面快速升温而蒸发。电子束蒸发技术作为物理气相沉积手段中重要的一种，具有蒸发速率高、沉积工艺参数灵活的特点，适合各种蒸发温度的材料进行蒸发镀膜，而且方便精确控制膜厚和均匀性。因此，电子束蒸发组合材料芯片高通量制备技术是基于物理气相沉积的薄膜材料芯片制备技术的重要组成部分，它将缩短材料研发周期，降低材料研发成本。

2.1 基 本 原 理

按照常规方法，在真空环境中，电子束蒸发应用聚焦的高能电子束加热材料使其气化蒸发，然后沉积在上方的基片上，从而制备高质量的薄膜材料[1]，如图 2-1 所示。电子束蒸发源蒸发是各向同性的，因此可以使用掩模进行高通量制备，所使用的掩模与光刻技术中的掩模有相似之处。

在光刻技术中使用掩模，可实现集成电路中的电子元件不断缩小、元件高度集成的目的[2]，如图 2-2 所示。现在高度集成的集成电路芯片已经彻底改变了人类的生活和工作方式。

电子束蒸发高通量制备可以使用分立掩模（shadow mask）、移动掩模（moving shutter）和固定掩模（fixed shutter），一次实验在同一基片上制备成千上万种不同组分的材料样品（图 2-3）。这种在同一基片上制备的不同组分的材料样品库称为薄膜组合材料芯片。电子束蒸发具体使用的掩模方法一般取决于使用者的需要和所选的材料。

电子束蒸发高通量制备有如下两个优点：①电子束蒸发薄膜沉积设备、工艺和技术已经非常成熟，成分和结构容易控制；②原材料需要量很少、单个样品尺寸易做小。

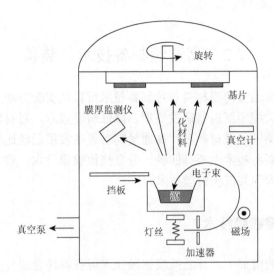

图 2-1　电子束蒸发示意图

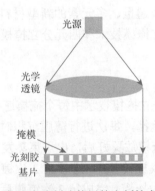

图 2-2　集成电路制造使用的光刻技术示意图

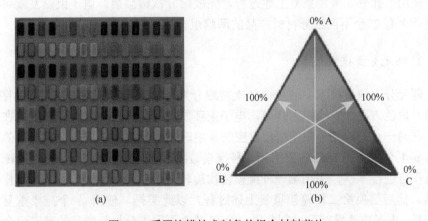

图 2-3　采用掩模技术制备的组合材料芯片

（a）使用分立掩模制备的材料芯片[3]；（b）使用移动掩模制备的材料芯片

2.2 高通量制备技术与装备

电子束蒸发高通量薄膜材料芯片制备技术可以从实验方法上解决材料研发的瓶颈问题，并大大缩短新材料研发周期、降低研发成本，对材料研究实现革命性的突破。电子束蒸发薄膜材料芯片高通量制备设备发展已经比较成熟，目前国内外使用的高通量制备技术主要有四种：分立掩模镀膜技术、移动掩模镀膜技术、固定掩模镀膜技术和共沉积镀膜技术。

2.2.1 分立掩模镀膜技术

在镀膜均匀的前提下，分立掩模镀膜技术可获得任意成分分布，不受组元数目限制，具有成分分布完全可控、成分覆盖跨度大、各分立区域成分均匀等特点。分立掩模镀膜技术适用于大通量、多元素的新型材料海选。分立掩模镀膜技术常用的掩模有两种：二元分立掩模技术和四元分立掩模技术。

1. 二元分立掩模技术

如图 2-4 所示，二元分立掩模技术中每个掩模遮挡的面积为基片面积的 1/2，白色代表开口，黑色代表遮挡，每次进行薄膜沉积时，只有未被遮挡的基片面积的 1/2 能够被沉积薄膜。掩模放置好后，电子束蒸发开始镀膜，完成第 1 次镀膜后，获得了 2 个样品，掩模旋转 $90°$，进行第 2 次镀膜，完成第 2 次镀膜后，获得了 2^2 个样品，更换第二种掩模，完成第 3 次镀膜后，获得了 2^3 个样品，以此类推，使用二元分立掩模重复上述过程，完成第 n 次镀膜后，电子束蒸发就可以制备出一个有 2^n 个不同组分材料样品的薄膜组合材料芯片。

2. 四元分立掩模技术

四元分立掩模技术中的掩模依次被细分为一系列相似的象限图案，如图 2-5 所示，白色方孔代表掩模上开口，电子束蒸发的材料可以通过此开口沉积在基片上。在同一系列四元分立掩模相对应的象限区域中，第 n 个掩模白色开口的面积是第 $n–1$ 个掩模的 1/4。先采用第一种掩模镀膜，每次镀膜完成后，掩模旋转 $90°$，该操作可进行 4 次，采用第一种掩模依次旋转 $90°$ 进行 4 次镀膜后，获得了 4^1 个样品，然后更换第二种掩模重复上述过程，以此类推，使用 n 个掩模重复上述过程后，电子束蒸发就可以制备出一个有 4^n 个不同组分材料样品的薄膜组合材料芯片。

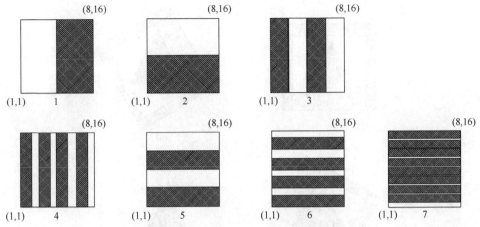

图 2-4　制备组合材料芯片使用的二元分立掩模技术[3, 4]

左下角及右上角的数字代表样品库中样品的位置

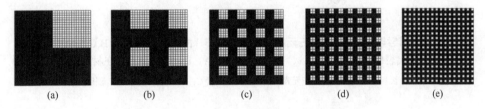

图 2-5　制备组合材料芯片使用的四元掩模技术[5]

2.2.2　移动掩模镀膜技术

移动掩模镀膜技术可以用于制备所有比例组分的二元或三元材料芯片。移动掩模镀膜技术一般分为两种：连续镀膜方法和阶梯镀膜方法。

1. 连续镀膜方法

如图 2-6 所示，连续镀膜方法是镀膜时掩模以固定速度向前移动，从而电子束蒸发在基片上形成渐变式分布厚度连续变化的薄膜，这种镀膜方法称为连续镀膜方法。该方法可获得任意 $x_1\%\sim x_2\%$ 的连续线性梯度的成分分布。基片每旋转 120° 进行一次镀膜，连续镀膜方法在基片上可以形成一个包含三种元素所有不同组分的材料芯片，因此连续镀膜方法适用于系统性的材料相图研究，尤其是三元相图研究。

在实际应用中，可将分立掩模和连续掩模镀膜方法组合使用，获得更复杂的材料组分。连续镀膜方法对电子束蒸发速度稳定性要求高，电子束蒸发速度的波动会影响薄膜厚度线性连续分布。

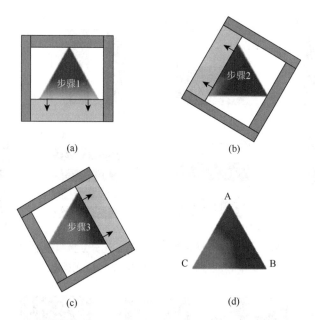

图 2-6　使用连续镀膜方法制备三元相图组合材料芯片的工艺过程和 $A_xB_yC_z$ 样品库示意图
（A、B、C 代表任意三种元素，x、y、z 分别代表 A、B、C 三种元素在材料中的含量）[6]
（a）沉积元素 A；（b）沉积元素 B；（c）沉积元素 C；（d）最终获得的三元相图样品

2. 阶梯镀膜方法

阶梯镀膜方法是掩模每向前移动一段距离进行一次镀膜，从而电子束蒸发在基片上形成阶梯分布的薄膜，如图 2-7 所示，这种镀膜方法称为阶梯镀膜方法。使用高精度步进电机，掩模可以以微米级步距向前精确移动。阶梯镀膜方法的优点是避免了电子束蒸发速度波动对薄膜厚度梯度分布的影响，相对于连续镀膜方法，阶梯镀膜方法的材料芯片制备时间较长。

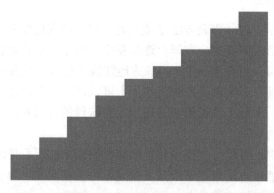

图 2-7　使用阶梯镀膜方法制备的阶梯分布组合材料芯片的示意图

2.2.3　固定掩模镀膜技术

借鉴离子源使用刀刃（knife edge）测量其大小的原理（图 2-8（a）），各向同性的电子束蒸发源可以使用固定掩模获得一个分布均匀的梯度膜（图 2-8（b））。相较于移动掩模镀膜技术，固定掩模镀膜技术有一个较大的优点：在镀膜过程中，电子束蒸发速度的波动不会对薄膜厚度线性连续分布造成任何影响。为了形成厚度线性连续分布的薄膜，当电子束蒸发源的大小变化时，固定掩模的高度需要调整，当电子束蒸发源的位置变化时，固定掩模需要向前或向后调整。

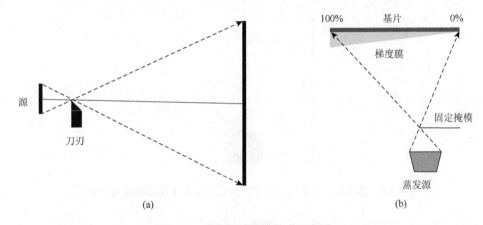

图 2-8　固定掩模镀膜技术示意图

（a）使用刀刃（knife edge）测量离子源大小的示意图；（b）固定掩模使蒸发材料在基片形成梯度膜示意图

对于热传导性好的材料，在镀膜过程中电子束蒸发源的大小和位置不会发生变化；但是对于热传导性差的材料，在镀膜过程中电子束蒸发源的大小和位置都可能发生变化。对于固定掩模镀膜方法，蒸发源大小和位置的变化将影响薄膜厚度线性连续分布的均匀性，因此固定掩模镀膜技术不适合热传导差的材料，热传导差的材料应使用移动掩模镀膜技术制备梯度膜。

2.2.4　共沉积镀膜技术

电子束蒸发源和基片偏离一个角度 α（图 2-9），电子束蒸发不需要移动掩模和固定掩模等装置就可以在基片上镀梯度膜；并且使用位置对称的多个电子束蒸发源，电子束蒸发可以使用共沉积镀膜技术同时在一个基片上镀多种成分、组分呈梯度分布的膜。

共沉积镀膜技术的优点是：设备制造相对简单，所需投资相对少，膜的厚度无须控制；不足之处是：不能实现 0%～x% 成分任意分布的梯度膜，成分分布的可控性较弱。

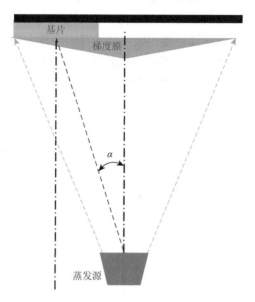

图 2-9 偏离基片中心的电子束蒸发源在基片上形成梯度膜示意图

2.2.5 电子束蒸发源

制备薄膜组合材料芯片时，一次实验需要电子束蒸发在基片上交替或同时沉积不同种材料的薄膜。为了发挥高通量制备设备高效的特点，电子束蒸发应使用一次可以放入多种材料的电子束蒸发源（图 2-10）；或电子束蒸发系统配备一个超高真空蒸发材料存储腔，存储腔和蒸发腔通过超高真空闸板阀连接（图 2-11），当需要更换蒸发材料时，存储腔和蒸发腔之间的闸板阀打开，机械手在超高真空环境中更换蒸发材料。

可放多种材料的电子束蒸发源的优点是设备投资成本相对少，但不足之处在于，一次可以放入的材料种类有限。存储腔的优点是可存储多种材料，并在镀膜过程中材料不会被污染，存储腔取放材料时，蒸发腔还可以进行制备，设备使用效率高；其不足之处在于，配备超高真空蒸发材料存储腔会增加设备投资成本。

图 2-10 可以同时放入六种材料的电子束蒸发源

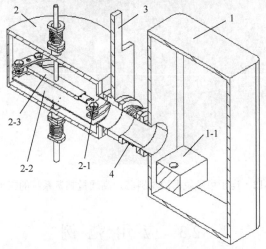

1. 蒸发腔；1-1. 蒸发源；2. 存储腔；2-1. 坩埚；2-2. 坩埚存储架；2-3. 机械手；3. 截止件；4. 软连接管路

图 2-11 超高真空蒸发材料存储腔示意图[7]

2.2.6 电子束蒸发薄膜材料芯片高通量制备系统

杭州星河材料科技有限公司制造的电子束蒸发薄膜材料芯片高通量制备系统的三维模型如图 2-12 所示，它可以使用分立掩模镀膜技术、移动掩模镀膜技术、固定掩模镀膜技术制备组合薄膜材料芯片。分立掩模托架可以上下移动，因此分立掩模可以根据客户需要增加或减少。移动掩模在基片下方，镀膜时移动掩模和基片距离为 0.1mm。固定掩模在电子束蒸发源上方，位置可以上下调节。系统使用可编程逻辑控制器（programmable logic controller，PLC）控制基片和掩模运动，材料芯片制备过程实现了自动化。

系统配备了手套箱，基片和蒸发材料取放通过手套箱完成，避免了污染。基片传送通过超高真空放样腔（loading lock）和机械手实现，基片的取放在 2min 内就可以完成，系统使用效率高。

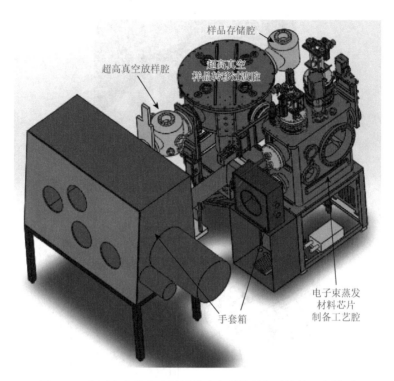

图 2-12　电子束蒸发薄膜材料芯片高通量制备系统的三维模型

2.3　应 用 范 例

　　应用高通量制备技术制备材料芯片，通过表征材料芯片获得材料成分分布与材料物理性质的关联图，可以直观有效地理解材料成分对基本性能的影响并找到规律，这是一种分析材料体系综合性能直接有效的方法。

　　电子束蒸发薄膜材料芯片高通量制备技术可以通过一次实验在一个基片上制备覆盖二元或三元材料所有组分的材料样品，因此研究人员可以容易、快速地获得材料成分分布与材料性能的关联图，在短时间内发现材料成分对基本性能的影响并找到规律，从而加速材料研发速度，降低材料研发成本。

2.3.1　储氢合金材料

　　随着社会的发展，人们对绿色能源的需求与日俱增，储量丰富、来源广泛、能量密度高的氢能作为一种绿色能源引起了广泛关注。氢通常以气态形式存在，易燃、易爆、易扩散，安全高效地实现氢能的储运是氢能应用中的关键问题。

　　储氢合金可以在一定条件下可逆地大量吸收、储存、释放氢气。Guerin 等[8]采用高通量物理气相沉积技术在一个基片上制备了包含不同组分的镁镍合金氢化物材料芯片，其中一个典型的材料芯片的成分分布如图 2-13 所示。采用四极质谱仪测量了 Mg_xNi_{1-x}（$x = 0.38\sim0.86$）镁镍合金氢化物材料芯片中每个样品随时间和温度变化的脱氢谱，如图 2-14 所示，Mg 浓度比较低时，在 580K 观察到一个分解峰，随着 Mg 浓度的增加，在高温区也出现了分解。在脱氢曲线积分获得的总 H_2 质量分数随 Mg_xNi_{1-x} 中 Mg 含量 x 的变化曲线上（图 2-15）非常清晰地显示了镁镍合金氢化物中镁和镍含量对氢存储所起的作用。

　　Oguchi[9]为了研究 Mg-TM（过渡金属，transition-metal）二元材料体系的氢吸附和脱附性能与成分的关系，采用高通量电子束蒸发沉积技术，在 Si(100) 基片上制备了 Mg_xNi_{1-x} 合金组合材料芯片（$x = 0.4\sim0.95$）和 Mg_xTi_{1-x} 合金组合材料芯片（$x = 0.5\sim0.9$），材料芯片成分分布示意图如图 2-16 所示。采用红外光谱评价了 Mg_xNi_{1-x} 和 Mg_xTi_{1-x} 组合材料芯片的氢吸附和脱附性能，如图 2-17 所示。为了稳定样品温度并收集背景信号，首先样品处在没有氢气的环境中，温度 T_s 设定在 150℃保持 1h；然后逐步改变 H_2 分压 P_H，$1\sim4h$ 内 H_2 分压 P_H 逐渐升高，$4\sim7h$ 内氢气压 P_H 逐渐降低。由于氢脱附红外谱会发生变化，150℃时形成的氢化物比较稳定，很难释放氢，所以提高 T_s 到 200℃以确保发生氢脱附。Mg_xNi_{1-x} 和 Mg_xTi_{1-x} 合金组合材料芯片类似，Mg 浓度比较高时，氢吸附得比较快。

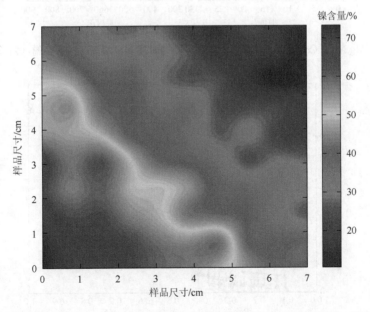

图 2-13　采用能谱仪获得的一个典型的镁镍合金氢化物材料芯片组分分布图，其中组分比是原子分数，材料芯片中镍组分变化范围为 14%～73%（原子分数）[8]

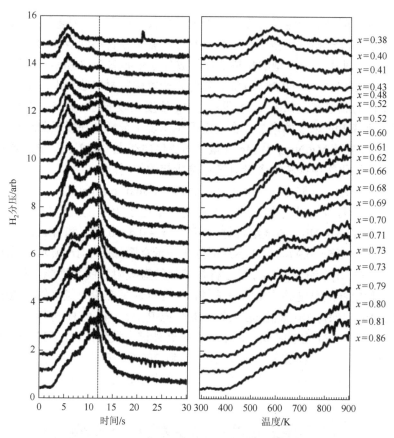

图 2-14 Mg_xNi_{1-x} （$x = 0.38 \sim 0.86$）氢化物样品随时间和温度变化的脱氢谱（21 条谱线）[8]

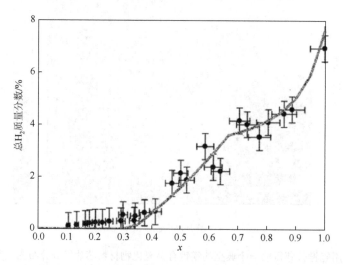

图 2-15 通过脱氢曲线积分获得的总 H_2 质量分数随 Mg_xNi_{1-x} 中 x 的变化曲线[8]

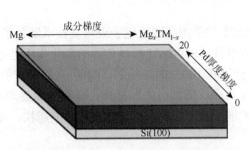

图 2-16　在硅（100）基片上制备的 Mg_xTM_{1-x} 材料芯片成分分布示意图，TM = Ti 或 Ni，封装层是 Pd 元素，厚度梯度变化为 0～20nm[9]

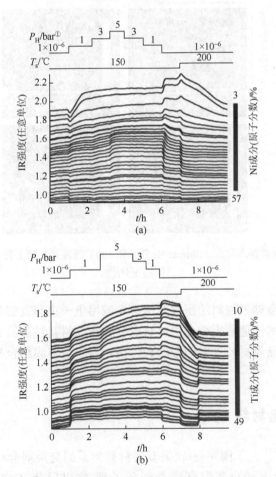

图 2-17　Mg_xTM_{1-x} 组合材料芯片的归一化红外谱，沿着组合材料芯片成分分布方向等间距地选择 30 个成分点进行测试

（a）Mg_xNi_{1-x} 的归一化红外谱；（b）Mg_xTi_{1-x} 的归一化红外谱[9]

---

① 1bar = 10^{-5}Pa。

Domènech-Ferrer 等[10]采用高通量电子束蒸发技术制备了 MgAl 组合薄膜材料芯片，采用红外热成像技术对 MgAl 材料芯片的氢化作用进行优选，如图 2-18 所示，在 520mbar H_2 分压和 100℃的条件下，时间 $t = 0$ 没有引入氢气时，MgAl 是完全黑暗的，引入氢气后，随着时间的推移，样品图像逐渐清晰，样品间的边界逐渐出现且可辨，发现 Mg 含量越低，氢化反应时间越快，Al 在氢化反应中起到了催化剂的作用。

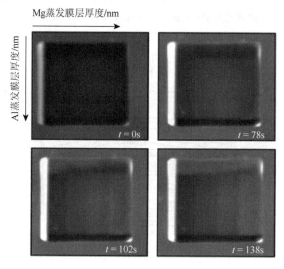

图 2-18　MgAl 组合材料芯片在 520mbar H_2 分压和 100℃等温热处理条件下的红外热成像随时间的变化[10]

上述几种合金储氢材料的研究案例都是应用电子束蒸发制备组合薄膜材料芯片，结合表征技术快速获得合金中材料成分分布与材料性能的关系，从而阐明合金中各种成分对储氢材料性能的影响和作用，展示了薄膜组合材料芯片研发新材料的高效率。

2.3.2　磁性合金材料

Zambano 等[11]为了阐明硬/软磁双层材料体系的交换耦合与各种微磁常数的关系，采用双枪电子束蒸发高通量制备了硬/软磁层状 CoPt(300Å)/(Fe$_x$Co$_{1-x}$)($0 \leqslant x \leqslant 1$)或 Ni 组合薄膜材料芯片，制备策略如图 2-19 所示，组合薄膜材料芯片在横向和纵向上软磁层 Fe$_x$Co$_{1-x}$ 的成分和厚度是逐渐变化的，获得了 120 个样品。采用磁光克尔效应测试了每个样品 CoPt(300Å)/(Fe$_x$Co$_{1-x}$)的磁滞回线，如图 2-20 所示，理想的交换耦合硬/软磁体呈现出类单相的磁滞回线，部分交换耦合磁体应该呈现出类两相的磁滞回线，随着软磁体厚度 t_s 的增加，会出现类单相与类两相磁滞回线的转变，此转变点发生时软磁体的厚度定义为耦合长度 λ_x，其中 x 代表软磁层的成分。研究发现，随着软磁层成分由纯 Fe 到纯 Co，耦合长度 λ_x 逐渐增加，表明 Co 与硬磁层的交换耦合更强。

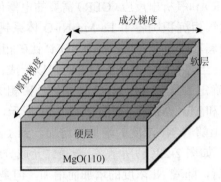

图 2-19　软磁层材料芯片组分分布示意图[11]

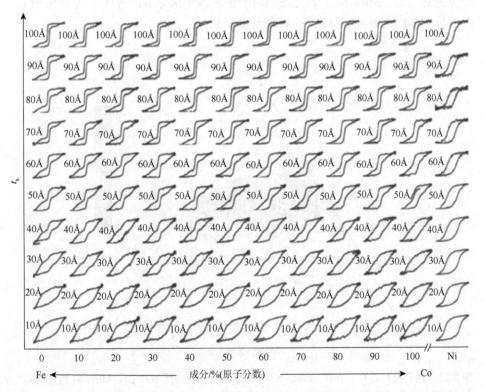

图 2-20　CoPt(300Å)/(Fe_xCo_{1-x})(0≤x≤1)或 Ni 硬/软磁双层组合薄膜材料芯片中各个样品的磁滞回线[11]

2.3.3 钙钛矿电催化材料

可逆燃料电池和可充电金属空气电池的发展离不开氧还原反应（oxygen reduction reaction，ORR）和氧析出反应（OER）需要的电催化剂。Hayden 团队[12, 13]采用高通量蒸发物理气相沉积制备了 La-Mn-Ni-O 体系钙钛矿组合薄膜材料芯片，如图 2-21 组合材料芯片上存在 La-Mn-Ni-O 钙钛矿相的区域和 La、Mn、Ni 组分的对应关系所示，当容忍因子在 0.8～1.2 时可以形成钙钛矿相。

采用循环伏安法确定了与 La-Mn-Ni-O 体系钙钛矿相关的三种氧化还原对，即 $Ni^{2+}/^{3+}$、Ni^0/Ni^{2+} 和 Mn^{3+}/Mn^{4+}。如图 2-22（a）所示，与 Ni^{2+}/Ni^{3+} 对相关的电荷在赝二元成分线上随着 Ni 浓度的增加而增加，到 $LaNiO_3$ 电荷最大，同时表明 A 格位存在 Ni^{2+}。如图 2-22（b）所示，沿着赝二元成分线观察到了与 Ni^0/Ni^{2+} 对相关的最高积分电荷，随着 Ni 浓度的增加而增加，但是到 $LaNiO_3$ 后降低。如图 2-22（c）所示，在 $La_{0.85}Mn_{0.7}Ni_{0.45}O_{3-\delta}$ 中观察到了与 Mn^{3+}/Mn^{4+} 对相关的电荷密度的最大值，Mn^{3+}/Mn^{4+} 氧化还原对的出现源于部分 Ni^{2+} 替代了 A 格位的 La^{3+}，A 格位的 Ni^{2+} 为 B 格位 Mn^{4+} 的存在创造了条件。

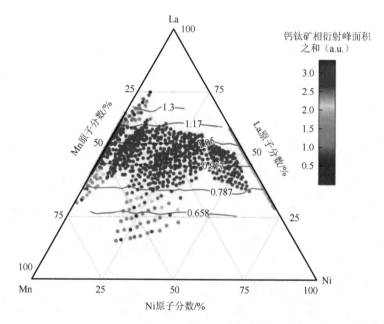

图 2-21 组合材料芯片上存在 La-Mn-Ni-O 体系钙钛矿相的区域和 La、Mn、Ni 组分的对应关系，同时给出了戈德施米特（Goldschmidt）容忍因子值，其中采用 X 射线衍射谱中钙钛矿衍射峰面积的对数值表示钙钛矿相的形成[12]

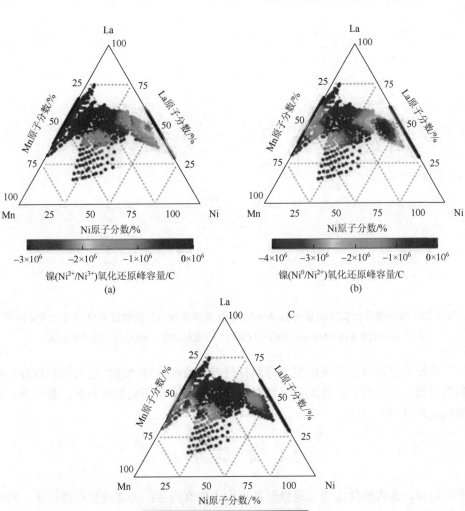

图 2-22　与 Ni^{2+}/Ni^{3+}、Ni^0/Ni^{2+}、Mn^{3+}/Mn^{4+} 对相关的电荷和 La-Mn-Ni-O 体系电催化剂成分的关系[13]

（a）与 Ni^{2+}/Ni^{3+} 对相关的电荷和 La-Mn-Ni-O 体系电催化剂成分的关系（阴极峰积分电势范围 $1.2 < V_{RHE} < 1.45$）；
（b）与 Ni^0/Ni^{2+} 对相关的电荷和 La-Mn-Ni-O 体系电催化剂成分的关系（阴极峰积分电势范围 $0.0 < V_{RHE} < 0.6$）；
（c）与 Mn^{3+}/Mn^{4+} 对相关的电荷和 La-Mn-Ni-O 体系电催化剂成分的关系（阴极峰积分电势范围 $0.9 < V_{RHE} < 1.15$）

　　采用循环伏安法测试了 La-Mn-Ni-O 体系电催化剂组合材料芯片的 ORR 和 OER。如图 2-23（a）所示，$LaMnO_3$ 具有最高的 ORR 活性，在 A 格位 La 为亚化学计量比的 $LaMn_{0.45}Ni_{0.55}O_{3-\delta}$ 中活性进一步增加。如图 2-23（b）所示，OER 活性沿着 La-Mn-Ni-O 体系的赝二元成分线随 Ni 浓度的降低而降低，在 $LaMnO_3$ 中再次增强。

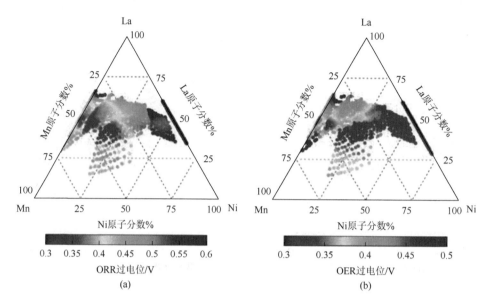

图 2-23 采用循环伏安法测量的 La-Mn-Ni-O 体系薄膜电催化剂的过电位与成分的关系[13]

（a）在起始电位–20μA/cm² 开始计算 ORR；（b）在起始电位 40μA/cm² 开始计算 OER

　　该研究案例示范了采用组合薄膜材料芯片绘制材料物理性质与材料成分分布的关联图，可以直观高效地发现材料成分对其基本物理机制的影响，是一种高效的发现新材料的方法。

2.4　本章小结

　　目前，国内外使用的高通量制备技术主要有四种：分立掩模镀膜技术、移动掩模镀膜技术、固定掩模镀膜技术和共沉积镀膜技术，具体使用的掩模方法一般取决于使用者的需要和所选的材料。在实际应用中，也可以将不同镀膜方法组合使用，以获得更复杂的材料组分。其中，分立掩模镀膜技术适用于大通量、多元素的新型材料海选，常用的掩模有两种：二元分立掩模技术和四元分立掩模技术。移动掩模镀膜技术可以用于制备所有比例组分的二元或三元材料芯片，适用于系统性的材料相图研究，尤其是三元相图研究，一般分为连续镀膜方法和阶梯镀膜方法。连续镀膜方法对电子束蒸发速度稳定性要求高，阶梯镀膜方法不受电子束蒸发速度波动的影响，但材料芯片制备时间较长。对于固定掩模技术，电子束蒸发速度的波动不影响薄膜厚度的线性连续分布，但蒸发源大小和位置的变化均会影响。因此，固定掩模镀膜技术不适合热传导性差的材料，热传导性差的材料应使用移动掩模镀膜技术。共沉积镀膜技术设备制造相对简单，所需投资相对少，膜的厚度无须控制，但是不能实现 0%～x%成分任意分布的梯度膜，成分分布的可控性较弱。

利用电子束蒸发薄膜材料芯片高通量制备技术，研究人员可以快速获得材料成分分布与材料性能的关联图，在短时间内发现材料成分对基本性能的影响并找到规律，从而加速材料研发速度，降低材料研发成本。电子束蒸发高通量制备目前已经用于研发储氢合金材料、磁性合金材料、钙钛矿电催化材料等，后续将可用于更多的新材料开发。

参 考 文 献

[1] Bashir A，Awan T I，Tehseen A，et al. Chemistry of Nanomaterials-Chapter 3-Interfaces and Surfaces//Chemistry of Nanomaterials，Amsterdam：Elsevier，2020：51-87.

[2] Seisyan R P. Nanolithography in microelectronics：A review. Technical Physics，2011，56（8）：1061-1073.

[3] Xiang X D，Sun X，Briceño G，et al. A combinatorial approach to materials discovery. Science, 1995, 268（5218）：1738-1740.

[4] Yoo Y K，Xiang X D. Combinatorial material preparation. Journal of Physics：Condensed Matter，2002，14（2）：R49-R78.

[5] Xiang X D. Combinatorial synthesis and high throughput evaluation of functional materials: An integrated materials chip approach to discovery，optimization and study of advanced materials. Materials Today，1998，1（3）：23-26.

[6] 王海舟，汪洪，丁洪，等. 材料的高通量制备与表征技术. 科技导报，2015，33（10）：31-49.

[7] 郭鸿杰，杨露明，冯秋洁. 一种便于更换坩埚的高通量薄膜制备装置：中国，CN215481225U. 2022-1-11.

[8] Guerin S，Hayden B E，Smith D C A. High-throughput synthesis and screening of hydrogen-storage alloys. Journal of Combinatorial Chemistry，2008，10（1）：37-43.

[9] Oguchi H. Combinatorial investigation of intermetallics using electron-beam deposition. City of College Park：University of Maryland，College Park，2008.

[10] Domènech-Ferrer R，Rodríguez-Viejo J，Garcia G. Infrared imaging tool for screening catalyst effect on hydrogen storing thin film libraries. Catalysis Today，2011，159（1）：144-149.

[11] Zambano A J，Oguchi H，Takeuchi I，et al. Dependence of exchange coupling interaction on micromagnetic constants in hard/soft magnetic bilayer systems. Physical Review B，2007，75（14）：144429.

[12] Guerin S，Hayden B E. ABO_3 and $A_{1-x}C_xB_{1-y}D_y(O_{1-z}E_z)_3$：Review of experimental optimisation of thin film perovskites by high-throughput evaporative physical vapour deposition. Chemical Communications，2019，55（68）：10047-10055.

[13] Bradley K，Giagloglou K，Hayden B E，et al. Reversible perovskite electrocatalysts for oxygen reduction/oxygen evolution. Chemical Science，2019，10（17）：4609-4617.

第 3 章 ▍▋▍

基于脉冲激光沉积的薄膜
材料芯片高通量制备技术

脉冲激光沉积（pulsed laser deposition，PLD）是薄膜材料芯片高通量制备的主要薄膜沉积工艺之一。与磁控溅射和电子束蒸发类似，基于脉冲激光沉积的材料芯片高通量制备技术同样可以分为连续掩模法、分立掩模法，以及与共沉积镀膜类似的连续成分扩展法。除共沉积镀膜外，由连续掩模法或分立掩模法得到的材料芯片样品往往由多层膜构成，需要通过控制各膜层的厚度来得到特定的材料成分组成，而且沉积之后往往需要热处理工艺才能获得各元素充分混合的材料芯片样品。与前述磁控溅射或电子束蒸发主要通过沉积时间来控制各膜层的厚度不同，脉冲激光沉积通过预先设定的激光脉冲数即可方便地控制各膜层的厚度，而且激光分子束外延技术的出现使得脉冲激光沉积可以实现各膜层小于等于单原胞的厚度控制，有利于各元素在薄膜垂直方向上的原位混合扩散而无需后续热处理工艺。最近，基于脉冲激光沉积的高通量制备技术在探索高温超导机制中获得了巨大成功[1]，显示了脉冲激光沉积在薄膜材料芯片高通量制备技术中的重要地位。

本章将首先介绍基于脉冲激光沉积的薄膜材料芯片高通量制备技术的原理，然后分别从技术与装备和应用范例两方面回顾和总结基于脉冲激光沉积的连续掩模法、连续成分扩展法、分立掩模法的特点及应用效果，最后简单介绍基于脉冲激光沉积的其他高通量制备方法。

3.1 基 本 原 理

3.1.1 薄膜材料芯片制备技术的一般原理

目前常见的真空薄膜样品制备技术以化学气相沉积（chemical vapor deposition，CVD）与物理气相沉积（physical vapor deposition，PVD）两类为主。其中，CVD是指将含有构成薄膜所需元素的单质或化合物借助气相作用或在基片表面发生化学反应，从而在基片上沉积薄膜的制备方法。这种薄膜制备方法只要将组成薄膜所需的多种气态物质置于同一个反应室内，物质之间就会通过化学反应形成一种新材料，并沉积到基片表面。该镀膜技术包括常压化学气相沉积、低压化学气相沉积、等离子化学气相沉积等，常用来制备晶须、纳米粉末、石墨烯等材料。CVD要比 PVD 更难控制，但是 CVD 所需的设备普遍更为简单，所需成本也会相对更低一些。

PVD 是指在真空条件下基于物理方法，将镀料气化后获得的分子、原子或使其离化后形成的离子直接沉积到基片表面的薄膜制备方法。该技术包括离子束溅射、磁控溅射、脉冲激光沉积、分子束外延、电子束蒸发等，常用来制备金属、合金以及化合物等薄膜。PVD 制备薄膜的过程大致可以分为三个阶段：镀料产生组成薄膜所需的粒子；粒子沉积到基片表面；粒子在基片上扩散、成核，最终形成薄膜。相比于 CVD，PVD 对其所要沉积的材料以及基片的选取没有局限性，这也显示出基于 PVD 技术制备高通量薄膜的优越性。自劳伦斯伯克利国家实验室在 20 世纪 90 年代中期提出组合材料科学以来，国际上陆续发展了基于 PVD 的高通量薄膜制备技术，并成功应用于超导、介电、荧光、合金、催化剂等新型功能材料的研发，有效缩短了研发周期，部分已实现产业化。

以上提到的薄膜制备技术现已广泛地应用到传统的镀膜设备中，而商业化的高通量薄膜制备设备却少之又少。在高通量薄膜制备过程中，CVD 和 PVD 仍然适用，但是需要其与薄膜材料芯片的共性技术相结合来实现高通量薄膜的制备。目前，常见的薄膜材料芯片制备技术包括共沉积镀膜法、连续掩模法、分立掩模法等。

共沉积镀膜法：该方法可以通过共溅射、共蒸发或多羽流脉冲激光沉积来实现。其中，共溅射薄膜法是指利用不同沉积源与基片的相对位置，同时将多种成分沉积在一块基片上，从而形成组分呈连续渐变式梯度分布的多元样品，而电子束共蒸发更多的是采用多个分立样品蒸发源来共同沉积。共沉积镀膜法的优点在于采用该制备方法获得高通量薄膜时不需要使用任何掩模就可以获得连续成分分布，并且与薄膜沉积的厚度控制无关，成分分辨率可达到 0.1%~1.0%（质量分数）。此外，沉积后无需热处理就可以获得各元素充分混合的组合样品。但是，共沉积薄膜这种制备方法难以在三元以上的体系中实施，应用于多元材料时，不易实现 0%~x% 的成分分布，并且由于各个沉积源的产额不均匀，成分分布可控性较弱。

连续掩模镀膜法：该方法是指利用随时间移动的掩模在基片上形成组分呈连续渐变式梯度分布的多元化合物样品的高通量薄膜制备技术。根据掩模移动方式的不同又可以细分为连续平移掩模镀膜法与连续旋转掩模镀膜法。该制备方法的特点是在镀膜均匀的前提下不必了解沉积分布曲线，成分分布完全可控，因此可获得 0%~x% 连续线性梯度的成分分布。但是，该方法的缺点在于无法获得各分立区域成分均匀的样品。

分立掩模镀膜法：该方法是指将传统的镀膜方法与分立掩模技术相结合，经过多次掩模形成多个成分分立样品的高通量薄膜制备技术。在镀膜均匀的前提下，该方法可获得任意成分分布的薄膜库，并且组元数目不受限制，具有成分覆盖跨度大、成分分布可控、各分立区域成分均匀等特点。因此，分立掩模镀膜法适用于大通量、多元素的新型材料海选。1995 年 Xiang（项晓东）等提出的高通量铜基氧化物薄膜的制备就是采用分立掩模镀膜法的典型例子[2]。该研究首次采用了一种薄膜沉积和物理掩模技术相结合的组合方法，通过一系列二进制的物理掩模将单个前驱物依次沉积，最终生成含有 128 个不同样品的薄膜库，并进一步研究化学计量比及沉积顺序对超导薄膜性能的影响，为加速新材料的研发提供了新思路。

分立掩模镀膜法根据所用掩模的不同又可细分为分立光刻掩模法和分立物理掩模法。虽然两者都可以获得各分立区域内成分均匀的样品，但是目前依旧存在各种问题，无法实现理想的镀膜过程。分立光刻掩模法的缺点在于掩模无法重复利用，并且制备工艺烦琐，不支持原位加热，需对薄膜进行后续热处理工艺才能结晶成相，这就会导致样品的批量制备依旧耗时。而分立物理掩模法则是在基片与靶材之间安装物理掩模，但现有技术中物理掩模和基片间距较大，并且掩模和基片的对准精度不高，这就导致成膜阴影区域较大，影响样品质量，这也是限制高通量薄膜制备技术中样品单元密度进一步提高的重要原因。

采用高通量薄膜制备法获得的样品往往由多层膜构成，膜层间可能会发生扩散与成核两种互相竞争的热力学过程。通常成核需超越一个临界厚度及能量，即热力学窗口，而一旦材料结晶成核便不易进一步扩散。利用窗口特性，当温度低于窗口温度时，扩散占优势，多层膜首先扩散形成非晶态混合体，当温度提高到窗口温度以上时，才能成核结晶。因此，对于采用连续掩模法或分立掩模法获得的材料芯片，如果无法实现每一沉积周期小于等于单原胞层的厚度控制，就必须利用退火工艺以确保化合物在基片上的垂直扩散。

3.1.2 脉冲激光沉积技术

脉冲激光沉积是一种采用高能脉冲激光束轰击靶材，使靶材照射区域瞬间升温气化，并将物质沉积到基片表面形成薄膜的技术。自 1987 年美国贝尔（Bell）实验室利用 KrF 准分子激光器成功制备出高质量的 $YBa_2Cu_3O_{7-\delta}$（YBCO）高温超导薄膜以来，脉冲激光沉积技术受到高度重视，经过几十年的研究和发展，几乎可以沉积各种类型的薄膜材料，目前已在半导体、铁电、铁磁、超导、生物陶瓷等功能薄膜的制备方面显示出广阔的应用前景。

脉冲激光沉积系统的结构如图 3-1 所示，该设备主要由真空室、激光系统（激光发射器、透镜与激光窗口）、靶材控制系统（靶材与靶材控制器）、基片控制系统（基片、基片加热台与基片控制器）等构成。脉冲激光沉积法的镀膜过程主要分为以下三个步骤。

（1）激光与靶的相互作用：激光束聚焦在靶材表面局部区域，在足够高的能量密度下和短的脉冲时间内，靶材吸收激光能量并使光斑处的温度迅速升高，使得原子、分子、电子、离子及微米尺度的液滴、固态颗粒等从靶材表面蒸发逸出。

（2）等离子体在空间的输运过程：从靶材表面蒸发的物质反过来继续和激光相互作用，使温度进一步提高，形成区域化的高温高密度的等离子体，其温度可达 10^4K 以上。等离子体火焰与激光束继续作用，进一步电离，沿靶面法线方向形成大的温度和压力梯度，使其沿该方向迅速膨胀形成羽辉（看起来像羽毛状的发光团），称为等离子体羽辉。

（3）等离子体在基片上的成核、长大形成薄膜：等离子体羽辉中携带的高能粒子在到达基片表面后，会使其表面的原子发生溅射，当粒子的凝聚速率大于粒子的溅射速率时，粒子就会在基片上成核并生长成薄膜。这一阶段中，有几种现象对薄膜生长不利，一是从靶材表面喷射出的高速运动粒子对已成膜的溅射作用，二是易挥发元素的挥发损失，三是液滴的存在会导致薄膜上产生颗粒物。

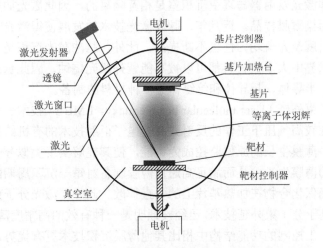

图 3-1　脉冲激光沉积系统示意图

在利用脉冲激光沉积技术制备薄膜的过程中需要考虑基片温度、工作气氛压强、靶基距、激光能量密度、靶材致密度等的影响。其中，基片温度是决定薄膜成相结晶及质量最关键的因素。温度太低原子难以在基片上迁移，通常形成非晶薄膜；温度太高则热缺陷大量增加，难以形成单晶膜。工作气氛压强通过影响薄膜的化学计量比而影响薄膜质量。例如，氧化物的薄膜制备过程需要在一定的氧气气氛下进行以补充薄膜中缺失的氧；但过高的氧压会使羽辉中的粒子经受大量碰撞，失去大部分的能量而难以到达基片表面。靶基距要适中，若太远，等离子体羽辉中的粒子会复合成大颗粒；距离太近则等离子体羽辉中的粒子能量太高，会损伤膜和基片。激光能量密度通过影响等离子体羽辉而影响薄膜质量，能量太低会导致产生的等离子体羽辉的化学成分发生严重偏析，不利于获得与靶材成分一致的均匀薄膜。若脉冲激光的能量密度过高，则会大大增加羽辉中的大颗粒粒子，如液滴的含量，进而导致粒子到达基片表面时无法得到充分扩散，影响薄膜表面的光洁度。靶材的致密度也会影响薄膜的质量。高致密度的靶材有利于高质量薄膜的形成；而疏松的靶材会导致大颗粒从靶材中飞出，造成薄膜粗糙和不均匀，影响薄膜的质量。另外，激光光斑质量、基片表面处理、薄膜退火及冷却条件等其他参数也对薄膜质量有重要影响。

相较于热蒸发、电子束蒸发、磁控溅射、分子束外延等其他 PVD 技术，脉冲激光沉积技术的一大优势是可以获得和靶材成分基本一致的薄膜，几乎不存在成分择优蒸发的问题，因此比较容易得到具有特定化学计量比的材料，是高温超导氧化物和半导体等复杂化合物的理想制备技术，这也是脉冲激光沉积技术与其他镀膜技术相比最大的优势。脉冲激光沉积的另一大优势是激光源设置在真空制备腔的外部，即激光发射器与真空沉积室是相互隔离的，因此激光加热靶材时不会带进杂质而污染薄膜样品。近几年，脉冲激光技术的发展使得激光光斑尺寸不断缩小，功率密度及光斑均匀性也不断提高。此外，脉冲激光沉积是一种相当通用的技术。自然界中大多数材料都可以被高能紫外激光烧蚀，因此脉冲激光沉积可以用于金属、半导体、超导体和绝缘体等多种材料的制备。

激光分子束外延（laser molecular beam epitaxy，LMBE）技术——脉冲激光沉积技术和能在较高气压下工作的反射式高能电子衍射技术的有机结合使得脉冲激光沉积过程中薄膜生长的原位监控成为可能，使其能够实现类似分子束外延的单原胞层精度的薄膜生长，从而满足高通量薄膜制备对每一沉积周期薄膜厚度控制的要求，以确保化合物在加热基片上的垂直扩散。此外，激光分子束外延技术的制备效率远高于分子束外延技术，已经被证明是一种有效的高精度薄膜沉积技术，而且在获得人工控制的功能结构中相比其他薄膜沉积技术更有优势，是功能性氧化物薄膜最主要的制备技术。另外，脉冲激光沉积设备具有较高的灵活性，靶材托能停放多个靶材，而且可以同时实现对靶材的旋转更换、基片旋转、激光脉冲数以及对激光入射角度的控制。目前，基于脉冲激光沉积的材料芯片高通量制备技术主要就是利用了脉冲激光沉积的这一特点，通过靶材的旋转、掩模的移动、基片的旋转，或是改变脉冲激光的入射角度等方法，使脉冲激光束轰击不同靶材的表面，从而实现对沉积薄膜的成分控制。由于上述优点和特征，脉冲激光沉积技术已经广泛应用于包括半导体[3]、高温超导体[4]在内的新材料研究和探索中。

下面将从技术与装备和应用范例两方面介绍基于脉冲激光沉积的材料芯片高通量制备。

3.2　高通量制备技术与装备

3.2.1　基于脉冲激光沉积的连续掩模法

采用脉冲激光沉积技术制备材料芯片的常用方法之一就是连续掩模法。其中，最简单、最易实现的方法是连续平移掩模镀膜法。该技术需要在基片和靶材之间靠近基片的位置设置一个可以平行移动的掩模，其原理示意图如图 3-2（a）所示。在沉积薄膜的同时沿着平行于基片表面的方向匀速移动掩模，此时基片相对于羽辉的暴露时间就会呈连续分布。在基片表面沉积的薄膜厚度与暴露在羽辉下的时间成正比，因此基片上就会形成厚度连续分布的高通量薄膜，图 3-2（b）为掩模相对于基片向右移动时基片上所沉积的薄膜的示意图。

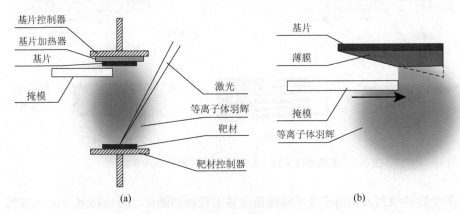

图 3-2　连续平移掩模镀膜法原理示意图

（a）连续平移掩模镀膜法原理；（b）掩模相对于基片向右移动时基片上所沉积的薄膜

基于脉冲激光沉积的连续平移掩模镀膜法，若使用激光束交替轰击两种不同组分的靶材，即可在基片上沉积厚度连续变化的多层不同组分的薄膜，最终得到成分连续变化的高通量薄膜。其具体操作为：在沉积 A 靶材时，平行移动掩模，使 A 成分呈厚度连续变化的斜坡形状沉积在基片上，如图 3-3（a）所示，直至掩模完全覆盖基片时停止轰击 A 靶材。然后，更换靶材 B 进行镀膜，使 A 成分薄膜的厚度几乎为零的位置最先暴露在羽辉下，此时 B 成分就会以与 A 成分相反的厚度梯度进行沉积，如图 3-3（b）所示。当掩模移动至基片完全暴露在羽辉下时即可完成一轮单原胞层量级的镀膜过程，如图 3-3（c）所示。然后，根据目标厚度多次重复上述步骤就可以获得如图 3-3（d）所示的多层膜，经过垂直扩散后即可得到如图 3-3（e）所示的 A、B 成分梯度变化的薄膜样品。为避免产生超晶格结构，镀膜过程中需严格控制沉积速率、每一周期的激光脉冲数、掩模移动速度等实验参数，以确保每一周期的沉积厚度小于等于单原胞层厚度。早在 2000 年，东京工业大学的 Fukumura 等就利用该技术实现了 $La_{1-x}Sr_xMnO_3$ 薄膜的高通量制备，他们沿 $SrTiO_3(001)$ 基片的某一方向得到了 $La_{1-x}Sr_xMnO_3$ 薄膜 0%～100%的连续成分梯度分布，并结合并行 X 射线衍射（concurrent XRD）和扫描 SQUID 显微镜（scanning SQUID microscopy）等高通量表征手段实现了成分-结构-磁电的快速相图构建，显示了基于脉冲激光沉积的连续平移掩模法在研究掺杂 Mott 绝缘体方面的重要作用[5]。

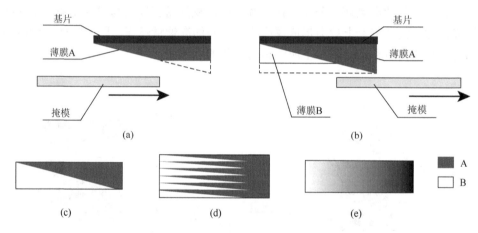

图 3-3　连续平移掩模法的高通量薄膜制备流程示意图

基于脉冲激光沉积的连续平移掩模法易于理解和操作，可以得到 0%～100% 的成分梯度分布，是最常见的高通量薄膜制备技术之一。然而，这项技术在实际操作过程中有如下难点。第一，必须严格控制各组分的薄膜生长时间并校准薄膜生长速率使得每一周期沉积的薄膜厚度小于等于单原胞层，以确保化合物在加热基片上的垂直扩散。考虑到薄膜生长速率因材料不同而不同，且受激光能量密度、工作气氛压强等多个参数的共同影响，这对镀膜过程中实验参数的控制提出了很高的要求。第二，连续平移的掩模需要一个较长的真空制备腔来容纳，提高了对制备腔的空间要求。而且，这种简单的平移法只能实现二元连续组分薄膜样品的高通量制备，而不适用于三元或更多元的连续组分薄膜样品的高通量制备。

为实现三元或更多元连续组分高通量薄膜样品的制备，日本国立材料科学研究所的 Chikyow 等在上述连续平移掩模法的基础上设计了一种掩模平移和基片旋转相结合的方法，如图 3-4（a）所示[6]。以三元连续组分薄膜样品的制备为例，单向平移的掩模用于创建沿着平移方向的成分梯度，而可旋转的基片台通过在 A、B、C 不同靶材的沉积之间旋转 120°来得到三元连续组分的薄膜。利用该技术，可以得到 A、B、C 三种靶材任意组合组成的薄膜。如图 3-4（b）所示，在三角形内部可以得到三元组分样品（$A_xB_yC_{1-x-y}$），在三角形和六边形之间可以得到三个二元组分样品（A_xB_{1-x}，B_yC_{1-y}，C_zA_{1-z}），而在六边形外边可以得到三个单组分样品（A，B，C）。然而，这种方法存在如下不足：第一，脉冲激光沉积系统中加热元件通常集成于基片台中，而基片台的反复旋转对机械设计提出了更高的要求。第二，实际实验中基片必须旋转上千次才能得到连续组分的薄膜样品，如果转速较慢，沉积可能需要很长时间。例如，在日本国立材料科学研究所 Yamamoto 研究组的实验室中，放置基片的台架的旋转占用了 70%的总制备时间，而基片加热台的高速旋转通常会导致机械故障[6]。

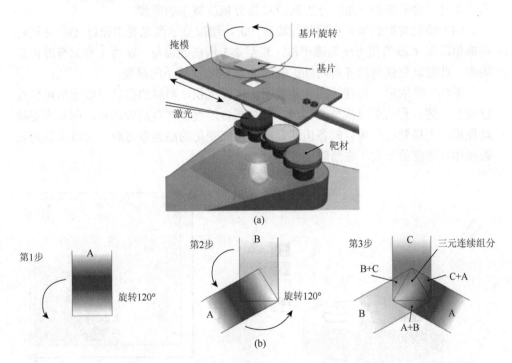

图 3-4　Chikyow 等提出的利用掩模平移和基片的旋转来制备三元连续组分薄膜样品的
方法示意图[6]

在利用连续掩模法实现多元连续组分薄膜的高通量制备方面，国内的研究者也做了诸多努力。例如，中国科学院物理研究所金魁等设计了一种新型掩模，并结合组合激光分子束外延技术实现了四元高通量薄膜的制备[7]。该制备方法需要在靶材控制器上设置四个不同成分的靶材，如图 3-5（a）所示；并在矩形掩模上设计两个呈中心对称的直角三角形窗口，如图 3-5（b）所示。在镀膜过程中，需要将掩模放置在靶材与基片中间，依次顺时针旋转 90°替换四种不同成分的靶材并用准分子激光进行轰击，同时对应移动掩模。其具体的镀膜过程如下。

（1）将基片与掩模按图 3-5（b）的相对位置进行放置，采用激光轰击 A 靶材，并将掩模沿 X 轴的正方向匀速移动，当 2-3 所在的边与 b-c 边完全重合时停止轰击 A 靶材，此时就会获得沿 a 角向外扩散的 A 组分依次减少的薄膜。

（2）将靶材控制器顺时针旋转 90°，使激光开始轰击 B 靶材，并同时将掩模沿着 Y 轴的反方向匀速平移，直至 3-4 所在的边与 b-c 边完全重合时停止轰击，此时就会获得沿 b 角向外扩散的 B 组分依次减小的薄膜。

（3）将靶材控制器继续顺时针旋转 90°，用准分子激光轰击靶材 C，并同时将掩模沿着 X 轴的反方向匀速平移，直至 3-4 所在的边与 a-d 边完全重合时停止轰击，此时就会获得沿 c 角向外扩散的 C 组分依次减小的薄膜。

（4）将靶材控制器再次顺时针旋转 90°，用准分子激光轰击靶材 D，并同时将掩模沿着 Y 轴的正方向匀速平移，直至 2-3 所在的边与 a-d 边完全重合时停止轰击，此时就会获得沿 d 角向外扩散的 D 组分依次减小的薄膜。

至此，完成第一周期的四元连续组分薄膜沉积，薄膜的整体厚度依旧可以通过调整上述过程的重复次数来实现。整个制备过程不需要旋转基片，而只需要移动掩模、更换靶材就可以制备出四元成分连续变化的高通量薄膜，可以降低对仪器操作精密度的要求，进而降低成本。

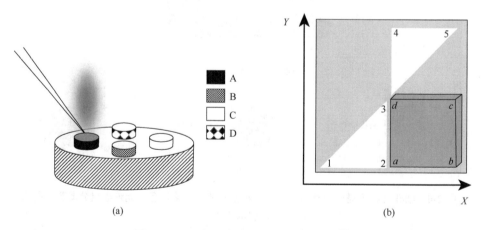

图 3-5　四元高通量薄膜制备系统示意图[7]

（a）靶材控制器；（b）掩模与基片相对位置

上述提到的将脉冲激光沉积与掩模平移相结合的高通量薄膜制备技术都是使

用电机来精确控制掩模平移运动的，但是这种来回的往复运动往往不可避免地造成累积误差，直接影响薄膜制备过程中组分控制的精度。此外，线性掩模反复变向及加减速操作也会加速机械部分的磨损，降低系统稳定性。

为了克服上述困难，东京工业大学的 Takahashi 等于 2004 年提出了利用具有特定开孔形状的旋转圆形掩模代替平移掩模来实现三元或更多元连续组分材料芯片的制备技术[8]。图 3-6（a）显示了该装置中连续组分薄膜的制备过程由圆形掩模的旋转、靶材的更换和激光脉冲数的同步控制完成。这一方法不需要基片台的旋转，因此它使沉积更快、更容易。与连续平移掩模法相比，该方法中圆形掩模的轴向圆周运动代替了机械手的周期性平移运动，降低了工艺操作的复杂度，简化了制备腔室的结构，而且避免了掩模的停止和再启动过程引起的组分不连续性。圆形掩模上可以有不同的开孔形状，即不同的掩模图案。通过旋转圆形掩模和应用不同的掩模图案即可得到三元甚至更多元的连续组分薄膜样品。Takahashi 等通过对三角形和梯形形状的掩模图案进行优化，成功得到了成分 0%～100%连续变化的三元 $M_{0.01}Y_{1.99}O_3$（M = Eu, Tm, Tb）荧光材料薄膜，获得了薄膜成分与阴极发光性能之间的直接映射关系（图 3-6（b）），验证了基于脉冲激光沉积的连续掩模法制备 $M_{0.01}Y_{1.99}O_3$ 三元体系和优化其发光特性的能力[8]。

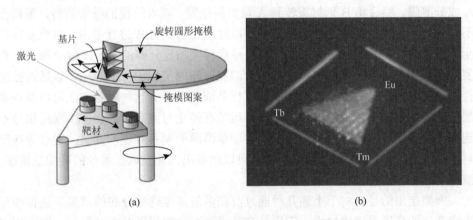

（a）　　　　　　　　　　　　　　　　（b）

图 3-6　旋转圆形掩模技术及应用[8]

（a）基于旋转圆形掩模的连续组分薄膜沉积的装置原理图；（b）利用扫描反射高能电子衍射（reflection high energy electron diffraction, RHEED）电子束激发得到的 $M_{0.01}Y_{1.99}O_3$（M = Eu, Tm, Tb）样品库的阴极发光图

上述利用旋转圆形掩模的连续匀速旋转代替机械手运动可以避免掩模的停止—再启动过程引起的组分不连续性，可以提高制备的连续性。与此类似，中国科学院物理研究所提出了一种基于环形掩模的组合薄膜制备装置和方法，同样可以避免掩模的停止和再启动引起的组分不连续性[9]。与旋转圆形掩模不同，环形掩模的旋转平面在镀膜过程中始终保持与基片表面垂直，如图 3-7 所示。

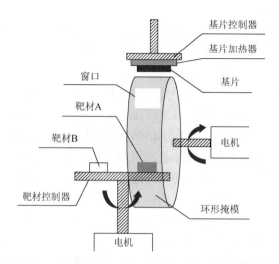

图 3-7   基于环形掩模的组合薄膜制备装置结构示意图[9]

以二元组分高通量薄膜制备为例，选择 A、B 两种不同组分的靶材，并使环形掩模以恒定的速度旋转，当旋转至基片完全暴露于窗口时，激光器开始轰击 A 靶材，直至掩模将整个基片完全遮挡，此时就可以在基片上获得厚度连续分布的 A 成分薄膜。然后将 B 靶材旋转到 A 靶材的位置，随着掩模的继续旋转，窗口会不断接近基片，当基片刚开始暴露于窗口时激光对靶材 B 进行轰击，直至基片完全暴露于窗口，此时就可以获得一整层厚度梯度相反分布的 A、B 成分薄膜。重复上述步骤，可以得到所需厚度的组合薄膜。按照类似的方法，还可以通过控制掩模和靶材的运动顺序来获得厚度梯度样品或超晶格。这种制备方法可以解决多层膜的沉积过程中，掩模的周期性平移运动在停止与重启动过程中带来的组分不连续、编写操控程序等问题，降低了高通量薄膜的制备难度。同时，通过更换靶材组分类型、改变掩模的几何图形形状可以制备出二元及以上组分的高通量薄膜，满足实际制备需要。

需要指出的是，对于上述几种通过沉积多层厚度连续分布的薄膜来获得成分连续变化的高通量镀膜技术，无论是交替更换两种靶材还是三种靶材，靶材都可以是某一种元素组成的单质，也可以是多元成分组成的化合物。若靶材为单质，则可以获得二元组分连续变化的高通量薄膜。若靶材为化合物，也可以制备出成分连续变化的薄膜样品。因此，以上高通量薄膜制备技术也可以扩展到一些关于掺杂材料的研究，从而实现在单个沉积工艺上构建不同成分的多个样品。

3.2.2   基于脉冲激光沉积的连续成分扩展法

在脉冲激光沉积过程中，等离子体羽辉的定向性使得在基片上沉积的薄膜厚度随着远离羽辉中心而减小，即中间厚、周围薄。利用这一特性，美国 Neocera 公司的 Christen 等提出了基于脉冲激光沉积的连续成分扩展（continuous-compositional-spread technique based on pulsed laser deposition，PLD-CCS）法，即利用脉冲激光沉积中自然发生的沉积速率的空间不均匀性，按一定的顺序沉积各个靶材，同时通过对基片和靶材的机械控制，获得成分随位置变化的连续组分薄膜[10]。

　　PLD-CCS 法的具体实现方式如图 3-8 所示[10]。以制备如图 3-8（a）所示的二元成分连续分布的高通量薄膜为例。首先，调节激光光路系统使得激光束发射到第一个靶材，也就是位于基片下方但偏离基片中心位置的靶材 A（脉冲激光沉积的普通镀膜模式中，激光束轰击的靶材位于基片中心正下方），这将导致大部分的物质沉积在基片上距等离子体羽辉中心最近的地方。在这种结构设置下，重复发射激光将会产生以等离子体羽辉轴线为中心的厚度不均匀的薄膜。在沉积一定厚度的 A 成分之后，立即旋转靶材旋转台使得激光束轰击第二个靶材，也就是位于基片下方的靶材 B，同时旋转基片 180° 使得产生的等离子体羽辉位于偏离基片中心的另一侧，使得在基片上获得与 A 组分相反厚度梯度的 B 组分。重复上述循环即可得到二元成分连续分布的薄膜。基于这种薄膜制备原理，通过在靶材控制器上设置三种不同成分的靶材，并将基片的旋转角度设置成相应的角度（三元组分对应 120°，四元组分对应 90°），即可获得三元或更多元成分连续分布的高通量

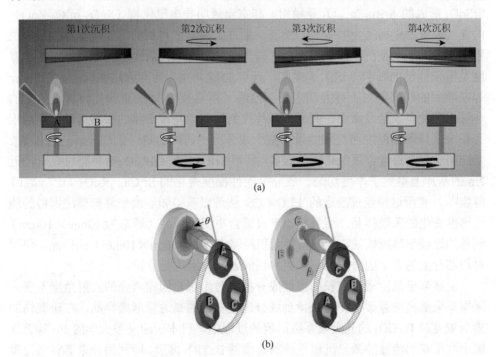

(a)

(b)

图 3-8　二元 PLD-CCS 法示意图（a）和三元 PLD-CCS 法示意图（b）[10]

薄膜。PLD-CCS 法在每一次沉积循环中以小于等于一个单原胞层厚度的速率进行沉积，效果与共沉积镀膜法类似，无须在沉积后进行促进内部扩散或结晶的退火工艺。这对于生长温度是关键参数的材料研究是非常必要的，也能解决被沉积的材料成分或基片不适合高温退火的问题。该系统与高压 RHEED 配合使用还可用于异质结构及超晶格的制备。在这一方法中，激光束轰击的位置保持不变，而只通过基片控制器调整基片位置，并在每一步过程中更换靶材。每一步包括旋转更换靶材、旋转基片加热台和发射少量脉冲激光，所需时间少于 1s。对于一个典型的钙钛矿材料，其单原胞厚度约为 4Å，而每个单原胞厚度的生长需四个循环才能完成，生长速率为 0.5Å/s，因此可以在 30min 内生长出约 100nm 厚度的薄膜。

这种基于脉冲激光沉积的连续成分扩展法通过基片与靶材的偏心设置使不同的待蒸镀材料依次沉积到基片的不同位置，无需掩模即可得到梯度成分分布的薄膜材料芯片，相比于连续掩模法可以用于大面积薄膜样品的制备。然而，该方法成分分布可控性弱，而且并不能得到如连续掩模法那样直观的成分与位置间的简单线性对应关系。PLD-CCS 法成功的关键是了解基片上每一点的成分，而不必对样品进行复杂的化学分析。Christen 等通过实验证明这是可行的，通过对参考样品进行厚度测量和简单的计算得到了基片上每一点位置与成分的对应关系，并将该方法成功应用于钙钛矿材料（包括 $Ba_xSr_{1-x}TiO_3$ 铁电薄膜以及由 $SrRuO_3$ 和 $SrSnO_3$ 形成的 $SrRu_xSn_{1-x}O_3$ 亚稳相）和室温透明导电氧化物（SnO_2-In_2O_3-ZnO）的连续成分薄膜高通量制备[10]。然而，通过上述方法得到的薄膜在基片的不同位置有不同的厚度及沉积能量，因此在研究成分对薄膜性质影响时需要同时考虑厚度及沉积能量的影响，这大大提高了研究的复杂性。为克服这些问题，Christen 等在随后的研究中对上述方法进行了改进（图 3-9），即利用预先计算设定好的非等距触发点来触发激光，并通过基片控制器驱动基片平移的平移运动和狭缝形孔径来保持薄膜厚度和沉积能量在整个成分范围内的恒定[11]。Christen 等将其成功应用于复杂过渡金属氧化物的制备，利用 $SrRuO_3$ 和 $CaRuO_3$ 两种靶材在直径近 2in 的基片上得到了厚度均匀、成分呈线性梯度变化的 $Sr_xCa_{1-x}RuO_3$（$0 \leqslant x \leqslant 1$）薄膜[11]。利用这种经过改进的 PLD-CCS 法可以获得如连续平移掩模法那样的线性梯度变化的薄膜样品，而且相比于只适合小面积样品（通常为 10mm×10mm）制备的连续平移掩模法，能够获得面积足够大（如 45mm×10mm）的样品，使得材料芯片上的单个成分样品可以用常规的表征技术进行分析。

上述基于脉冲激光沉积的连续成分扩展技术都是固定激光的入射角度不变，采用单束激光交替轰击靶材来得到成分连续变化的高通量薄膜样品。在研究钴的掺杂浓度对 $BaTiO_3$ 的光吸收系数影响的过程中，日本庆应义塾大学的 Ito 等首次提出利用双羽流脉冲激光沉积系统制备掺钴 $BaTiO_3$ 薄膜，即利用分束器将激光束分为两束，分别同时照射到 $BaTiO_3$ 和 Co_3O_4 靶材上，并利用原位脉冲激光退火消除薄膜生长过程中表面上的颗粒以得到光滑的薄膜[12]。实验装置如图 3-10 所示，$BaTiO_3$ 薄膜中钴的掺杂浓度可以通过改变激光能量密度（$0.6\sim1J/cm^2$）、Co_3O_4 靶材偏离基片中心的距离（$2\sim4cm$）和激光烧蚀面积等参数来调节，而这些都可以通过真空室外部的衰减器、反射镜角度和孔径来进行控制。薄膜沉积过程中基片一直保持匀速旋转以保证薄膜厚度及掺杂浓度在整个基片范围内的均匀性。然而，这种利用多束激光同时照射多个靶材的方法在当时只是用于掺杂浓度的原位调节，并没有应用于材料芯片的高通量制备。

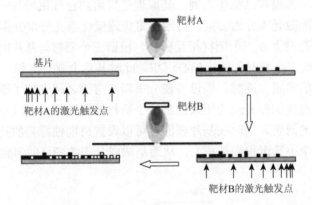

图 3-9　经过改进的 PLD-CCS 法的示意图，通过对基片平移、靶材更换和脉冲激光发射的同步控制以及狭缝形孔径能够得到线性成分梯度[11]

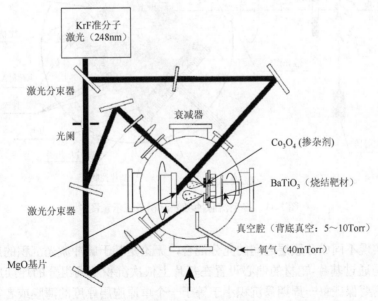

图 3-10　带原位脉冲激光退火的双羽流脉冲激光沉积装置示意图[12]

　　与普林斯顿大学 Hanak 教授提出的基于磁控溅射的共沉积镀膜法类似[13]，美国加州大学的 Mao 等设计了一种用于制备成分连续分布的高通量薄膜库的多羽流脉冲激光沉积系统（multi-plume pulsed laser deposition，MPPLD）[14]，该系统结构如图 3-11 所示。与双羽流脉冲激光沉积系统不同，在利用 MPPLD 进行材料芯片制备的过程中基片不旋转，否则无法创建成分梯度变化；与传统的基于脉冲激光沉积的连续成分扩展法不同，MPPLD 利用多个等离子体羽辉的方向性和沉积速率的空间变化，可以在大面积基片上沉积不同成分的化合物以形成薄膜材料样品库。以三元成分薄膜样品制备为例，其原理是采用两台分束器与一面反射镜将激光器发射的高能激光束分为三束，再通过聚焦透镜使激光分束分别发射到 A、B、C 三种成分的靶材上。三个靶材相互独立，根据三个靶材与基片间的相对位置差异，就可以实现三个靶材的同步偏心沉积，此时基片上就会沉积一系列 A、B、C 成分比例不同的薄膜。同时，该设备在分束器与透镜之间安装了激光遮板，因此可以通过激光遮板的打开或关闭来控制每个靶材的烧蚀时间，以克服各个靶材产额不一致带来的问题。同时在基片表面还可以设置周期性排列的孔洞掩模，使靶材成分透过各个小孔沉积到基片上，从而形成成分连续变化的薄膜库。

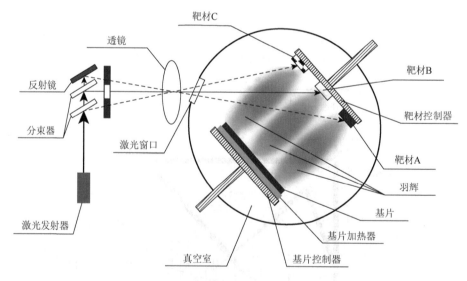

图 3-11　多羽流脉冲激光沉积系统示意图[14]

　　为实现不同成分膜层之间的充分混合，无论是基于脉冲激光沉积的连续掩模法，还是通过基片-靶材的偏心设置在基片上依次沉积不同组分的连续成分扩展法，都需要保证每一周期只沉积小于等于一个单原胞层厚度的薄膜或者需要一系列复杂的退火工艺。而多羽流脉冲激光沉积系统的沉积原理类似于共溅射和共蒸发等共沉积镀膜法，该方法利用多束激光束在不同靶材上产生多个羽流，从而将不同靶材的组分同时沉积到基片上形成连续梯度分布的多元样品。相比于连续掩模法和传统的连续成分扩展法，多羽流脉冲激光沉积法中多种靶材成分可以在薄膜沉积的同时实现原子的瞬间混合，与薄膜沉积的厚度控制无关，而且省去了沉积后复杂耗时的退火步骤。

　　基于脉冲激光沉积的连续成分扩展法无须使用任何掩模即可获得连续成分分布，可以避免在连续掩模法或下面即将介绍的分立掩模法中普遍存在的因掩模失准带来的一系列问题。然而，与共溅射或共蒸发法类似，基于脉冲激光沉积的连续成分扩展法用于多元材料系统研究时不易实现 $0\%\sim x\%$ 的连续成分分布，成分分布可控性较弱。

3.2.3　基于脉冲激光沉积的分立掩模法

　　基于脉冲激光沉积的分立掩模法是指将脉冲激光沉积与分立掩模法相结合，经过多次掩模形成多个成分分立样品的高通量薄膜制备技术。与连续掩模法或连续成分扩展法相比，基于脉冲激光沉积的分立掩模法可获得任意成分分布，不受组元数目限制，具有成分分布完全可控、成分覆盖跨度大、各分立区域成分均匀等特点，适合于大通量、多元素的新型材料海选。

　　分立掩模法起源于美国劳伦斯伯克利国家实验室 Xiang（项晓东）及其团队的一项开拓性工作[2]，首次将用于高通量新药筛选、高通量基因测序的组合化学概念应用于新材料的发现，将薄膜沉积和物理掩模系统相结合进行铜基氧化物薄膜的高通量制备，并于 1995 年在 *Science* 上发表了题为 "A combinatorial approach to materials discovery" 的文章，率先展示出组合材料芯片技术在材料筛选中的巨大潜力[2]，并在超导材料[2]、介电材料[15]、荧光材料[16]等多种材料系统上进行了应用与示范推广，取得了一系列新材料成果。在这项开创性的工作中，他们通过一系列二进制分立掩模在单一基片上依次沉积具有不同化学配比的前驱物，然后经过热处理工艺得到了含有 128 个不同组分的薄膜样品库，并通过快速表征，在一次实验中找到了前人经过多年研究发现的 $BaSiCaCuO_x$ 和 $YBa_2Cu_3O_x$ 两种超导材料，实现了复杂材料体系的快速筛选，为加速新材料的研发提供了新思路。该分立掩模法的首次应用使用的是磁控溅射技术，但也同样适用于包括脉冲激光沉积在内的其他薄膜制备技术。为了提升样品单元密度，该团队随后利用一系列四元分立掩模代替二元分立掩模，并利用光刻掩模代替物理掩模来进行材料芯片的合成[17]。光刻法具有较高的空间分辨率和定位精度，因此非常适合高样品单元密度的材料芯片制备。利用四元分立掩模制备高通量薄膜的细节如下：每块掩模用于四次连续的沉积步骤，每次沉积之后掩模都旋转 90°，当完成掩模分别位于 0°、90°、180°、270°角度的四次沉积之后，更换下一块掩模进行沉积。若掩模数为 n，该工艺通过 $4n$ 个沉积步骤能够产生 4^n 种不同的成分。利用 5 块四进制分立掩模，该团队在单一基片上生成了包含 1024（4^5）种不同组分的材料芯片，每个样品尺寸为 650μm×650μm。

上述早期的第一代分立掩模法被应用于高温超导体[2]和荧光材料[16]等材料的探索。值得注意的是，该方法中前驱物的沉积过程是在室温下进行的，因此在完成室温沉积步骤之后必须再进行退火工艺进行结晶，这使得该方法只能获得在热力学平衡条件下的产物，而不适用于对薄膜生长条件有更苛刻要求（如高真空下的原位加热）的半导体薄膜材料的高通量制备和筛选。

得益于激光分子束外延技术的发展，东京工业大学的 Matsumoto 等开发了一种如图 3-12 所示的组合激光分子束外延（combinatorial laser molecular beam epitaxy，CLMBE）装置[6]。该装置将能够从原子尺度上控制薄膜的结构和组成的激光分子束外延技术与分立物理掩模相结合，使得能够合成在热力学平衡条件下无法获得的高掺杂薄膜材料，以及具有不同周期的人工超晶格薄膜。该装置配备了一个带有八种不同分立掩模图案的掩模盘和一个能停放多个靶材的靶材托，掩模盘距离基片 3mm 左右，镀膜过程中通过旋转掩模盘和靶台即可选择所需的分立掩模图案和靶材。该团队随后将该方法应用于不同掺杂的 ZnO 半导体薄膜的制备和筛选[18, 19]。然而，由于固定了 8 个分立掩模的掩模盘面积大，通过旋转

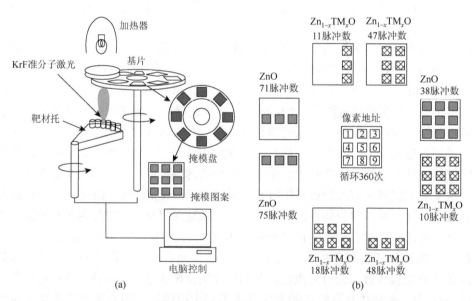

图 3-12 组合激光分子束外延装置原理及组合薄膜材料芯片制备过程示意图[19]

（a）组合激光分子束外延装置示意图[6]；（b）利用 ZnO 和掺杂 $Zn_{1-x}TM_xO$（TM 为过渡金属离子）两种靶材，以及八种不同分立掩模在单一基片上沉积九个分立组分样品的组合制备过程

掩模盘以更换分立掩模图案的过程中不易保持掩模盘的水平，而且掩模盘及分立掩模受基片加热器在高温下的热辐射作用容易发生变形，导致无法实现掩模与基片的精确对准。因此，利用该方法得到的薄膜样品单元密度低。事实上，他们在这项工作以及后续的一系列工作中，在 16mm×16mm 的单个基片上只得到了九个分立组分样品[18-20]。

　　为了提高组合激光分子束外延技术的样品单元密度，美国劳伦斯伯克利国家实验室的 Mao 等对上述分立物理掩模系统进行了改进，即利用四元分立掩模图案，并利用如图 3-13（a）所示的分立掩模上下叠放的方式代替图 3-12（a）所示的分立掩模在掩模盘上分散分布的方式进行高通量薄膜的制备[3, 21]。图 3-13（a）显示了该经过改进的组合激光分子束外延生长系统的原理图，该装置使用了一系列具有自相似图案的四元分立物理掩模，并采用原位加热来保证所制备高通量薄膜的质量，同时可以根据需要在真空或选定气体的环境下进行退火。图 3-13（b）展示了组合薄膜材料芯片制备的前几个步骤。第一个分立掩模的四次旋转可以应用于前四个步骤（图 3-13（b）的步骤 1～步骤 4），通过前四个步骤可以创建具有四种不同组成的材料阵列，分别沉积在基片的四个单独象限中。接下来的步骤 5～步骤 8 将使用第二个分立掩模，步骤 5 将允许在每个象限的左上角创建一个与原先组成不同的新化合物（图 3-13（b）的步骤 5）。接下来的步骤 6～步骤 8 将利用第二个分立掩模的三次旋转（没有在图 3-13（b）中显示）在每个象限的剩余 3/4 得到新化合物。接下来步骤 9～步骤 16 将使用第三和第四个分立掩模重复上述过程。Mao 等利用该技术在单一基片上得到了 256（4^4）个不同组分的薄膜，每个样品尺寸为 800μm×800μm。

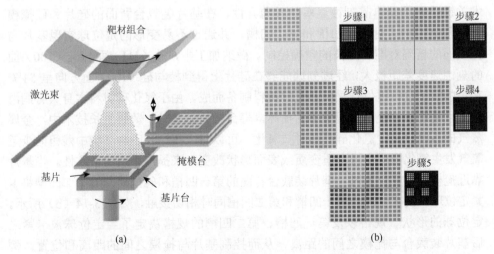

靶材组合

激光束

掩模台

基片

基片台

（a）

步骤1　步骤2
步骤3　步骤4
步骤5

（b）

图 3-13　第二代组合激光分子束外延装置原理及组合薄膜材料芯片制备过程示意图[21]

（a）第二代组合激光分子束外延系统的原理图；（b）组合薄膜材料芯片制备的前五个步骤

　　尽管 Mao 等通过将激光分子束外延技术和四进制分立掩模相结合的第二代组合激光分子束外延系统克服了 Xiang 等发展起来的分立掩模法中光刻掩模无法重复利用、制备工艺烦琐、不支持基片原位加热的困难，并在一定程度上提高了东京工业大学 Matsumoto 等开发的组合激光分子束外延技术能够达到的样品单元密度，但该技术仍面临着成膜阴影区域大、样品单元密度难以进一步提升的问题。在高通量组合材料芯片制备过程中，为实现较高样品单元密度（如单个样品尺寸≤100μm），基片与掩模之间是否可以精确对准对于薄膜的质量和成分均匀度极为关键。有鉴于此，上海大学材料基因组工程研究院开发了一种高通量薄膜材料芯片制备通用的分立掩模高精度对准系统，用于解决现有的高通量薄膜制备系统中普遍存在的掩模与基片距离大、距离控制精度低、生产效率低下、沉积膜组分不可控、膜阴影范围大等技术问题。

　　上海大学材料基因组工程研究院开发的分立掩模高精度对准系统采用两步对准来实现基片和掩模的高对准精度和对准重复性[22]。首先，利用基片装载台下方的定位柱和掩模上的定位凹槽实现基片与掩模间的粗对准，如图 3-14（a）所示。定位凹槽的开口处可以设置为喇叭状。当基片装载台靠近掩模时，定位柱在喇叭状开口的引导下将插入掩模的定位凹槽中，实现基片和掩模的粗对准，并可以防止磁场、器械老化变形和重力等影响导致基片装载台的偏移，提高定位精度。若定位柱和定位凹槽位置出现偏差，基片装载台控制器与基片装载台连接处的弹性结构可以实现微小的校正。本部分的对准精度由定位柱和定位凹槽的机械加工精度决定。

　　基片与掩模间进一步的对准通过基片装载台与掩模间的定位球实现。其技术关键是利用硅单晶刻蚀速率的各向异性，在基片装载台背面的硅片和硅掩模上分别刻蚀出多对第一凹槽和第二凹槽，并通过不易变形的定位球实现基片与掩模间的精确对准和距离的精确控制。微纳加工中，硅（111）面与硅（100）面的刻蚀速度差距极大，经过刻蚀能够在硅片上得到棱与硅（100）面方向呈 54.7°夹角的四棱台。定位球采用氮化硅材料制备而成。由于氮化硅材料本身具有润滑性并且耐磨损，使用过程中不易损坏，寿命较长。同时，薄膜生长技术中，金属蒸气的温度较高，氮化硅高温时抗氧化，可以防止在高温下与环境中残留的少量氧气发生氧化反应生成杂质变质或表面形状改变，来提高系统的可靠性。当基片靠近掩模至目标位置时，基片装载台背面的第一凹槽和硅掩模上的第二凹槽将卡紧定位球，使定位球与第一凹槽和第二凹槽同时相切接触，如图 3-14（b）所示。定位球的形状、规格以及第一凹槽、第二凹槽的规格决定了当定位球被卡紧之后基片装载台与掩模之间的距离，从而控制基片与掩模之间的距离和位置。例如，在基片和掩模厚度都为 0.5mm，第一凹槽和第二凹槽开口尺寸 $D = 1.225$mm 的情况下，若使用直径为 650μm 的定位球，可以将基片和掩模间的距离精确控制到 20μm。当需要更换不同规格如不同厚度的基片时，用户仅需更换不同规格的定位球，操作便捷。定位精度由第一凹槽、第二凹槽、定位球的加工精度和硬度决定。

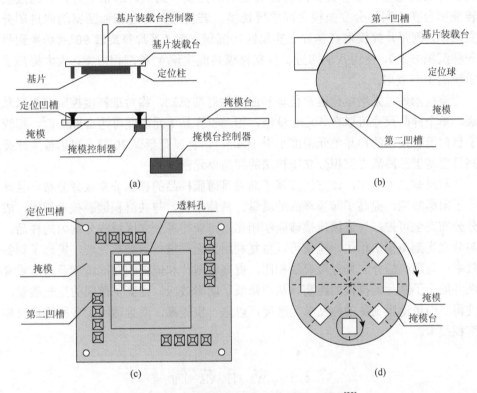

图 3-14　分立掩模高精度对准系统示意图[22]

（a）定位柱与定位凹槽的粗对准示意图；（b）定位球定位示意图；（c）掩模结构示意图；（d）掩模台示意图

　　分立掩模高精度对准系统首先利用定位柱与定位凹槽实现基片与掩模的粗对准，然后利用定位球和第一凹槽、第二凹槽来实现基片与掩模的高精度对准。用户可以设置一系列成对出现、相互配合、不同规格（开口尺寸不同）的第一凹槽和第二凹槽，以调节基片和掩模间不同的距离范围，提高系统的兼容性。若在基片装载台背面的硅片上和硅掩模上刻蚀多组不同规格的第一凹槽及第二凹槽，则可实现多种掩模与基片间距范围的调整。图 3-14（c）为一种带有四组不同规格的第二凹槽的掩模结构示意图。

　　该技术首次将依托于微纳加工的结合氮化硅小球和硅基片上刻蚀凹槽的方案运用到高通量薄膜制备系统中，其中凹槽位于同样是硅材料的装载台背面和掩模上，可以减小高温条件下因材料热膨胀系数不同而导致的掩模和基片错位。

此外，掩模通过可拆卸的方式固定至掩模台，便于掩模老化或需要实现不同沉积方案时更换掩模，降低系统后续维护的时间成本和人力成本。该技术还在真空室中配备了如图 3-14（d）所示的可容纳多个掩模的掩模台。掩模台可通过掩模台控制器进行转动，镀膜时将需要使用的掩模转到基片的正下方，并通过旋转掩模台在不同的分立掩模之间实现切换。若使用具有自相似图案的四进制分立掩模，则每片掩模可在基片上实现四次沉积方案（基片每旋转 90°就切换到另一种沉积方案），使用八块四进制分立掩模共能实现 4^8 种沉积方案，大大提高了系统的生产效率。

该技术通过采用氮化硅定位球和凹槽的对准机制，将对准精度控制在微米量级，单个样品尺寸可以在 50μm 量级，相当于样品单元密度可达 200mm^{-2}，相较于目前已有技术的样品单元密度小于 10mm^{-2}，将提升至少 20 倍，可以极大地提高目前基于脉冲激光沉积分立掩模法的样品单元密度。

与现有技术相比，该方法实现了高通量薄膜样品的任意分立成分分布，且减小了阴影效应，提高了薄膜样品的质量。具体来说，与共沉积镀膜技术相比，成分分布完全可控；与连续掩模镀膜法相比，可获得各分立区域成分均匀的样品；与分立光刻掩模法相比，掩模可以重复利用且无须进行后续热处理，提高了制备效率；与现有的分立物理掩模法相比，提高了基片和掩模的对准精度及对准重复性并缩小了基片到掩模的距离，从而降低了阴影效应，提高了薄膜的生长质量，使得高通量薄膜制备的样品单元密度可以进一步提高，而且适用于多种物理气相沉积技术。

3.3　应用范例

3.3.1　基于脉冲激光沉积的连续掩模法的应用案例

铜氧化物高温超导体自 1986 年发现以来已有 30 多年的研究历史，不同于传统金属及合金超导体的电声耦合机制，铜氧化物的超导电性被认为来源于电子间关联相互作用，但高温超导的机理仍未达成共识，是凝聚态物理研究中未解的跨世纪"谜题"。究其原因，高温超导体系的复杂性使得研究者对决定其临界温度的重要物理量的认识仍然不足，尚不能启发理论突破。利用传统的研究手段寻找能够描述物理量之间关系的统计规律往往需要数年甚至数十年的实验数据积累，而且对系列化学组分薄膜的组分控制精度有限。2011 年美国提出"材料基因组计划"旨在通过材料高通量计算、高通量实验和材料大数据的有机融合大大加速材料的研发进程，在材料、能源等领域得到了广泛关注，应用于高温超导领域将有望加速高温超导定量化物理规律的探索。

中国科学院物理研究所金魁研究团队专注于超导单晶薄膜的制备及超导机制的研究，试图利用高通量实验方法从唯一覆盖全超导掺杂区的电子型高温超导体系 $La_{2-x}Ce_xCuO_4$(LCCO)中寻找高温超导的定量化规律。他们通过研究 LCCO 薄膜低至 20mK 时的正常态输运特性，发现奇异金属散射率 A_1 与超导临界温度 T_c 呈正关联关系，暗示奇异金属态与高温超导存在某种内在联系。然而，由于 LCCO 膜的合成过程相对复杂，高精度地调整膜的组分并不容易，使用传统的单点研究模式难以得到足够的高精度数据，这使得获取奇异金属态与高温超导两者之间的定量化规律成为一个极具挑战性的课题。

为了高精度地调整 LCCO 薄膜的成分，该团队利用脉冲激光沉积的连续掩模法在 1cm^2 的单晶基片上沉积了一系列具有连续化学组分梯度的 $La_{2-x}Ce_xCuO_4$ (0.10$\leq x \leq$0.19)高通量薄膜[23]。使用的两块靶材成分分别为 $La_{1.90}Ce_{0.10}CuO_4$ 和 $La_{1.81}Ce_{0.19}CuO_4$，靶材两端的成分分别对应于具有最高 T_c 的掺杂（$x = 0.10$）和金属费米液体（$x = 0.19$）。整个基片上 10mm 长度的薄膜厚度均匀。这种生长技术确保了合成条件在整个掺杂范围内是相同的。波长色散 X 射线谱（wavelength dispersion X-ray spectroscopy，WDS）测试结果表明，LCCO 薄膜中的成分在 $La_{1.90}Ce_{0.10}CuO_4$ 和 $La_{1.81}Ce_{0.19}CuO_4$ 之间随位置呈连续线性变化。沿成分梯度方向的 X 射线衍射结果说明，得到的 LCCO 连续组分薄膜为（00l）取向，而且随着 Ce 浓度的增加，LCCO（00l）峰朝着高 2θ 角方向移动。上述实验结果证实了 $La_{2-x}Ce_xCuO_4$(0.10$\leq x \leq$0.19)高通量薄膜的成分和晶格常数在整个基片范围内平滑且连续地变化。

在基片不同位置获得的电阻率温度依赖性曲线 $\rho(T)$ 显示，在最低 Ce 掺杂浓度附近（$x \approx 0.11$），LCCO 拥有最高的超导临界温度 $T_c \approx$ 24K。随着 Ce 掺杂浓度的增加，T_c 逐渐下降，最终在较高 Ce 掺杂浓度下表现为金属导电行为，这种情况下电阻率随温度的降低而降低，但超导临界温度不会突然下降到最低测量温度 2K。超导性消失的临界成分对应于 $x_c \approx 0.177$ 的掺杂水平。对于 $x > x_c$，电阻率的低温依赖性服从费米液体行为，即 $\rho = \rho_0 + A_2 T^2$。而在 $x < x_c$ 下的奇异金属态，超导临界温度以上的低温段电阻率随温度呈线性变化。当施加垂直膜面方向的磁场时，薄膜的超导性将被抑制，低温段电阻率随温度的线性变化可以延伸至最低测量温度，该温度范围内的实验数据可以被 $\rho = \rho_0 + A_1 T$ 很好地拟合。

实验结果显示了 LCCO 连续组分薄膜中线性拟合系数 A_1 与掺杂浓度的线性关系及 T_c 的掺杂依赖性。与传统合成方法得到的有限数据点相比，这种利用基于脉冲激光沉积的连续掩模法得到的高通量薄膜样品的密集数据出现了明显的趋势：描绘超导相边界的虚线遵循平方根关系 $T_c \propto (x-x_c)^{0.5}$。为研究 LCCO 中的奇异金属态，中国科学院物理研究所金魁研究团队建立了 A_1 与连续掺杂水平 x 之间的函数。而在这项工作之前，由于传统实验方法得到的数据点严重分散，很难获得精确和系统的数据，导致 A_1 和掺杂浓度 x 之间的关系没有被明确地量化。

利用材料基因工程基于脉冲激光沉积的连续掩模法及与之匹配的跨尺度表征技术，中国科学院物理研究所/北京凝聚态物理国家研究中心在数月时间内积累了足够的可靠数据，并首次获得了电子掺杂氧化铜 LCCO 中超导临界温度 T_c 和奇异金属散射（线性电阻斜率 A_1）之间的规律 $T_c \sim A_1^{0.5}$，定量描述了散射机制和超导性之间的密切联系[1]。更重要的是，从 LCCO 中获得的这一规律可以推广至空穴型铜氧化物、铁基超导体、有机超导体等其他非常规超导体系，具有普适性，表明奇异金属态与非常规超导态有共同的驱动因素，显示了材料基因工程在探索高温超导机制中的重要作用。

3.3.2 基于脉冲激光沉积的连续成分扩展法的应用案例

近年来发现的新一代高温超导体——铁基超导体凭借其较高的超导临界温度（T_c）、极高的上临界场、小的各向异性等特性在强场应用方面具有重大的潜力。在所有类型的铁基超导体中，以 $FeSe_{1-x}Te_x$ 为代表的"11"体系铁基超导体具有结构简单、组分少、不含 As 元素等突出优点，成为制备超导涂层导体的重要候选材料。已有研究表明，$FeSe_{1-x}Te_x$ 超导块材仅在 $x > 0.4$ 的区域可以稳定成相，在富 Se 区域由于存在相分离，常规条件下难以形成超导相。然而，当利用脉冲激光沉积制备成薄膜样品后，$FeSe_{1-x}Te_x$ 在整个掺杂范围内均可以形成超导相，并且在富 Se 区域的超导临界温度显著高于块材样品。对此，其中一个可能的原因在于利用脉冲激光沉积得到了在热力学平衡条件下无法获得的 $FeSe_{1-x}Te_x$ 亚稳相。然而，利用脉冲激光沉积制备的薄膜样品对基片温度、激光能量密度、靶基距、脉冲激光频率等实验参数极为敏感，对于不同批次的样品，难以保证各个实验参数严格一致，从而无法系统地对该体系的超导电性进行研究。采用高通量实验方法，通过一次实验得到的多个薄膜样品具有相同的基片温度、相同的激光能量密度、相同的靶基距等实验参数，可以有效地避免因不同批次实验带来的制备条件的差异，从而快速得到 $FeSe_{1-x}Te_x$ 超导电性与制备条件之间的关联，为后续进一步精确制备相图中各不同掺杂量的超导成分提供重要参考。

为此，上海大学材料基因组工程研究院依托国家重点研发计划中"基于物理气相沉积的组合薄膜材料芯片高通量制备"（2016YFB0700201）课题，利用基于脉冲激光沉积的连续成分扩展法，研究了基片温度对所制备的 $FeSe_{1-x}Te_x$ 薄膜结构和超导性能的影响[24]。

首先，使用自行合成的 FeSe 和 FeTe 靶材在 Si 基片和 CaF_2 单晶基片上进行连续成分分布的 $FeSe_{1-x}Te_x$ 薄膜的高通量制备。在利用基于脉冲激光沉积的连续成分扩展法制备薄膜的过程中，控制靶基距 5.5cm，激光脉冲频率 5Hz，激光能量 60mJ，基片温度分别为 450℃、500℃、550℃和 600℃。图 3-15（a）为在直径

2in 单晶硅基片上制备的 $FeSe_{1-x}Te_x$ 高通量薄膜照片，左侧为富 Se 区域，右侧为富 Te 区域。从左至右沿着成分梯度变化方向可以看出明显的颜色变化。图 3-15（b）为在单晶硅基片上沉积的 $FeSe_{1-x}Te_x$ 薄膜经过激光切割的金相照片，其中单个样品尺寸约为 100μm，相当于 200mm^{-2} 的样品单元密度。

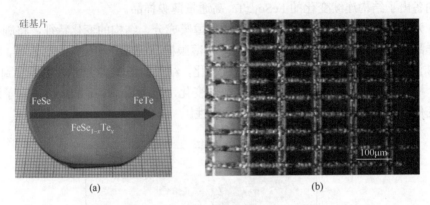

(a)　　　　　　　　　　　　　　　　(b)

图 3-15　$FeSe_{1-x}Te_x$ 高通量薄膜照片[24]

（a）2in 单晶硅上制备的 $FeSe_{1-x}Te_x$ 薄膜照片；（b）单晶硅基片上经过激光切割的 $FeSe_{1-x}Te_x$ 薄膜金相照片，
单个样品尺寸约 100μm

　　为了快速有效地验证单晶硅基片上制备的 $FeSe_{1-x}Te_x$ 高通量薄膜的颜色渐变是否对应结构变化，利用 X 射线光斑长度和宽度的差异，使 X 射线光斑的长度方向分别沿着成分梯度方向和垂直于成分梯度方向，得到了如图 3-16 所示的 X 射线衍射图谱。由于 X 射线光斑具有有限的矩形尺寸，入射到高通量样品表面后，得到的 X 射线衍射图谱涵盖了光斑尺寸范围内所有样品的平均结构信息。如图 3-16

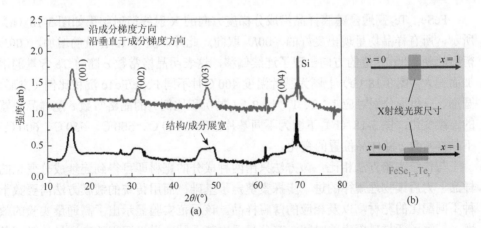

图 3-16　X 射线光斑沿着 $FeSe_{1-x}Te_x$ 成分梯度方向和垂直于成分梯度方向的衍射图谱（a），以及入射 X 射线光斑方向的示意图（b）[24]

所示，当光斑长度方向垂直于成分梯度方向时，X 射线光斑覆盖的成分范围较小，因而得到的（00*l*）衍射峰较窄；而当光斑长度方向平行于成分梯度方向时，X 射线光斑覆盖的成分范围较大，相应的（00*l*）衍射峰有非常明显的平台，表明 X 射线光斑照射范围内的薄膜样品具有连续变化的晶格常数，证明在单晶硅基片上成功制备出了结构连续变化的 $FeSe_{1-x}Te_x$ 高通量薄膜样品。

为了进一步研究该 $FeSe_{1-x}Te_x$ 高通量薄膜成分、结构的变化特征，将制备出的样品沿梯度方向分成 20 份，并对每一份薄膜样品的成分和结构进行表征。利用 EDS 测量了沿梯度方向样品成分的连续变化，结果如图 3-17 所示。可以看到，在整个梯度范围内，Fe 的成分未出现明显的变化，但是 Se 和 Te 的成分出现了连续的变化，证明了所制备高通量样品的可靠性。

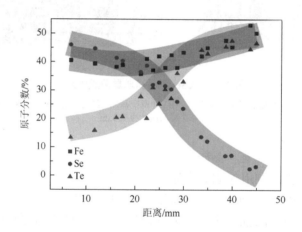

图 3-17　沿梯度方向，$FeSe_{1-x}Te_x$ 高通量样品中三种元素的含量变化[24]

$FeSe_{1-x}Te_x$ 高通量薄膜样品沿成分梯度方向的 X 射线衍射结果如图 3-18（a）所示，所有样品均呈现出良好的（00*l*）取向。此外，随着 Te 含量的增加，（00*l*）衍射峰朝着低 2θ 值的方向出现了连续偏移，这表明晶格常数 *c* 随着 Te 含量的增加而变大。图 3-18（b）上图为基片温度 400℃时不同 FeSe/FeTe 沉积比例（方形、圆形、三角形分别对应 1∶2、1∶1、2∶1 的沉积比例）的晶格常数 *c* 随样品位置的连续变化；图 3-18（b）下图为不同基片温度（450℃、500℃、550℃、600℃）下晶格常数 *c* 随样品位置的变化。

与传统实验方法相比，该方法只用两种成分的靶材即可得到连续成分变化的样品，为后续物理规律的进一步探索奠定了基础，而用传统的镀膜方法需要数十种不同配比的靶材，以及相应的薄膜样品。该示范实验显示出了高通量实验的效率，缩短了新材料探索的时间，充分显示出基于脉冲激光沉积的高通量薄膜制备技术在提升材料研发效率上的优势。

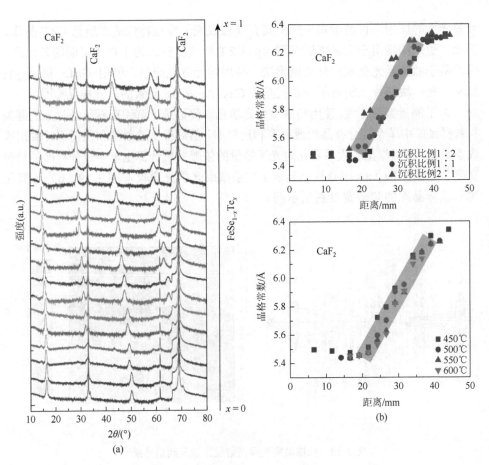

图 3-18　CaF$_2$ 基片上 FeSe$_{1-x}$Te$_x$ 薄膜样品沿梯度方向 X 射线衍射图（a）及晶格常数 c 的变化趋势（b）[24]

3.3.3　基于脉冲激光沉积的分立掩模法的应用范例

借助结合脉冲激光沉积技术和分立掩模法的第二代组合激光分子束外延技术，美国劳伦斯伯克利国家实验室的 Mao 等探索了一些非常规半导体材料在室温辐射探测方面的应用[21, 25]。民用和国防核事件的监测迫切需要能够在室温下工作的辐射探测器。理想的 γ 射线探测器或中子探测器要求半导体材料必须有适当的禁带宽度以确保低的辐射探测器漏电流；此外，载流子迁移率和载流子弛豫时间的乘积必须是高的，以允许有效的电荷积累；最后，高原子序数（高 Z）或大中子吸收截面的元素也是必需的。例如，目前最著名的室温 γ 射线探测器材料半导体 CdZnTe（CZT）同时满足上述条件。与硅和锗探测器不同，CZT 可以在室温下工作，而且比商业上可用的闪烁体探测器具有更高的分辨率。然而，由于原子尺寸差异大等原因，目前很难生产出具有理想载流子输运特性的高质量 CZT 晶体。因此，亟须探索用于室温辐射探测器的 CZT 替代材料。为了寻找可能的替代品，通过基于脉冲激光沉积的分立掩模法，利用四元分立掩模，使用 GaTe 和 Ag₂Te 靶材，在一块基片上制备了一系列基于 Ga、Ag 和 Te 元素的三元样品库[21]。

为了测量禁带宽度，使用扫描微束光学光谱仪记录了沉积在石英基片上的薄膜材料样品库中单个成分样品的透射率和反射率，然后根据透射率和反射率计算出吸收系数 α，最后根据吸收系数 α 对光子能量的依赖关系计算出单个成分样品的禁带宽度[25]。图 3-19（a）示意性地显示了扫描微束光学光谱仪，图 3-19（b）是氧化物薄膜样品库的禁带宽度测量示例。

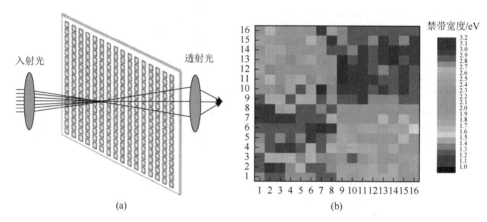

图 3-19　扫描微束光学光谱仪原理及测量结果[25]

（a）扫描微束光学光谱仪示意图；（b）氧化物薄膜材料样品库的禁带宽度测量结果

此外，设计了一种基于超快脉冲激光的半导体输运特性表征方法，用于测量材料样品库中每个半导体样品的载流子迁移率和弛豫时间[25]。首先通过蒸发法在每个样品的两侧沉积两个共面电极。当两个计算机控制的导电探针与沉积的电极接触时，就形成一个回路。当薄膜半导体受到紫外飞秒激光脉冲（100fs，266nm）照射时，将产生瞬态光电流，并由数字示波器记录。通过分析在不同偏置电压下随时间变化的瞬态电荷积累，将得到材料样品库中单个样品的载流子迁移率和弛豫时间等信息。图 3-20（a）示意性地说明了基于超快脉冲紫外激光激发的半导体输运特性表征方法。图 3-20（b）为某硫化物薄膜材料样品库载流子迁移率数据图。

通过如图 3-19 所示的扫描微束光学光谱仪和如图 3-20 所示的基于超快脉冲紫外激光激发的半导体输运特性表征方法，Mao 对所制备的 Ga$_x$Ag$_y$Te$_{1-x-y}$ 样品库的禁带宽度和输运性能进行了快速表征[21]。图 3-21 为不同 Ga 和 Ag 浓度下的 Ga$_x$Ag$_y$Te$_{1-x-y}$ 禁带宽度测量结果图，发现某些 Ga$_x$Ag$_y$Te$_{1-x-y}$ 的组成具有合适的禁带宽度（1.9～2.4eV），

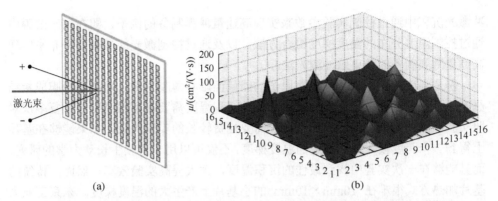

(a)　　　　　　　　　　　　　　　　(b)

图 3-20　基于超快脉冲激光的半导体输运特性表征方法原理及测量结果[25]

（a）基于超快脉冲紫外激光激发的半导体输运特性表征方法示意图；（b）某硫化物薄膜材料样品库的载流子
迁移率数据图

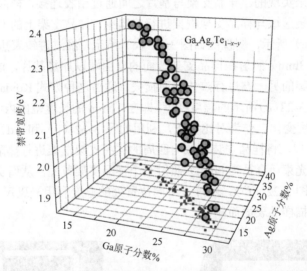

图 3-21　不同 Ga 和 Ag 浓度的 $Ga_xAg_yTe_{1-x-y}$ 的禁带宽度测量结果[21]

并具有与 CZT 相当或更高的电子迁移率和弛豫时间的乘积值（$10^{-4}cm^2/V$）。因此，$Ga_xAg_yTe_{1-x-y}$ 被认为是一种可能替代 CZT 的室温辐射探测材料。

3.4　基于脉冲激光沉积的其他高通量薄膜制备方法

在 3.3.2 节关于脉冲激光沉积技术的介绍中提到：薄膜的质量以及性能受多项实验参数的影响，如基片温度、激光能量密度、工作气氛压强等。因此，除了上文介绍的通过在同一薄膜中建立不同成分梯度或不同分立成分的技术，脉冲激光沉积技术还可以通过控制实验参数来实现高通量薄膜的制备。下面将介绍两种脉冲激光沉积中通过控制实验参数来实现高通量薄膜制备的例子，即在同一薄膜中通过控制温度分布的温度梯度组合方法，以及通过控制激光能量密度分布来实现高通量薄膜制备的双束脉冲激光法。

基片温度通过影响基片表面原子的能量而影响薄膜生长，是决定薄膜成相结晶及质量最关键的因素。得到薄膜的最佳沉积温度需要在不同温度下重复多次对照实验。因此，沉积温度的优化过程需要耗费较长的实验周期。如果能够在基片上得到一个跨度较大而且稳定的温度梯度，不仅可以用于薄膜生长动力学的研究，而且能够在一次实验中找到最佳的沉积温度，大大提高实验效率。然而，传统的基片加热方式很难在 10mm×10mm 的小基片上产生大的温度梯度。东京工业大学的 Koida 等通过激光加热的方式，在 11mm 范围内得到了覆盖 300℃ 的稳定温度梯度[26]，薄膜表面的温度梯度是通过如图 3-22（a）和（c）所示的一种特殊设计的样品支架来实现的。样品支架与基片之间通过铂胶连接，样品支架上的 U 形切口将样品安装区域与样品支架框架进行热隔绝，样品支架上的 U 形切口的俯视图如图 3-22（a）所示，侧视图如图 3-22（c）所示。经过透镜聚焦的 Nd:YAG 激光束（直径为 3mm）照射在样品支架背面的自由端以加热基片，这样热量就主要通过向样品支架的另一端进行热传导而损失。通过这种方式 Koida 等在 SrTiO_3 基片上得到了图 3-22（e）所示的温度梯度，即在 11mm 的长度范围内实现了从 600℃ 到 900℃ 的温度变化。作为对比实验，利用如图 3-22（b）和（d）所示的方形切口代替 U 形切口，将样品安装区域与四周的样品支架框架进行热隔绝，然后利用未经聚焦的激光束（直径为 8mm）照射整个样品支架背面，从而实现基片上均匀的温度分布（图 3-22（f））。基片上不同位置处的温度利用光斑尺寸约为 2mm 的光学温度计扫描样品表面而测得。

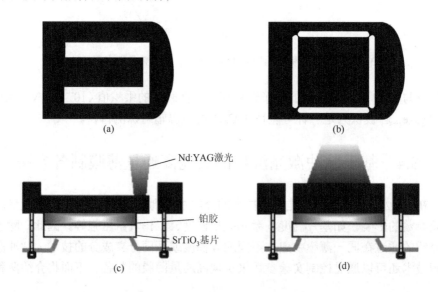

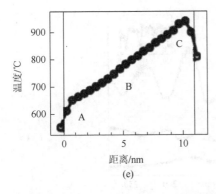
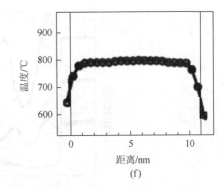

图 3-22　梯度温度法及均质温度法示意图[26]

梯度温度法样品支架的（a）L 形切口俯视图、（c）侧视图和（e）温度分布图；均质温度法样品支架的（b）方形切口俯视图、（d）侧视图和（f）温度分布图；图（e）中 A、B、C 为利用 RHEED 原位监测薄膜生长的三个样品表面位置点，分别代表低温区、中温区和高温区

　　Koida 等将上述温度梯度法应用于薄膜生长模式的研究。利用如图 3-22（a）和（c）所示的梯度温度法样品支架，研究了 $La_{0.5}Sr_{0.5}MnO_3$ 薄膜在不同温度下的生长模式[26]。RHEED 通过[100]衍射方向镜面反射点的强度变化监测薄膜在不同区域的生长模式。图 3-23（a）显示了薄膜沉积过程中三个不同温度区域的 RHEED 强度行为，其中标注的 A、B、C 曲线分别对应图 3-22（e）的 A（低温区）、B（中温区）、C（高温区）位置处的 RHEED 强度振荡曲线，揭示了薄膜生长模式随着温度的升高从逐层生长模式（layer-by-layer）转变为台阶流动生长模式（step-flow）。图 3-23（b）～（d）显示了在不同基片温度下获得的薄膜表面的原子力显微镜形貌图。图 3-23（b）显示出具有一个单原胞粗糙度的阶梯，对应逐层生长模式。相比之下，图 3-23（c）中的混合生长区域显示了原子般光滑的阶梯和带有小岛的直线台阶；图 3-23（d）所示的薄膜表面与基片初始表面几乎没有区别，只有原子般光滑的阶梯和直线台阶，对应台阶流动生长模式。薄膜的结晶度和磁阻性能也随着沉积温度的不同而不同，这显示出温度梯度组合方法不仅是优化生长温度的有力工具，同时也是系统研究生长动力学的有力工具。

　　在薄膜的沉积过程中，某些易挥发的元素可能从基片表面重新挥发，而且不同温度下能够从基片表面重新挥发的元素也不同。基片温度除影响薄膜的生长模式外，也通过影响不同元素的不同挥发速率及沉积速率而改变薄膜的成相结晶。基于这一原理，中国科学院物理研究所设计了一种如图 3-24 所示的温度梯度组合薄膜实验装置[27]。该装置将基片的一端通过缓冲垫片连接到加热台上充当热端，而另一端悬空放置充当冷端，利用热传导使得基片在沿长边的方向上产生一个温度梯度分布。此时，只要调整好基片的温度分布梯度与温区范围，就可以一次

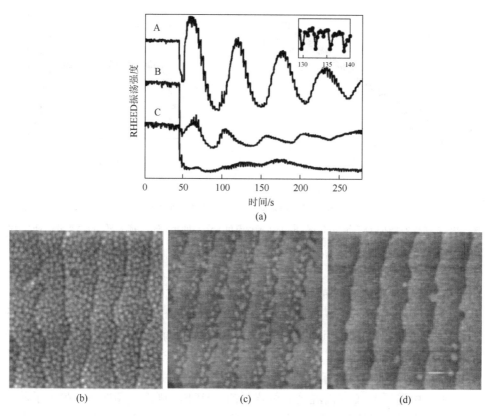

图 3-23　La$_{0.5}$Sr$_{0.5}$MnO$_3$ 薄膜在低温区、中温区、高温区的（a）RHEED 强度振荡曲线和
（b）低温区、（c）中温区、（d）高温区原子力显微镜图像[26]

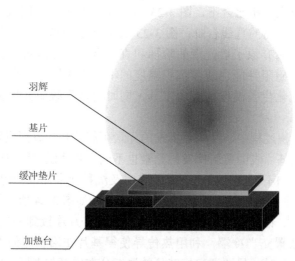

图 3-24　温度梯度组合薄膜的制备原理示意图[27]

制备获得不同基片温度下沉积的组合薄膜，进而快速得到基片温度对所生长薄膜成分、物性等的影响规律。利用这一装置，中国科学院物理研究所冯中沛等以 $SrTiO_3$ 作为导热缓冲垫片，在尺寸为 3mm×10mm 的 CaF_2 基片的长边上建立起约为 150℃ 的温度分布，并分别研究了 FeSe 薄膜在 700～550℃、600～450℃、500～350℃ 三个温度梯度范围内的成相情况随温度演化的规律。

脉冲激光沉积的激光能量是影响薄膜质量及成分的重要因素之一，能量过高或过低都会影响薄膜沉积的均匀性，降低其成膜质量。此外，准分子激光能量密度还影响所制得薄膜的化学计量比[28]。因此，利用双束或多束激光，合理地调节每束激光的能量同样可以实现高通量薄膜样品的制备。基于这一原理，中国科学院物理研究所利用双束激光的方法实现了超导薄膜的成分连续变化[27]。

对于 FeSe 薄膜，其 Fe 与 Se 元素比例的微小变化也会导致其超导临界温度（T_c）发生改变，而激光能量密度又是影响 Fe、Se 挥发比例的重要因素。因此，中国科学院物理研究所针对 FeSe 薄膜设计了一种组合激光技术[27, 29]，采用两束激光同时照射靶材，并使两束激光部分重叠，形成能量密度连续变化的激光烧蚀光斑，从而产生一个 Fe、Se 挥发比例具有微弱空间梯度分布特性的调制羽辉，羽辉空间分布范围略大于 50mm，如图 3-25（a）所示。若使用 30mm×3mm 的基片，将基片长边沿激光能量密度的梯度分布方向进行放置，如此便可获得一个在 30mm 长度范围内 T_c 连续变化的 FeSe 组合薄膜样品。沉积是在真空环境下进行的，因此羽辉相比于气氛环境有更大的发散性，可以满足薄膜在整个基片范围内沉积厚度的均匀性要求。微区 XRD 测试（图 3-25（b））和微区电阻测量（图 3-25（c））结果显示了 FeSe 薄膜晶格常数 c 以及超导临界温度 T_c 的连续变化。由其在微区样品测得的电阻随温度变化的结果可知，FeSe 薄膜的超导临界温度的变化以约

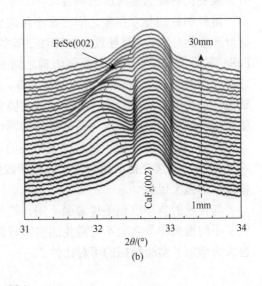

(a)　　　　　　　　　　　　　　(b)

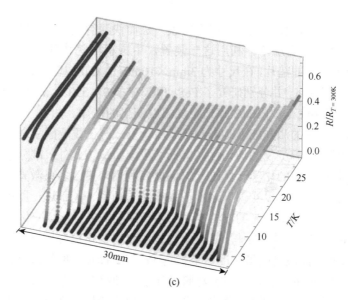

(c)

图 3-25　组合激光技术原理及样品库性能[27, 29]

（a）组合激光技术原理示意图；（b）沿基片长边方向的 FeSe(002)微区 XRD 图谱；（c）沿基片长边方向的 FeSe 薄膜归一化电阻的温度依赖性

1K/mm 的梯度分布，证明了多束激光制备成分连续变化的高通量薄膜的可能性。此外，通过对高通量薄膜给出的一系列数据进行分析，就可以快速、准确地给出晶格常数 c、剩余电阻比（residual resistance ratio，RRR）与 T_c 之间的变化关系，为 FeSe 薄膜的晶格结构以及超导电性研究提供了大量的实验数据，再次证明了高通量技术的优越性。并且该技术也适用于其他组成元素对激光能量密度敏感的成分连续变化的高通量薄膜的制备。

　　薄膜制备的分立实验之间存在不可避免的背景误差，因此不同薄膜样品的数据分布较为分散，从而导致之前耗时三年多制备的 1500 多个独立样品也无法获得 FeSe 薄膜关于超导电性与晶体结构之间的准确关系。而该方法成功地构建了 T_c 连续变化的高通量 FeSe 薄膜材料样品库。在该实验过程中，所有样品的制备与测试条件都相同，极大减小了样品间的实验背景误差，提高了数据对比的可靠性。就可以实现在短短一周内一系列样品的同时合成与快速表征，并得到系统可靠的实验数据。图 3-26 给出了常规技术制备的单一成分薄膜与利用高通量薄膜制备技术得到的 T_c 连续变化的组合薄膜的实验数据比较，展示了薄膜材料芯片高通量制备技术的强大优势[27]。

　　与传统的单一沉积条件薄膜不同，这种参数连续变化的高通量薄膜的制备降低了不同批次样品之间不可避免的实验背景误差的影响，不仅可以提高实验效率，也大大增加了实验数据的可对比性。

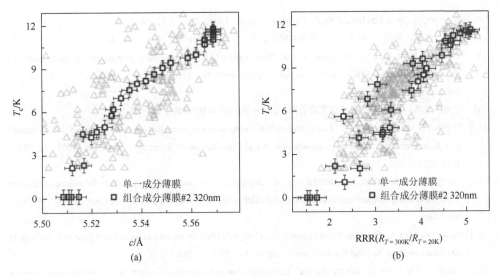

图 3-26 T_c 梯度组合薄膜的高效性和高准确性[27]

3.5 本章小结

经过二十多年的发展，基于脉冲激光沉积的高通量薄膜制备技术取得了显著的进展，并在材料科学的多个领域中证明了其有效性。高通量薄膜制备技术若与具有高亮度、高时空分辨率特性的同步辐射等大科学装置相配合，将能快速表征大量样品，产生大量数据。然而，大科学装置属国家级大型科学装备，资源稀缺，存在工作机时受限等问题。因此，开发通用性的高通量薄膜表征技术与装备，并与高通量材料计算、材料大数据进行有机融合，将有助于基于脉冲激光沉积的高通量薄膜制备技术的应用与推广，加速新材料研发进程。

参 考 文 献

[1] Yuan J，Chen Q，Jiang K，et al. Scaling of the strange-metal scattering in unconventional superconductors. Nature，2022，602（7897）：431-436.

[2] Xiang X D，Sun X D，Briceño G，et al. A combinatorial approach to materials discovery. Science，1995，268（5218）：1738-1740.

[3] Mao S S. High throughput combinatorial screening of semiconductor materials. Applied Physics A，2011，105：283-288.

[4] Yuan J，Stanev V，Gao C，et al. Recent advances in high-throughput superconductivity research. Superconductor Science and Technology，2019，32（12）：123001.

[5] Fukumura T，Ohtani M，Kawasaki M，et al. Rapid construction of a phase diagram of doped Mott insulators with a composition-spread approach. Applied Physics Letters，2000，77（21）：3426-3428.

[6] Yamamoto Y，Takahashi R，Matsumoto Y，et al. Mathematical design of linear action masks for binary and ternary

composition spread film library. Applied Surface Science，2004，223（1-3）：9-13.

[7] 金魁，袁洁，许波. 一种多元组合薄膜的制备方法：中国，CN103469153A. 2014-10-22.

[8] Takahashi R，Kubota H，Tanigawa T，et al. Development of a new combinatorial mask for addressable ternary phase diagramming：Application to rare earth doped phosphors. Applied Surface Science，2004，223（1-3）：249-252.

[9] 金魁，袁洁，郇庆. 组合薄膜制备装置和方法：中国，CN103871845A. 2016-11-16.

[10] Christen H M，Silliman S D，Harshavardhan K S. Continuous compositional-spread technique based on pulsed-laser deposition and applied to the growth of epitaxial films. Review of Scientific Instruments，2001，72（6）：2673-2678.

[11] Christen H M，Rouleau C M，Ohkubo I，et al. An improved continuous compositional-spread technique based on pulsed-laser deposition and applicable to large substrate areas. Review of Scientific Instruments，2003，74（9）：4058-4062.

[12] Ito A，Machida A，Obara M. Cobalt doping in $BaTiO_3$ thin films by two-target pulsed KrF laser ablation with in situ laser annealing. Applied Physics Letters，1997，70（25-26）：3338-3340.

[13] Hanak J J. The "multiple-sample concept" in materials research：Synthesis，compositional analysis and testing of entire multicomponent systems. Journal of Materials Science，1970，5（11）：964-971.

[14] Mao S S，Zhang X J. High-throughput multi-plume pulsed-laser deposition for materials exploration and optimization. Engineering，2015，1（3）：367-371.

[15] Chang H，Gao C，Takeuchi I，et al. Combinatorial synthesis and high throughput evaluation of ferroelectric/dielectric thin-film libraries for microwave applications. Applied Physics Letters，1998，72（17）：2185-2187.

[16] Sun X D，Xiang X D. New phosphor $(Gd_{2-x}Zn_x) O_{3-\delta}$：$Eu^{3+}$ with high luminescent efficiency and superior chromaticity. Applied Physics Letters，1998，72（5）：525-527.

[17] Wang J S，Yoo Y，Gao C，et al. Identification of a blue photoluminescent composite material from a combinatorial library. Science，1998，279（5357）：1712-1714.

[18] Matsumoto Y，Murakami M，Jin Z W，et al. Combinatorial laser molecular beam epitaxy（MBE）growth of Mg-Zn-O Alloy for band gap engineering. Japanese Journal of Applied Physics，1999，38（16A）：L603.

[19] Jin Z W，Murakami M，Fukumura T，et al. Combinatorial laser MBE synthesis of 3d ion doped epitaxial ZnO thin films. Journal of Crystal Growth，2000，214-215：55-58.

[20] Jin Z W，Fukumura T，Kawasaki M，et al. High throughput fabrication of transition-metal-doped epitaxial ZnO thin films：A series of oxide-diluted magnetic semiconductors and their properties. Applied Physics Letters，2001，78（24）：3824-3826.

[21] Mao S S. High throughput growth and characterization of thin film materials. Journal of Crystal Growth，2013，379：123-130.

[22] 吕文来，陈飞，张金仓. 一种高通量薄膜材料芯片的分立掩膜高精度对准系统：中国，CN110607498B. 2021-7-16.

[23] Yu H，Yuan J，Zhu B Y，et al. Manipulating composition gradient in cuprate superconducting thin films. Science China Physics，Mechanics & Astronomy，2017，60：087421.

[24] 马叶青. $FeSe_{1-x}Te_x$超导薄膜的高通量制备与表征. 上海：上海大学，2022.

[25] Mao S S，Burrows P E. Combinatorial screening of thin film materials：An overview. Journal of Materiomics，2015，1（2）：85-91.

[26] Koida T，Komiyama D，Koinuma H，et al. Temperature-gradient epitaxy under *in situ* growth mode diagnostics by

scanning reflection high-energy electron diffraction. Applied Physics Letters，2002，80（4）：565-567.

[27]　冯中沛. 基于高通量技术的超导组合薄膜制备及其物性研究. 北京：中国科学院物理研究所，2019.

[28]　Ohnishi T，Lippmaa M，Yamamoto T，et al. Improved stoichiometry and misfit control in perovskite thin film formation at a critical fluence by pulsed laser deposition. Applied Physics Letters，2005，87（24）：241919.

[29]　Guo J，Wu Q，Sun L L，et al. Advanced high-pressure transport measurement system integrated with low temperature and magnetic field. 中国物理：英文版，2018，7：101-110.

第二篇

基于化学气相沉积的薄膜厚膜组合材料芯片高通量制备技术

第 4 章 ▮▮.

化学气相沉积制备
薄膜材料芯片技术

薄膜材料通常指的是厚度小于 1μm 的膜材料，是电子信息、光学、能源、功能表面等技术的核心基础，是 21 世纪材料科学与工程的一个重要研究领域。CVD 技术是制备薄膜材料使用最多的方法之一，近几十年得到了飞速发展。CVD 中包含化学反应过程，通常是在高温或活性化（如等离子体）的环境中裂解或活化反应气体，通过扩散等物质传输方式到达基片表面，利用基片表面上的化学反应并以原子态沉积在置于适当位置的基片上，从而形成所需要的单一组分或多元组分的固态薄膜或涂层。本章将主要从 CVD 技术原理、高通量 CVD 技术与装备及应用范例等方面介绍 CVD 制备薄膜材料芯片的国内外相关技术和发展。

4.1 基 本 原 理

CVD 技术是利用气态或蒸汽态的物质在真空条件和适当温度下，于基片表面上发生化学反应形成薄膜的过程，其薄膜形成的基本过程包括气体扩散、反应气体在基片表面的吸附、表面化学反应、形核和生长以及反应副产物抽出等步骤。成膜的具体过程如图 4-1 所示：首先，反应源气体经过扩散到达基片表面，并在到达基片表面后将垂直平面上的动量发散，只有通过动量发散后才能够吸附于基片表面上。然后，这些吸附在基片表面的气体分子或原子会在基片表面进行一系列的化学反应，这些反应有助于薄膜的形成。同时，构成薄膜的原子在基片表面进行各种扩散运动，即发生吸附原子的表面迁移。原子在相互碰撞的过程中形成原子团，这一过程即形核过程。原子团在达到一定大小之后就能够持续不断地成长，在这一过程中小原子团通过彼此聚合的形式最终形成较大的原子团，原子团不断持续成长最终形成了核。不同的核之间会存在缝隙，而通过原子的填补最终能够形成整个薄膜[1]。最后，在薄膜生长过程中，各种副产物从薄膜表面逐渐脱离，在真空泵的作用下从出口排出。

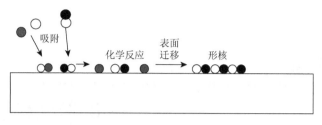

图 4-1　薄膜成膜过程[1]

随着薄膜及材料科学的高速发展，CVD 技术也在不断的创新。当今主流的 CVD 技术按照活化能提供方法来分类，可以分为热 CVD（thermal CVD，TCVD）、等离子体增强 CVD（plasma enhanced CVD，PECVD）、激光 CVD（laser CVD，LCVD）等。其中，热 CVD 又包含热丝 CVD（hot-wire CVD，HWCVD）和金属有机化合物 CVD（metal organic CVD，MOCVD）等；按照压力可以分为常压 CVD（atmospheric pressure CVD，APCVD）、低压 CVD（low pressure CVD，LPCVD）和超高真空 CVD（ultra-high vacuum CVD，UHVCVD）等；按照反应温度可分为高温 CVD（high temperature CVD）和低温 CVD（low temperature CVD）等。

热 CVD 是指采用基片表面热激活方式进行的化学气相沉积。该方法沉积温度较高，一般为 600～1500℃，这样的高温使基片的选择受到很大限制，但它是 CVD 的经典方法。

低压 CVD 的压力范围一般为 $1 \times 10^4 \sim 4 \times 10^4 Pa$，从活化能提供方法来分类属于热 CVD 范畴。由于低压下分子平均自由程增加，气态反应剂与副产物的质量传输速度加快，从而使形成沉积薄膜材料的反应速率加快。同时，气体分子分布的不均匀在很短的时间内可以消除，所以能生长出厚度均匀的薄膜。此外，在气体分子运输过程中，参加化学反应的反应物分子在一定的温度下吸收了一定的能量，使这些分子得以活化而处于激活状态，这就使参加化学反应的反应物气体分子间易于发生化学反应，也就是说低压 CVD 的沉积速率较高。现利用这种方法可以沉积多晶硅、氮化硅、二氧化硅等。

激光 CVD 是一种在 CVD 过程中利用激光束的光子能量激发和促进化学反应的薄膜沉积方法。激光作为一种强度高、单色性好和方向性好的光源，在 CVD 中发挥热作用和光作用[2]。前者利用激光能量对基片加热，可以促进基片表面的化学反应，从而达到 CVD 的目的；后者利用高能量光子可以直接促进反应物气体分子的分解。利用激光的上述效应可以实现在基片表面的选择性沉积，即只在需要沉积的地方才用激光光束照射，就可以获得所需的沉积图形。另外，利用激光 CVD 沉积技术，可以获得快速非平衡的薄膜，膜层成分灵活，并能有效地降低 CVD 过程的基片温度。如利用激光，在基片温度为 50℃时也可以实现二氧化硅薄膜的沉积。目前，激光 CVD 技术广泛用于大规模集成电路掩模的修正以及金属化。激光 CVD 法氮化硅膜已达到工业应用的水平，其平均硬度可达 2200HK；TiN、TiC 及 SiC 膜正处于研发阶段。目前对激光 CVD 法制备金刚石、类金刚石膜的研究正在进行探索，并在低温沉积金刚石方面取得了进展。

PECVD 是 CVD 法制备薄膜材料使用较多的一种方法，这种方法是在等离子体的作用下发生的化学气相沉积。当在系统的两个电极之间加上电压时，由阴极发射出的电子在电场的作用下被加速获得能量，通过与反应室中气体原子或分子碰撞，使其分解、激发或电离，在反应室内形成很多电子、离子、活性基团以及亚稳的原子核分子等，组成等离子体的这些粒子，经过一个复杂的物理-化学反应过程，在基片上形成薄膜。在沉积过程中，等离子体与 CVD 反应同时发生。与传统 CVD 相比，由于等离子体的引入，大大提高了沉积速率，并且可以在低温下获得薄膜材料，成膜质量好[3]。为了产生等离子体，必须维持一定的气体压力，由于等离子体中不仅有高密度的电子（$10^9 \sim 10^{12}$cm^{-3}），而且电子气温度比普通气体温度高出 10～100 倍，因此能使进入反应器中的反应气体在辉光放电等离子体中受激、分解、离解和离化，从而大大提高参与反应物的活性。因此，这些具有高反应活性的中性物质很容易被吸附到较低温度的基片表面上，发生非平衡的化学反应沉积生成薄膜。PECVD 中等离子体的产生方式有很多种，如射频电场、直流电场或微波电场产生[4]。射频等离子体化学气相沉积（radio frequency plasma enhanced CVD，RF-PECVD）的特点在于等离子体是高真空度下气体在射频交变电场作用下发生电离而产生的。根据射频电场耦合形式的不同，又可以分为射频感应耦合等离子体（inductively coupled plasma）和射频电容耦合等离子体（capacitively coupled plasma）[5-7]。脉冲直流等离子体辅助化学气相沉积（pulsed D.C. plasma enhanced CVD，PCVD）是制备硬质薄膜的主要方法之一，相对于其他气相沉积方法，其具有薄膜成分可控及能够实现梯度沉积等优点，常见的硬质薄膜如 TiN、TiCN 和 TiN/TiCN/TiCN 等都能采用 PECVD 方法制备[8-10]。微波等离子体 CVD（microwave plasma CVD，MPCVD）法是目前生长高质量金刚石的首选方法，它的独特特点是等离子体中电子密度高、产生的原子氢的浓度大、离解能力强而集中、无电极污染、工艺控制性强，能够在高沉积气压下产生均匀的等离子体，沉积的金刚石质量较高[11, 12]。

以上所述方法都是常用的 CVD 沉积技术，一次反应中的实验条件往往是一套固定的参数设置，如气体种类、气压、温度等，一次实验中一般只能制备一种工艺条件的薄膜样品。同时，CVD 过程中的反应气体很容易充满整个反应腔体，相较于 PVD 镀膜工艺，其高通量实验较难实现，导致新材料研究开发效率十分低下。而材料科学是一门实验科学，依赖于科学直觉与试错的传统材料研究方法日益成为社会发展与技术进步的瓶颈。革新材料研发方法、加速材料从研究到应用的进程成为全世界科技界和产业界的共同需求。在此背景下，一种高效快速的材料制备技术——高通量 CVD 技术应运而生。

高通量 CVD 技术是将现代材料高通量实验方法和 CVD 技术有机结合，在一次实验过程中，将沉积薄膜材料的各工艺参数进行合理设计组合（如将基片分区、合理布局材料源气体进气口、加热温度梯度变化、气体成分比例梯度变化等），由此通过一次实验完成多种组合条件的工艺开发和材料筛选，从而大大提升 CVD 技术研发薄膜材料的效率。

4.2 高通量制备技术与装备

CVD 技术应用于多种薄膜或涂层材料的制备，具有沉积速率高、均匀性好、可制备大尺寸样品、制备的薄膜种类多、制备方法多样等优势。然而，CVD 制备过程中影响薄膜沉积质量和速率的工艺参数种类繁多，如前驱物种类、气体流量、气体组分、载流气体与稀释气体种类、沉积温度、沉积气压、真空度及腔室形状等，导致其工艺参数组合也是复杂多样的。因此，在具有多种组合条件的新材料和新工艺的开发方面，特别是对多组分材料的筛选研究上，使用传统的 CVD 装备和传统试错法来寻找最佳的 CVD 制备工艺条件需要花费大量的时间和财力，已经无法满足当今工业及科学研究的需要。因此，发展更为高效的 CVD 技术和设备成为从业者亟须解决的问题。

当前研究常引入高通量技术和装备来实现新材料的快速制备和工艺筛选，即在一次实验过程中，在不更换基片的条件下，可在一个基片上实现多种工艺条件的沉积，以得到多组实验样本，每种工艺条件所沉积的薄膜互不影响，这样可以通过一次实验完成多种组合条件的工艺开发和材料筛选，大幅提升实验效率与可控性。这种对于采用传统方法需要花费数年时间才能完成的研究工作，通过合理使用材料高通量技术在极短的时间（数月甚至数周）内即可完成，将引发全球新材料研发方法革命。

高通量 CVD 技术是材料高通量实验方法在 CVD 技术中的具体应用。由于反应气体的扩散特性，很难在反应腔体中实现成分的差异化分布，故其高通量实现的技术难度比 PVD 技术更高。材料高通量实验指的是在短时间内完成大量材料样品的制备与表征，主要思想是将传统材料研究中采用的顺序迭代方法改为并行处理，以量变引起材料研究效率的质变。高通量实验的主要功能：首先是可为材料模拟计算提供海量的基础数据，充实材料数据库；其次是可为材料模拟计算的结果提供实验验证，从而优化、修正计算模型；最后，更为重要的是可快速地提供有价值的研究成果，直接加速材料的筛选和优化[13-22]。随着中国材料科技的快速发展和材料基因组方法在研发中不断广泛采用,高通量实验的重要性将日益彰显。高通量实验的主要发展历程如图 4-2 所示。

图 4-2　高通量实验的主要发展历程[18]

高通量实验出现于 20 世纪 70 年代初期,它的基本的特征是:①高通量合成制备,即在一次实验中完成多组分目标材料体系制备,使制备具有高效性、系统性和一致性;②快速分析测试,即采用扫描式、自动化、快速的分析测试技术,原则上一天制备的样品一天内完成测试分析,避免使样品的分析测试成为瓶颈;③计算机数据分析处理输出,即充分利用计算机数据处理和分析功能,以表格、图形等多种形式输出[13],如图 4-3 所示。在此基础上,经过多年发展与演化,又形成了新型高通量组合材料的实验流程,如图 4-4 所示。它除保持传统特征外,还具有一些重要的新特点:①强调实验设计的重要性,合理的实验设计能够最大限度地减少实验工作量,提高筛选速度和成功率;②明确材料数据库在流程中的轴心位置,材料数据库兼具实验管理、数据处理、信息存储、数据挖掘等多项功能;③注重材料计算模拟与实验的互动,相互验证,便于及时优化方向,快速收敛[14]。

高通量 CVD 技术和装备的出现,极大地丰富了 CVD 技术在材料科学领域的研究应用,并推动 CVD 技术不断革新,提高了材料制备效率,降低了成本,有望在众多工业应用领域带来跨越式的发展。

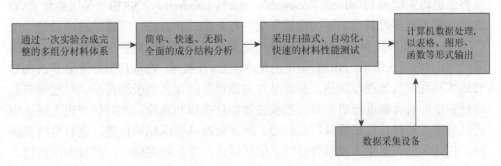

图 4-3　材料高通量实验的初始概念[18]

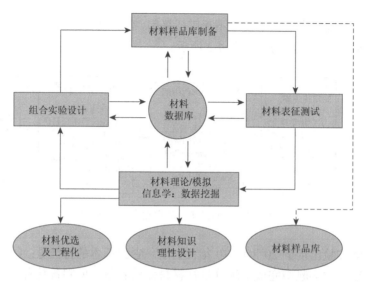

图 4-4　新型高通量组合材料的实验流程示意图[18]

4.2.1　热丝 CVD 高通量沉积技术与装备

1970 年，化学家 Hanak 首次提出"多样品实验"的概念，旨在利用组合法通过一次实验循环获得涵盖材料阵列中样品成分、结构以及特征的所有数据[13]。当时，这种组合方法已经初步展示了它的强大功能，与传统方法相比，使用组合方法研究薄膜材料可显著扩大获得的信息范围并缩短处理时间。随着人们进一步将薄膜沉积设备、计算能力、自动化以及表征技术科学组合，组合方法的强大功能才真正得到体现。近年来，用于开发薄膜材料的组合方法或高通量实验受到了极大的关注。21 世纪初，以美国为主的一些国家已经开始了对高通量 CVD 技术设备的开发和理论方面的研究。对于高通量 CVD 技术最初的研究主要是采用掩模来对同一基片上的不同位置进行不同条件的化学气相沉积。2003 年，美国国家可再生能源实验室（National Renewable Energy Laboratory，NREL）采用热丝 CVD 法通过使用掩模对基片上不同位置分别进行化学气相沉积，并通过高通量的热丝 CVD 技术对超薄硅材料 CVD 技术中的氢含量进行研究，完善了超薄硅材料样品库[23,24]。如图 4-5 所示，NREL 采用的是热丝 CVD 技术，在基片下方使用了 2100℃的热丝对反应气体进行加热，并在基片与热丝之间加入挡板和掩模。对超薄多孔硅材料中的氢含量进行研究时，挡板先遮挡住掩模和基片，此时调节通入气体中的氢含量，同时基片在掩模后面移动，使其对准需要沉积的位置，之后将挡板移除，使化学沉积发生在掩模背后较小的区域内；当沉积完成后，挡板再次遮挡，同时调节基片对准掩模的位置以及通入气体中的氢含量，之后可以再次进行沉积实验。通过这种方法，NREL 对超薄多晶硅材料沉积的方法进行完善，为之后的超薄硅 CVD 技术的发展奠定了基础。

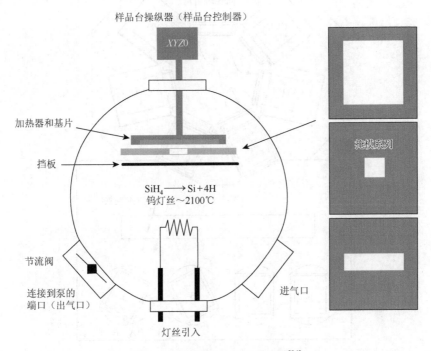

图 4-5　热丝 CVD 系统示意图[24]

4.2.2　单腔体多基片 CVD 高通量沉积技术与装备

由于 CVD 技术中不可避免的扩散现象的影响，在同一基片上进行多次沉积的方式只能用于实验室中对材料性质的研究，而无法在大规模的生产中进行应用。2008 年，美国应用材料公司的 Kam 等提出了一种在真空单腔体中实现高通量大面积沉积的 CVD 设备[25]。如图 4-6 所示，在一个腔体内放置多个基片，多个基片可以通过底座旋转移动，化学气相沉积同一时间只对一个基片进行沉积实验，同时其他基片进行冷却或者加热等预处理，当一块基片沉积完成后可以通过旋转底座将下一块移入进行沉积。气相沉积实验完成后可以逐个将沉积完成的基片取出并换上新的基片，进行下一轮的沉积。采用单腔体转片法可以单次制备多块大面积薄膜，作为高通量生产设备，能够研究类似环境下的 CVD 沉积差异，并且能够作为大规模生产设备加速 CVD 沉积薄膜的工业应用，如图 4-7 所示[26]。

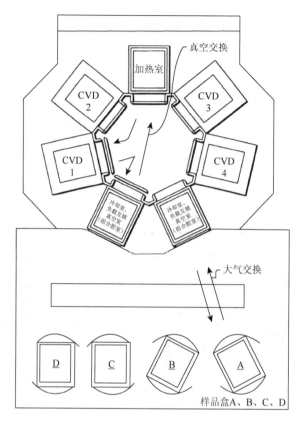

图 4-6　单腔体多基片旋片 CVD 示意图[25]

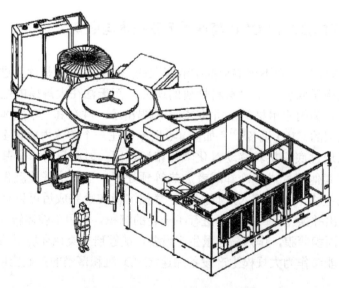

图 4-7　单腔体多基片旋片 CVD 装置工业应用示意图[26]

　　由于对采用 CVD 技术制备薄膜材料的需求不断提升，除单腔体内旋转型的高通量 CVD 技术外，不断有新型的高通量 CVD 技术被提出。2013 年，美国纽约的 CVD 设备制造公司（CVD Equipment Corporation）发明了处于大气环境下的高通量 CVD 技术（即 APCVD），如图 4-8 所示[27]。该技术是将 CVD 过程进行产线化，在相同的气相沉积条件下同时对多个基片进行化学气相沉积。由于是在大气环境下的气相沉积，沉积环境控制条件并不是主要调控内容，而需要考虑的主要因素是基片参数与沉积气体原料的性质。该仪器既能够通过调节沉积气体或基片环境对整个 CVD 技术操作进行整体调节，又能够进行相同条件的大批量 CVD 薄膜制备。此外，该设备还能够对同一基片进行多层化学气相沉积，这在材料学研究方面有更为重要的意义。

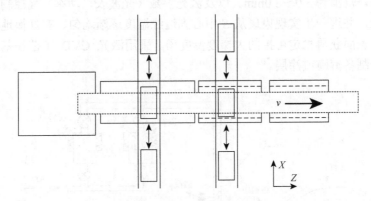

图 4-8　APCVD 装置示意图[27]

4.2.3　激光 CVD 高通量沉积技术与装备

　　CVD 技术沉积薄膜材料过程中，沉积温度是影响成膜质量最重要的因素之一。一方面，沉积温度对气体前驱物分解效率，以及材料生长速率、微观结构和组成的影响最为关键；另一方面，沉积温度可与多前驱物流速、沉积压强等重要参数发生耦合效应。复杂的温度控制过程极大地提高了材料性能的稳定化调控难度，也增加了产品的制备周期和应用成本。因此，缩短材料制备可控性差异并缩短实验周期以提升材料研发效率十分重要。然而，常规 CVD 方法通常采用焦耳热加热反应腔体或基片，难以在基片表面形成较大温度梯度；此外，基片不同区域发生热传递，使得基片表面形成温度梯度的难度进一步增大，因此采用常规 CVD 技术难以通过控制温度梯度实现高通量制备薄膜或涂层。由于高能激光束的激发作用，激光 CVD 使反应气体的分解、吸附、成膜等动力学过程加快，从而可以大幅提高膜层的沉积速率，反应过程中仅微区局部高温，成膜时杂质含量极低，结合力较高；同时，利用发散透镜控制激光光强分布，可在微小区域内控制形成大梯度的温度场分布（＞500K/cm），十分适合引入高通量沉积，实现单次实验中获得多个样本，以进一步提高实验效率，缩短实验周期[28]。

如图4-9所示，在激光光源半径为 r 的激光 CVD 设备基础上加装一个光路控制系统，包括沿激光入射方向设置的透镜组等。其中，透镜组包括沿激光入射方向依次垂直设置的凹透镜和平凸透镜（透镜型号为 LBK-5.9-10.3-ET1.9，直径范围为18～30mm），凹透镜和平凸透镜焦点与激光光路重合。激光通过透镜组在基片表面形成面积为 S、半径为 h 的圆形束斑。其中，h 大于激光光源半径 r。将凹透镜焦距固定为 10.3mm，然后选择适当焦距的平凸透镜（焦距范围为 12～15mm），调整凹透镜和平凸透镜两者的间距（即两者在激光入射方向上的厚度中心的距离，范围为5.0～8.0mm）以及激光参数（光波长、功率）来控制基片表面束斑直径，并进一步实现束斑从 S 中心到边缘温度逐渐均匀、有规律地降低，由此在基片表面获得稳定可控的大梯度温度场。采用激光 CVD 工艺在基片表面实现高通量制备薄膜或涂层。

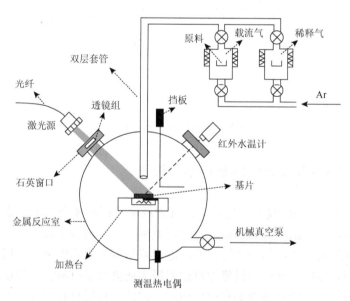

图 4-9　激光 CVD 装置简图[28]

连续、大功率、超高斯分布的激光沿入射方向（z 方向）的光场分布应满足如下方程：

$$I_z = \frac{C}{r}\exp\left(-\frac{x^2+y^2}{r^2}\right)\exp\left\{-\mathrm{i}\left[k\left(z+\frac{x^2+y^2}{r^2}\right)\right]+\varphi(z)\right\} \tag{4-1}$$

式中，C 为波前常数，半导体激光器常设置为激光波长的 $\dfrac{1}{\sqrt{2\ln 2}}$（≈ 0.8493）；r 为激光束的截面半径；i 为虚数单位；k 为波数；$\varphi(z)$ 为像散造成的余项；x、y、z 为光场分布的空间坐标。根据透镜光路分析，凹透镜可将平行激光束转变为沿焦点发出的点光源，平凸透镜进一步形成梯度分布的出射光场，对于目标平面 S（半径 h）、内截面半径为 $[r, r+\mathrm{d}r]$ 的光线投射的出射场强，即截面半径为 $[h, h+\mathrm{d}h]$ 处积分形式应满足

$$I_2(L) = \frac{f_2}{f_2 + h} \cdot A(\mathrm{e}^{r_1} + \mathrm{i}\mathrm{e}^{r_2}) \tag{4-2}$$

式中，A 为待定常数；L 为两透镜在入射方向（z 向）的平面投影间距；r_1、r_2 为 $I_2(L)$：$r{\to}h$ 的一组定解，仅考虑 $[r, r+\mathrm{d}r]$ 处入射、$[h, h+\mathrm{d}h]$ 处出射的光线，可解得一组定解：

$$r_1 = f_1 \frac{L - n_2\pi r}{f_1 + r} \tag{4-3}$$

$$r_2 = f_2 \frac{L + n_2\pi h}{f_2 + h} \tag{4-4}$$

式中，f_1、f_2 分别为凹透镜、平凸透镜的焦距；n_2 为平凸透镜的折射率。通过调整 f_1、f_2 及透镜间距，测定不同光路下形成的基片表面温度场，可进一步确定梯度温度场的形成条件。

4.2.4　PECVD 高通量沉积技术与装备

　　传统 PECVD 装置一次实验只能实现一种工艺条件，对于新材料和新工艺的开发非常耗时，已有的多通道 PECVD 装置因为气体扩散等原因，所实现的实验通量并不是很高，同样不能满足多组合工艺条件的快速、高效筛选。微波等离子体 CVD 高通量沉积技术采用射流喷射式微波等离子体技术和射频电容感应式等离子体技术，通过对等离子体空间分布的合理设置以及对等离子体的调谐，研究其微区化、稳定性和均匀性，实现两种等离子体方式对 CVD 生长过程的有效调节；同时通过可编程智能化控制系统设计基片微区点阵，利用高精度可移动样品台在 X-Y-Z 方向的精准定位，结合微区等离子体沉积技术，在单基片上实现分立微区的高通量 CVD 工艺。PECVD 高通量沉积系统如图 4-10 所示，以射频（$f=13.56\mathrm{MHz}$）和微波（$f=2.45\mathrm{GHz}$）为激发电源搭建两套独立的等离子体产生系统，等离子体产生微区位于腔体的中心区域；在等离子产生区域的下方配置高精度三维移动温控样品台；工艺气体经由质量流量控制器（mass flow controller，MFC）控制流量后引入腔体，通过薄膜真空计和蝶阀调控腔体工艺气体压力；

腔体真空系统由机械泵、分子泵及必要的真空阀门构成，输出的尾气引入专用的尾气处理设备；整个系统的控制基于 PLC 设计与实现，通过人机交互界面（human machine interface，HMI）实现对系统各单元的控制。沉积薄膜样品时，仅在等离子体产生的微区区域形成薄膜沉积效果，通过系统软件设计控制高精度样品台移动至布局的指定坐标完成单次薄膜沉积工艺，从而在单个样品上实现不同工艺按规则分布的微区沉积薄膜[29, 30]（图 4-11）。

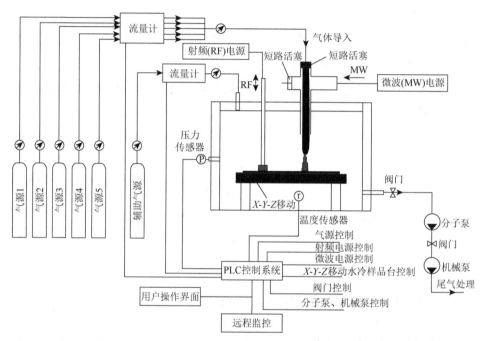

图 4-10 等离子体 CVD 高通量沉积系统示意图

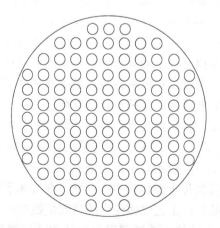

图 4-11 沉积微区分布示例图

如图 4-12 所示，系统通过微波电感耦合技术，激发刚玉管（或石英管）内的工艺气体产生等离子体，并经由刚玉管（或石英管）的下端喷出，形成微区等离子体束流。系统利用射频电容耦合技术，激发微型电极下方区域的工艺气体产生等离子体。通过采用有效的电场屏蔽方法，将射频电场的作用区域约束在微型电极下方的区域，形成射频微区等离子体。

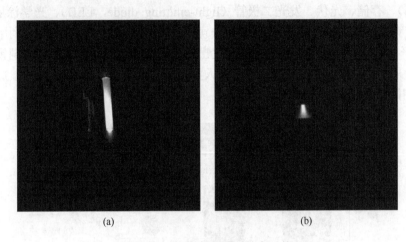

(a) (b)

图 4-12　微波/射频微区等离子体

（a）微波等离子体；（b）射频等离子体

系统控制软件实现了自动微区点阵设计与精确定位的功能。在设置界面下通过设置微区间距，系统可以自动计算出不同尺寸的基片上可沉积的微区样品点总数及点坐标分布，并通过改变微区间距来获得符合设计要求的可沉积的微区样品点总数及点坐标分布（如在直径 152mm 基片上，当微区间距为 12mm 时可以沉积的微区样品点总数为 112，并自动计算出每个点位的坐标）。

4.2.5　高生产力组合 PECVD 装备平台

先进材料对于推进包括半导体和半导体相关行业在内的许多行业的发展至关重要。使用传统的实验技术，可能需要很多年才能发现新的先进材料，然后又需要更长时间才能在市场上部署并推广应用。德国默克集团（Merck KGaA）旗下子公司 Intermolecular Inc.是一家专注于材料应用领域的专门提供商业化高通量组合材料实验仪器设备与高通量组合材料实验研发服务的公司。该公司通过其专有的高生产力组合（high-productivity combinatorial，HPC）平台和多学科研发团队，利用高通量实验进行先进材料的创新研发，能够更快速地为客户发现先进材料，并根据客户的特定需求进行量身定制并优化上市时间。而 HPC 平台是 Intermolecular Inc.

专为半导体和清洁能源等产品研发而构建的，凭借独特的组合工艺设备平台、通量匹配的测试表征平台以及强大的信息分析和数据管理系统平台，能够将材料研发速度显著加快 10~100 倍，甚至更多（相对于传统方法），如图 4-13 所示是 HPC 技术平台一个三步法解决方案的示意图。HPC 平台技术已经在多个先进材料领域中得到应用（如互补金属氧化物半导体（complementary metal-oxide-semiconductor，CMOS）、存储、光伏、发光二极管（light-emitting diode，LED）、光学涂层、电池、透明导体等，如图 4-14 所示），该公司研发人员采用两步无硫工艺，利用 HPC 技术平台在不到一年的时间内便开发出世界一流的效率为 17.7%的铜铟镓硒（CIGS）光伏电池，而在此期间，工作人员每天需要生产和测试表征超过 1200 片各不相同的太阳能电池片。

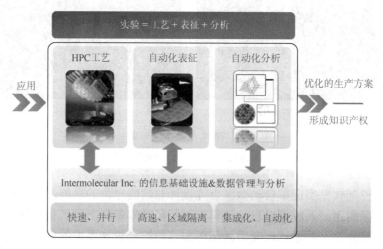

图 4-13　HPC 技术平台三步法解决方案：独特的创新平台

高生产力组合 PECVD 设备平台是 Intermolecular Inc.公司众多组合工艺设备平台中的一种[31]，如图 4-15 所示。该设备利用等离子体技术，通过将样品基片进行独立分区，实现在单基片上分立区域的高通量 CVD 组合工艺筛选。

如图 4-16（a）所示，在设备的腔体中，样品基片被自定义分成多个区域（如 4 个，也可以是任意个数），每个区域可以是任何形状且相互独立。同样，样品基片可以使用任何形状或尺寸，包括从较大晶片切割下来的矩形基片；也可以使用在集成电路、半导体器件、平板显示器、光电器件、数据存储器件、太阳能电池等领域经常使用的基片或晶圆片。在基片上方有一个与基片对应的莲蓬喷头，反应气体通过喷头各独立的进气孔道到达基片上各对应的区域，如图 4-16（b）所示，通过这种进气方式，可以实现在同一基片的不同区域沉积制备不同组分的薄膜材料。喷头的结构各式各样，可根据组合沉积工艺需求进行有针对性的调整。

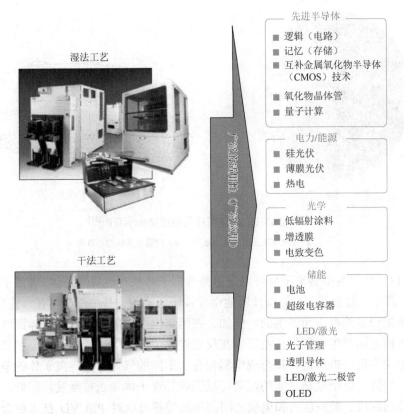

图 4-14　HPC 技术平台在先进材料领域的广泛应用

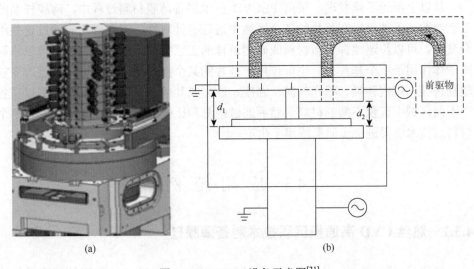

图 4-15　PECVD 设备示意图[31]

（a）PECVD 设备外观图；（b）PECVD 设备内部结构示意图

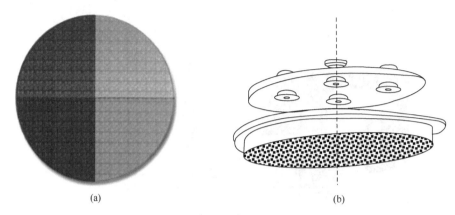

(a)   (b)

图 4-16   PECVD 基片及莲蓬喷头示意图[31]

(a) PECVD 基片分区示意图；(b) 莲蓬喷头结构示意图

PECVD 设备中等离子体可以是射频等离子体或直流等离子体。等离子体是由电子、离子、自由基、光子以及其他中性粒子组成的，是由源气体在一定压力下，通过施加一定的电压而产生的。例如，在两个电极之间通入等离子体源气体并在两个电极之间产生电压差，就可以在反应腔室中产生等离子体。使原料气体电离所需的功率可以来自电容耦合或电感耦合。不同的气体产生等离子体的条件不尽相同。另外，两个电极之间的距离可以影响等离子体是否被激发。因此，等离子体气体的组成、腔室压力和电极之间的距离等都可以对 PECVD 技术组合沉积工艺产生重要影响。

从以上所述不难发现，采用 PECVD 技术制备薄膜材料过程中，薄膜样品的工艺参数或条件可以在基片的各个区域中进行有针对性的组合变化。通过这些组合变化，可以快速地探索新材料或确定最佳的工艺参数或条件。例如，可以将等离子体作用于整个基片上，也可作用于基片的某个指定独立区域中；通过改变前驱物种类、试剂种类、曝光时间、温度、压力或其他工艺参数或条件，可以在各个不同区域中沉积不同的材料，然后通过检测和比较各区域的结果，以确定哪个材料或技术值得进一步研究或用于生产。

4.3   应用范例

4.3.1   热丝 CVD 高通量沉积技术制备薄膜硅

氢化非晶硅（hydrogenated amorphous silicon，α-Si：H）薄膜是薄膜晶体管（thin film transistor，TFT）和太阳能电池最常用的材料，通常使用 PECVD 或

HWCVD 法制备。在过去几十年中，虽然 α-Si:H 薄膜材料的应用很多，但对它的性能研究一直是项重大的技术挑战，例如，它的光致衰减问题和低空穴载流子迁移率问题至今仍未解决。非掺杂的 α-Si:H 和纳米尺寸的微晶硅（microcrystalline silicon，μc-Si）的性质不仅取决于 Si 和 H 等元素的组成，还取决于许多其他沉积参数，如基片温度、气体混合物和气体压力等。从 2003 年开始，美国国家可再生能源实验室 Wang 等利用 HWCVD 高通量沉积技术在玻璃基片上快速制备了薄膜硅材料样品库[23, 24]。研究结果发现，氢稀释度对非晶硅（α-Si）的质量和结构具有十分重要的影响，通过改变氢稀释度，可以快速实现薄膜硅材料从 α-Si 转变为 μc-Si：当氢稀释度高时，沉积的薄膜为微晶硅结构；而氢稀释度为 0 或氢稀释度低时，沉积的薄膜则是非晶硅结构[23]。图 4-17 显示了氢稀释度（H_2 分压）在不同 SiH_4 流速下对薄膜硅沉积速率的影响规律。从图 4-17 可知，当 H_2 分压为 0 时，沉积的是 α-Si:H，且沉积速率随着 SiH_4 流量的增加而增加。一般地，沉积速率随着 H_2 分压的增加而降低，并最终达到饱和。这种行为可以通过与 H 原子数量相关的蚀刻速率来解释，当更多的氢分子流入反应区域时，蚀刻速率将增加，从而导致薄膜沉积速率降低，并且薄膜结构从 α-Si:H 转变为 μc-Si。

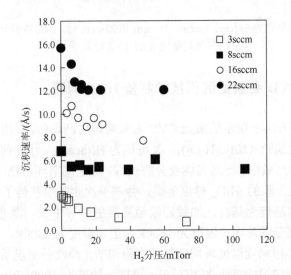

图 4-17　SiH_4 流速分别为 3sccm、8sccm、16sccm 和 22sccm 时 H_2 分压对薄膜 Si 沉积速率的影响[24]

另外，研究还发现氢与硅烷的比率是判断薄膜结构发生转变的一个很好的指标，如图 4-18 所示的是晶体硅（crystalline silicon，c-Si）体积分数（X_c）与 H_2/SiH_4 气体流量比（R）的函数关系。当 R<3%时，大多数薄膜处于非晶相（除非 SiH_4 流量为 3sccm）。X_c 随着 R 的增加而增加，表明 R 与薄膜硅结构的转变密切相关，

是从 α-Si:H 结构转变到 μc-Si 结构的一个重要的判断依据。然而，从图 4-18 中可知，R 的临界值并不是唯一的，它取决于 SiH_4 的流量，SiH_4 流量低时，R 临界值较小，反之则较大[24]。

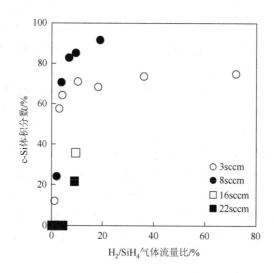

图 4-18　SiH_4 流速分别为 3sccm、8sccm、16sccm 和 22sccm 时，c-Si 体积分数（X_c）与 H_2/SiH_4 的气体流量比（R）的函数关系[24]

4.3.2　激光 CVD 高通量沉积技术制备 HfO_2 薄膜

研究人员以图 4-9 所示的激光 CVD 为高通量生产设备，采用单一安全环保无腐蚀性的乙酰丙酮铪（$Hf(C_5H_7O_2)_4$，又可记为 $Hf(acac)_4$）作为前驱物，结合高能激光的光效应与热效应，促进前驱物分解过程，通过调节环形梯度温度场的分布，实现快速制备大面积的 HfO_2 梯度薄膜，并在单次实验中获得了多个样本[17]。研究过程中，以单晶硅为基片，加载连续激光照射基片中央，激光波长为 808nm，功率为 90W，直至基片中央温度为 1600K，边缘温度为 1300K，目标温度分布如图 4-19 所示，环形梯度温度场需通过预实验调节，经红外测温系统校准，以确保温度分布与图 4-19 中物理位置相对应，温度场梯度为 1000K/cm。在单晶硅基片上沉积得到大面积 HfO_2 梯度薄膜，薄膜中央厚度为 60.3μm，边缘平均厚度为 7.8μm。研究了 HfO_2 晶相及微观形貌在不同温度区域的变化规律。

图 4-20 为 HfO_2 梯度薄膜各温度区域的微区 XRD 图谱。1300K、1400K 区域仅生成了单斜相 m-HfO_2，1500K、1600K 区域生成了含少量四方相的单斜相 m/t-HfO_2，1400K 区域表现出较强的〈002〉取向。图 4-21 为 HfO_2 梯度薄膜各温度区域的 SEM 图像，微观结构随温度升高呈 1300K 棱柱状→1400K 金字塔状→1500K

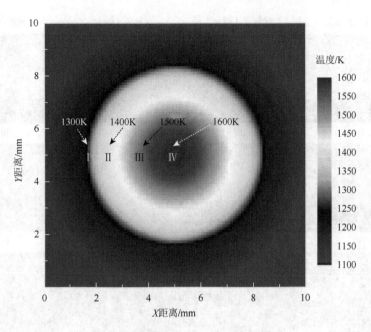

图 4-19　基片梯度温度场分布图[28]

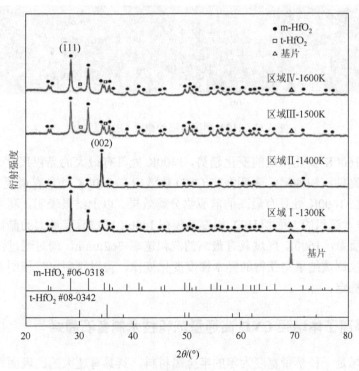

图 4-20　HfO$_2$ 梯度薄膜的微区 XRD 图谱[28]

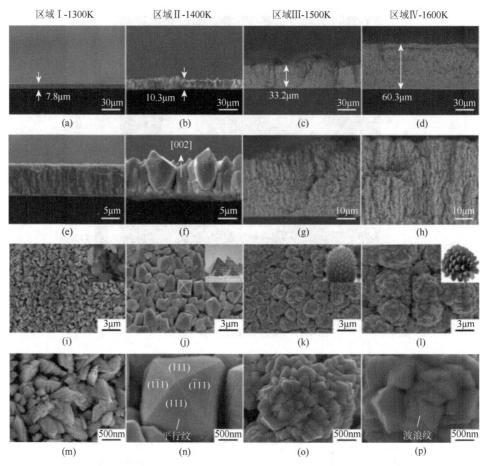

区域Ⅰ-1300K　区域Ⅱ-1400K　区域Ⅲ-1500K　区域Ⅳ-1600K

图 4-21　HfO₂ 梯度薄膜的微区 SEM 图像[28]

晶簇状→1600K 多孔棒状的变化趋势，1400K 处具有最大的晶粒尺寸，1600K 处表现出最高的沉积速率，表明激光 CVD 热效应在 1400K 处具有最优的结晶性，而光效应在 1600K 处具有最高的前驱物分解效果。以上结果表明，利用高通量激光 CVD 技术沉积的大面积 HfO₂ 梯度薄膜在 1400K 区域具有最大的晶粒尺寸与最优的成膜质量，1600K 区域具有最高的沉积速率 362μm/h，同时通过沉积过程中红外测温仪测试结果与获得的样本梯度变化规律，可以判断出沉积制备过程中温度场保持稳定。

4.3.3　等离子体增强 CVD 高通量沉积技术制备石墨烯

石墨烯是一种禁带宽度为零的半金属材料，其具有超大的比表面积、高的导电性能、优异的载流子迁移速率、良好的导热性、高的透光性能和好的力学性能等特性。垂直石墨烯（vertically-oriented graphene，VG）是一种由多层石墨烯直立在基片材料上形成的具有边缘结构的三维碳纳米材料。如图 4-22 所示，在这种结构中，单独的一个石墨烯纳米片有 0.1μm 到数十微米的宽度和高度，但是其厚度只有几纳米甚至低于 1nm。每个石墨烯片有数层石墨烯，层数在几层到几十层之间，层间距为 0.34～0.35nm。

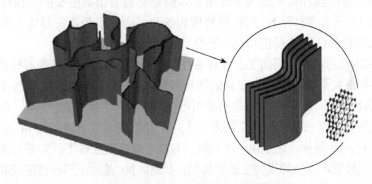

图 4-22　垂直石墨烯结构示意图[32]

　　垂直石墨烯作为石墨烯纳米材料的一种，除了具有石墨烯材料很多优异的性能外，因其自身独特的结构也具有很多独特的性能。例如，垂直石墨烯垂直于基片直立的垂直取向结构，使其具有稳定的力学性能。垂直石墨烯垂直取向的网络结构可以具有各种不同的形态，如花瓣、迷宫和类花椰菜等。由于其独特的形态和结构特征，与二维平面的石墨烯相比，它具有许多独特的电学、化学和力学性能。基于这些优异的功能特性，垂直石墨烯为不同领域的应用提供了新思路，并显著扩大了二维石墨烯的范围。例如，由于表面与体积比的增加和反应性表面位点的高密度，垂直石墨烯片已经被广泛研究并用于生物和化学传感器；优异的导电性能和高的比表面积使垂直石墨烯能够制造高性能超级电容器；垂直方向、锐利的外露边缘和出色的电荷传输特性使垂直石墨烯在电子场发射领域有很好的性能。此外，因为具有可调电导率、大的表面积和快速电子传输通道，垂直取向的石墨烯片可以作为高效电催化的优良催化剂载体。

　　目前，垂直石墨烯的制备应用最广泛的方法就是 PECVD 技术。PECVD 技术的工作原理主要是利用等离子体中的高能电子轰击前驱碳源（如甲烷等碳源气体），使碳源气体能在比较低的温度下分解出游离的 CH_x，与等离子体中的电子发生非弹性碰撞，形成自由基、离子和其他活性物质，不断地沉积在基片表面，在刻蚀剂 H 原子的作用下基片表面的无定形碳缺陷被快速除去；随后等离子体中的带电离子在电场的作用下沿垂直方向沉积，垂直石墨烯开始垂直生长；然后碳原子连续不断地结合到垂直石墨烯片的开放性边缘；最后等离子体中材料沉积和蚀刻效应的竞争作用决定垂直石墨烯的生长。

对于垂直石墨烯薄膜的生长机理和制备工艺的研究，人们仍在不断探索中。有关人员利用微波等离子体 CVD 高通量沉积系统来制备垂直石墨烯，能够有效地缩短垂直石墨烯薄膜材料的研究周期。基于微波等离子体 CVD 高通量沉积技术，通过将多种工艺参量进行逻辑性调控，从而找到最优化的 CVD 技术沉积条件。例如，借助基片材料的催化作用可以影响垂直石墨烯生长的形核时间，研究人员选择 Si、Cr、Ti 和 Ni 四种材料作为基片，研究了垂直石墨烯在不同基片材料及工艺参数条件下的形貌和结构特征。

图 4-23 显示，在相同的工艺参数条件下，不同基片上石墨烯的形核速率与垂直生长速率有很大不同，基于 Ti 基片的垂直石墨烯形核时间最短，Ni 基片次之，Si 基片和 Cr 基片最长，表明 Ti 对垂直石墨烯形核的催化作用优于其他材料。但从石墨烯形核后的生长速率来看，相同工艺条件下，垂直石墨烯生长速率为 Si 基片＞Cr 基片＞Ti 基片＞Ni 基片，这是由于在相同的等离子体密度条件下，Si 基片上石墨烯的形核密度比较低，石墨烯横向生长受抑制；反之，Ni 基片上形核密度较高，石墨烯横向生长效应明显。图中还显示 H_2 流量比和压强对垂直石墨烯生长速率的影响明显。H_2 流量比越低，石墨烯生长速率越快；低压强条件下，石墨烯的生长速率较快。

如图 4-24 所示，在相同的工艺参数条件下，不同基片材料生长的石墨烯除厚度明显不同外，形貌也有明显差异。Si 基片上表现为枝状结构，Cr 基片上偏向于波浪状结构，Ti 基片上呈清晰的迷宫状结构，Ni 基片上显现分立状结构。

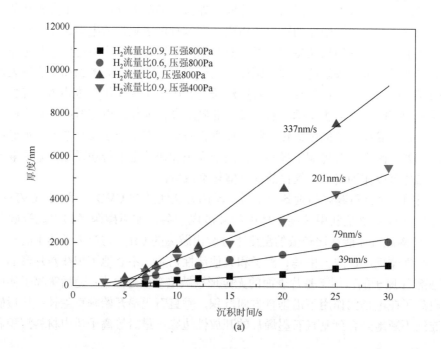

(a)

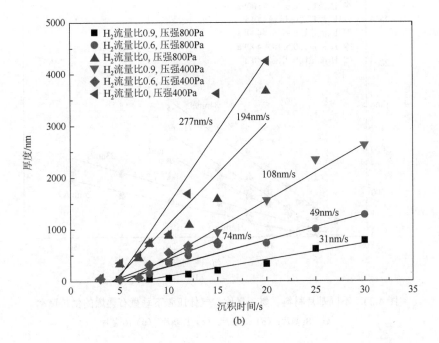

(b)

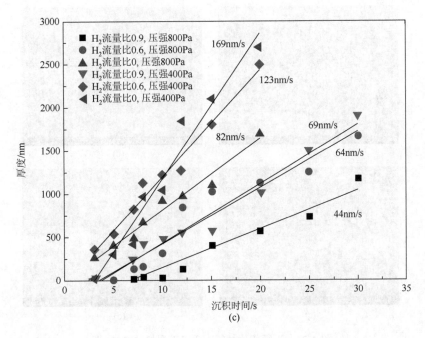

(c)

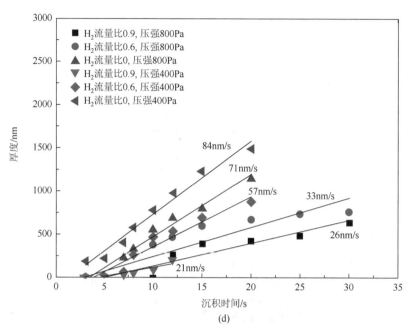

图 4-23　不同基片材料、氢流量比、气体压强下垂直石墨烯的生长速率

（a）Si 基片；（b）Cr 基片；（c）Ti 基片；（d）Ni 基片

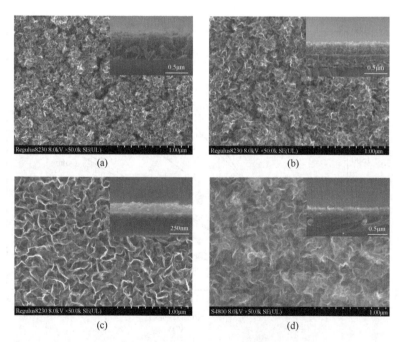

图 4-24　不同基片材料下垂直石墨烯的 SEM 图

（a）Si 基片；（b）Cr 基片；（c）Ti 基片；（d）Ni 基片

研究同时发现，在相同的基片（以 Si 基片为例）、H_2 流量比和气体压强条件下，沉积时间的改变对垂直石墨烯的形貌影响显著。如图 4-25 所示，当沉积时间为 7s 时，基片上形成分立的纳米片；沉积时间延长至 12s 时，成长为迷宫状结构；沉积时间延长至 20s 以上时，形成稳定的波浪状结构。表明沉积时间低于 20s 时，石墨烯纳米片快速成长，缺陷密度逐渐变大，石墨烯层数逐渐增多，结构变化明显；沉积时间高于 20s 时，石墨烯结构生长趋于稳定。

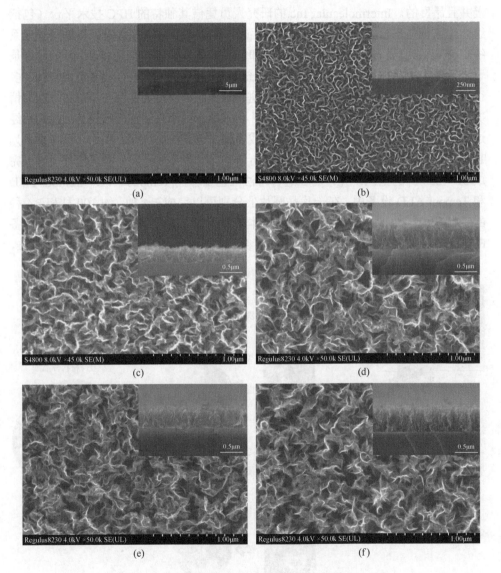

图 4-25　Si 基片不同沉积时间的垂直石墨烯 SEM 图

（a）3s；（b）7s；（c）12s；（d）20s；（e）25s；（f）30s

4.3.4 高生产力组合设备平台技术筛选半导体材料与器件

半导体材料和器件的研发通常十分依赖生产设备。传统研究方法之一是利用 CVD 技术在整个晶圆片上沉积一层薄膜材料并评估材料性能,根据材料性能又反过来探索新的 CVD 技术。以这种方式研究半导体材料和工艺的过程将是极其缓慢并且昂贵的。Intermolecular Inc.的研究人员凭借其独特的 HPC 技术平台(包括组合工艺设备平台、通量匹配的测试表征平台以及强大的信息分析和数据管理系统平台),能够显著地加快半导体材料和器件的研发速度。如图 4-26 所示,这是一个包含 PVD/ALD/CVD/表面处理(Surface Treatment)的 HPC 设备集成平台,多个 PVD、ALD、CVD 和表面处理设备进行有效组合,从而能够在不破坏真空的情况下进行沉积。在这个平台中,一个如图 4-26 所示的事先经过区域设计的晶圆片经过每个组成部分时,一次实验就可以完成多种工艺条件的沉积。例如,当在型号为 Tempus F20 或 Tempus F30 的设备中进行湿法工艺操作时,在一片晶圆片上可以完成 32~200 种的工艺研究,而在进行干法工艺操作的 Tempus CVD、Tempus PVD 和 Tempus ALD 设备中,在一片晶圆片上分别可以完成≥4 种、约 100 种和≥4 种的工艺研究。由此可知,当某种半导体器件的制备需要先后利用上述四种设备的工艺时,完成它的工艺组合数量将十分巨大。但不同于传统的工艺研究方法,

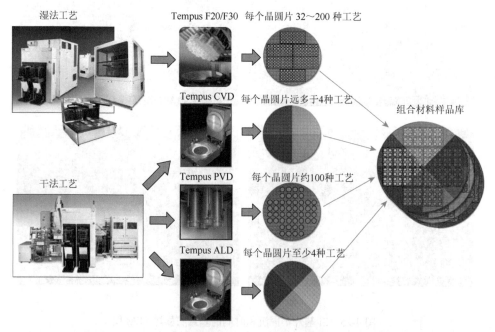

图 4-26 包括 PVD/ALD/CVD/Surface Treatment 的 HPC 设备集成平台和工艺流程示意图

一次实验只能实现一种工艺组合条件, 这种 HPC 设备集成平台的每一个组成部分一次实验即可完成所有该部分的工艺条件的研究, 因此即使是面对巨量的组合工艺数, 该平台也可以在极短的时间内完成工艺研究和筛选, 从而大大缩短材料和器件的研发时间, 将材料研发速度显著加快 10~100 倍, 甚至更多, 图 4-27 是 HPC 设备集成平台技术在材料各个筛选阶段与传统方法的筛选速度对比。

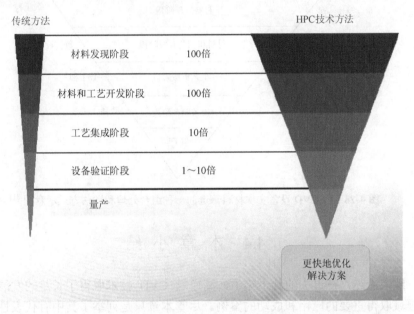

图 4-27　HPC 设备集成平台技术在材料各个筛选阶段与传统方法的筛选速度对比

设备集成平台的每个设备对半导体材料或器件的筛选方法和工艺流程各不相同。图 4-28 是 PECVD 设备(设备如图 4-15 所示)实现材料筛选的一种组合处理和评估方式示意图。从图中可知, 随着材料和/或工艺的不断筛选, 在一组基片上进行的组合工艺数量不断减少, 并最终筛选出一组最佳工艺组合。通常, 组合处理包括在第一级筛选期间进行大量工艺和材料选择, 并从中择优进入第二级筛选; 在第二级筛选中执行选定的工艺, 并从第二级筛选中择优进入下一级筛选, 如此不断推进。此外, 后期阶段对早期阶段的反馈可用于细化成功标准并提供更好的筛选结果。例如, 在材料发现阶段(也称为初级筛选阶段)评估数千种材料(初级筛选技术可包括将晶片划分为多个区域并使用不同的工艺沉积材料)。然后对材料进行评估, 并择优进入二级筛选, 即材料和工艺开发阶段。材料和工艺开发阶段可以评估数百种材料(即比初级阶段小一个数量级), 并且可以集中在用于沉积或开发那些材料的工艺上。再次选择理想的材料和工艺进入三级筛选, 即工艺集成阶段, 在这一阶段评估数十种材料和/或工艺及其组合。第三级筛选可以集中于将所选择的工艺和材料与其他工艺和材料集成到结构中，并将最理想的材料和工艺从第三级筛选推进到设备鉴定阶段。在设备鉴定阶段，对所选择的材料和工艺进行评估，评估结果以确定所选择的材料、工艺和集成的功效。一旦评估结果达到要求，筛选的材料和工艺即可用于量产。

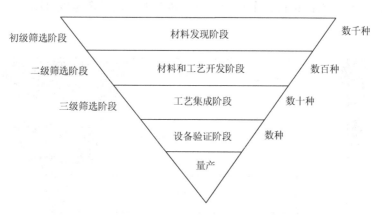

图 4-28　PECVD 设备实现材料筛选的一种组合处理和评估方式示意图[31]

4.4　本　章　小　结

综上所述，在过去的几十年中，高通量 CVD 技术取得了长足的发展，在多个领域取得重要的应用和成功的案例。尽管本章只是列举了其中有代表性的一部分，但已展示了其突出优势，即通过实验通量的大幅度提高带来了研究效率的根本改变，从而极大地加速了材料的发现和筛选。与传统试错研究方法相比，高通量 CVD 技术的高效率必将在新材料产业发展中起到革命性的促进作用。

参 考 文 献

[1] 吴尚池. PECVD 系统淀积氮化硅工艺优化的实现. 成都：电子科技大学，2018.

[2] 陆宗仪，李文梅，安世民，等. 一种新型的激光——等离子体辅助化学气相沉积装置的研究. 材料科学与工艺，1997，5（1）：90-94.

[3] 顾长志. 微纳加工及在纳米材料与器件研究中的应用. 2 版. 北京：科学出版社，2021：206-207.

[4] 李恒德. 现代材料科学与工程辞典. 济南：山东科学技术出版社，2001：184.

[5] Wang J J，Zhu M Y，Outlaw R A，et al. Free-standing subnanometer graphite sheets. Applied Physics Letters，2004，85（7）：1265-1267.

[6] Wang J J，Zhu M Y，Outlaw R A，et al. Synthesis of carbon nanosheets by inductively coupled radio-frequency plasma enhanced chemical vapor deposition. Carbon，2004，42（14）：2867-2872.

[7] Zhao X，Outlaw R A，Wang J J，et al. Thermal desorption of hydrogen from carbon nanosheets. The Journal of Chemical Physics，2006，124（19）：194704.

[8]　Mogensen K S，Thomsen N B，Eskildsen S S，et al. A parametric study of the microstructural mechanical and tribological properties of PACVD TiN coatings. Surface & Coatings Technology，1998，99：140-146.

[9]　Leonhardt A，Bartsch K，Endler I. Preparation and characterization of hard mono-and multilayer plasma-assisted chemically vapour deposited coatings. Surface & Coatings Technology，1995，76-77：225-230.

[10]　马胜利，马大衍，王昕，等. 脉冲直流等离子体辅助化学气相沉积 TiN 和 TiCN 薄膜摩擦磨损特性研究. 摩擦学学报，2003，23（3）：179-182.

[11]　朱宏喜，毛卫民，冯惠平，等. CVD 金刚石薄膜孪晶形成的原子机理分析. 物理学报，2007，56（7）：4049-4055.

[12]　刘聪. 高功率 MPCVD 法制备高质量金刚石膜的研究. 武汉：武汉工程大学，2015.

[13]　Hanak J J. The "multiple-sample concept" in materials research：Synthesis, compositional analysis and testing of entire multicomponent systems. Journal of Materials Science，1970，5（11）：964-971.

[14]　Potyrailo R A，Mirsky V M. Combinatorial and high-throughput development of sensing materials：The first 10 years. Chemical Reviews，2008，108（2）：770-813.

[15]　高琛，鲍骏，罗震林，等. 组合材料学研究进展. 物理化学学报，2006，22（7）：899-912.

[16]　赵继成. 材料基因组计划中的高通量实验方法. 科学通报，2013，58（35）：3647-3655.

[17]　汪洪，向勇，项晓东，等. 材料基因组——材料研究新模式. 科技导报，2015，33（10）：13-19.

[18]　王海舟，汪洪，丁洪，等. 材料的高通量制备与表征技术. 科技导报，2015，33（10）：31-49.

[19]　项晓东，汪洪，向勇，等. 组合材料芯片技术在新材料研发中的应用. 科技导报，2015，33（10）：64-78.

[20]　向勇，闫宗楷，朱焱麟，等. 材料基因组技术前沿进展. 电子科技大学学报，2016，45（4）：634-649.

[21]　关永军，陈柳，王金三. 材料基因组技术内涵与发展趋势. 航空材料学报，2016，36（3）：71-78.

[22]　陈松，吴先月，毕亚男，等. 高通量实验技术发展现况及在贵金属研究中的应用分析. 贵金属，2018，39（S1）：72-84.

[23]　Wang Q. Combinatorial hot-wire CVD approach to exploring thin-film Si materials and devices. Thin Solid Films，2003，430（1-2）：78-82.

[24]　Wang Q，Liu F Z，Han D X. High-throughput chemical vapor deposition system and thin-film silicon library. Macromolecular Rapid Communications，2004，25（1）：326-329.

[25]　Kam S L，Robert R，Palo A，et al. Method for multilayer CVD processing in a single chamber：US，US6338874B1. 2002-1-15.

[26]　Shinichi K，San J，Wendell T B. Method for transferring substrates in a load lock chamber：US，US7316966B. 2008-1-8.

[27]　Leonard R，Karlheinz S，Paul J D. High-throughput CVD system：US，US8460752B2. 2013-6-11.

[28]　章嵩，刘子鸣，徐青芳，等. 一种高通量制备薄膜或涂层的方法：中国，CN114369815A. 2022-4-19.

[29]　项晓东，邬苏东，张欢，等. 高通量 PECVD 装置和方法：中国，CN108396311A. 2018-8-14.

[30]　邬苏东，汪晓平，杨熹，等. 高通量 CVD 装置及其沉积方法：中国，CN108411282A. 2018-8-17.

[31]　Shanker S，Chiang T. Combinatorial plasma enhanced deposition techniques：US，US20090275210A1. 2009-11-5.

[32]　Gong J R. New Progress on Graphene Research. Rijeka：InTech，2013：235.

第5章 ▮▮▪

多组元高温陶瓷涂层高通量
化学气相沉积技术

CVD 是利用气相物质在基体表面反应合成目标材料的一类方法，广泛应用于纳米材料的合成以及薄膜和涂层的制备，在半导体领域用来沉积多种材料，包括绝缘材料、金属和合金材料。随着航空航天技术的快速发展，对耐高温、抗氧化的高温陶瓷材料提出了迫切需求。高温陶瓷材料制备与筛选通常采用试错法，这无疑严重制约材料优选组成的快速确定，因此亟须开发高温陶瓷材料的高通量制备技术。由于化学气相沉积具有合成温度低、生成物组分可设计等优点，对其气体供给与控制系统和反应器系统进行设计，则有望在反应器内形成若干沉积条件，实现材料的高通量制备。发展多组元高温材料体系的高通量 CVD 制备技术对于促进高温材料的快速发展和应用具有重要意义。

5.1 基本原理和技术应用

5.1.1 CVD 基本原理和步骤

CVD 的原理是以气态前驱物为反应物，气态前驱物成分分解，通过原子、分子间化学反应在基片上沉积形成目标物质。

CVD 过程是一个复杂的过程，涉及化学、热力学、动力学和晶粒生长等多方面。在生成固体产物的同时放出气体副产物，从基片表面解附并借助传质过程进入主气流，随后排出沉积炉，从而完成整个沉积过程。其中，可能涉及在气相进行的均相反应和在基片表面上的非均相反应，并产生很多中间产物，必须经过精确调控才能得到所期望的沉积物。随着沉积条件的改变，CVD 各个分过程的相对速度发生改变，产物的结构及沉积速率也发生变化。图 5-1 所示为简单的 CVD 装置结构示意图。化学气相沉积过程主要包括以下几个步骤。

（1）反应气体进入反应室。

（2）反应气体在高温作用下发生分解反应，形成活化基团。

（3）反应气体或活化基团吸附在基片上，在气固界面发生反应，生成沉积产物和副产物。

（4）沉积产物在基片表面扩散，形成形核中心，持续长大。

（5）气体副产物通过对流和扩散从边界层输出。

CVD 技术对所用的反应体系也有一定要求：要能够形成目标沉积物的组合，同时其他反应物均易挥发；反应物在室温下最好是气态，或在较低的温度下有相当的蒸气压；工艺上具有重现性等。CVD 可分为常压或低压的传统 CVD（C-CVD）[1-3]、热丝 CVD（HWCVD）[4]、等离子体增强 CVD（PECVD）[5,6]，同步辐射 CVD（SRCVD）[7]等。

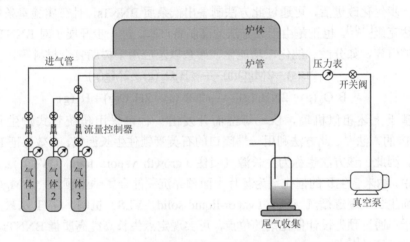

图 5-1　简易化学气相沉积装置结构示意图

5.1.2　CVD 技术在陶瓷材料中的应用

目前，CVD 技术在陶瓷材料中常用于合成低维纳米材料，如碳化硅纳米线、氮化硼纳米管和纳米片等，在材料表面制备陶瓷涂层，如在石墨、C/C 复合材料表面沉积碳化硅涂层，以及在纤维表面制备界面相，如 PyC 界面相、SiC 界面相、碳化硼界面相、氮化硼界面相或它们之间组合的多层界面相。

1. CVD 技术合成低维纳米陶瓷材料

作为 20 世纪最重要的发现之一，碳纳米管（carbon nano tubes，CNTs）在世界范围内引起对一维纳米结构材料的研究热潮。CNTs 以其独特的微观结构，以及优异的物理、化学、力学性能，吸引了全球不同领域科研人员的目光。进入 21 世纪，科学家继续对包括 CNTs 在内的众多一维纳米结构材料投入大量的研究精力，使得人类对纳米材料领域的认识逐步加深。

CVD 方法作为生长 CNTs 最为有效的方法，也成功用于制备氮化硼纳米管（boron nitride tubes，BNNTs）。最早做出尝试的是 Lourie 等，其以硼氮烷（$B_3N_3H_6$）为前驱物，镍硼（Ni_2B）颗粒为催化剂，于 1000～1110℃成功通过 CVD 法制备出 BNNTs[8]。而后续 Ma 等以硼氮氧氢化合物（$B_4N_3O_2H$）为前驱物，也成功实现 CVD 法生长 BNNTs[9]。相比于其他方法，CVD 法表现出明显的优越性，所制得的产物纯度较高。2002 年，Bando 团队基于传统 CVD 法又开发出一种新型、有效生长 BNNTs 的方法，即硼氧化物 CVD 法（BOCVD）。他们以 B、金属氧化物（如 MgO、FeO、Li_2O）作为前驱物，于 1300℃反应形成氧化硼（B_xO_y）蒸气，然后与氨气（NH_3）反应合成 BNNTs，如方程式（5-1）和式（5-2）所示[10]。经过进一步优化改进后，可通过此方法制备出低杂质 BNNTs，且在实验室条件下产量可达克级[11-13]。也正是由于该方法的高制备产率，进一步开展了对 BNNTs 其他方面的研究，如分散、纯化、功能化、掺杂以及应用于树脂复合材料等。

$$2B(s) + 2MgO(s) \longrightarrow B_2O_2(g) + 2Mg(g) \tag{5-1}$$

$$B_2O_2(g) + 2NH_3(g) \longrightarrow 2BN(s) + 2H_2O(g) + H_2(g) \tag{5-2}$$

基于上述相似机理，Lee 等继而开发出一种可采用传统管式炉生长高纯 BNNTs 的方法[14]。此方法利用一端闭口的石英管锁住生长源气，有效保证 BNNTs 生长。因此，该方法也称为生长源气锁住（growth vapors trap，GVT）法。在此方法中，纳米管生长的催化剂为基片表面预先沉积的金属纳米颗粒，如 MgO、Fe、Ni，而生长机理遵循气-液-固（vapor-liquid-solid，VLS）机制。GVT 法最大的优点在于：通过预先设计催化剂的位点，可实现定点生长高纯高质量 BNNTs，并且实验设备简单[15, 16]。

对于 CVD 生长一维纳米结构的过程，温度、压强和前驱物的浓度都是影响生长效果的重要因素[17]。对 CVD 生长碳化硅纳米线（SiCNWs）的研究发现，温度对生长具有明显作用，随着温度的升高，SiCNWs 的直径将变大。1200℃、1100℃和 1000℃三个温度下制备出 SiCNWs 的直径分别为 1000nm、500nm 和 100nm，如图 5-2 所示。三种条件下生长的 SiCNWs 分布一致性良好。温度升高导致的

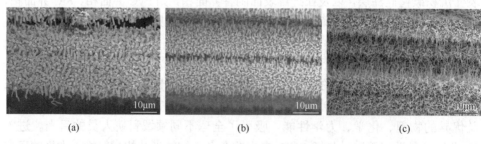

(a)	(b)	(c)

图 5-2　不同温度生长的 SiCNWs 的 SEM 照片
（a）1200℃；（b）1100℃；（c）1000℃

SiCNWs 直径增加与催化剂的形态有关，由于在高温环境中，液态金属催化剂融合的趋势更强，形成液滴的直径增加。而催化剂的尺寸对 SiCNWs 直径有直接的影响，所以生长出的 SiCNWs 直径会相应增加。

压强对 SiCNWs 生长的影响如图 5-3 所示。较高压强下生长的 SiCNWs 粗而短，而低压条件下 SiCNWs 则几乎无法生长。这有可能是在压强变化的条件下，气体在反应室内的滞留时间改变所造成的结果。即滞留时间越长，加入生长过程前驱物的量就越多，所造成的生长结果就不同。同时，反应气体浓度亦对 SiCNWs 的生长产生较大的影响。高反应气体浓度下生长出的 SiCNWs 呈现短而粗的形貌，此时的直径达到微米量级，且长径比减小，呈现出球状突起的形貌特征，整个沉积层有成膜的趋势。而在低反应气体浓度条件下生长的 SiCNWs 不能完全覆盖纤维表面，呈现稀疏的分布。因为反应气体浓度直接影响前驱物的含量，这一结果说明反应体系中前驱物的含量偏高或者偏低都会对生长结果造成不利的影响：含量偏高造成过度沉积，偏低又会生长不完全。

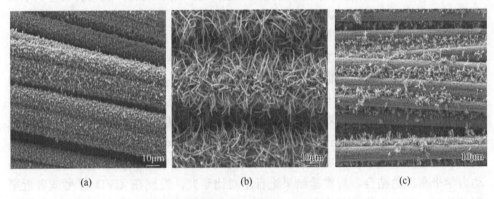

图 5-3　不同压强生长的 SiCNWs 的 SEM 照片

(a) 5kPa；(b) 3kPa；(c) 1kPa

通常认为 CVD 系统生长纳米管和纳米线之类的一维纳米结构均遵循 VLS 机制[18]。简单来说，这一机制描述一种沿单一方向的晶体生长过程，该过程同时包含液相介质和气相的前驱物源，当然还包括长成的晶体。生长过程的各类性质特征强烈依赖于生长体系。概括来说，这些性质特征依赖扩散过程，以及物质在气相源、液相收集物（催化剂）和晶体表面的输运；压强和温度也随体系变化；化学反应动力学、液相收集物的热力学性质、反应器的几何形状和材质都会对生长参数造成影响。唯一不变的特征是：收集物（催化剂）与晶体界面的生长速率快于其他界面的生长速率。VLS 生长过程可以描述为[18]：气相源中含有生长核素的前驱物在液相催化剂表面分解，释放出生长晶体的核素会吸附在催化剂表面。生长核素不断溶解在液相催化剂中，形成过饱和溶液。过饱和溶液中的核素又在液-固界面处析出晶体，完成了一个吸附—溶解—析出的过程。这一过程周而复始，定向生长出一维纳米结构。催化剂颗粒（液滴）的尺寸控制着一维纳米结构的直径。VLS 机制的最早提出者 Wagner 描述道[19]：液相表面因为具有大的"安置系数"（accommodation coefficient）而成为沉积过程的优先位置。生长晶体的原料不断地从气相源溶解到液相收集物中而形成过饱和溶液，最终在液相-固相界面沉积析出晶体。单向生长是液相的引入造成多种界面能间差异化的结果。

2. CVD 技术制备陶瓷界面相

界面相是纤维增强陶瓷基复合材料中的重要组元，作为纤维和基体之间的桥梁，发挥传递载荷、保护纤维和阻止裂纹扩展等作用。当纤维增强陶瓷基复合材料应用于氧化环境时，要求界面相还需具有良好的抗氧化性能。因此，科研人员在碳化硼、氮化硼、碳化硅和氮化硅等陶瓷界面相的制备技术上开展了大量的研究工作。其中，CVD 技术受到高度重视，已广泛应用于陶瓷界面相的制备。下面将重点介绍化学气相沉积碳化硼、氮化硼等界面相。

CVD 技术制备 B_4C 目前已有许多研究报道。按反应气体体系分类，大致有 BCl_3-CH_4-H_2[20-24]、BBr_3-CH_4-H_2[5]、BCl_3-C_3H_6-H_2[25]等，综合考虑气体安全性、反应活性、成本等问题，目前应用最多的是 BCl_3-CH_4-H_2 体系。早期 CVD 碳化硼的研究主要是针对晶相化学计量比的 B_4C 开展的，重点集中在沉积机理与理论模型建立方面。Ducarroir 等最先对 B-C-Cl-H 系统在较宽温度范围以及 BCl_3-CH_4-H_2 反应气体比例范围进行了热力学计算。在此基础上，Vandenbulcke 等[26]对 BCl_3-CH_4-H_2 沉积机理进行了代表性的实验研究。该研究提出了一个传质模型，并把该模型与动力学平衡理论结合，与实验结果进行了对比研究，发现在 CVD 平衡或者近平衡条件下，沉积产物一般为晶态，沉积速率与反应物组成受反应气体比例影响明显。在远离热力学平衡的条件下，多种组分的产物均可产生，且反应产物具有较低的结晶度。各种工艺参数都会对沉积机理造成影响，在低温沉积时，沉积过程主要受表面动力学控制，沉积产物的组分会偏离热力学的理论计算。利用自由能最小化技术对 BCl_3-CH_4-H_2 反应体系进行热力学计算，绘出一定参数条件下的理论沉积相图，并按照计算参数对理论推测进行了实验验证。结果表明，实验结果与理论预测出现了很大偏差，归因于 CVD 进程发生在远离平衡态，实际过程中受到沉积碳反应的动力学阻碍。科研人员为了探究详细的反应机理，开展了系列研究[27]，为降低传质过程对反应的影响，在实验中反应气体采用双喷射对流混合方式，实验结果与反应机理模型 95%以上吻合。按照模型，沉积过程可以描述为：首先，BCl_3 以分子形式吸附在固体表面，CH_4 与 H_2 以解离方式吸附在固体表面（$s.CH_3$，$s.H$）；其次，吸附的 BCl_3 以 Langmuir-Hinshelwood 的方式与吸附的 $s.CH_3$

发生反应，生成 s.BC，再继续与吸附的 s.BCl₃ 反应相继生成 s.B₂C、s.B₃C、s.B₄C，而 HBCl₂ 生成反应仅仅发生在气相反应中。CVD 过程复杂，涉及温度、压力、气体流量比、设备、基片等参数的影响，还受传质过程（基片几何形状、摆放位置等）的影响，这些导致即使在相同的沉积参数下，不同研究所得产物的沉积速率、微观结构、物相组分也不尽相同。目前，CVD 碳化硼的确切机理尚不明晰，但根据前人的实验验证与研究，对于 CVD 碳化硼的大致反应过程有了比较合理的推断，为后续实验提供了有益的指导。B 与 C 原子序数接近，两者性质有许多相似之处，如原子半径、电负性、电子层数，两者成键状态也有许多类似之处，都可以进行 sp² 和 sp³ 杂化成键，形成稳定的结构。正是由于 B 和 C 原子有许多相似之处，CVD 制备 B₄C 时温度高、反应复杂，很难制得均一的晶相 B₄C，通常伴随着非化学计量比的 B_xC_{1-x} 产生。B_xC_{1-x} 的比例变化范围大，且可以呈现出不同结构和形态。

BN 具有层状结构，是一种优良的界面相材料，科研人员针对化学气相沉积 BN 界面相开展了深入的研究。化学气相沉积法制备 BN 界面相是将含硼、含氮气态前驱物输送至高温反应室，反应气体通过扩散运送至纤维表面，在纤维表面发生吸附、表面反应、解吸等一系列化学反应过程并在纤维表面沉积氮化硼界面相。通过调节反应时间、反应气体浓度、温度、压强等一系列参数可以控制涂层的厚度、组成成分、结构。该方法得到的涂层表面光滑致密，无明显缺陷，与纤维黏附性较好，更主要的是在低温下不易损伤纤维。目前，可用于 CVD 制备 BN 界面相的前驱物较多。Wang 等[28]用硼烷为单一气源在 KD-S 纤维表面沉积了 BN 涂层，Rebillat 等[29]以 BF₃-NH₃ 为前驱物在 SiC 纤维表面制备了高结晶态 BN 界面相。研究结果表明，制备的 BN 可以有效地改善材料的抗氧化性能。除此以外，以 BCl₃-NH₃-H₂/N₂ 和 BBr₃-NH₃-H₂ 为前驱物制备 BN 界面相的研究也常见报道[30, 31]。

在 CVD 制备 BN 界面相的过程中，反应气体以及气态中间产物在基片上的吸附、解吸、表面反应等过程的进行都与温度相关。可通过调节温度控制沉积速率，达到调控界面相生长的目的。马良来[32]通过计算获得了沉积速率与温度的关系曲线，如图 5-4 所示。在低温区（700～900℃），沉积速率随着温度升高而增大，且变化趋势与阿伦尼乌斯定律相一致，表明生长过程受表面反应控制，根据阿伦尼乌斯公式计算得到反应表观活化能为 59.2kJ/mol，与文献报道相当。沉积速率在 900℃时达到最大值，该温度下前驱物气体间反应进行得最为彻底。当温度高于 900℃时，沉积速率随着温度的升高而大幅降低。此时，若反应受表面反应控制，则沉积速率应随着温度的升高而升高。若沉积速率受物质输运控制，随着温度的升高沉积速率应保持恒定[25]。在温度高于 900℃时，反应速率随着温度的升高而降低的现象，可以用气相形核理论来解释。

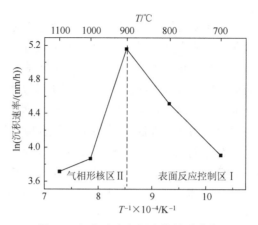

图 5-4　沉积速率与温度的关系曲线

由临界形核半径表达式（式（5-3））可知，临界形核半径随着温度的升高而减小。换言之，随着温度的升高气相形核变得越来越容易，导致大量气体在气流中形核被消耗，在气体流量不变的条件下，抵达纤维表面的气体减少，造成沉积速率降低。气相形核的产物被气流裹挟出沉积区，在炉管末端沉积，形成大量白色粉末，主要成分为 NH_4Cl。

$$r_c = \frac{2\sigma V_m}{RT\gamma} \tag{5-3}$$

式中，r_c 为临界形核半径；σ 为表面能；V_m 为气体摩尔体积；R 为气体常数；T 为热力学温度；γ 为过饱和度。

通常薄膜生长有三种模式，分别为层状生长模式、岛状生长模式和介于两者之间的模式[33]，这三种生长模式的制约因素主要有基片表面能（σ_s）、薄膜沉积表面能（σ_c）以及薄膜/基片表面能（σ_i）。当 $\sigma_s > (\sigma_c + \sigma_i)$ 时，薄膜呈现层状生长模式（F-M 模型）；当 $\sigma_s < (\sigma_c + \sigma_i)$ 时，薄膜呈现岛状生长模式（V-M 模型）；介于两者之间时，薄膜生长呈现层状-岛状生长模式（S-K 模型）。基于薄膜的生长模式，在 700℃时，界面为 S-K 生长模型。随着温度的升高，薄膜沉积表面能以及薄膜/基片表面能逐渐增大，使薄膜生长由 S-K 模型向 V-M 模型转变。导致薄膜的颗粒感逐渐增强。随着温度继续升高，气相形核加剧。气相中的中间产物形成较大的团聚体，最终吸附在纤维表面生成粗糙的片状结构。

5.2　高通量 CVD 技术与装备

航空航天技术的快速发展对耐高温、抗氧化的高温陶瓷材料提出了迫切需求。高温陶瓷材料制备与筛选通常采用试错法，这无疑严重制约了材料优选组成的快速确定，因此亟须开发高温陶瓷材料的高通量制备技术。

CVD 是一种制备涂层的重要方法，具有合成温度低、生成物组分可设计等优点，广泛应用于涂层和界面的制备，对其气体供给与控制系统和反应器系统进行设计，则有望在反应器内形成若干沉积条件，实现材料的高通量制备。CVD 技术国际先进水平的代表为法国、德国和美国。这些国家的研究机构针对 CVD 技术和装备开展了广泛而深入的研究，采用该项技术已能制备热解碳、硅化物、硼化物、氮化物和氧化物等多种材料。国内西北工业大学、国防科技大学、中国科学院上海硅酸盐研究所等单位均有相应的研究报道。但总体来讲，目前 CVD 技术制备的材料大多由单一元素物质或双元素组成，关于采用 CVD 技术制备多组元（≥3 种元素）材料鲜有报道，而多组元高温材料体系的高通量 CVD 尚未见报道。因此，多组元高温材料体系的高通量 CVD 制备技术对于促进高温材料的快速发展和应用具有重要意义。

针对高温陶瓷体系材料采用传统试错法进行制备和筛选效率低下，制约材料快速发展与应用的现实问题，开发 CVD 高通量制备技术。在传统 CVD 系统的基础上设置气源导向装置调整气体走向，结合反应器中温度场的设计与调控，在同一反应器内形成若干沉积条件，获得不同组成的沉积产物，解决了常规 CVD 技术局限于单一元素或双元素组成以及同一反应器只能制备一种组分材料的关键技术问题，突破多组元高温材料（组元数≥3）化学气相组合沉积技术，促进高温材料在航空航天等高技术领域中的应用。

5.2.1　高通量 CVD 系统总体设计

如图 5-5 所示，CVD 系统通常由气体供给输运与控制系统、沉积炉体和尾气处理系统构成。依据高通量 CVD 设计理念，重点在于气体供给输运与控制系统和沉积炉的设计。

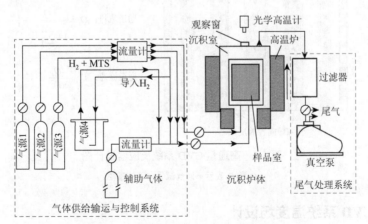

图 5-5　CVD 系统总体设计示意图

MTS 表示三氯甲基硅烷（trichloromethylsilane）

5.2.2 气体供给输运与控制系统设计

气体供给输运与控制系统作为高通量 CVD 系统的核心子系统之一，是决定该系统能否实现多组元化合物化学气相沉积的关键。按照目标产物，如 Si-B-C-N 四元体系，对气体供给输运与控制系统进行精心设计，结合高精度质量流量控制器、NH_3 及 BCl_3 特气柜，以及 MTS 加热挥发装置等的集成使用，可实现包括载气 Ar，以及 H_2、NH_3、MTS、C_2H_2 和 BCl_3 等五种反应气体的流量精确控制和稳定输运。满足所含 N、C、Si、B 等在内四种元素以上的多组元材料化学气相沉积。

5.2.3 多通道气源导向装置与反应腔设计

为了使系统实现高通量 CVD 制备，以反应气体流速为控制参数对气源导向装置与反应腔进行一体化多通道管状设计。根据管道气体输运理论，建立不同直径管状通道内部气体流量和流速数学模型。利用不同气源导向管的直径差异，控制管道内部气体的流速，改变化学气相沉积条件，从而实现试样在不同管道内部的差异性沉积，达到高通量沉积的目的。如图 5-6 所示的高通量 CVD 反应器，其内置气源导向管根据反应腔大小，可设计出 5～10 根通道，能够满足不同气体流速下的高通量 CVD 制备。

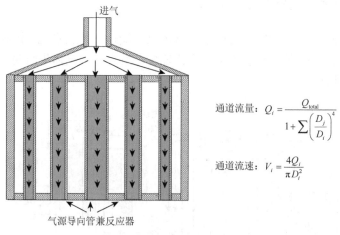

$$\text{通道流量：}Q_i = \frac{Q_{\text{total}}}{1+\sum\left(\dfrac{D_j}{D_i}\right)^4}$$

$$\text{通道流速：}V_i = \frac{4Q_i}{\pi D_i^2}$$

图 5-6　高通量 CVD 系统反应器设计图

D_i 和 D_j 表示不同气源导向管的直径

5.2.4 CVD 系统温度场设计

在 CVD 过程中，沉积温度对系统内部的化学反应机制、气相沉积速率、沉积产物的组成和结构都存在重要的影响。特别是在多组元化学气相沉积过程中，由于各反应气体在不同温度下反应机制与反应速率不同，沉积温度对于沉积产物的组成和结构更是影响巨大。通过对 CVD 系统反应器内部温度场进行设计调控，形成梯度渐变温度场，从而改变反应器内部不同区域 CVD 的温度条件以及沉积产物的组成和结构，是实现高通量 CVD 的有效手段。在高通量 CVD 系统中通过对沉积炉发热体进行直径渐变设计（图 5-7），使得发热体局域电阻和功率线性梯度变化，从而在反应器内部形成近线性温度梯度，实现气源导向管内部不同部位装载试样的变温沉积。在此基础上结合不同气源导向管道内部气体流速的差异性，实现气体流速与沉积温度双参数控制下的高通量 CVD 制备。

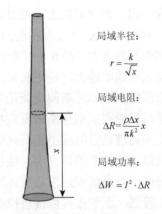

局域半径：

$$r = \frac{k}{\sqrt{x}}$$

局域电阻：

$$\Delta R = \frac{\rho \Delta x}{\pi k^2} x$$

局域功率：

$$\Delta W = I^2 \cdot \Delta R$$

图 5-7　高通量 CVD 系统沉积炉发热体设计示意图

r 表示局域半径，即长度 x 处发热体的半径；k 表示常数；x 表示长度，是一个变量；ΔR 表示局域电阻；Δx 表示长度的变化量；ΔW 表示局域功率；I 表示电流

5.2.5　控制系统设计改造

常规 CVD 控制系统，沉积组分相对简单，控制元素相对比较单一，已难以满足高通量 CVD 系统多组元沉积、变温度场、变流量控制要求。为此，在常规 CVD 控制系统的基础上进行设计改造，在原有 PLC 模块的基础上，新增一系列硬件模块，以增加新控制量，包括新增气体管路流量控制、管道加热控制、各高性能阀门执行机构的控制、洗涤吸收塔内溶液 pH 的控制、自动补液控制等，以满足高通量化学气相沉积系统多元素精确控制要求。

5.3　高通量 CVD 技术在多组元陶瓷材料中的应用范例

Si-B-C 具有良好的裂纹自愈合能力，作为陶瓷基复合材料基体或涂层，可有效提高材料高温氧化环境服役寿命。目前，高通量化学气相沉积技术已应用于 Si-B-C（N）的制备。下面将以 Si-B-C 体系为例，论述高通量 CVD 技术在多元材料制备中的应用。

5.3.1　Si-B-C 涂层多通道 CVD 动力学与沉积控制机制

根据多通道 CVD 系统中不同直径通道内部气体流量分配模型开展各通道内部气体流量和流速计算，发现气体流量和流速分别与通道直径的 4 次方和 2 次方成正比。在此基础上,通过涂层沉积速率与沉积温度和气体流速关系的测定,系统研究 Si-B-C 涂层沉积动力学。发现涂层沉积速率随温度的升高和气体流速的增加而逐渐增大(图 5-8)。而沉积速率-温度关系研究表明,低沉积温度条件下,涂层沉积速率遵循阿伦尼乌斯方程,涂层沉积以反应控制为主。随着温度的升高,涂层沉积速率逐渐偏离阿伦尼乌斯方程,沉积速率的温度依赖性下降。此时,涂层沉积控制机制逐渐由反应控制向传质控制转化,并且涂层沉积控制机制转化温度随通道直径的减小逐渐向低温方向偏移。类似发现同样体现于涂层沉积速率与气体流速关系的研究中。涂层沉积速率与气体流速的关系研究表明,高沉积温度条件下涂层沉积速率与气体流速的平方根成正比,涂层沉积速率的气体流速依赖性较强,沉积过程以传质控制为主。而在低温条件下,涂层沉积速率的气体流速依赖性明显下降,沉积过程以反应控制为主。也就是说无论沉积速率-温度还是沉积速率-气体流速关系研究均表明了 Si-B-C 涂层沉积控制机制的强烈温度依赖性。低温条件下沉积过程以反应控制为主,而在高温条件下沉积过程以传质控制为主,并且随着气体流速的增大,反应控制温度区间逐渐增大。

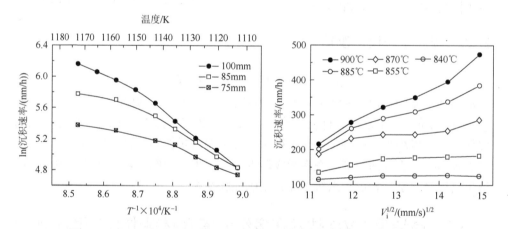

图 5-8 Si-B-C 涂层沉积速率与沉积温度(T)和气体流速(V_i)关系曲线

5.3.2 Si-B-C 涂层化学组成与沉积工艺参数关系

深入研究 Si-B-C 涂层化学组成与沉积工艺参数的关系,发现涂层化学组成与沉积温度和气体流速密切相关。沉积温度与气体流速交互作用,影响沉积过程控制机制与涂层的化学组成。在气体流速不变的情况下,涂层低温沉积,由于沉积过程主要受反应控制,反应热力学因素决定了涂层的化学组成。所得涂层严重富硼,而碳含量和硅含量,特别是硅含量极低。但随着沉积温度的升高,以及涂层沉积过程由反应控制逐渐向传质控制转化,反应气体分压对反应传质以及涂层的化学组成影响逐渐增强。此时，涂层中硼含量随沉积温度的升高而下降，同时碳含量和硅含量逐渐提升，所得涂层组成相对于化学计量比 SiC-B$_4$C 而言总体富碳。

在沉积温度不变的情况下，涂层进行高温（890℃）沉积，随着通道直径和气体流速的增大，涂层沉积过程由传质控制逐渐向反应控制转化（图 5-9）。与此同时，涂层的硅含量和碳含量逐渐减少，硼含量增大，涂层总体组成由富碳向富硼转化。反之，当沉积温度较低（830℃）时（图 5-10），无关通道直径和气体流速，由于涂层沉积过程均受反应控制，涂层组成基本相近，总体表现为低硅含量和碳含量、富硼特征。

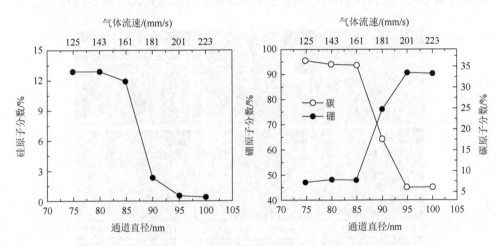

图 5-9　沉积温度 890℃时不同气体流速（通道直径）情况下 Si-B-C 涂层组成变化曲线

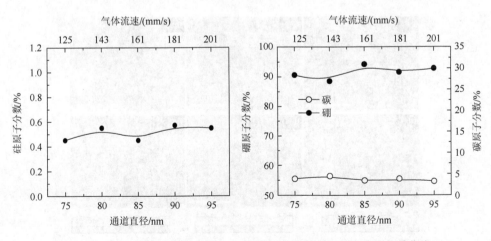

图 5-10　沉积温度 830℃时 Si-B-C 涂层组成与反应气体流速的关系曲线

5.3.3 Si-B-C 涂层显微结构与涂层生长模式

SME 观察表明，涂层表面呈现出多级颗粒结构特征。其中，一级颗粒由二级颗粒汇聚构成，其颗粒尺寸在微米量级。而二级颗粒非常细小，尺寸在纳米量级（图 5-11）。在涂层沉积过程反应气体流速不变的情况下，一级与二级颗粒尺寸随沉积温度升高而增大，涂层生长遵循岛状（基片表面）与层状-岛状混合（涂层表面）生长模式。而在沉积温度不变的情况下，随着气体流速的降低，涂层一次颗粒尺寸虽然基本不变，但二次颗粒随反应气体流速的减小而逐渐减小。同时，涂层二级生长模式由层状-岛状混合生长向层状生长模式转化（图 5-12）。

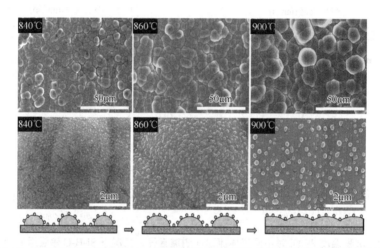

图 5-11　不同温度下沉积 Si-B-C 涂层表面 SEM 照片及涂层生长结构演化示意图

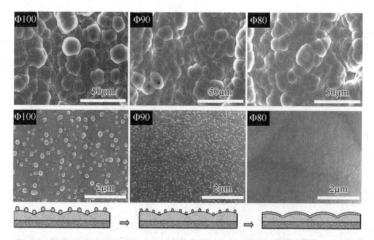

图 5-12　不同气体流速下沉积 Si-B-C 涂层表面 SEM 照片及涂层生长模式演化示意图

5.3.4 Si-B-C 涂层力学性能与抗氧化性

Si-B-C 涂层力学和抗氧化性测试表明，该类涂层的沉积温度及组成强烈影响其硬度、弹性模量和抗氧化性。以直径为 90mm 通道中沉积的 Si-B-C 涂层为例，随着涂层沉积温度的提高，以及材料化学组成由严重富硼向近化学计量比 SiC-B$_4$C 转化，涂层的弹性模量和硬度逐渐提高，同时其氧化增重现象逐渐减弱，表现出更为优异的抗氧化性（图 5-13 和图 5-14）。

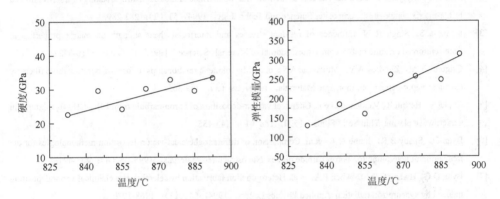

图 5-13　Si-B-C 涂层硬度与弹性模量随沉积温度变化曲线

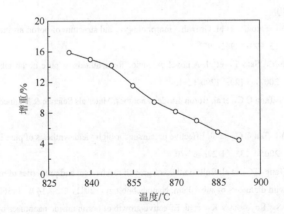

图 5-14　于不同沉积温度得到的 Si-B-C 涂层在空气中、800℃下氧化 1h 的增重情况

5.4　本 章 小 结

目前，多组元高温陶瓷涂层高通量 CVD 技术方面的研究在国家重点研发计划"材料基因工程关键技术与支撑平台"专项的支持下已取得了良好的进展。多组元

高温陶瓷涂层高通量化学气相沉积系统已成功应用于 Si-B-C（N）三元系和四元系陶瓷涂层的沉积，为陶瓷材料快速制备和筛选提供了有力支撑。未来，应进一步对反应腔进行精细设计，引入控温装置实现反应腔中多位点的精确控温。同时，在气体供给系统中增设金属前驱物气化装置，使其适用于多种材料体系的 CVD。

参 考 文 献

[1] Singh J P，Singh D，Sutaria M. Ceramic composites: Roles of fiber and interface. Composites Part A，1999，30（4）：445-450.

[2] Suzuki T，Miyajima T，Sakai M. The role of the fiber/matrix interface in the first matrix cracking of fiber-reinforced brittle-matrix composites. Composites Science and Technology，1994，51（2）：283-289.

[3] Kumaria S，Singh R N. Influence of residual stresses and interfacial shear strength on matrix properties in fibre-reinforced ceramic matrix composites. Journal of Materials Science，1995，30（22）：5716-5722.

[4] Grigorev Y M，Zharkov A V，Mukasyan A S，et al. Macrokinetic relationships in forming boron-carbide fibers by chemical-vapor-deposition. Inorganic Materials，1993，29（3）：359-365.

[5] Cholet V，Herbin R，Vandenbulcke L. Chemical vapour-deposition of boron-carbide from BBr_3-CH_4-H_2 mixtures in a microwave plasma. Thin Solid Films，1990，188（1）：143-155.

[6] Byun D，Spady B R，Ianno N J，et al. Comparison of different chemical-vapor-deposition methodologies for the fabrication of heterojunction boron-carbide diodes. Nanostructured Materials，1995，5（4）：465-471.

[7] Byun D G，Hwang S D，Dowben P A，et al. Heterojunction fabrication by selective area chemical vapor deposition induced by synchrotron radiation. Applied Physics Letters，1994，64（15）：1968-1970.

[8] Lourie O R，Jones C R，Bartlett B M，et al. CVD growth of boron nitride nanotubes. Chemistry of Materials，2000，12（7）：1808-1810.

[9] Ma R Z，Bando Y，Sato T，et al. Growth，morphology，and structure of boron nitride nanotubes. Chemistry of Materials，2001，13（9）：2965-2971.

[10] Tang C C，Bando Y，Sato T，et al. A novel precursor for synthesis of pure boron nitride nanotubes. Chemical Communications，2002，（12）：1290-1291.

[11] Zhi C Y，Bando Y，Tang C C，et al. Boron nitride nanotubes. Materials Science & Engineering R，2010，70（3-6）：92-111.

[12] Zhi C Y，Bando Y，Tan C C，et al. Effective precursor for high yield synthesis of pure BN nanotubes. Solid State Communications，2005，135（1-2）：67-70.

[13] Huang Y，Lin J，Tang C C，et al. Bulk synthesis，growth mechanism and properties of highly pure ultrafine boron nitride nanotubes with diameters of sub-10 nm. Nanotechnology，2011，22（14）：145602.

[14] Lee C H，Wang J S，Kayatsha V K，et al. Effective growth of boron nitride nanotubes by thermal chemical vapor deposition. Nanotechnology，2008，19（45）：455605.

[15] Lee C H，Xie M，Kayastha V，et al. Patterned growth of boron nitride nanotubes by catalytic chemical vapor deposition. Chemistry Materials，2010，22（5）：1782-1787.

[16] Pakdel A，Zhi C，Bando Y，et al. A comprehensive analysis of the CVD growth of boron nitride nanotubes. Nanotechnology，2012，23（21）：215601.

[17] 鲁博. 碳化硅纳米线修饰碳纤维多级增强碳化硅陶瓷基复合材料的研究. 上海：中国科学院上海硅酸盐研究所，2014.

[18] Wacaser B A，Dick K A，Johansson J，et al. Preferential interface nucleation：An expansion of the VLS growth mechanism for nanowires. Advanced Materials，2009，21（2）：153-165.

[19] Wagner R S，Ellis W C. Vapor-liquid-solid mechanism of single crystal growth. Applied Physics Letters，1964，4（5）：89-90.

[20] Jansson U，Carlsson J O. Chemical vapor-deposition of boron carbides in the temperature-range 1300-1500K and at a reduced pressure. Thin Solid Films，1985，124（2）：101-107.

[21] Jansson U，Carlsson J O，Stridh B，et al. Chemical vapour deposition of boron carbides I：Phase and chemical-composition. Thin Solid Films，1989，172（1）：81-93.

[22] Olsson M，Söderberg S，Stridh B，et al. Chemical vapour deposition of boron carbides II：Morphology and microstructure. Thin Solid Films，1989，172（1）：95-109.

[23] Karaman M，Sezgi N A，Dogu T，et al. Mechanism studies on CVD of boron carbide from a gas mixture of BCl_3，CH_4，and H_2 in a dual impinging-jet reactor. AIChE Journal，2009，55（3）：701-709.

[24] Karaman M，Sezgi N A，Doğu T，et al. Kinetic investigation of chemical vapor deposition of B_4C on tungsten substrate. AIChE Journal，2006，52（12）：4161-4166.

[25] Liu Y S，Zhang L T，Cheng L E，et al. Effect of deposition temperature on boron-doped carbon coatings deposited from a BCl_3-C_3H_6-H_2 mixture using low pressure chemical vapor deposition. Applied Surface Science，2009，255（21）：8761-8768.

[26] Vandenbulcke L，Vuillard G. Composition and structural changes of boron carbides deposited by chemical vapour deposition under various conditions of temperature and supersaturation. Journal of the Less Common Metals，1981，82：49-56.

[27] Curtin W A. Theory of mechanical properties of ceramic-matrix composites. Journal of the American Ceramic Society，1991，74（11）：2837-2845.

[28] Wang H L，Gao S T，Peng S M，et al. KD-S SiC$_f$/SiC composites with BN interface fabricated by polymer infiltration and pyrolysis process. Journal of Advanced Ceramics，2018，7（2）：169-177.

[29] Rebillat F，Guette A，Espitalier L，et al. Oxidation resistance of SiC/SiC micro and minicomposites with a highly crystallised BN interphase. Journal of the European Ceramic Society，1998，18（13）：1809-1819.

[30] Choi B J. Chemical vapor deposition of hexagonal boron nitride films in the reduced pressure. Materials Research Bulletin，1999，34（14-15）：2215-2220.

[31] Huang J L，Pan C H，Li D F. Investigation of the BN films prepared by low pressure chemical vapor deposition. Surface & Coatings Technology，1999，122（2-3）：166-175.

[32] 马良来. SiC$_f$/SiC 复合材料 BN 界面相的 CVD 制备及性能研究. 上海：中国科学院上海硅酸盐研究所，2017.

[33] Pearsall T P，Bevk J，Feldman L C，et al. Structurally induced optical transitions in Ge-Si superlattices. Physical Review Letters，1987，58（7）：729-732.

第三篇

基于多源喷涂/光定向电化学沉积厚膜组合材料芯片高通量制备技术

第 6 章 ▐▄▖

多源等离子喷涂高通量制备
梯度厚膜组合材料芯片

对于先进合金结构材料的制备和开发，有三个方面的因素必须考虑：①合金化前单质元素的高熔点和不同元素的熔点差异；②短时间合金熔化的均匀性；③相同成分的合金却具有不同尺度结构形态。此外，针对合金材料的高通量制备，还必须考虑原材料的标准化。针对上述因素，将传统的等离子喷涂技术升级改造成为高通量制备合金材料的方法成为一种选择，发展针对性的高通量制备技术迫在眉睫[1-3]。

等离子喷涂是当前快速发展的先进材料表面改性技术，所制备的涂层具有界面结合强度高、微观结构可控、性能可调等优点，已经在高温、腐蚀等恶劣环境下的材料防护等方面得到广泛应用[4-6]。等离子喷涂技术的高温、高速射流特性，可对差异较大的单质金属元素进行完全熔化进而形成合金化，从而避免高通量制备熔炼过程中的各种缺陷。但是传统的等离子喷涂技术在应用于高通量制备厚膜合金材料的过程中，存在单次实验中制备样品成分单一的缺点。为此，上海大学率先在国际上开发出多工位等离子喷涂厚膜组合材料芯片高通量设备。在现有等离子喷涂技术的基础上，通过增加送粉通道至两个，进而调节不同通道的送粉速率，使多源金属粉末同时连续不断地沉积在特定基片上，从而实现等离子喷涂过程中合金成分的连续梯度变化。该技术为新型高性能涂层的应用提供了选材依据。按照组合材料芯片制备膜的厚度不同，该制备技术与磁控溅射组合材料芯片制备系统可实现制备领域的互补。磁控溅射制备的组合材料芯片厚度一般在微米级以下，其沉积速率相对较低[7]，其薄膜主要用于微观性能的测试；等离子喷涂组合材料芯片厚度可以达到 $100 \sim 1000 \mu m$，其沉积速率远高于磁控溅射技术，制备的厚膜可以进行宏观性能的分析。

6.1 基 本 原 理

等离子喷涂是当前快速发展的先进材料表面改性技术，所制备的涂层具有界面结合强度高、微观结构可控、性能可调等优点，已经在高温、腐蚀等恶劣环境下的材料防护等方面得到广泛应用。等离子喷涂原理是利用等离子火焰加热粉末原料至熔化或半熔化状态，并沉积于基片表面形成涂层，一般等离子喷涂的主气（用于等离子的电离）为氩气（Ar）或氮气（N_2），辅气（用于改变电压，即提高等离子火焰温度）为氢气（H_2）或 N_2。接通电源加载电压，此时电源正负极放电形成非转移电弧，主气进入电极区的弧状区经加热电离形成等离子体，其等离子弧柱中心温度接近 15000℃。金属或非金属材料粉末通过载气（Ar 或 N_2）送入等离子射流中心，瞬间加热至半熔化或熔化状态，并随等离子弧加速作用将其沉积于基体表面，此时具有高动能的金属粉末铺展于基片表面并且嵌入表面中（同时存在少量熔融粉末的飞溅），并最终逐层沉积为涂层。

等离子喷涂的工艺参数主要包括喷涂功率、主气和辅气气体流量、供粉速度、金属粉末颗粒度、喷涂距离和喷涂角度、喷枪移动速度等[8]，首先电离主气一般为高纯 He 和 Ar，考虑到价格原因，选择高纯 Ar 作为主气，而考虑到加压以及等离子弧温度，加压辅气选择 H_2。

1）喷涂功率

喷涂功率过高会导致等离子弧火焰温度过高，影响等离子喷枪的使用寿命，金属粉末易产生严重氧化甚至气化；反之，喷涂功率过低会导致火焰温度过低，金属粉末处于半熔化或未熔化状态，并引入大量缺陷严重影响涂层的使用性能[9]。

2）主气、辅气气体流量

气体流量过大导致在电极区形成的等离子弧流失大部分热量，从而金属粉末熔融不均匀，半熔化或未熔化颗粒高速沉积在基片时发生飞溅，同时由于基片上存在半熔化或未熔化的颗粒导致涂层存在大裂纹和孔隙等缺陷，影响涂层质量[10]。

3）供粉速度

供粉速度过大导致部分粉末颗粒熔融不充分，造成孔隙、裂纹缺陷增多，进而影响涂层质量；供粉速度过小导致熔融颗粒沉积效率降低。

4）金属粉末颗粒度

金属粉末颗粒度也直接影响涂层质量，粉末粒径过大，熔融不充分；粉末粒径过小，会出现气化和过烧现象，影响沉积效率。并且颗粒度介于 15～45μm，粉末流动性最佳[11]。

5）喷涂距离和喷涂角度

喷涂距离过大，在粒子束撞击基片的过程中飞散加剧，沉积效率降低，部分颗粒未撞到基片即发生凝固，此过程将严重影响涂层质量；喷涂距离过小，由于等离子束的大动能，沉积过程中飞溅严重，也可能损坏基体。喷涂角度是指从喷枪射出的粒子束与基体表面的角度，当该角度小于 45°时，涂层存在较多缺陷，如孔洞，且涂层致密度降低[12]。

6）喷枪的移动速度

喷枪移动速度过低，在沉积过程中不仅造成基片温度过高，局部超高温甚至导致基片材料变形或表面严重氧化，同时颗粒在局部过烧或氧化。

粉末供给方式分为外置送粉[13]和内置送粉[14]两种，如图6-1所示。内置送粉方式相较于外置送粉方式沉积效率高，其粉末加热与加速时间长，熔化充分，同时内置送粉的热效率高。

(a)　　　　　　　　　　　　　　　　　(b)

图6-1 粉末供给装置

（a）内置送粉喷枪；（b）外置送粉喷枪

基于等离子喷涂技术的高通量材料制备技术的发展有望为金属、陶瓷与高分子材料的研发提供高通量制备平台，极大地缩小新材料、新工艺的研发周期，降低研发成本，具有重要的科学意义，相关研究工作近年来正在引起越来越多的关注[15]。但是传统的等离子喷涂技术在单次实验中，制备样品的成分单一，极大地限制了新材料的研发效率。基于此，在现有技术的基础上，借鉴多靶磁控溅射技术[16]，上海大学多源等离子喷涂技术通过对现有的等离子喷涂设备进行改造，模拟了喷嘴到工件的相对位置变化；增加了送粉管的数量，使之能够协同工作；同时使送粉方式发生了由单送粉器恒速送粉到双送粉器（四路送粉）协同梯度送粉的改变。使多源金属粉末同时连续不断地沉积在特定基片上，从而实现厚膜组合材料芯片的制备。

等离子喷涂组合材料芯片的制备过程，首先将金属粉末分别放入不同智能供粉系统中，并通过控制连续供粉信号获得成分连续的粉末。该信号由供粉气体流量、供粉速度等组成。在Ar气流保护下，金属粉末在混粉系统（mix system）中充分混合，各金属粉末随载流气送入等离子火焰中心，在等离子火焰的加热和等离子弧柱冲击下，连续沉积在纯金属基片上，等离子喷涂制备的组合材料芯片前驱物的示意图如图6-2所示。

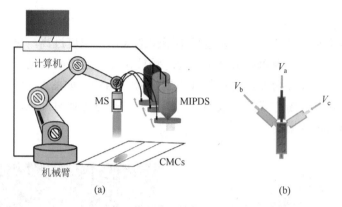

图 6-2　等离子喷涂制备的组合材料芯片前驱物的示意图

（a）预制材料组合芯片前驱示意图；（b）混粉系统构造图。MS-混粉系统；MIPDS-智能送粉系统；CMCs-组合材料芯片

图 6-3 为混粉系统示意图，多路一侧为粉末输入端，单路一侧为输出端。将粉末通入 1 号和 2 号通道，再由 3 号通道输出，此方法既解决了混粉不均匀，也可改善粉末堆积于送粉管道，同时易于粉末的合金化和成分连续。并大大缩短了制备的周期，节省了人力物力，提高了工作效率。

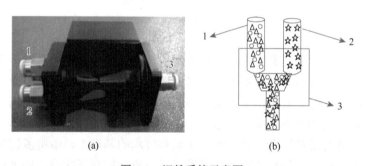

图 6-3　混粉系统示意图

（a）混粉系统实物图；（b）混粉系统原理图。1-送粉口；2-送粉口；3-粉末混合

6.2　高通量制备技术与装备

6.2.1　多源等离子喷涂高通量厚膜制备技术设备

图 6-4 为经过改造的多源等离子喷涂的厚膜组合材料芯片高通量制备设备原型机，设备包括控制柜、供气系统、送粉器、五轴联动机械手臂、等离子喷涂喷枪等。通过机器人控制能够完全实现涂层制备的自动化，通过多路送粉能够实现高通量厚膜涂层的制备，该设备喷枪能够实现四路送粉，能够同时进行四元成分

高通量厚膜的探索；通过喷枪功率的调整实现涂层与基体良好的结合，实现粉末间基本的冶金结合，通过多功能的转台能够实现涂层在不同方向上的梯度分布；同时通过送粉方式的改变能够实现膜厚度的调控，送粉速率 5～180g/min 可调，单次样品制备时间为 2.7h。

图 6-4　多源等离子喷涂厚膜组合材料芯片高通量设备

6.2.2　多源等离子喷涂厚膜制备工艺

芯片基片材料选用 304 不锈钢、纯度≥99.8%的纯镍和纯铝，基片被切成约 2cm×20cm×200cm 的形状；粉末采用纯度≥99.9%、粒度为 200 目的雾化镍粉和雾化铝粉。首先，对基片进行喷砂处理以增加表面摩擦力，然后用丙酮洗涤，最后在 200℃的干燥机中放置 2h 以去除水分。此外，还需将金属粉末放在干燥机中干燥 2h 以改善流动性。将每种金属粉末分别放入不同智能供粉系统中，并通过控制连续供粉信号来获得成分连续的粉末。该信号由供粉气体流量、供粉速度等组成。必须同时协调供粉气体的流量、智能供粉系统的供粉速度、机械臂的移动速度以及等离子火焰的工作参数才可以实现金属粉末的成分连续梯度输送。每种金属粉末在注入等离子火焰之前先进入混粉系统（图 6-2（b））。在气流保护下，在混粉系统中循环的金属粉末被充分混合，然后，粉末在等离子火焰的加热和焰流冲击下，连续沉积在芯片的基片上，芯片的厚度约为 350μm，长度为 240mm，宽度约为 20mm。以上实验过程涉及的参数如表 6-1 所示。

表 6-1　等离子喷涂制备芯片参数

参数	数值
电弧电流/A	450
电弧电压/V	35.5
等离子主体(Ar)/(L/min)	45

续表

参数	数值
等离子次体(H_2)/(L/min)	1.5
功率/kW	16
喷涂距离/mm	110
喷枪移动速度/(mm/s)	20
供粉气体流量/(L/min)	300~500
供粉速度/(r/min)	1~5

6.3 应 用 范 例

6.3.1 Ni-Al 金属间化合物组合材料芯片的制备及性能分析

由于优异的抗腐蚀性和抗氧化性，以及良好的摩擦性能和高强度，Ni-Al 金属间化合物涂层已经成为人们的研究热点[17, 18]。传统 Ni-Al 金属间化合物涂层由于其优异的抗氧化性能可以作为热障涂层的中间层，由于该金属涂层与镍基高温合金基片的黏结性能好，并且在高温状态下中间层中铝元素不断向顶层陶瓷面层扩散并且形成致密、保护性的 Al_2O_3 氧化层，能有效地将基片与侵蚀性环境隔离，极大地降低基片的氧化速率，从而保持镍基高温合金基片的长效工作。此外，由于 Ni-Al 金属间化合物的抗高温腐蚀和侵蚀性能优异，也被航空航天等先进工业使用[19]。

根据 Ni-Al 相图可知，随着成分的变化，合金会在特定成分区域内形成金属间化合物，这无疑给高通量筛选性能优异的 Ni-Al 金属间化合物带来便捷。

1. 实验原材料

原材料粉末由上海乃欧纳米科技有限公司提供，各单质粉末的纯度、颗粒度以及基片的参数如表 6-2 所示。

表 6-2　实验原材料与规格参数

原材料	规格参数
铝粉，镍粉	纯度：≥99.99%；粒径：200 目
铜粉	纯度：≥99.99%；粒径：200 目
钨粉，铬粉	纯度：≥99.99%；粒径：300 目
镍基片	尺寸：长 200mm×宽 10mm×高 5mm；纯度：99.9%

　　图 6-5 为纯镍粉和纯铝粉送粉过程中的质量变化，随着喷涂过程的进行，通过送粉器转速的调整，铝粉的质量逐渐降低，镍粉的质量逐渐升高，从而使其制备的涂层在纵向上成分呈现梯度变化[20]。

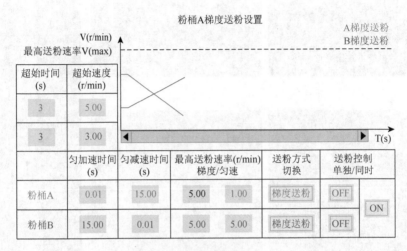

图 6-5　送粉过程粉量的变化

　　图 6-6 为双送粉制备的梯度涂层组织变化。从图中可以看出，涂层在纵向上组织呈现梯度变化，随着距离的延长，涂层组织的颜色逐渐变浅，主要是因为铝含量降低，镍含量升高。但是同时也发现制备的梯度涂层在横向上组织也略有差异，主要是喷涂过程中纯铝粉和纯镍粉从两侧在气流的作用下同时进入等离子体的火焰中，发生交汇后的粉末随着火焰在气流的作用下喷涂到基体上，但是两种粉末交汇的时间较短，在飞行的过程中，边缘部分的粉末未发生充分的交汇。因此，导致喷涂的涂层在横向上同时存在梯度变化。图 6-7 为涂层截面剖开图，从图中可以看出，制备的涂层厚度为 223μm。

　　为了进一步增加单次制备样品的数量，同时减少涂层在纵向上的成分起伏。在新搭建的多源等离子喷涂高通量制备装置的基础上，上海大学设计了不同的送粉方法，优化了等离子喷涂工艺参数。图 6-8 为改进后制备的涂层，从图中可以看出，涂层在纵向上组织呈现连续变化，随着铝含量的降低，涂层组织颜色变浅，制备的涂层未发现明显的孔隙等缺陷。

　　利用多工位等离子喷涂设备，通过同轴送粉技术制备了连续成分梯度芯片，但是研究发现，纯粉熔点差异较大，且混合后经过火焰的温度时间较短（10s 内），不同粉末间来不及进行充分的反应，导致制备后的涂层存在大量的纯金属粉末，这也是后续涂层成分出现波动的主要原因。基于此，为使制备的涂层完全合金化，对制备后的涂层采用激光重熔处理。

图 6-6　双送粉制备的梯度涂层组织变化

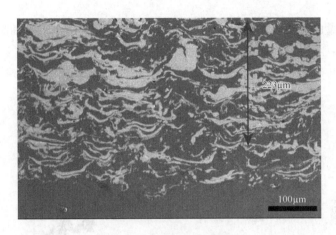

图 6-7　涂层的截面剖开图

图 6-8　同轴送粉涂层的微观组织

2. 激光后处理对芯片组织的影响

芯片前驱物具有材料组合芯片的基本特征，包括成分的梯度变化和单位面积上具有大量成分点等特征。从图 6-9 可以看出，芯片前驱物沿等离子枪运动方向的成分呈现连续的梯度变化。芯片前驱物总长 240mm，镍含量从约 3%（质量分数）连续增加至约 80%（质量分数）。从图 6-10（a1）～（h8）中还可以看到沿着成分梯度方向的微观组织结构的规律性变化。图中的白色区域是纯镍区域（蓝色虚线圈起部分），黑色区域是纯铝区域，随着镍含量的逐渐增加，白色的纯镍相也逐渐增加。由于金属粉末在等离子体火焰中停留时间较短，两种金属粉末并没有充分合金化，为了实现芯片成分合金化、组织致密化，对芯片前驱物进行了激光后处理。从图 6-10（i1）～（p8）可以看出，与未处理的前驱物相比，激光扫描的微观组织结构也发生了显著变化。芯片始端，由于铝含量较大，组织结构主要以枝晶为主[21]，如图 6-10（i1）和（j2）所示；随着镍元素含量的增加，枝晶的长度变短并且枝晶逐渐碎裂；随着镍元素含量的进一步增加，如图 6-10（k3）～（m5）所示，出现了许多等轴晶和枝晶共生组织，并且枝晶镶嵌在等轴晶中。随着镍元素含量的进一步增加，如图 6-10（n6）～（p8）所示，等轴晶消失，出现片状富镍相。随着镍元素的增加，片状结构逐渐变大。

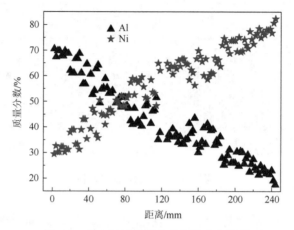

图 6-9　组合材料芯片的成分梯度变化图

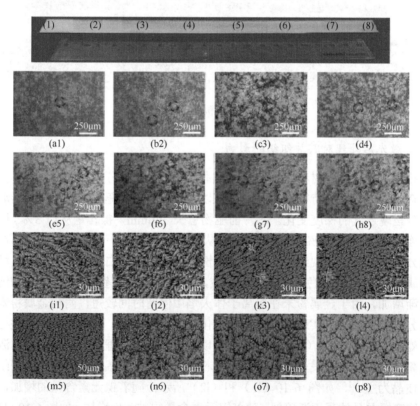

图 6-10　激光处理前（a1）～（h8）和激光处理后（i1）～（p8）组合材料芯片的微观组织结构随成分变化图；上图为组合材料芯片实物图（扫描封底二维码可见本图彩图）

芯片前驱物在 200℃退火 2h 以减小内应力，退火后的前驱物放在激光台上，并使用 0.3kW 激光沿芯片的成分梯度方向进行线性扫描，如 6-11（a）所示。激光光斑直径约为 1.2mm，扫描深度约为 300μm。在氩气保护下，激光将前驱物部分熔融，以确保熔融区域不被氧化。

如图 6-12 所示，激光处理后的芯片硬度整体较前驱物高。处理后的芯片硬度为 $350 \sim 450 HV_{0.2}$，并且随着成分的变化，芯片硬度也会变化。硬度曲线中出现两个硬度峰（图 6-12（b）中约（75, 450）和（180, 550）处），这可能是在该区域形成金属间化合物所致。如图 6-10（i1）和（j2）所示，由于芯片的铝元素含量高，显微组织主要是树枝状的，当镍元素含量增加时，硬度较低，约为 $350 HV_{0.2}$；如图 6-10（k3）和（l4）所示，具有等轴晶结构和枝晶结构的双相组织硬度略微增加到 $450 HV_{0.2}$，但由于组织的不均匀性，硬度误差略大。

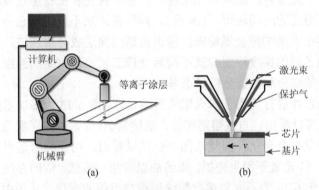

图 6-11　激光扫描前驱物制备芯片的示意图

（a）激光扫描芯片前驱物示意图；（b）激光重熔芯片区域图

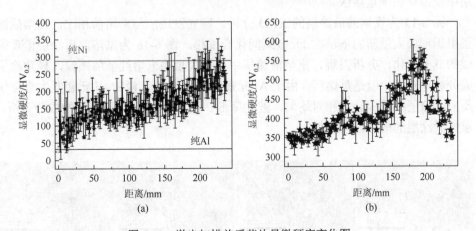

图 6-12　激光扫描前后芯片显微硬度变化图

（a）激光扫描前芯片显微硬度变化图；（b）激光扫描后芯片显微硬度变化图

随着镍元素的含量增加，显微组织主要由等轴晶组成（图 6-10（m5）），该组织的硬度急剧增加到 550HV$_{0.2}$；芯片末端的元素主要是镍，絮状富镍组织的硬度急剧下降至 350～450HV$_{0.2}$。对比图 6-9 与图 6-12 发现，图 6-12（b）中出现的硬度峰其化学成分约为 Ni：Al = 11：9（质量比）和 Ni：Al = 4：1（质量比）。这些峰值的出现或许是由于在该成分点处形成 NiAl 和 Ni$_3$Al 金属间化合物。值得注意的是，在该实验中获得的显微硬度与公开数据之间的误差在 10%之内，表明使用该组合技术制备的组合材料芯片并筛选具有优良性能材料的方法是可靠的。

3. 真空热处理对芯片成分和组织的影响

利用多工位等离子喷涂设备，通过同轴送粉技术能够成功制备连续成分梯度分布的 Ni-Al 二元合金，但是研究发现[22]，由于镍粉和铝粉熔点差异较大，且混合后经过火焰温度的时间较短（10s 内），两种粉末来不及进行充分反应，导致制备后的涂层存在大量的纯金属粉末，这也是后续涂层成分出现波动的主要原因。基于此，对制备后的梯度涂层尝试不同后处理工艺，使制备的涂层进行完全的合金化，为后续的成分和性能分析做准备。

对制备的芯片进行等离子体火焰的重熔处理。图 6-13 为多次重熔后芯片在纵向上的组织。可以看出，与重熔前相比，重熔后 Al 元素发生了明显的扩散，两个纯元素进一步发生合金化，但是从图中也可以看出，由于镍粉熔点较高，为了保证重熔过程中 Al 元素不发生烧损，重熔的温度相对较低，依旧存在一定量未发生重熔的镍粉。图 6-14 为不同重熔次数涂层横向组织的变化，从图中可以看出，随着重熔次数的增加，镍粉和铝粉发生合金化的效果增加，但是由于温度偏低，涂层中依旧存在未重熔区。

图 6-15 为重熔前后涂层的 XRD 分析。研究发现，与重熔前相比，重熔后涂层组织形成大量新的 NiAl 二元金属间化合物相。图 6-16 为重熔前后涂层微观区域的成分变化，分析发现，重熔前涂层中存在大量的未熔纯金属颗粒，导致涂层成分波动较大。但是重熔后，由于 Al 元素的扩散，Al 元素和 Ni 元素发生合金化反应，涂层中成分分布相对均匀，波动降低。图 6-17 为重熔后涂层的成分分析，重熔后涂层的成分波动降低。

图 6-13　重熔后涂层纵向组织

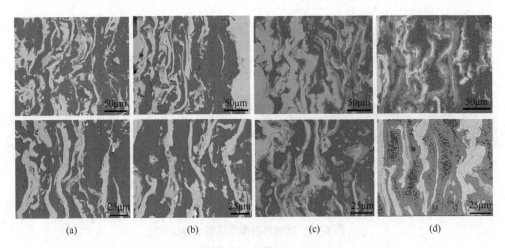

图 6-14　重熔次数对涂层横向组织的影响

（a）0 次；（b）2 次；（c）4 次；（d）8 次

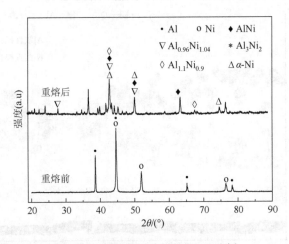

图 6-15　重熔前后涂层的 XRD 分析

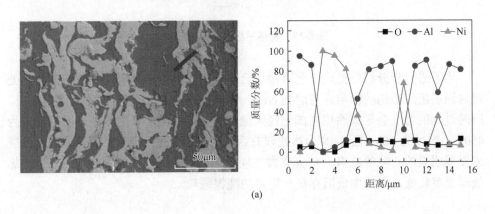

（a）

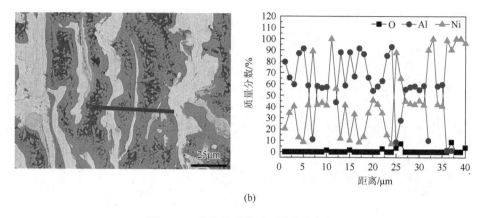

(b)

图 6-16　重熔前后微观区域成分变化

（a）重熔前；（b）重熔后

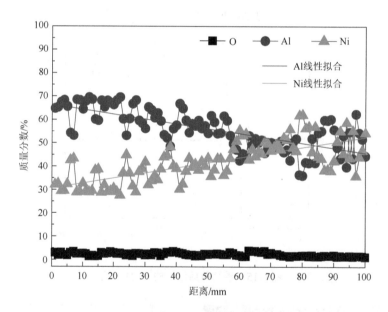

图 6-17　重熔后涂层的成分分析

　　为了进一步分析热处理工艺对涂层合金化的影响，选择研究长时间真空热处理对涂层组织结构的影响。考虑到 Ni 和 Al 熔点的差异，为防止 Al 元素的烧损，同时过高的温度会导致涂层内部出现大量的孔隙等缺陷，真空热处理温度设定为 450℃，时间为 10h。图 6-18 为热处理前后微观组织变化。研究发现热处理后涂层未发现明显的孔隙等缺陷，Al 元素发生明显的扩散，组织变得相对均匀，但是热处理温度较低，组织中依旧存在一定量的纯镍颗粒。

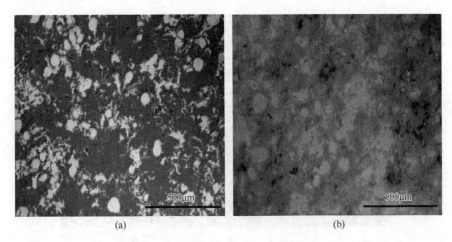

(a)　　　　　　　　　　　　(b)

图 6-18　真空热处理前后涂层的微观组织

（a）热处理前；（b）热处理后

4. 镍基三元合金芯片的制备

以二元 Ni-Al 金属间化合物组合材料芯片研发为基础，上海大学利用多源等离子喷涂厚膜组合材料芯片高通量制备设备在涂层中添加一定量的 Cr 元素，制备了 Ni-Al-Cr 三元合金芯片。如图 6-19 所示，芯片厚度均匀，起伏度较低，与基片具有良好的结合。

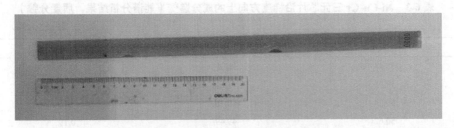

图 6-19　三元 Ni-Al-Cr 合金梯度涂层

图 6-20 为激光重熔处理后的涂层表面形貌，由图 6-20（a）可知，涂层面积介于 $59\mu m \times 70\mu m \sim 64\mu m \times 70\mu m$，单个样品的面积介于 $0.00413 \sim 0.00448mm^2$，单次制备样品的数量大于 $233/mm^2$，如图 6-20（b）所示。通过调整激光的功率以及扫描速度等参数在涂层表面设计并制备出高精度的结构阵列，从而进一步实现微区组合材料样品单元的精确制备以及高单元密度的制备要求。但由于激光束流间距较小，涂层中存在残余应力并导致裂纹产生，同时由于激光束能量密度高，每个样品附近形成大温度梯度，从而激光经过样品单元表面形成的微熔池快速凝固，形成典型单道熔覆层，如图 6-20（c）所示。

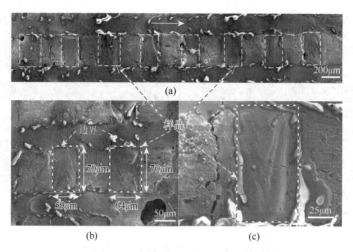

图 6-20　激光重熔处理后芯片形貌组织图

（a）（b）（c）不同放大倍数的扫描图片

表 6-3 为 Ni-Cu-Cr 三元合金梯度涂层沿着梯度方向从上至下 14 个点各元素的含量变化，测试点间隔距离为 1.7mm。从表 6-3 中可以发现，经过激光处理后的相邻样品单元上的元素含量差别较小，说明在样品单元中其元素更好地熔融，也形成更加致密的结构。

表 6-3　**Ni-Cu-Cr 三元芯片沿梯度方向上的成分递变（能谱分析结果，质量分数）**

（单位：%）

Ni	Al	Cr
58.44	41.4	0.16
57.93	41.81	0.26
59.24	40.16	0.15
50.62	49.49	0.19
60.64	39.01	0.35
55.88	44.03	0.09
61.80	37.93	0.28
54.86	44.80	0.34
54.47	45.06	0.47
59.49	40.29	0.22
58.58	41.18	0.24
59.22	40.51	0.27
53.48	46.23	0.28
58.34	41.35	0.2

注：测量数据存在四舍五入，故有些质量分数之和不为 100%。

6.3.2　Ni-Cu 基固溶体组合材料芯片的制备及性能分析

Ni 和 Cu 是周期表中相邻的两种过渡金属元素，在结构特点、物理及化学性质等许多方面存在很多相似点，Ni-Cu 合金涂层因具有良好的导电性和极低的残磁性能、较高的热稳定性和耐蚀性等优点，在工程技术领域具有较好的应用前景。基于高通量方法快速制备和筛选材料的理念，通过多源等离子喷涂设备在 Ni-Cu 合金涂层中添加一定量的 W 元素来改善合金涂层的性能，从而进一步提高 Ni-Cu 合金涂层的应用范围。

1. 喷涂功率

图 6-21 为喷涂电流 300A、350A、400A 和 450A 下 Ni-Cu-W 芯片表面原始 SEM 形貌与三维形貌轮廓图。喷涂功率的变化主要通过改变喷涂电弧电流和电压来控制，图 6-21 所示的对照实验组中保持电弧电压为固定值 54V，根据电弧电流的变化来观察喷涂功率对涂层的影响。从图 6-21（a）和（b）中可以发现，当喷涂电流为 300A 时，喷涂功率为 16.2kW，电弧功率降低后等离子弧温度随之降低，金属粉末在喷射中熔融不充分，甚至颗粒度较大的粉末以半熔化或未熔化状态喷射于基体表面，并且会造成明显的粉末飞溅现象，涂层表面呈现“菜花”状，涂层表面粗糙度变大，并存在过多未熔化或半熔化的金属粉末颗粒，最终导致涂层表面存在大量的孔隙、裂纹等缺陷。当喷涂电弧电流为 350A 时，涂层形貌如图 6-21（c）和（d）所示，此时喷涂功率增加至 18.9kW，火焰温度提高，

(a)　　　　　　　　　　　　(b)

(c)　　　　　　　　　　　　(d)

图 6-21　等离子喷涂工艺不同喷涂电流下 Ni-Cu-W 芯片表面原始 SEM 形貌与三维形貌轮廓图

(a)（b）300A；(c)（d）350A；(e)（f）400A；(g)（h）450A

金属粉末熔化充分，涂层表面未熔化颗粒减少，多为半熔化的小颗粒或完全熔化的颗粒，涂层表面粗糙度减小。当喷涂电弧电流增加至 400A 时，喷涂功率增加至 21.6kW，电弧温度进一步升高，金属粉末喂料熔化充分。从图 6-21（e）和（f）可以发现沉积得到的涂层表面平整且粗糙度较低，涂层表面以完全熔化颗粒与少量半熔化颗粒构成。当喷涂电弧电流增加到 450A 时，喷涂功率为 24.3kW，从图 6-21（g）和（h）可以发现涂层表面由完全熔化颗粒喷溅形成。当电弧电流为 450A 时，喷涂功率相较于以上三组工艺参数最高，其等离子弧温度最高，粉末加热充分并完全熔化，涂层具有最高的致密度，最低的表面粗糙度，同时涂层表面孔隙、裂纹等缺陷明显减少。

图 6-22 为喷涂电流 300A、350A、400A 和 450A 下 Ni-Cu-W 芯片截面形貌图。从图 6-22（a）中可以看出，在电弧电流为 300A 时，由于喷涂功率只有 16.2kW，其金属粉熔化不充分，涂层表面上的缺陷增多，如裂纹（蓝色虚线框）和孔隙（黄色虚线框）。随着电弧电流增大，喷涂功率增大，金属粉末熔化充分，此时涂层表面缺陷主要表现为大孔隙和微裂纹的存在，如图 6-22（b）所示。当电弧电流为 400A 时，涂层截面缺陷主要为微裂纹和小孔隙，涂层呈现层状组织结构，且涂层与基体的结合强度较差，由于粉末沉积于基体表面后存在较大温度梯度，熔融粉末瞬间凝固并且逐层沉积，使得涂层中存在极高的残余应力，最终造成涂层与基体结合强度较低甚至开裂，如图 6-22（c）所示。当电弧电流增加到 450A 时，由于金属粉末几乎完全熔化，熔融颗粒间结合致密，裂纹与孔隙等减少，如图 6-22（d）所示。

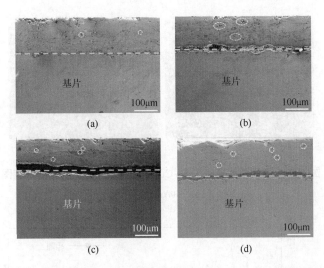

图 6-22　等离子喷涂工艺不同喷涂电流下 Ni-Cu-W 芯片截面形貌图

（a）300A；（b）350A；（c）400A；（d）450A。扫描封底二维码可见本图彩图

图 6-23 是喷涂电流为 300A、350A、400A 和 450A 下 Ni-Cu-W 涂层截面高倍数下微观形貌图。从 6-23（a）中可以发现，当电流为 300A 时，表面存在纵向大裂纹和多尺寸形状的孔隙，由于加热的粉末颗粒呈现未熔化或半熔化状态瞬间沉积到基片上，并以高速沉积于基片表面且快速凝固，涂层的堆叠过程中颗粒嵌入基片表面且颗粒间存在间隙，从而在涂层中形成裂纹和孔隙等缺陷。随着电流的增加，如图 6-23（b）～（d）所示，大裂纹消失、孔隙减少，直至电流达到 450A 时，表面孔隙率最低。当喷涂电流低时，会直接影响喷涂火焰的温度和焓值，导致金属粉末熔化不均匀、喷涂效率下降、缺陷变多。应用 Image Pro 软件进行不同电流下孔隙率的统计，如图 6-24 所示。可以发现，随着电弧电流从 300A 增加至 450A，涂层孔隙率从(10±1)%分别降低至(8±0.58)%、(7±0.9)%与(2±0.4)%，由于等离子喷涂的工艺特点，不可避免地在涂层中存在裂纹和孔隙等缺陷。同时，涂层中存在孔隙和裂纹等缺陷会使得涂层的隔热性能下降，温度会通过这些缺陷快速传达到基片，影响涂层与基片的结合，缩短涂层使用寿命。

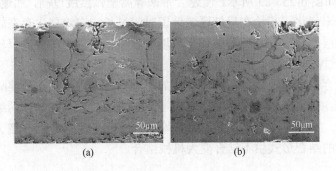

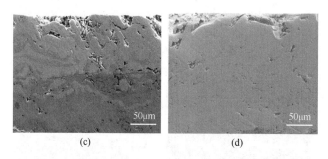

(c) (d)

图 6-23 不同喷涂电流下 Ni-Cu-W 芯片截面放大的微观形貌图

（a）300A；（b）350A；（c）400A；（d）450A

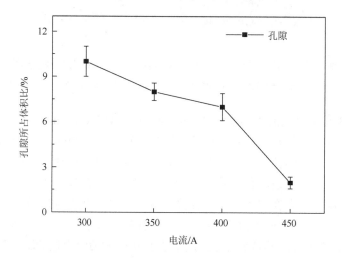

图 6-24 不同喷涂电流下芯片截面孔隙所占体积比（孔隙率）

2. 喷枪移动速度

图 6-25 表示等离子喷枪移动速度 5mm/s、10mm/s 下涂层截面的形貌图。通过喷枪的移动速度控制涂层的厚度或形成的涂层覆盖面积。等离子喷枪移动速度为 5mm/s，如图 6-25（a）所示，慢速会带来等离子弧温度过高，加速粉末的氧化，甚至产生粉末气化。喷枪在局部区域停留时间过长，在涂层中存在较大的残余应力，导致涂层开裂，基片暴露在外部环境下，喷涂过程中不宜选择较慢的移速。然而，移速过高，会导致涂层厚度过小，沉积效率降低。如图 6-25（b）所示，在裂纹的附近存在明显孔隙，孔隙对裂纹的扩展存在促进作用，最终导致涂层的使用寿命降低。当等离子喷枪移动速度为 10mm/s 时，涂层与基体的结合紧密，即结合强度高，如图 6-25（c）所示。随着等离子喷枪速度由 5mm/s 增大到 10mm/s，涂层与基体的结合形式由不结合变为机械结合。

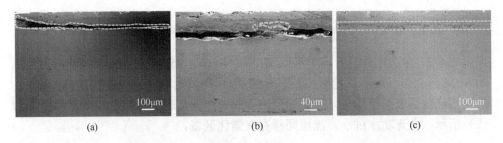

图 6-25　等离子喷涂工艺不同喷枪移动速度下 Ni-Cu-W 芯片截面形貌图

（a）5mm/s；（b）5mm/s 速度高倍数下形貌；（c）10mm/s

3. 不同送粉方式

图 6-26 为内置送粉喷枪和外置送粉喷枪两种送粉方式下喷涂涂层的界面形貌图。从图 6-26（a）和（b）可以发现，外置送粉喷枪喷涂所得到的涂层厚度为 200～300μm，采用外置送粉过程中，粉末供给效率较低，即送达中心弧柱的粉末量较少，从而导致沉积效率下降。图 6-26（c）和（d）为采用内置送粉喷枪喷涂所得涂层，其厚度为 600～700μm，内置送粉喷枪相对于外置送粉喷枪来说，粉末供给效率高，即送达中心弧柱的粉末量较多，金属粉末飞散现象减少，粉末沉积率提高。内置送粉的方式极大地改善了粉末熔化状态，粉末多呈现完全熔化，而内置送粉喷枪送粉过程中，出粉口处易发生堵粉现象，在熔化的过程中存在熔融聚集物掉落而下的情况。

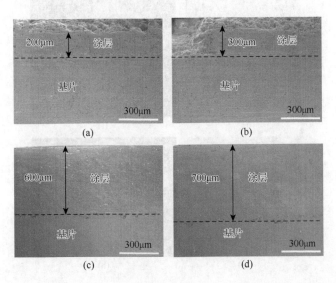

图 6-26　等离子喷涂工艺下不同送粉方式喷枪下 Ni-Cu-W 芯片的厚度截面形貌图

（a）（b）外置送粉喷枪；（c）（d）内置送粉喷枪

4. 激光重熔处理工艺参数对 Ni-Cu-W 芯片的影响

图 6-27 为激光重熔工艺功率为 350W、400W、450W 与 500W 时涂层表面原始 SEM 形貌与三维形貌轮廓图。图 6-27 (a) 为激光功率 350W 下的涂层表面，激光扫描过后表面不均匀，原始涂层表面部分熔化，表面粗糙度较高，如图 6-27 (b) 所示，激光功率过小，涂层同样存在熔化区域。

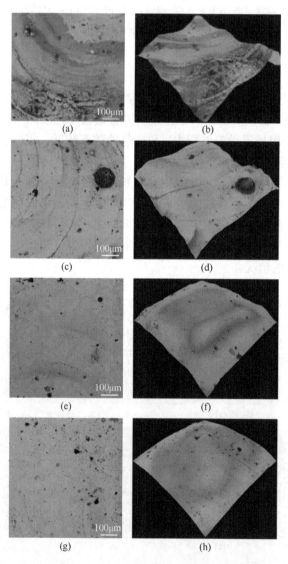

图 6-27　激光重熔工艺不同功率下 Ni-Cu-W 芯片表面原始 SEM 形貌与三维形貌轮廓图
(a)(b) 350W；(c)(d) 400W；(e)(f) 450W；(g)(h) 500W

当激光功率为 400W 时，激光重熔轨迹明显，涂层表面平整且粗糙度降低，然而激光扫描重熔过程中涂层受热不均并出现熔融金属飞溅，迸溅的颗粒部分落在涂层表面形成凸起，如图 6-27（c）所示，表面起伏减小，平整度提高，如图 6-27（d）所示。当激光功率增加到 450W 时，涂层表面孔隙等缺陷减少，如图 6-27（e）所示，是激光扫描消除原有涂层缺陷的同时产生的热应力导致的，原始涂层存在成分梯度，原始涂层成分过渡方向各个位置热膨胀系数与导热系数存在差异，这种差异使得在激光扫描过程中产生孔隙等缺陷，重熔后涂层表面较之前平整且粗糙度降低，如图 6-27（f）所示。当激光功率为 500W 时，涂层表面半弧形状消失，涂层表面存在许多气孔，表面粗糙度最低，如图 6-27（g）和（h）所示。当激光功率进一步提高时，由于激光能量密度过高，输入能量高造成涂层过烧甚至气化。综上所述，当激光功率为 500W 时，涂层表面具有最低的表面粗糙度，且明显改善涂层表面质量。

图 6-28 为激光重熔处理工艺不同扫描速度下芯片表面宏观形貌图。固定激光功率为 450W，选取三组不同激光扫描速度进行激光重熔处理的对照实验，分别为 3mm/s、4mm/s、5mm/s。从图 6-28（a）和（b）中可以看出，激光扫描速度为 3mm/s、4mm/s 时其宏观表面形貌相似，呈平行半圆弧状紧密排列。图 6-28（c）中由于激光扫描速度较高，原有涂层未来得及熔化就快速凝固，使得涂层表面合金化不充分。从图 6-28 中可以观察到三条典型的单道熔覆层，且在每条熔道的两侧分别存在一条和熔道平行的黑色长条，是由于激光光束发生了过烧现象。

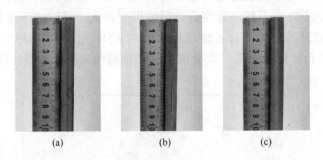

图 6-28　激光重熔处理工艺不同扫描速度下 Ni-Cu-W 芯片表面宏观形貌图

（a）3mm/s；（b）4mm/s；（c）5mm/s

图 6-29 为激光重熔处理工艺不同扫描速度下芯片表面微观形貌图。激光扫描速度为 3mm/s 时，从图 6-29（a）中可以看出，涂层熔化充分，即合金化充分，表面平整，即粗糙度较低，但涂层内部存在裂纹、孔隙等缺陷，如图中蓝色、黄色区域所示，是因为激光在扫描时涂层为梯度涂层，各个区域成分含量不同，热应力参数不同导致产生温度差形成温度梯度。当激光扫描速度增加至 4mm/s 时，

如图 6-29（b）所示，涂层表面平整，大裂纹等缺陷消失，但仍存在些微孔隙等缺陷。当扫描速度变快为 5mm/s 时，由于激光扫描速度变快，在涂层表面停留时间变短，即热输入降低，涂层合金化不充分，如图 6-29（c）所示。

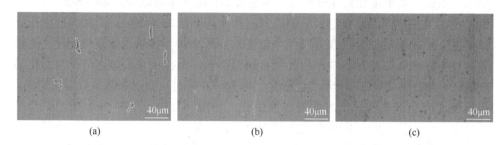

(a)　　　　　　　　　(b)　　　　　　　　　(c)

图 6-29　激光重熔处理工艺不同扫描速度下 Ni-Cu-W 芯片表面微观形貌图

（a）3mm/s；（b）4mm/s；（c）5mm/s。扫描封底二维码可见本图彩图

5. Ni-Cu-W 合金梯度涂层的成分分布

图 6-30 为通过 EDS 测得等离子喷涂涂层梯度方向（Ni 含量降低，Cu 含量增加）上的成分变化图。可以发现，在一维梯度方向上 Ni 元素的含量呈递减的趋势，成分变化范围介于 81%～20%（质量分数），Cu 含量呈现增长的趋势且变化范围介于 18%～80%（质量分数），而 W 元素含量变化保持 0.1%～1%（质量分数）不变。实验中采取的是外置送粉喷枪，受气流和风机等因素影响，金属粉末飞溅，沉积效率不高，最终造成梯度误差较大，同时由于金属粉末在等离子火焰中停留时间较短，且各金属粉末熔点（Ni 元素为 1453℃，Cu 元素为 1083.4℃，W 元素为 3410℃）差异较大，W 金属粉末处于半熔化或未熔化状态。

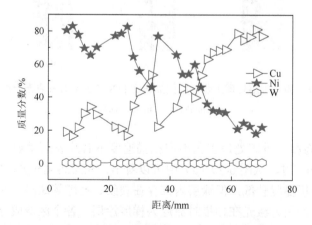

图 6-30　等离子喷涂涂层元素的成分变化图

产生的孔隙、裂纹以及未熔化的 Ni、Cu 颗粒会使元素成分变化趋势产生起伏，为消除以上缺陷造成的成分波动，对涂层表面进行激光重熔处理，以改善涂层合金化程度并降低缺陷带来的成分波动。

图 6-31 为通过 EDS 测得等离子喷涂涂层（外置送粉喷枪）经过激光重熔后梯度方向上的成分变化图。从图 6-31 中可以发现，在经激光重熔处理后元素成分波动区间减小：Ni 元素含量从 87%降至 60%（质量分数），Cu 元素含量从 10%增加至 40%左右（质量分数），W 元素含量保持 0.1%~1%（质量分数）不变。由于是纯镍基片，在激光的加热下元素受热扩散至涂层中，激光重熔后涂层表面平整、致密，同时大裂纹、孔隙等缺陷减少。

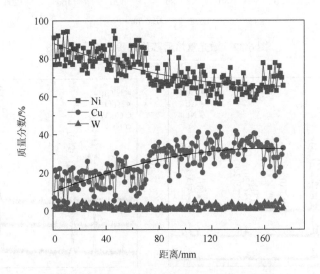

图 6-31 激光重熔后芯片元素的成分变化图

图 6-32 为通过 EDS 测得等离子喷涂涂层（内置送粉喷枪）经过激光重熔后梯度方向上的成分变化图。从图 6-32 中可以发现，其成分梯度较外置送粉喷枪梯度范围波动减小，Ni 元素波动范围在 60%~44%（质量分数），Cu 元素在 40%~58%（质量分数），W 含量基本在 0.1%~1%（质量分数）保持不变。内置送粉喷枪飞溅较低，内置送粉方式的温度较高使得其涂层接收的热输入提高，高的热输入使得粉末熔融充分，内置送粉方式粉末沉积效率高。

等离子喷涂与激光重熔 Ni-Cu-W 芯片的 XRD 图谱如图 6-33 所示。由图 6-33（a）可知，等离子喷涂涂层的相组成包括纯 Ni 相、纯 Cu 相以及 CuO 相，而激光处理后涂层相组成主要为 Ni-Cu 固溶体相、纯 Ni 相、CuO 相以及少量 Cu_3WO_5 相。等离子喷涂的合金化程度较差，仍然存在未熔化的纯金属相，而激光重熔处理后，涂层内各成分经过再次合金化，形成大量 Ni-Cu 固溶体相。

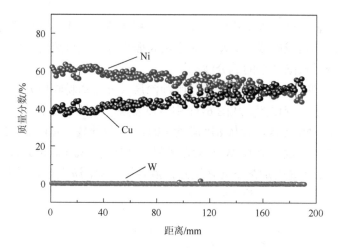

图 6-32　激光重熔后芯片元素的成分变化图

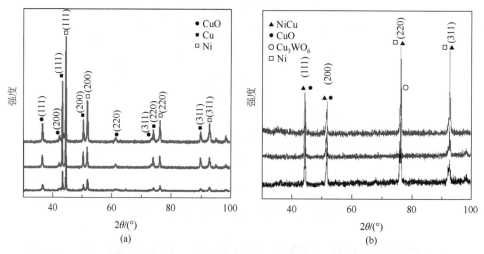

图 6-33　激光重熔前后 Ni-Cu-W 芯片的 XRD 图谱

（a）等离子喷涂；（b）激光重熔

6. Ni-Cu-W 合金梯度涂层的微观形貌分析

图 6-34 为等离子喷涂 Ni-Cu-W 涂层横截面图以及元素面扫描分布图。由图 6-34（a）可以看出，采用等离子喷涂涂层厚度约为 300μm，且基片与涂层之间有明显的分界线，可见涂层与基片之间的结合为简单机械结合。从图 6-34（b）～（d）中可以看出：元素 Ni 和 Cu 分布在涂层中，并且分布均匀；微量添加的 W 元素均匀分布于涂层各区域；在经过激光束扫描后，由于基片为纯镍，会受热向上扩散到涂层中。

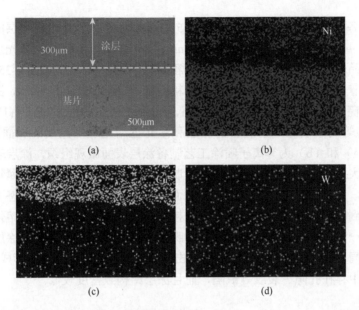

图 6-34　（a）等离子喷涂 Ni-Cu-W 涂层横截面图，以及（b）（c）（d）元素面扫描分布图

表 6-4 为 Ni-Cu-W 合金梯度涂层沿着梯度方向各元素的含量。从表 6-4 中可以发现，激光处理后相邻样品单元上的元素含量差别较小，说明在样品单元中其元素可以更好地熔融，也可以形成更加致密的结构。

表 6-4　涂层沿梯度方向上的能谱（质量分数）　　　（单位：%）

涂层	Ni	Cu	W
	56.87	43.04	0.09
	56.68	43.25	0.07
	56.36	43.57	0.07
	55.74	44.22	0.04
Ni-Cu-W	55.16	44.76	0.08
	55.16	44.82	0.02
	55.84	44.08	0.08
	55.04	44.92	0.04

图 6-35 为等离子喷涂与激光重熔 Ni-Cu-W 涂层表面原始 SEM 形貌与三维形貌轮廓图。通过飞纳台式显微镜可获得原始喷涂涂层表面和经过激光重熔处理后涂层表面的粗糙度。从图 6-35（a）中可以发现等离子喷涂涂层的表面主要存在三种状态的粒子：完全熔化状态、半熔化状态、未熔化状态。沿着箭头方

向测试了各方向上的粗糙度，如图 6-35（b）所示，激光重熔前涂层的粗糙度分别为：$Ra = (315\pm3)$nm、$Ra = (313\pm2)$nm、$Ra = (317\pm1.6)$nm。激光重熔处理后的涂层样品表面粗糙度降低，不存在未熔化或半熔化的颗粒，如图 6-35（c）所示。同样地沿着箭头方向测试了各方向上的粗糙度，如图 6-35（d）所示，激光重熔后涂层的粗糙度分别为：$Ra = (193\pm1)$nm、$Ra = (193\pm0.9)$nm、$Ra = (174\pm2)$nm。图 6-36 为等离子喷涂工艺制备的涂层和激光重熔处理后涂层的表面微观组织。图 6-36（a）和（b）为等离子喷涂工艺制备涂层表面微观组织，涂层表面存在大量孔隙、大裂纹等缺陷。在等离子喷涂制备涂层的过程中，三种金属粉末被输送到喷枪中，粉末完全熔化或半熔化，从而形成粒子束，在加速的状态下由喷枪喷出并沉积到喷砂的基片表面，粒子束在接触到基片表面的瞬间有的熔化颗粒与基片结合在一起，有的颗粒在接触基片的瞬间发生飞溅，从而也使得涂层样品表面粗糙度不同。在沉积的同时熔融颗粒撞击形成扁平状，并逐层堆积形成层状结构，因此涂层中存在孔隙、裂纹等缺陷，而且涂层结构致密度较低。

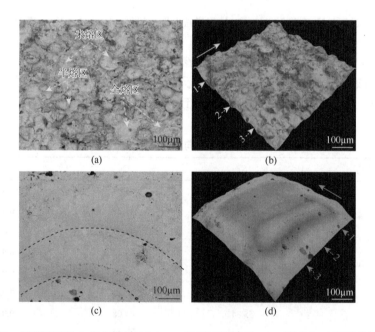

图 6-35　等离子喷涂与激光重熔 Ni-Cu-W 涂层表面原始 SEM 形貌与三维形貌轮廓图

（a）（b）等离子喷涂；（c）（d）激光重熔

图 6-36（c）和（d）为激光重熔处理后涂层表面微观组织。从图中可以发现，表面无大裂纹和孔隙，但存在少许微裂纹，在激光束的高能量下涂层形成微熔池并快速凝固，其涂层与基片的结合方式为冶金结合。

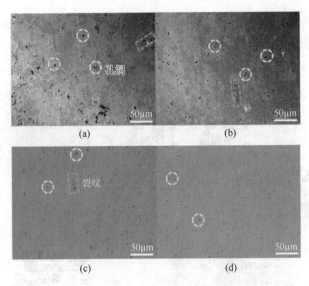

图 6-36　等离子喷涂与激光重熔 Ni-Cu-W 芯片表面形貌

（a）（b）等离子喷涂；（c）（d）激光重熔

7. 激光重熔 Ni-Cu-W 合金梯度涂层的性能

沿着镍含量减少（77%至 20%，质量分数）、铜含量增加（22%至 80%，质量分数）的梯度方向将涂层分为五段，每段涂层长度约 44mm，涂层全长 220mm，并编号为：第一段样品 1#（成分范围 Ni：65%～77%，Cu：22%～34%，W：0.1%～1%）、第二段样品 3#（成分范围 Ni：55%～65%，Cu：34%～44%，W：0.1%～1%）、第三段样品 5#（成分范围 Ni：44%～55%，Cu：44%～55%，W：0.1%～1%）、第四段样品 7#（成分范围 Ni：34%～44%，Cu：55%～67%，W：0.1%～1%）、第五段样品 9#（成分范围 Ni：20%～34%，Cu：67%～80%，W：0.1%～1%（以上均为质量分数））。图 6-37 为激光处理后的涂层表面显微硬度变化。可以看出，激光重熔处理后的涂层维氏硬度变化范围为 102.25～155.37HV$_{0.2}$，沿着梯度的方向，随着镍含量降低、铜含量增加，Ni-Cu-W 涂层显微硬度的变化趋势是先升高再降低，在 3#（Ni：55%～65%，Cu：34%～44%，W：0.1%～1%）的区间出现了硬度峰值，这可能是由于出现了 W 的硬质颗粒导致其硬度升高到 155.37HV$_{0.2}$。涂层末端元素主要是 Cu，随着 Cu 元素的富集和镍含量的减少，其硬度呈递减的趋势，硬度降到约 102.25HV$_{0.2}$。如硬度峰值和硬度值谷底扫描图所示，在低谷处其表面会存在些孔隙缺陷，而在峰值处涂层表面结构孔隙缺陷较少。激光处理后的涂层变得孔隙减少，进而使其显微硬度升高，但是仍存在孔隙、微裂纹等缺陷，使其硬度有起伏波动。进一步对硬度 155.37HV$_{0.2}$ 处区域压痕进行面扫，其元素含量结果如表 6-5 所示。硬度峰值对应的元素成分为：(62.71±2.21)%Ni，

(36.63±2.43)%Cu，(0.66±0.21)%W。对样品涂层进行电化学腐蚀和摩擦磨损性能测试来共同筛选最优成分。

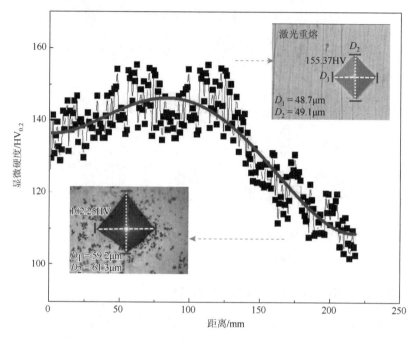

图 6-37　Ni-Cu-W 芯片显微硬度分布曲线

表 6-5　峰值压痕区域的元素含量（质量分数）　　　（单位：%）

Ni	Cu	W
62.71±2.21	36.63±2.43	0.66±0.21

图 6-38 为 1#、3#、5#、7#和 9#号样品在 3.5% NaCl 溶液中浸泡 1h 的极化曲线，相应的腐蚀电流密度和腐蚀电位采用塔费尔（Tafel）直线外推法得到。从图 6-38 中可以发现，随着镍含量减少，铜含量增加，腐蚀电位上升，腐蚀电流密度下降。3#（Ni：55%～65%，Cu：34%～44%，W：0.1%～1%）涂层样品的腐蚀电位有向右偏移的趋势，其抗腐蚀性能表现最好，其他抗腐蚀性能顺序为1#＞5#＞9#＞7#样品。3#涂层样品极化曲线的阳极部分会首先溶解，当腐蚀进行到 25min 时电流密度下降，这时会出现小段几乎平行于横坐标的小线段，这时电流密度基本保持为 $7.568×10^{-4}A/cm^2$，即产生钝化区间。钝化形成的保护膜能够有效阻止腐蚀介质渗入涂层到达基片，有利于提高涂层的耐蚀性。腐蚀形成的产物覆盖在涂层表面，从而在一定程度上隔绝了涂层与 NaCl 溶液接触，减缓腐蚀速率。随着测试时间形成的钝化膜被击穿，腐蚀速率提高。

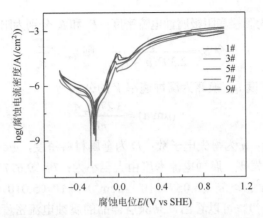

图 6-38　1#、3#、5#、7#和 9#号芯片在 3.5% NaCl 溶液中浸泡 1h 的极化曲线

表 6-6 为等离子喷涂涂层的电化学参数，其中 E_{corr} 为腐蚀电位，i_{corr} 为腐蚀电流密度，β_c、β_a 分表为阴极 Tefel 斜率与阳极 Tafel 斜率。从表 6-6 中可以发现，样品的腐蚀电位由大至小为：3#（−0.212V）＞1#（−0.215V）＞5#（−0.224V）＞9#（−0.235V）＞7#（−0.260V），涂层腐蚀电位逐渐正移，腐蚀倾向减弱，其中 3#涂层样品腐蚀倾向最小，抗腐蚀性能最优。腐蚀电流密度与腐蚀速率成正比，其关系可以计算如下。

表 6-6　等离子喷涂芯片的电化学参数

样品编号	E_{corr}/V	i_{corr}/(A/cm^2)	β_c/mV	β_a/mV
1#	−0.215	5.010×10^{-6}	3.352	10.417
3#	−0.212	3.281×10^{-6}	4.693	11.147
5#	−0.224	6.057×10^{-6}	4.187	5.746
7#	−0.260	9.677×10^{-6}	4.221	10.954
9#	−0.235	6.831×10^{-6}	3.352	10.417

ΔE（腐蚀电位差）数值比较小时，在极化曲线中腐蚀电流密度与腐蚀电位呈线性关系，其斜率为 R_p（极化阻抗），其关系式为

$$R_p = \frac{\Delta E}{\Delta i} \tag{6-1}$$

此时腐蚀电流密度为

$$i_{corr} = \frac{b_a b_c}{2.303(b_a + b_c)R_p} \tag{6-2}$$

式中，b_a、b_c 由塔费尔外推法来确定：

$$b_a = \frac{\mathrm{d}E_a}{\mathrm{d}\lg i_a} , \quad b_c = \frac{\mathrm{d}E_c}{\mathrm{d}\lg i_c} \tag{6-3}$$

式中，i_a 和 i_c 分别为阳极和阴极腐蚀电流密度；E_a 和 E_c 分别为阳极和阴极腐蚀电位。

$$\text{令 } B = \frac{b_a b_c}{2.303(b_a + b_c)} , \text{ 则 } i_{corr} = \frac{B}{R_p} \tag{6-4}$$

将腐蚀电流密度 i_{corr} 换算为腐蚀速率 V 的公式为

$$V(\mu m/a) = \frac{3.27 i_{corr} A}{nD} \tag{6-5}$$

式中，A 为原子量；n 为得失电子数；D 为金属材料密度，g/cm。

从表 6-6 可以发现，腐蚀电流密度由大至小为：7#（$9.677 \times 10^{-6} A/cm^2$）>9#（$6.831 \times 10^{-6} A/cm^2$）>5#（$6.057 \times 10^{-6} A/cm^2$）>1#（$5.010 \times 10^{-6} A/cm^2$）>3#（$3.281 \times 10^{-6} A/cm^2$）。可以看出，3#涂层样品的腐蚀电流密度最小，所以其腐蚀速率最低，相对应其抗腐蚀性能最好。

图 6-39 为 1#、3#、5#、7#和 9#号涂层样品在 25℃ 3.5% NaCl 溶液中浸泡 1h 的伯德（Bode）图。根据图中相频特性曲线可知，所测得的相位角先变大再变小后又由小变大。在起伏的峰值处，即最大相位角，数值越大则样品的抗腐蚀性能就越好。从图 6-39 可以发现，在所有样品中 3#涂层样品的负相位角最大，这说明 3#涂层样品易于钝化，其抗腐蚀性能最优。其最大相位角由大到小排序为：3#（54.4°）>7#（54°）>9#（47°）>1#（46.9°）>5#（46.6°），由于其最大相位角接近，且 1#、5#、9#涂层样品腐蚀电流密度低于 7#样品涂层，所以其抗腐蚀性能优于 7#样品涂层的抗腐蚀性能。

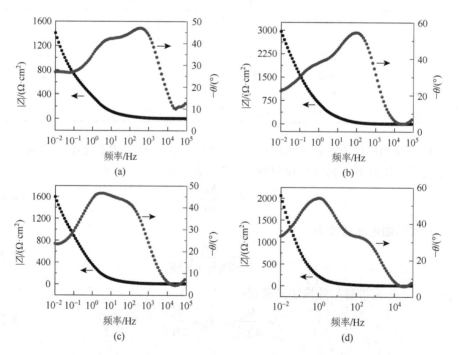

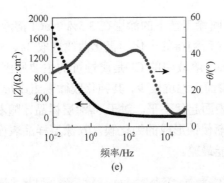

(e)

图 6-39　1#、3#、5#、7#和 9#号涂层在 25℃ 3.5% NaCl 溶液中浸泡 1h 的 Bode 图

(a) 1#；(b) 3#；(c) 5#；(d) 7#；(e) 9#

由幅频特性曲线可知，样品的阻抗从低频区到高频区逐渐减小，可由曲线在 Y 轴的数值和其幅频特性曲线的变化率来衡量其抗腐蚀性能的好坏。通常来说，曲线在 Y 轴的数值越大和其幅频特性曲线的变化率越大，样品涂层的抗腐蚀性能越好。随着阻抗频率的减小，阻抗先在高频区保持恒定，然后再逐渐升高，直到在频率为 10^{-2} 处达到最大值。在五个样品中 3#涂层样品的阻抗是最大的，所以 3#涂层样品的抗腐蚀性能明显优于其他涂层样品。因此，阻抗谱图与极化曲线分析结果一致，进一步验证了高通量制备过程中得到的 3#涂层样品成分抗腐蚀性能优异。

图 6-40 为对 3#涂层样品阻抗谱图进行分析和拟合的等效电路图。应用 Zview 拟合软件进行等效电路的拟合。其中，R_s 为溶液电阻，表示工作电极与电解质之间的阻抗；R_{ct} 为电荷转移电阻，表示发生电化学反应时电荷转移的阻抗，当电荷转移电阻 R_{ct} 越小时，电荷转移就越简单，工作电极发生反应就越简单；C_{dl} 为双电层电容，表示工作电极与电解质之间的电容；R_f 为膜电阻，表示元件表面产生的钝化膜的阻隔特性，通常来说膜电阻 R_f 越大其腐蚀的速率也就越慢，抗腐蚀性能就越好；Q_f 为膜电容，常相角元件（constant phase element）通常用 Q 或 CPE 表示。

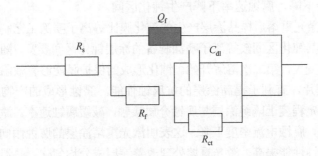

图 6-40　在 NaCl 溶液中 3# Ni-Cu-W 涂层的等效电路图

图 6-41 为等离子喷涂工艺下的涂层在 3.5% NaCl 溶液中浸泡 1h 的表面显微组织图。根据五个样品所测得的电化学极化曲线选取 3#、5#、7#涂层样品进行表面形貌表征。通常 NaCl 溶液中的 Cl⁻是腐蚀坑的主要原因。从图 6-41（a）中可以发现，3#涂层样品表面点蚀坑较少，其钝化膜微观组织形貌如图 6-41（b）所示，无大点蚀坑存在，但表面起伏不平。对于 5#涂层样品，随着浸泡时间的延长会首先发生点蚀，进而逐渐侵蚀形成的钝化膜。7#涂层样品表面腐蚀坑明显，腐蚀速率最大，其抗腐蚀性能最差。

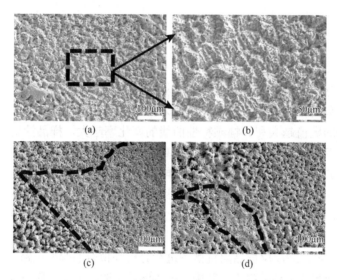

图 6-41　等离子喷涂工艺下的涂层在 3.5% NaCl 溶液中浸泡 1h 时后的表面显微组织图

（a）3#涂层样品；（b）3#涂层样品高倍数下的表面显微组织图；（c）5#涂层样品；（d）7#涂层样品

图 6-42 为等离子喷涂与激光重熔 15mm 芯片在 3.5%NaCl 溶液中浸泡 1h 的极化曲线，相应的腐蚀电流密度和腐蚀电位采用 Tafel 直线外推法得到，如表 6-7 所示。从图 6-42 中可以得出，极化曲线的阳极部分首先溶解，当腐蚀进行到 25min 时电流密度会下降，腐蚀速率下降产生钝化区间。

很明显，激光重熔后样品涂层产生的钝化膜比等离子喷涂工艺制备涂层产生的钝化时间长，其钝化区间较等离子喷涂制备的涂层钝化区间要宽，随后钝化膜被溶解，腐蚀速率变大，第二次溶解开始。钝化形成的保护膜能够有效阻止腐蚀介质渗入涂层到达基片，有利于提高涂层的抗腐蚀性能。腐蚀形成的产物覆盖在涂层表面，从而在一定程度上隔绝涂层与腐蚀介质接触，减缓腐蚀速率。激光重熔涂层的腐蚀电位上升，腐蚀电流密度下降。这表明激光重熔涂层的腐蚀倾向减弱，腐蚀速率减小，抗腐蚀性能提高。激光重熔处理改善涂层成分均匀化，并消除等离子喷涂涂层的层状结构及孔隙和裂纹等缺陷，从而降低涂层的非均匀腐蚀速率。

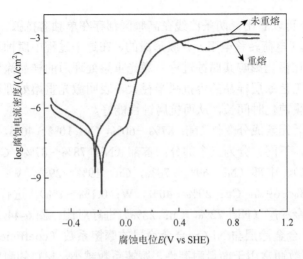

图 6-42　等离子喷涂与激光重熔 15mm 芯片在 3.5% NaCl 溶液中浸泡 1h 的极化曲线

表 6-7　等离子喷涂与激光重熔 15mm 芯片的电化学参数

样品	E_{corr}/V	i_{corr}/(A/cm^2)	β_c/(V/decade)	β_a/(V/decade)
等离子喷涂	−0.2269	1.196×10^{-6}	3.369	17.782
激光重熔	−0.1782	1.220×10^{-7}	4.513	4.183

　　图 6-43 为等离子喷涂与激光重熔处理工艺下的涂层在 3.5% NaCl 溶液中浸泡 1h 后的奈奎斯特（Nyquist）曲线。阻抗谱图中容抗弧半径越大表明阻抗越大。

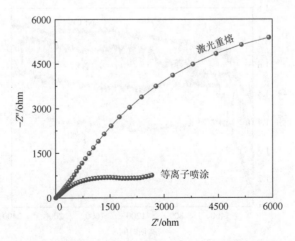

图 6-43　等离子喷涂与激光重熔处理工艺下涂层在 3.5% NaCl 溶液中浸泡 1h 后的 Nyquist 曲线

从图 6-43 可以看出，两条曲线在高频区都存在单独容抗弧，是由 C_{dl}（双电层电容）与 R_{ct}（电荷转移电阻）并联形成的，在这个过程中腐蚀不受浓差极化的影响，而是活化极化影响其腐蚀过程。激光重熔处理后的样品涂层其容抗弧半径比等离子喷涂工艺涂层样品的容抗弧半径大，表明激光重熔处理后的涂层样品表面形成的钝化膜钝化时间长，从而抗腐蚀性能好。

激光重熔后元素成分变化（Ni：87%～60%，Cu：10%～40%，W：0.1%～1%，均为质量分数，下同）分为三个部分：首部（Ni：78%～87%，Cu：10%～19%，W：0.1%～1%）、中部（Ni：69%～78%，Cu：19%～29%，W：0.1%～1%）与尾部（Ni：60%～69%，Cu：29%～40%，W：0.1%～1%）。进行摩擦磨损测试，并与 Ni-Cu 合金涂层（Ni：72%，Cu：28%）进行对比。图 6-44 为室温下激光重熔后 Ni-Cu-W 合金涂层与 Ni-Cu 合金涂层的摩擦系数（coefficient of friction，COF），摩擦系数通常用于衡量耐磨性，摩擦系数越小，材料的耐磨性越高。随着磨损时间的延长，在最初 320s 的磨合磨损阶段，Ni-Cu 合金涂层摩擦系数急剧升高，随后摩擦系数达到 1.73±0.02，并保持稳定。Ni-Cu-W 合金涂层的首部、中部与尾部样品经过磨合磨损阶段后其摩擦系数达到稳态，分别为 1.67±0.03、1.58±0.03、1.4±0.02。从图中可以发现，Ni-Cu-W 合金涂层的摩擦系数低，由于加入少量 W 元素提高了合金涂层的耐磨性。而在 Ni-Cu-W 合金涂层中尾部样品的摩擦系数低于首部和中部样品。因此，尾部样品耐磨性优于首部和中部样品。在摩擦过程中，当磨球与涂层表面接触时，载荷力会使表面下压同时在摩擦的过程中伴随着颗粒出现，受压力作用嵌入涂层表面，摩擦过程中出现犁沟，而且干摩擦下在接触点部位会产生高温，使得颗粒黏着在一起继续磨损，使得摩擦系数增大，磨损程度加剧，耐磨性下降。

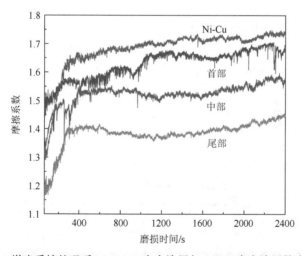

图 6-44 激光重熔处理后 Ni-Cu-W 合金涂层与 Ni-Cu 合金涂层的摩擦系数

图 6-45 为涂层磨痕形貌。一般来说，磨痕宽度越窄，其耐磨性越好。可以观察到，前部、中部和尾部三个样品涂层磨损痕迹宽度分别为(1.17 ± 0.2)mm、(1.02 ± 0.2)mm、(0.7 ± 0.3)mm，因此尾部样品的磨痕宽度最小，其耐磨性最好。

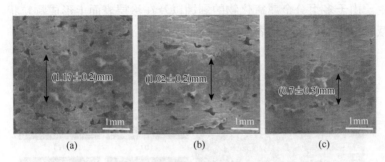

(a)　　　　　　　　　(b)　　　　　　　　　(c)

图 6-45　激光重熔处理后的梯度涂层的磨损痕迹形貌

(a) 首部；(b) 中部；(c) 尾部

图 6-46 为激光重熔处理后尾部涂层的磨损痕迹形貌。从图中可以很明显地观察到磨痕，存在四个特征区域，即黏着层、碎屑、片状碎屑和褪色区。其中，黏着层的形成是由于氮化硅磨球和涂层表面接触并对磨而产生的。根据黏着磨损理论可知，在相对滑动和一定载荷作用下，接触点发生塑性变形或剪切，摩擦使得表面温度升高，造成表面氧化，使得部分材料从表面掉落，导致表面质量损失。由于塑性流动作用以及犁痕的出现，表明尾部涂层样品出现轻微的磨粒磨损。其材料损失可能主要是由于在磨损过程中，表面温度升高，在涂层表面形成氧化颗粒，这些氧化颗粒附着在氮化硅球表面，从而造成氧化磨损。

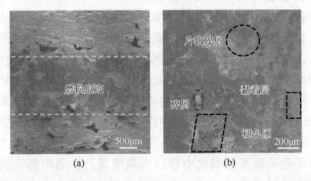

(a)　　　　　　　　　(b)

图 6-46　激光重熔处理后的尾部涂层的磨损痕迹形貌（a），以及高倍数下的磨损痕迹形貌（b）

图 6-47 为室温下激光重熔后涂层与磨损痕迹之间结合区域扫描和元素分布图。从图中可以观察到犁痕，深色的区域氧元素含量较高，氧化物的存在具有润

滑和减摩作用。在大气等离子喷涂过程中，高温等离子弧在大气环境下熔化粉末颗粒，在粉末表面会形成一层金属氧化膜。在摩擦磨损中氧化主要是摩擦中产生的高温造成的，金属氧化物剥落，随机分布在涂层表面，有效防止了严重的黏着磨损发生。由于多组分金属氧化物的剥蚀以及在涂层表面上形成颗粒状碎屑，可以有效减缓摩擦磨球与涂层表面的摩擦磨损过程。

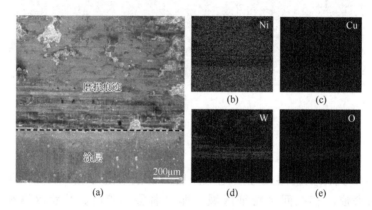

图 6-47　（a）激光重熔处理后的涂层与磨损痕迹结合处形貌；（b）～（e）涂层与磨损痕迹结合处元素面扫描分布图

　　图 6-48 为激光重熔处理后梯度涂层的原始 SEM 形貌与三维形貌轮廓图，分别对应首部（Ni：78%～87%，Cu：10%～19%，W：0.1%～1%（均为质量分数，下同））、中部（Ni：69%～78%，Cu：19%～29%，W：0.1%～1%）与尾部（Ni：60%～69%，Cu：29%～40%，W：0.1%～1%）。从图 6-48（a）中可以发现，样品首部表面存在明显犁痕，发生严重磨损，而这种犁痕是磨球和黏着在磨球上脱落的涂层颗粒犁削作用引起的。磨损后的表面存在颗粒状物质，属于磨损过程中的磨粒磨损，同时还发现在磨损表面存在裂纹，这些裂纹随着磨损时间的延长逐渐扩大，最终会导致涂层呈片状脱落，从而形成剥层磨损。又由于在磨球与涂层表面摩擦时温度升高，发生氧化和塑性变形，形成的氧化产物又会产生氧化磨损。从样品首部三维轮廓图可以发现（图 6-48（b）），样品中部表面粗糙度 Ra 为(115 ± 2)nm。图 6-48（c）中涂层磨损后的表面主要表现为严重的犁痕和一些磨屑，是由于在摩擦过程中表面的硬质颗粒会发生脱落成为磨屑，同时这些小的磨屑物还会聚集在磨损坑中形成大块磨屑，样品中部表面粗糙度 Ra 为(108 ± 1)nm，如图 6-48（d）所示。随着成分梯度的变化，在涂层表面的接触点的压力大于施加的载荷力，在涂层中出现应力集中且出现较大面积的裂纹（未脱落），如图 6-48（e）所示，表面存在塑性变形的痕迹、大量贯穿裂纹以及轻微的犁痕（磨粒磨损），这是由于在磨球与涂层表面接触瞬间产生高温（氧化磨

损），发生塑性变形磨屑进行聚集，涂层也发生塑性变形变软，形成一个破坏、聚集、再破坏的过程，加速了裂纹的延伸，样品尾部表面粗糙度 Ra 为 $(101\pm1.6)nm$，如图 6-48（f）所示。

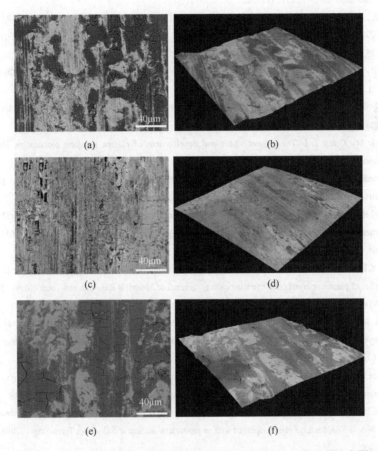

图 6-48　激光重熔处理后梯度涂层的原始 SEM 形貌与三维形貌轮廓图

（a）（b）首部；（c）（d）中部；（e）（f）尾部

6.4　本章小结

本章基于高通量快速制备组合材料芯片的理念，综述了通过多源等离子喷涂和激光重熔两种工艺相结合来制备一维方向上 Ni-Al、Ni-Al-Cr、Ni-Cu-Cr 和 Ni-Cu-W 连续梯度和涂层的研发进展，以及通过高通量筛选获得的最优成分范围。通过所研发的该类技术可以实现不同合金体系涂层乃至块体合金的成分优化筛选，为我国国防工业、汽车、航空航天、航海等领域研发和选择新材料奠定了基础。

参 考 文 献

[1] Vecchio K S, Dippo O F, Kaufmann K R, et al. High-throughput rapid experimental alloy development(HT-READ). Acta Materialia, 2021, 221: 117352.

[2] 王海舟, 汪洪, 丁洪, 等. 材料的高通量制备与表征技术. 科技导报, 2015, 33 (10): 31-49.

[3] 张学习, 郑忠, 高莹, 等. 金属基复合材料高通量制备及表征技术研究进展. 金属学报, 2019, 55 (1): 109-125.

[4] 韩冰源, 杜伟, 朱胜, 等. 等离子喷涂典型耐磨涂层材料体系与性能现状研究. 表面技术, 2021, 50 (4): 159-171.

[5] 周雳, 邢志国, 王海斗, 等. 等离子喷涂金属/陶瓷梯度热障涂层研究进展. 表面技术, 2020, 49 (1): 122-131.

[6] Chen L M, Qiang L I. The present status and development of plasma spraying technology. Heat Treatment Technology and Equipment, 2006, 27: 1-5.

[7] Konstantinidis S, Hemberg A, Dauchot J P, et al. Synthesis of thin films and coatings by high power impulse magnetron sputtering. High Power Impulse Magnetron Sputtering, 2020: 333-374.

[8] Sichani H R, Salehi M, Edris H, et al. The effect of APS parameter on the microstructural, mechanical and corrosion properties of plasma sprayed Ni-Ti-Al intermetallic coatings. Surface and Coatings Technology, 2017, 309 (15): 959-968.

[9] Miao Y B, Zhu H Y, Gao P F, et al. The effects of spraying power on microstructure, magnetic and dielectric properties of plasma sprayed cobalt ferrite coatings. Journal of Materials Research and Technology, 2020, 9 (6): 14237-14243.

[10] Morks M F, Kobayashi A. Influence of gas flow rate on the microstructure and mechanical properties of hydroxyapatite coatings fabricated by gas tunnel type plasma spraying. Surface and Coatings Technology, 2006, 201 (6): 2560-2566.

[11] Shahien M, Yamada M, Yasui T, et al. Reactive atmospheric plasma spraying of AlN coatings: Influence of aluminum feedstock particle size. Journal of Thermal Spray Technology, 2011, 20 (3): 580-589.

[12] Song E P, Ahn J, Lee S, et al. Effects of critical plasma spray parameter and spray distance on wear resistance of Al₂O₃-8wt. % TiO₂ coatings plasma-sprayed with nanopowders. Surface and Coatings Technology, 2008, 202 (15): 3625-3632.

[13] Vardelle M, Fauchais P, Vardelle A, et al. Controlling particle injection in plasma spraying. Journal of Thermal Spray Technology, 2001, 10 (2): 267-284.

[14] Fauchais P, Amouroux J, Eaton J K. Progress in plasma processing of materials 2001. Mechanical Engineering, 2001, 12: 79.

[15] 王吉孝, 蒋士芹, 庞凤祥. 等离子喷涂技术现状及应用. 机械制造文摘 (焊接分册), 2012, (1): 18-22.

[16] Li Y S, Ma J, Liaw P K, et al. Exploring the amorphous phase formation and properties of W-Ta-(Cr, Fe, Ni) high-entropy alloy gradient films via a high-throughput technique. Journal of Alloys and Compounds, 2022, 913: 165294.

[17] Zadorozhnyy V, Kaloshkin S, Tcherdyntsev V, et al. Formation of intermetallic Ni-Al coatings by mechanical alloying on the different hardness substrates. Journal of Alloys and Compounds, 2014, 586 (6): S373-S376.

[18] Huang C J, Li W Y, Planche M P, et al. *In-situ* formation of Ni-Al intermetallics-coated graphite/Al composite in

a cold-sprayed coating and its high temperature tribological behaviors. Journal of Materials Science & Technology，2017，33（6）：3-11.

[19] Bochenek K，Basista M. Advances in processing of NiAl intermetallic alloys and composites for high temperature aerospace applications. Progress in Aerospace Sciences，2015，79：136-146.

[20] Xu L，Jia Y D，Zhang L B，et al. Fabrication of NiAl intermetallic alloy integrated materials chips with continuous one-dimensional composition gradients by plasma spray deposition and laser remelting. Materials Letters，2021，284（2）：128944.

[21] Xi W J，Wei R，Wang H J，et al. Influence of Al content on the microstructure of FeNiCrAl/NiAl alloy prepared by thermite reaction. Rare Metal Materials and Engineering，2014，43（4）：836-840.

[22] Orban R L，Lucaci M，Rosso M，et al. NiAl behavior at plasma spray deposition. Materials Science Forum，2007，534-536：1545-1548.

第 7 章 ▖▖

光定向电泳沉积制备阵列式
厚膜组合材料芯片技术

电泳沉积（electrophoretic deposition，EPD）作为一种常用的薄膜技术，在当今的材料领域占有重要地位[1-4]。电泳沉积技术具有经济且可重复的特点，借助相对低成本的设备可提供多样的材料设计可能性[5-7]。与其他沉积技术（如激光技术、真空等离子等）相比，电泳沉积中使用的设备更便宜，更简单。除低成本外，EPD 的主要优点还包括可以精确控制沉积物的厚度和均匀性、操作简便性以及将工艺规模扩大到批量生产的可能性。通过电泳沉积制备的涂层厚度范围可以从几微米到几毫米[8, 9]。与其他相类似的成型技术相比，电泳沉积动力学要快得多，从而缩短了处理时间。过去数十年，尽管电泳沉积主要运用在粉末冶金领域，但近年来人们对该方法进行了深入研究，使其研究领域也得到广泛扩充[10]。另外，沉积材料的多样性也是电泳沉积技术的重要优势之一。目前，电泳沉积技术已用来在导电的基片表面沉积各种类型的材料，如陶瓷[11-14]、金属、高分子[15, 16]、细胞和生物材料[17-19]。然而，传统的电泳沉积技术一个比较明显的缺点是只能对垂直于基片方向的沉积物的组分进行控制，而在平行电极方向的组分控制能力非常薄弱。因为电极的形状通常是固定的，不能在沉积过程中改变。一些人尝试用可移动的对电极，从而在特定的位置沉积材料。但是，这种技术不能实现多种材料的图案化沉积，并且很难精准地控制成分，因此研发高通量电泳沉积技术具有挑战性。

7.1 基本原理与技术特征

通用的电泳沉积是利用带电胶体在受电场力时发生定向移动并在电极上产生聚集的一种材料制备方法。电泳沉积主要包括电泳和沉积两个过程[1, 20, 21]。①电泳：在直流电场下，悬浮液中带电颗粒向带相反电荷的电极方向发生定向移动。②沉积：带电颗粒运动到电极表面附近发生沉积，产生致密均匀的材料。电泳沉积的原理图如图 7-1 所示。如前所述，这种技术不能实现多种材料的图案化沉积，因此无法实现高通量制备多样品的目的。

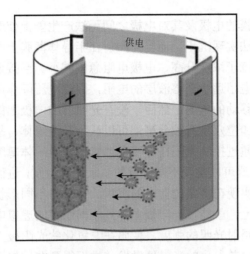

图 7-1　电泳沉积的原理示意图

光定向电泳沉积技术[22]是一种新型的模样品制备技术，其利用光源激发半导体薄膜电极，配合外加电源，从而在光电极与对电极之间产生非均匀电场，而两电极间带电颗粒受到电场力作用就会在电极上产生定向沉积。光定向电泳沉积技术同样具有操作简单、成本低等特点，其与传统电泳沉积的区别在于其可以不需要复杂的电极就能实现复杂形状以及不规则形状的样品制备。光定向电泳沉积利用光图案配合半导体薄膜就可以产生各种所需形状的电极，称为"虚拟电极（virtual）"，因此不但大大节约了生产成本，而且还可以用于图案化材料的制备。此外，光定向电泳沉积技术可以实现平行电极方向的梯度沉积，因此可以调控实验参数来实现不同组分材料的制备，是一种新颖的增材制造技术。与电泳沉积相似，光定向电泳沉积技术运用材料领域广泛，可以用于金属、有机材料以及陶瓷薄膜等无机材料。目前，还没有学者报道将光定向电泳沉积技术作为材料高通量制备技术，因此具有广泛应用前景。

7.1.1　光定向电泳沉积技术原理

光定向电泳沉积技术是一种通过光照对半导体薄膜电极激发，配合外加电压使两极板间产生非均匀电场，从而实现定向沉积的材料制备方法。作为一种新型的增材制造技术，它可以同时实现平行电极以及垂直电极方向的组分控制，具有操作简单、材料运用领域广泛的特点。光定向电泳沉积技术需要通过光照激发二氧化钛半导体薄膜电极以及外加电源从而产生沉积所需要的非均匀电场来实现粒子的定向沉积。光定向电泳沉积技术原理示意图如图 7-2 所示[22]。当没有光照射在二氧化钛半导体薄膜电极上时，二氧化钛薄膜电极的电阻很高，可达 $10^9\Omega$，几乎是不能导电的绝缘体。接通外电路后，外电压大部分都作用在半导体薄膜上，故含有二氧化钛薄膜的电极及其对电极之间无法产生能促使颗粒进行定向移动的电场，导致颗粒无法实现沉积。而当光照射在半导体薄膜上时，被照射的二氧化钛薄膜被激发，载流子浓度升高，电极电阻急剧减小。当接通外电源时，照射的半导体薄膜电极的电阻远小于溶液层的电阻，因此电压降作用在溶液层，在两电极间产生能让粒子移动的电场。然而，没有光照射的电极上的二氧化钛薄膜由于没有被激发，电子和空穴没有被分离，可以认为是绝缘体，故无法在两极板间产生电场。换言之，通过控制光照在电极上二氧化钛半导体薄膜的位置（后统称为二氧化钛光阳极），就可以实现不同位置的二氧化钛激发，进而在特定的电极区域产生特定场强最终实现在特定位置上的沉积。如果将不同形状的光图案照射在二氧化钛半导体薄膜上，就能在光阳极上得到相同图案的虚拟电极，进而可以实现图案化沉积。调控照射光照的强度，使在二氧化钛光阳极上不同位置的光照强度不同，也就能产生差异化的半导体激发，进而得到非均匀场强来实现差异化的沉积，这也使光定向电泳沉积技术用于材料的高通量制备成为可能。

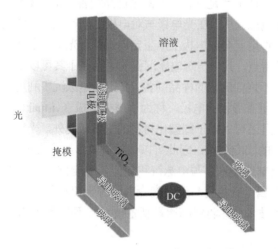

图 7-2　光定向沉积技术原理示意图

　　光定向电泳沉积技术由于其独特的优势受到众多研究者的青睐。2014 年，Pascall 等[22]首次提出光定向电泳沉积技术并通过该技术实现了钨和氧化铝材料的定向沉积。通过掩模控制光对二氧化钛光阳极的激发，当存在带电粒子的悬浮液从两电极中经过时，没有掩模遮挡的光阳极附近就会产生沉积电场，带电颗粒就会受到电场力作用沉积到电极上。而被掩模遮挡住的二氧化钛光阳极附近没有产生电场，因此带电粒子就不会在该区域光阳极上发生定向移动和沉积。在光定向电泳沉积中，可以更换带电颗粒的种类和光图案的形状[23]，反复调控这些因素就能制备得到多样化的材料。

7.1.2　光定向电泳沉积芯片结构

光定向电泳沉积芯片作为光定向电泳沉积技术的主要平台。图 7-3 为光定向高通量电泳沉积芯片结构示意图。其结构主要包含三层结构：①25mm×25mm×1.2mm 的 FTO 玻璃作为对电极；②带有定制沟道的聚甲基丙烯酸甲酯（polymethylmethacrylate，PMMA）层，其与对电极 FTO 导电玻璃和光敏电极层黏结成悬浮液沉积的场所，同时其两端可以连接两根毛细管从而与蠕动泵相连实现悬浮液的输入与输出；③光敏电极层，通过水热法在 FTO 导电玻璃上制得的二氧化钛纳米棒阵列，光敏电极层是沉积芯片的重要部分。

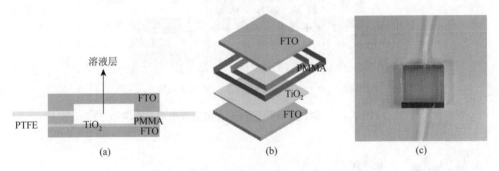

图 7-3　光定向电泳沉积芯片结构示意图

（a）侧视结构；（b）三维结构；（c）组装结构

7.1.3　电极/溶液界面

1. 固液界面结构

电极/溶液界面是光定向电泳沉积中不可缺少的一部分，不同的电极/溶液界面会形成不同的双电层结构。在固液相之间的带电粒子或偶极子的非均匀分布会使固相与液相之间产生电位差[8, 10]。此时，在固体表面分布的剩余电荷（表示为 Q_{q0}）会再形成一个静电势，即 ϕ_{q0}。而与固体表面所带电荷电性相反的电荷会从溶液中转移到固体表面以确保电极/溶液界面显示电中性，而这些异种电荷就会形成双电层。双电层包括紧密层和分散层，双电层的结构受到静电作用和热运动影响，不同的固液界面，形成的双电层结构也会存在差异。

二氧化钛光照区与无光照区双电层分布图如图 7-4 所示。二氧化钛这类半导体材料内部载流子浓度较低，电阻较大，因此在没有光照的情况下，二氧化钛光阳极与溶液的界面中，剩余电荷的分布是非常分散的。而当有光照射时，二氧化钛会吸收光子，此时半导体内部的电子-空穴就会分离，这也导致二氧化钛内部载流子浓度升高，电阻减小，二氧化钛光阳极与溶液的界面中，剩余电荷的排布可以看成紧密排布。光照区与无光照区的剩余电荷数目也是不一样的，光照区的剩余电荷量要高于无光照区的剩余电荷量。

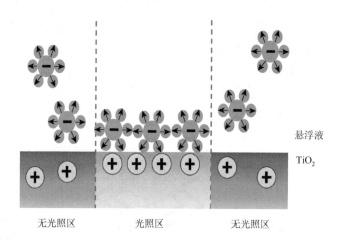

图 7-4　二氧化钛光照区与无光照区双电层分布图

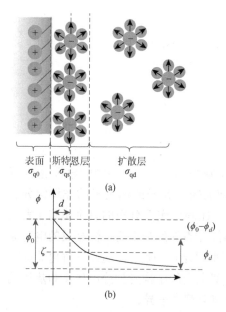

2. 双电层结构

19 世纪末，Helmholtz 首次提出双电层模型，而随着人们对胶体化学研究的深入，1924 年，Sterm 在分散层模型与双电层模型的基础上提出了包含紧密层与分散层的双电层模型，而这一模型也一直被大家沿用。二氧化钛的双电层模型如图 7-5 所示。双电层主要由分散层与紧密层两部分组成。d 为离子中心到电极表面的距离，称为紧密层的厚度，紧密层的电位呈现线性变化，而除去紧密层的部分称为分散层，分散层的电位为非线性变化。并且紧密层的电荷、分散层的电荷与电极表面的剩余电荷刚好可以相互抵消。

图 7-5　二氧化钛的双电层模型

σ_q 表示电导率；ϕ 表示电势；ϕ_0 表示表面电势；
ϕ_d 表示距离表面 d 处的电势；ζ 表示 Zeta 电位

7.1.4　光定向电泳沉积影响因素

1. 光照强度

光照强度作为影响光定向电泳沉积的重要因素之一，是能否利用光定向电泳沉积技术实现图案化以及高通量制备的关键。光照强度过低时，二氧化钛半导体薄膜吸收的光子较少，半导体内部产生的载流子浓度较低，无法在两电极间产生沉积需要的电场强度，则粒子无法沉积。通过控制光照强度，进而调控二氧化钛光阳极的激发程度，进而产生非均匀电场，实现差异化的图案化沉积或高通量沉积。

2. 胶体粒子 Zeta 电位

胶体粒子 Zeta 是表征胶体稳定性的重要指标（表 7-1）[24, 25]。在光定向沉积中需要稳定的胶体悬浮液，此时悬浮液中的粒子分散比较均匀，在电场力作用下，沉积的材料比较均匀且质量好。胶体粒子 Zeta 电位的绝对值越大，粒子之间的排斥力越大，粒子越不容易聚集在一起。因此，胶体粒子 Zeta 电位的绝对值越大，表明胶体悬浮液越稳定，反之胶体越容易发生聚沉。但 Zeta 电位越大，对电场力也有一定的阻碍作用，当电场力无法克服粒子之间的排斥力时，沉积的效果也会受到影响。而 Zeta 电位的正负影响电泳过程中颗粒定向运动的方向。当采用二氧化钛薄膜作为光阳极时，需要胶体颗粒 Zeta 电位为负，这样才能保证胶体粒子在光阳极上发生沉积。

表 7-1　Zeta 电位与胶体稳定性的关系

Zeta 电位/mV	胶体稳定性
0~±5	快速凝结或凝聚
±10~±30	开始变得不稳定
±30~±40	稳定性一般
±40~±60	稳定性较好
超过±60	稳定性极好

3. 溶剂类型

当溶剂不同时其介电常数也不同，当溶剂介电常数较低时，胶体粒子和表面活性剂的解离就变得困难，粒子就容易发生团聚。而当溶剂介电常数较高时，双电层厚度溶液减薄，从而影响沉积动力。此外，溶剂的类型不仅影响悬浮液的性质，并且对沉积过程也会造成不良后果。例如，以水为溶剂，当电压过高时，水就会发生电解，产生气体会影响沉积层的结构。

4. 悬浮液电导率

悬浮液的电导率过大会导致双电层减薄，带电颗粒受到的电场力减小，颗粒的运动速度减慢，从而影响沉积；反之，粒子失去电性和稳定性。为获得稳定性较好的悬浮液，可以加入聚丙烯酸铵等表面活性剂。表面活性剂虽然可以提高粒子带电量来提升悬浮液的稳定性，但同时也会使悬浮液的电导率增大，这对光定向电泳沉积是不利的。

5. 悬浮液黏度

悬浮液的黏度主要会影响带电颗粒移动过程中所受的阻力。悬浮液的黏度越大，带电胶体颗粒的运动速率越慢。

6. 沉积电压

沉积电压提供了光定向电泳沉积的动力来源。当沉积电压过低时，两电极间的电场强度过低，颗粒受到的电场力小导致颗粒运动速度慢甚至无法发生沉积。而当沉积电压过高时，颗粒运动速度较快会导致沉积的均匀性不好。此外，对于水基悬浮液，电压过高会造成水的电解，产生气体，从而使沉积层疏松多孔。

7. 沉积时间

沉积时间影响沉积层的厚度，沉积时间越长，颗粒在电极上沉积量越多，故沉积层厚度较大。而当沉积时间较短时，部分运动速度较慢的粒子没能到达电极。因此，在光定向电泳沉积中，可以通过控制沉积时间来调控沉积层的厚度，即可以实现薄膜、块体、陶瓷坯体等多种材料的制备。

7.1.5 光定向高通量电泳沉积的机理

在光定向高通量电泳沉积时，由于同一光源照射出的光在不同位置处的强度是不同的，因此当光源正照射在沉积芯片左上角时，离左上角区域越远处其光照强度越弱。利用光照强度的这一特点，形成二氧化钛光阳极上不同位置的激发程度，故二氧化钛内部载流子浓度不同，其电导率存在差异，在两电极间形成差异化电场，因此在沉积芯片中不同位置颗粒受到的电场力是不同的。而在沉积芯片中的 A 颗粒和 B 颗粒具有不同的粒子特性。在同一条件下，A 颗粒的 Zeta 电位要高于 B 颗粒，故 A 颗粒更容易产生沉积。而在不同强度的沉积电场下，A 颗粒与 B 颗粒这种沉积差异也会被放大，进而造成在不同电场强度下沉积的复相材料元素比例是不同的。差异化的电场和 A、B 颗粒不同的粒子特性耦合作用也就实现了高通量电泳沉积。

图 7-6 是通过光照和电场综合在光电极上形成有效电场强度差异化，最终实现高通量电泳沉积的机理图。为了更好地描述光定向高通量沉积的机理，通过公式推导来定性描述这种差异化沉积。

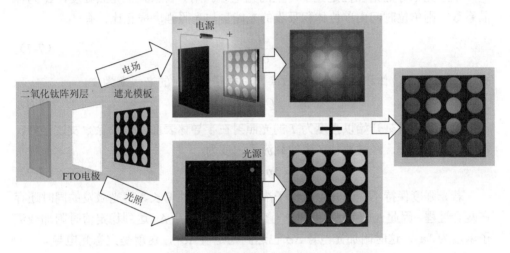

图 7-6　光定向高通量沉积机理图

设入射光照强度为 I_0，光源到电极的距离为 d，最短距离为 d_0，根据光照强度与距离的平方成反比，则有

$$I = \frac{I_0}{d^2} \tag{7-1}$$

在本模型中，θ 为光源入射至电极上任一点的方向与最短距离方向的夹角。

$$d = \frac{d_0}{\cos\theta} \tag{7-2}$$

因此可求的各点处光照强度为

$$I = \frac{I_0}{d_0^2}\cos\theta^2 \tag{7-3}$$

设光注入电子和空穴的非平衡载流子浓度分别为 Δn 和 Δp，当电子刚被激发时，光电导率为

$$\sigma_0 = q(n_0\mu_n + p_0\mu_p) \tag{7-4}$$

式中，q 为电子电量；n_0、p_0 为平衡载流子浓度；μ_n 和 μ_p 分别为电子和空穴迁移

率，而光生电子和热平衡电子在整个光电导过程中迁移率可近似认为相同，则光照下的样品电导率变成

$$\sigma_0 = q(n\mu_n + p\mu_p) \tag{7-5}$$

式中，$n = n_0 + \Delta n$，$p = p_0 + \Delta p$，则附加的光电导率为

$$\Delta\sigma = q(\Delta n\mu_n + \Delta p\mu_p) \tag{7-6}$$

定态光电导是指在恒定光下产生的光电导。用 I 表示光子光照强度，α 为样品系数，则单位时间内单位体积吸收的光能量与光照强度成正比，有

$$-\frac{\mathrm{d}I}{\mathrm{d}x} = \alpha I \tag{7-7}$$

式中，αI 为单位体积内的光子吸收率，则电子空穴对的产生率为

$$Q = \beta I\alpha \tag{7-8}$$

设在某一时刻开始以强度为 I 的光照射在半导体表面，假设除激发过程外，不存在其他过程，经过数秒产生的载流子浓度为

$$\Delta n = \Delta p = Qt = \beta I\alpha t \tag{7-9}$$

若光强度保持不变，光生载流子浓度将随 t 线性增长，但光激发的同时还存在复合过程，因此 Δn 和 Δp 不可能一直直线上升，最后 Δn 达到稳定值时附加载流子浓度为 Δn_s，这时附加光电导 $\Delta\sigma$ 也达到稳定值 $\Delta\sigma_s$，这就是定态光电导。

设光生电子和空穴的寿命分别为 τ_n 和 τ_p，则定态光生载流子浓度为

$$\Delta n_s = \beta I\alpha\tau_n \tag{7-10}$$

$$\Delta p_s = \beta I\alpha\tau_p \tag{7-11}$$

从而定态光电导为

$$\Delta\sigma_s = q\beta I\alpha(\tau_n\mu_n + \tau_p\mu_p) \tag{7-12}$$

定态光电导与 β、α、τ、μ 四个参数有关。β 和 α 表征光和物质的相互作用，决定光生载流子的激发过程。而 τ 和 μ 表征载流子与物质的相互作用，决定载流子运动和非平衡载流子的复合过程。

$$R = \frac{1}{\Delta\sigma_s} = \frac{1}{q\beta I\alpha(\tau_n\mu_n + \tau_p\mu_p)} \tag{7-13}$$

$$I = \frac{I_0}{d_0^2}\cos\theta^2 \tag{7-14}$$

对上述公式整理，有

$$R = \frac{1}{\Delta\sigma_s} = \frac{d_0^2}{q\beta I_0\alpha\cos\theta^2(\tau_n\mu_n + \tau_p\mu_p)} \tag{7-15}$$

沉积有效电场强度指沉积时在沉积层表面与对电极之间的电场，计算公式如下：

$$R_{\text{dep}} = \frac{U}{i} - R_{\text{sus}} \tag{7-16}$$

$$E_{\text{dep}} = iR_{\text{dep}} \tag{7-17}$$

$$E_{\text{ele}} = iR_{\text{ele}} \tag{7-18}$$

$$E_{\text{eff}} = E_{\text{app}} - E_{\text{dep}} - E_{\text{ele}} \tag{7-19}$$

式中，R_{dep} 为沉积物电阻；R_{sus} 为悬浮液电阻；R_{ele} 为电极电阻；U 为外加沉积电压；i 为沉积电路的电流；E_{eff} 为沉积有效电场强度；E_{dep} 为沉积物的电场强度降；E_{app} 为外加电场强度；E_{ele} 为电极的电场强度降。

$$E = \frac{U}{D} \tag{7-20}$$

则有

$$E_{\text{eff}} = \frac{U_0 - U_{\text{dep}} - U_{\text{ele}}}{D} \tag{7-21}$$

$$E_{\text{eff}} = \frac{U_0 R_{\text{sus}}}{D(R + R_{\text{sus}} + R_{\text{dep}})} \tag{7-22}$$

式中，U_0 为外加初始电压；U_{dep} 为沉积物的电压；U_{ele} 为电极的电压。

对上述公式整理，有

$$E_{\text{eff}} = \frac{U_0 R_{\text{sus}}}{D\left(\dfrac{d^2}{q\beta I_0 \alpha \cos\theta^2 (\tau_{\text{n}} \mu_{\text{n}} + \tau_{\text{p}} \mu_{\text{p}})} + R_{\text{sus}} + R_{\text{dep}}\right)} \tag{7-23}$$

电泳沉积速率和沉积质量公式分别为

$$V = \frac{\varepsilon_{\text{m}} \cdot \zeta}{4\pi\eta} \cdot E \tag{7-24}$$

$$W = \frac{\varepsilon_{\text{m}} \cdot \zeta}{4\pi\eta} \cdot E \cdot t \tag{7-25}$$

式中，ε_{m} 为分散介质的介电常数；ζ 为 Zeta 电位；η 为黏度；E 为悬浮液中的电场强度（V/m）。则有

$$V_{\text{A}} = \frac{U_0 R_{\text{sus}} \varepsilon_{\text{m}} \zeta_{\text{A}}}{4\pi\eta D\left(\dfrac{d_0^2}{q\beta I_0 \alpha \cos\theta^2 (\tau_{\text{n}} \mu_{\text{n}} + \tau_{\text{p}} \mu_{\text{p}})} + R_{\text{sus}} + R_{\text{dep}}\right)} \tag{7-26}$$

$$V_{\text{B}} = \frac{U_0 R_{\text{sus}} \varepsilon_{\text{m}} \zeta_{\text{B}}}{4\pi\eta D\left(\dfrac{d_0^2}{q\beta I_0 \alpha \cos\theta^2 (\tau_{\text{n}} \mu_{\text{n}} + \tau_{\text{p}} \mu_{\text{p}})} + R_{\text{sus}} + R_{\text{dep}}\right)} \tag{7-27}$$

$$W_{A} = \frac{\varepsilon_{m} U_0 R_{sus} t \zeta_{A}}{4\pi \eta D \left(\dfrac{d_0^2}{q\beta I_0 \alpha \cos\theta^2 (\tau_n \mu_n + \tau_p \mu_p)} + R_{sus} + R_{dep} \right)} \tag{7-28}$$

$$W_{B} = \frac{\varepsilon_{m} U_0 R_{sus} t \zeta_{B}}{4\pi \eta D \left(\dfrac{d_0^2}{q\beta I_0 \alpha \cos\theta^2 (\tau_n \mu_n + \tau_p \mu_p)} + R_{sus} + R_{dep} \right)} \tag{7-29}$$

式中，V 为沉积速率（g/s）；W 为沉积质量（g）；t 为沉积时间（s）；ζ_{A}、ζ_{B} 分别为 A 颗粒、B 颗粒的 Zeta 电位；μ_n 和 μ_p 分别为电子和空穴迁移率（cm²/（V·s））。

通过对光定向高通量电泳沉积进行公式推导，发现 A/B 复相材料高通量制备主要受到悬浮液 Zeta 电位和光照入射角度的影响。光照入射角度不同，二氧化钛薄膜电极所受的激发程度不同，每个光照区域产生沉积电场不同，而颗粒的 Zeta 电位不同导致沉积速率差异，因此高通量电泳沉积的 A/B 复相材料的 A、B 组分产生差异。

7.2 高通量制备技术与装备

7.2.1 光定向高通量电泳沉积装备

图 7-7 为光定向高通量电泳沉积装备的示意图。光定向高通量电泳沉积装备主要由三个部分组成：光源与光路、光电极和悬浮液沉积系统。光源采用的是人造可见光光源，通过聚焦镜后入射在光电极上。光电极为 FTO-TiO₂ 薄膜复合材

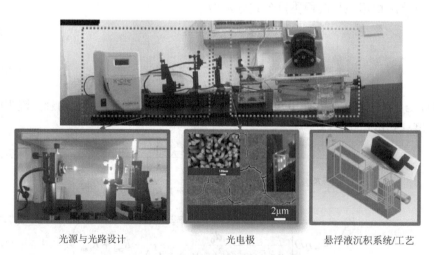

光源与光路设计　　　　　　光电极　　　　　悬浮液沉积系统/工艺

图 7-7　光定向高通量电泳沉积装备

料，TiO$_2$ 层为阵列状结构，在光电极和光源之间还放置有光学掩模，通过掩模控制光照射到光电极上的位置。另外一个部件为悬浮液沉积系统，用于承载或更换悬浮液，光电极就安装在悬浮液沉积系统的一侧。

7.2.2 光电极制作

1. 水热生长二氧化钛纳米棒

将清洗好的 FTO 导电玻璃放在干燥箱中干燥，接着把 FTO 导电玻璃放入水热釜内胆中，FTO 导电玻璃的导电面朝下。用量筒分别量取一定量去离子水和浓盐酸于烧杯中，置于磁力搅拌器上搅拌。用移液枪抽取适量钛酸四丁酯逐滴滴入烧杯中，然后继续搅拌直至溶液由浑浊变得澄清。再用滴管将所得溶液加入水热釜内胆中，之后盖好水热釜内胆和金属外壳。将组装好的水热釜放入马弗炉中进行水热反应，反应结束后，等马弗炉温度降低至室温，取出已经生长有二氧化钛纳米棒的 FTO 导电玻璃，用清水清洗，放入干燥箱中烘干[26, 27]。图 7-7 中间为光电极的俯视 SEM 图。

2. 二氧化钛纳米棒的热处理

将烘干后长有二氧化钛纳米棒的 FTO 导电玻璃放入马弗炉中，在 550℃下热处理，以提高二氧化钛薄膜的结晶度。然后将 FTO 导电玻璃放入管式炉中，通入浓度为 99.9% 的氢气进行还原热处理，还原温度为 320℃，保温时间为 30min。通过氢气热处理之后，产生了氧空位，可以显著提升二氧化钛薄膜的光电性能，同时由于产生了氧空位，二氧化钛薄膜表面颜色变深。

7.2.3 光定向高通量电泳沉积流程

1. 悬浮液制备

称量适量的 A 粉体和 B 粉体置于烧杯中，用量筒量取一定量去离子水和乙醇倒入烧杯中配制成悬浮液。将悬浮液放在磁力搅拌器后充分搅拌，再进行超声分散，然后再用移液枪量取适量聚丙烯酸铵加入悬浮液中，随后进行磁力搅拌和超声搅拌，得到 A/B 混合悬浮液。

2. 光定向高通量电泳沉积

连接好外电路与微流控管道设备，先用蠕动泵以一定的速度将悬浮液抽入沉积池中，选择适当图案的研磨板，然后调整光源入射的角度与位置，打开外电源，接入 3～4V 的直流电，沉积一段时间后，关闭光源，调节蠕动泵速度为 1mL/min，抽入乙醇溶液从而排除沉积池中的残余液。由于乙醇溶液的黏度更低，挥发速度快，这样在拆卸过程中更容易得到完整的微结构。

7.3 应 用 范 例

7.3.1 光定向高通量电泳沉积制备 NiO/YSZ 复相阳极材料

阳极材料是燃料电池的重要组成部分，对燃料电池的性能起着至关重要的作用。NiO/氧化钇稳定的氧化锆（yttria-stabilized zirconia，YSZ）复相材料作为近年热门的燃料电池阳极材料[28-30]，通过光定向电泳沉积实现 NiO/YSZ 复相材料的高通量制备具有重要意义。光照强度作为光定向电泳沉积技术一个重要的因素，借助非均匀的光照强度来控制光电极激发程度从而实现高通量电泳沉积。此外，胶体悬浮液本身的特征（如胶体悬浮液 Zeta 电位、电导率、介电常数等）和沉积条件（沉积电压、沉积时间等）也会对光定向高通量电泳沉积造成影响。

1. 表面活性剂对 NiO/YSZ 复相悬浮液性质的影响

图 7-8 显示的是表面活性剂类型对 NiO/YSZ 复相悬浮液性质的影响。如图 7-8（a）所示，聚丙烯酸铵与聚乙烯亚胺两者当中任意一种表面活性剂都能提高悬浮液颗粒 Zeta 电位的绝对值，但是加入这两种表面活性剂后的悬浮液 Zeta 电位正负性却截然相反。聚乙烯亚胺作为一种阳离子表面活性剂，由于本身其链长的特性，一端能够与固体物断键相连，另一端可对外显示正电性，被吸附到颗粒表面使颗粒带正电。然而，聚丙烯酸铵是一种阴离子表面活性剂，在乙醇溶液中能解离出带负电的—COO^-，当这些负电基团被粉体颗粒吸附后会使粉体颗粒带上负电荷从而显负电性。但 NiO/YSZ 悬浮液初始 Zeta 电位为正，聚丙烯酸铵解离出的—COO^-被颗粒吸附时会与粒子表面部分的正电荷中和。随着聚丙烯酸铵含量的增加，解离出的—COO^-量增多，粒子吸附的—COO^-也逐渐增多，最终颗粒表面带满负电荷，悬浮液显示负电性。图 7-8（b）显示聚丙烯酸铵和聚乙烯亚胺两种表面活性剂的加入都会使悬浮液颗粒粒径减小，但聚乙烯亚胺的效果更为显著。两种表面活性剂解离出相应的带电基团，当这些基团被吸附到 NiO 与 YSZ 两种粉体颗粒表面时，电荷之间的排斥效应会使颗粒分散开，进而使悬浮液粒径减小。悬浮液颗粒最初带正电，聚乙烯亚胺解离出的本身就是带正电荷的基团，被颗粒吸附后会起到增益作用，颗粒表面电荷量显著增大，粉体之间因斥力而分散开。而聚丙烯酸铵产生的负电荷需要中和颗粒表面吸附的部分正电荷，最后导致颗粒表面的负电荷电总量较低，因斥力使颗粒分散开的效果略差于聚乙烯亚胺，进而

导致颗粒粒径较大。此外，加入两种表面活性剂后，悬浮液的电导率都会升高。这是因为聚丙烯酸铵和聚乙烯亚胺的解离，产生了许多带电基团，使悬浮液中带电离子浓度增大，电导率自然而然就会升高。在光定向高通量沉积实验中，悬浮液的电导率过高会带来负面效果，过高的电导率会导致悬浮液的双电层减薄，使颗粒受到的电场力减弱，不利于后续的沉积，因此需要严格控制悬浮液的电导率。

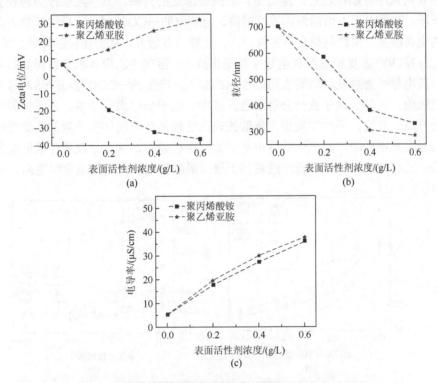

图 7-8　表面活性剂类型对 NiO/YSZ 复相悬浮液性质的影响

（a）表面活性剂类型对 NiO/YSZ 复相悬浮液 Zeta 电位的影响；（b）表面活性剂类型对 NiO/YSZ 复相悬浮液颗粒粒径的影响；（c）表面活性剂类型对 NiO/YSZ 复相悬浮液电导率的影响

不同乙醇体积分数和不同表面活性剂浓度的 NiO/YSZ 复相悬浮液性质变化情况如图 7-9 所示。由图可知，悬浮液颗粒表面开始带正电荷，随着溶剂中乙醇体积分数的提升，颗粒的 Zeta 电位绝对值逐渐降低。这是因为 NiO 与 YSZ 颗粒更易在水中发生电离，使颗粒表面带电量升高；而在乙醇中 NiO 与 YSZ 颗粒难以电离，故颗粒表面带电量降低。随着聚丙烯酸铵表面活性剂浓度的升高，不同乙醇体积分数的悬浮液颗粒的负电荷量都呈现递增的趋势，但乙醇体积分数越高的悬浮液，其粒子表面电荷递增的趋势越弱。由于聚丙烯酸铵含有大量羧基（—COOH），溶于水后解离出大量—COO⁻，当这些—COO⁻被吸附到颗粒表面后就会使颗粒带上负电荷，进而可以影响颗粒表面带电情况。当溶剂中乙醇体积分数较高时，聚丙烯酸铵在悬浮液中解离的量减少，解离出的—COO⁻有限，NiO 与 YSZ 颗粒表面吸附的负电荷量未达到饱和。如图 7-9（b）所示，相比于高体积分数的乙醇溶液，NiO 与 YSZ 颗粒在水中更容易电离，从而使粒子带同种电荷，进而相互排斥使粒子分散开，因此乙醇体积分数较高的复相悬浮液颗粒粒径要大于乙醇体积分数较低的复相悬浮液颗粒粒径。随着聚丙烯酸铵浓度的升高，悬浮液颗粒的粒径会逐渐下降，这是由于表面活性剂浓度越高，电解出的—COO⁻越多，最终颗粒表面吸附的电荷越多，同种电荷会产生排斥力，使颗粒分散开，从而让粒径降低。图 7-9（c）为 NiO/YSZ 复相悬浮液电导率的变化情况。溶剂中乙醇体积分数越高的悬浮液，其电导率会越低。随着表面活性剂的加入，产生的—COO⁻会被 YSZ 与 NiO 颗粒吸附，而其他离子就会分散在悬浮液中。由于导电离子增多，悬浮液的电导率会升高。然而，不同浓度聚丙烯酸铵表面活性剂在不同体积分数的乙醇溶液中电解程度是不同的，故产生的导电离子数目存在差异，这也导致悬浮液的电导率不等。乙醇体积分数低的悬浮液更利于聚丙烯酸铵电解，故其电导率更高。

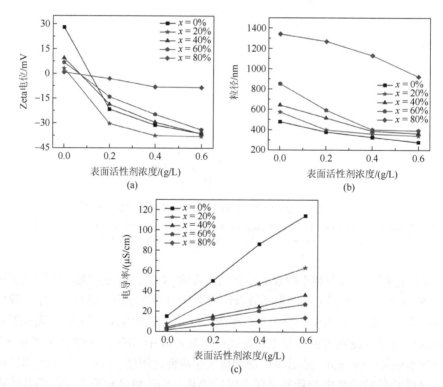

图 7-9　乙醇体积分数与表面活性剂含量对 NiO/YSZ 复相悬浮液性质的影响

（a）乙醇体积分数与表面活性剂浓度对 NiO/YSZ 复相悬浮液 Zeta 电位的影响；（b）乙醇体积分数与表面活性剂浓度对 NiO/YSZ 复相悬浮液粒径的影响；（c）乙醇体积分数与表面活性剂浓度对 NiO/YSZ 复相悬浮液电导率的影响

2. 光照强度对 NiO/YSZ 高通量电泳沉积的影响

图 7-10 是不同光照强度下高通量电泳沉积物的实物照片。从图中可发现，每个样品的 100 个小样品点形状比较完整，与掩模上阵列形状相似度较高，这说明光定向高通量电泳沉积技术具有较高的精确度。同时，每个样品左上角区域样品点直径尺寸与厚度普遍较大，而右下角区域样品点直径尺寸与厚度较小，这是因为在高通量电泳沉积过程中左上角区域光照强度高，对二氧化钛半导体薄膜电极的激发比较充分，使半导体电极载流子浓度升高，电导率上升使两电极之间产生的较强电场，NiO、YSZ 颗粒受到电场力作用进而发生沉积。而右下角区域二氧化钛光阳极受到的光照强度较弱，光电极激发程度较低，两电极间产生的电场较弱，导致两种粉体颗粒很难发生沉积，故右下角区域样品点的直径与厚度较小。此外，随着光照强度减弱，右下角区域小尺寸样品点的数目增多。这是由于当光照强度不同时，沉积情况就会存在差异，随着入射光强度降低，各样品点之间的光照强度差距更明显，更有利于高通量制备。

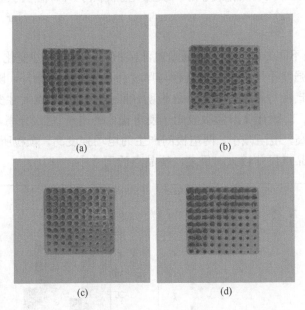

(a)   (b)

(c)   (d)

图 7-10　不同光照强度作用下高通量电泳沉积物的实物照片

(a) 40mW/cm^2；(b) 30mW/cm^2；(c) 20mW/cm^2；(d) 10mW/cm^2

不同光照强度作用下高通量电泳沉积的 1-1（第一行，第一列）样品点的 SEM 结果如图 7-11 所示。由 SEM 结果可知，不同光照强度下高通量电泳沉积的样品结构致密度较低，存在较多孔洞以及个别大颗粒团聚。当光照强度高时，NiO

和 YSZ 颗粒分布得比较均匀，但当光照强度较弱时，NiO 和 YSZ 粉体分布不均匀，在一定区域会发生聚集现象。

图 7-11　不同光照强度作用下高通量电泳沉积的 1-1 样品点的 SEM 图

(a) 40mW/cm²；(b) 30mW/cm²；(c) 20mW/cm²；(d) 10mW/cm²

图 7-12 为不同光照强度下高通量电泳沉积样品点的尺寸变化情况。由实验结果可知，光照强度不同，样品点直径与厚度会存在差异。此外，随着光照强度的增强，样品点直径与厚度也增大。这说明光照强度对样品点尺寸变化造成影响。光照强度高时，二氧化钛薄膜吸收光子使电极内的电子-空穴分离，导致半导体内载流子浓度升高，电阻减小，两电极间产生的电场强度高，颗粒所受的电场力强，故沉积出的样品点尺寸较大；反之，样品点的尺寸小。

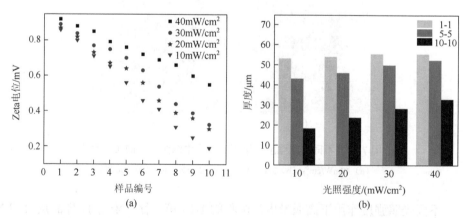

图 7-12　光照强度对高通量电泳沉积样品直径的影响（a），以及光照强度对高通量电泳沉积样品厚度的影响（b）

图 7-13 为高通量电泳沉积的 NiO/YSZ 复相材料和二氧化钛光阳极的 XRD 图谱。二氧化钛光阳极 FTO 及 TiO$_2$ 的 XRD 图谱表明，制备的半导体薄膜为四方晶系金红石相结构的 TiO$_2$。同时，也可以通过 NiO/YSZ 的 XRD 图谱找到 NiO 的衍射峰，但衍射峰强度相比于 FTO 较弱，可能是由于其含量较低。而复相材料中的 YSZ 含量较少，其衍射峰较弱，故无法在衍射图谱中找到。

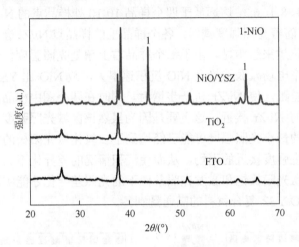

图 7-13　NiO/YSZ 及二氧化钛光阳极的 XRD 图谱

不同样品点的相对光照强度如图 7-14 所示。当施加光照时，不同位置样品点处的光照强度因距离不同而不同。如 1-1 处相对光照强度可达 0.78，4-4 处相对光照强度为 0.32，这也解释了前文中不同样品直径与厚度不同的原因。

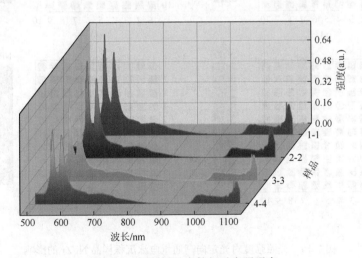

图 7-14　不同样品点的相对光照强度

图 7-15 是不同光照条件下高通量制备的 NiO/YSZ 复相材料经 XRF 测得的 Ni/Zr（原子比）情况。样品点的 Ni/Zr 会偏离初始粉体的 Ni/Zr。这是因为 NiO 颗粒的 Zeta 电位比 YSZ 颗粒的 Zeta 电位高。在同一电场下，NiO 受到的电场力较大，故 NiO 沉积速率比 YSZ 沉积速率快，在同一时间内 NiO 的沉积量自然较多，进而造成样品点比例偏离初始粉体比例。此外，四个样品 1-1 样品点的 Ni/Zr 分别为 7.2、7.4、8.4、6.3，这远低于四个样品 10-10 处样品点的 Ni/Zr17.75、18.50、21.60、69.80。随着光照强度减弱，各个样品上的样品点 Ni/Zr 会逐渐升高，即样品点成分差异化越来越明显。由于每个样品右上角处光照强度优于左上角处光照强度，呈现一个电场减弱趋势且 NiO 沉积速率大，故 NiO 比 YSZ 沉积的沉积增量会继续拉开差距，使 Ni/Zr 进一步增大。同时在四个图中样品的蓝色区域有很大部分样品点的 Ni/Zr 接近，这主要是因为虽然该区域光照强度呈现一个减弱趋势，这片区域的最小光照强度可能已经达到了二氧化钛光阳极的饱和激发光照强度，都能够产生强度接近的电场，从而使沉积情况的差异化不大。因此，也只有在低于二氧化钛光阳极饱和激发光照条件下的光照差异化才能实现沉积组分的差异化，实现 NiO/YSZ 复合材料的高通量制备。

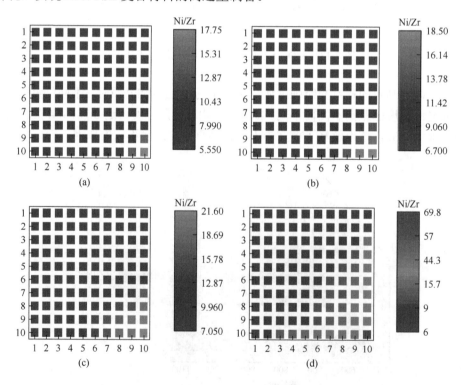

图 7-15　光照强度对光定向高通量电泳沉积样品 Ni/Zr 的影响

（a）40mW/cm²；（b）30mW/cm²；（c）20mW/cm²；（d）10mW/cm²

图 7-16 为 NiO/YSZ 高通量电泳沉积样品经氢气热处理前后的样品点电阻变化情况。从图中可以看出，随着 Ni/Zr 的增大，其电阻呈现逐渐减少的趋势。这主要是因为相对于 YSZ，NiO 的电导率更大，随着 NiO 的含量增大，其电阻会减小。此外，随着光强的减弱，沉积层厚度减薄，这在一定程度上也会导致其电阻下降。但相比于氢气热处理之前的样品点，处理后的样品点的电阻都在一定程度上增大。这可能是因为热处理会使样品开裂，从而使电阻增大；另外，在还原气氛下，当 NiO 的含量过高时，NiO 可能会被氢气还原，造成样品结构上的裂纹，从而使样品点的电阻升高。

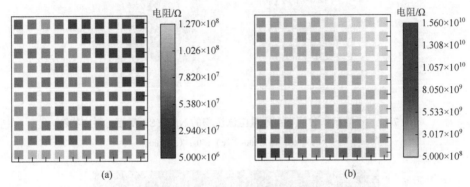

图 7-16　热处理对光定向高通量电泳沉积样品点电阻的影响

(a) 热处理前；(b) 热处理后

3. 沉积时间对 NiO/YSZ 复相材料高通量电泳沉积的影响

不同沉积时间下高通量电泳沉积所得到的样品实物结果如图 7-17 所示。实验结果表明，沉积时间越长，沉积物的尺寸越大，沉积的 NiO/YSZ 复相材料质量越大。然而，过长的沉积时间不利于光定向高通量电泳沉积技术得到清晰精确的微结构。当沉积时间越久时，小部分 NiO、YSZ 颗粒会在阵列点间非光照的区域发生沉积。沉积一定时间后，光照区域沉积层的厚度较大导致电阻过高，阻碍了粉体颗粒在此区域的后续沉积，故颗粒会在与光照区的边缘相连的无光照区附近发生沉积。但无光照区电极电阻初始值较高，致使能用于粉体沉积的有效电场较低，颗粒发生沉积没多久就因无法克服沉积层的高电阻而无法继续沉积，这也是无光照区会发生沉积，但沉积量较少的原因。

图 7-18 为不同沉积时间下高通量电泳沉积的 1-1 样品点 SEM 图。由 SEM 图可知，NiO/YSZ 复相材料呈现疏松结构且部分 NiO 和 YSZ 粉体颗粒团聚在一起，这是因为较低温度下的热处理无法让 NiO/YSZ 复相材料致密化，但引起 NiO/YSZ 复相材料结构收缩造成颗粒团聚。此外，沉积时间较长的样品会发生 YSZ 颗粒的富集，这说明沉积时间越长越不利于沉积的均匀性。

图 7-17　不同沉积时间下高通量电泳沉积的 NiO/YSZ 复相材料实物图

（a）50s；（b）100s；（c）150s；（d）200s

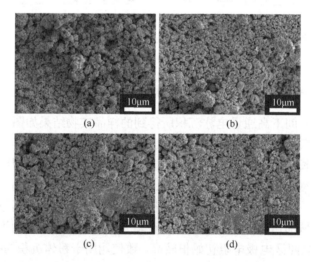

图 7-18　不同沉积时间下高通量电泳沉积的 1-1 样品点 SEM 图

（a）50s；（b）100s；（c）150s；（d）200s

图 7-19 所示为不同沉积时间下高通量电泳沉积的样品尺寸变化情况。不同沉积时间下 1-1 样品点的直径始终大于 5-5 样品点和 10-10 样品点的直径。1-1 处光照强度高，二氧化钛光阳极激发程度充分，粉体颗粒受到的电场力较大，因此粉体颗粒发生沉积的数目多。此外，随着沉积时间的延长，三个样品点的直径也增

大，这是因为延长沉积时间，增大了颗粒在对电极沉积的机会，使运动速度慢的颗粒也能运动到对电极并发生沉积。通过对不同沉积时间下所获样品点的直径进行拟合可以发现，样品点直径与沉积时间成正比，也就是说随着沉积时间的延长，样品点的直径也线性增加。如图 7-19（b）所示，1-1、5-5、10-10 样品点的厚度随时间的变化规律与直径表现出相似性，即随着沉积时间的延长，1-1、5-5、10-10 三个样品的厚度也增加，这也得益于沉积时间提高了粉体颗粒发生沉积的概率。1-1、5-5、10-10 三个样品点的厚度依次减小，1-1 样品点厚度最高可达 62μm，而 10-10 厚度最大却只有 27μm，这与其制备过程中施加的光照强度有关，光照强度越高，样品点的厚度越大，反之样品点的厚度越薄。

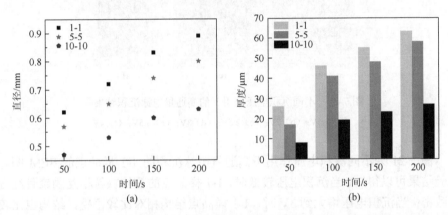

图 7-19　不同沉积时间下高通量电泳沉积的样品直径变化情况（a），以及厚度变化情况（b）

4. 沉积电压对 NiO/YSZ 复相材料高通量电泳沉积的影响

图 7-20 给出了不同沉积电压作用下高通量电泳沉积的样品实物图。实验结果表明，当沉积电压为 1.5V 和 2V 时，在光照强度较强的左上角区域能实现沉积且微结构具有较高的精度，但因外加电压较低导致有效电场强度较弱，NiO 和 YSZ 粉体颗粒受到的电场力较小，最终导致沉积的量偏少。而右下角区域受制于低的光照强度，二氧化钛光阳极激发不够充分，导致电极间电场强度较弱，所加外电压也不高，最终导致没能沉积上 NiO/YSZ。而当沉积电压逐渐增大时，两电极间电场强度也随之提升。无论是光照强度高的左上角区域还是光照强度低的右下角区域，NiO 和 YSZ 粉体颗粒发生定向移动及沉积都变得简单，最终都能在阳极上产生定向沉积，并且沉积的效果也随之提升。当电压增大到 3.5V 和 4V 时，沉积出的微结构与掩模的形状及尺寸差距较大，并且在无光照区也会沉积上少量 NiO/YSZ 复相材料。这是因为当电压过大时，虽然溶剂中含有乙醇，但还是会有一部分去离子水发生电解产生气体，而产生的气泡对粉

体颗粒的运动造成影响使粉体颗粒的运动轨迹发生偏离，因此沉积物的形状会与原图像产生偏差。

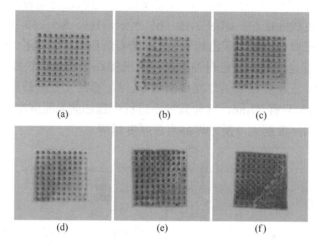

图 7-20　不同沉积电压作用下的高通量电泳沉积结果图

（a）1.5V；（b）2V；（c）2.5V；（d）3V；（e）3.5V；（f）4V

图 7-21 为不同沉积电压作用下高通量电泳沉积的 1-1 样品点的 SEM 图。由实验结果可以得知，当沉积电压较低时，1-1 样品点的粉体颗粒相互团聚且结合也不致密；当沉积电压增大到 3V 时，1-1 样品点结构相对比较平整，结构也比较紧凑；而随着沉积电压继续升高时，沉积电压过高造成水的电解产生气体会对样品的微结构造成一定的破坏，1-1 样品点的结构又变得疏松多孔。

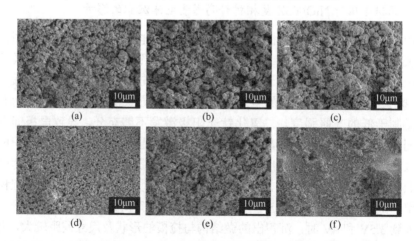

图 7-21　不同沉积电压作用下高通量电泳沉积的 1-1 样品点的 SEM 图

（a）1.5V；（b）2V；（c）2.5V；（d）3V；（e）3.5V；（f）4V

不同沉积电压作用下高通量电泳沉积的样品点尺寸变化情况如图 7-22 所示。由图 7-22（a）可以发现，无论电泳沉积电压变化如何，1-1 样品点的直径始终大于 5-5 与 10-10 样品点的直径，形成的原因前文也已进行过解释，是因为 1-1 样品点处的光照强度始终高于 5-5、10-10 样品点的光照强度，故电泳沉积出的三个样品点的直径呈现依次减小的现象。此外，随着电泳沉积电压的升高，1-1、5-5、10-10 三个样品点的直径也增大，并且当电泳沉积电压达到一定值时，直径增大的速率也变得缓慢。由图 7-22（b）的实验结果可知，电泳沉积电压对 1-1、5-5、10-10 三个样品点厚度的变化也起着重要作用，表现出正相关的规律。随着电泳沉积电压的升高，三个样品点的厚度也呈现增大趋势。和之前介绍的三个样品点厚度与光照强度的规律类似，1-1 样品点由于其所受光照强度高，其厚度远大于 5-5 及 10-10 样品点的厚度。

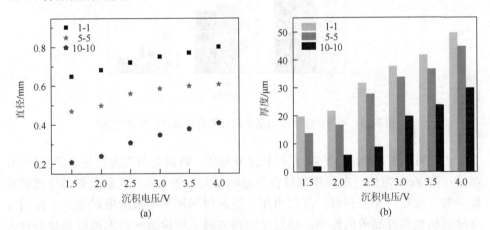

图 7-22　不同沉积电压下高通量电泳沉积的样品直径变化情况（a），以及厚度变化情况（b）

5. 悬浮液浓度对 NiO/YSZ 复相材料高通量电泳沉积的影响

图 7-23 描述了不同浓度悬浮液下高通量电泳沉积的样品点厚度变化情况。根据图 7-23 可以发现，当悬浮液浓度为 5%时，沉积出 1-1、5-5、10-10 样品点的直径分别为 0.53mm、0.48mm、0.45mm；而采用浓度为 15%的悬浮液，1-1、5-5、10-10 样品点的直径可以分别达到 0.89mm、0.82mm、0.80mm。随着悬浮液浓度的提高，沉积物的厚度也会升高。依据法拉第第一定律，电极反应得到的反应物的量与通过的电流密度和通电时间成正比，可描述为

$$n = \frac{Q}{zF} = \frac{Atj_{ave}}{zF} \tag{7-30}$$

式中，n 为反应物的物质的量；Q 为通过电极的电量；z 为离子价态；F 为法拉第常数；A 为电极面积；t 为反应时间；j_{ave} 为平均电流密度。

结合式（7-30）和图 7-23 的实验结果可以得知，在外加电流不变的情况下，电极反应导致的电流密度不会有太大变化。物质传输速度远大于电极中电荷转移速度，即随着电极附近悬浮液颗粒消耗，悬浮液中颗粒浓度越大，电流密度大大增加，最后导致沉积物的厚度也越大。

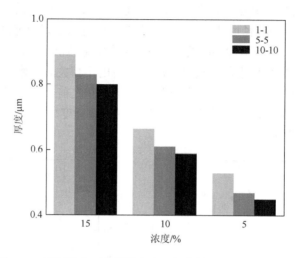

图 7-23　不同浓度下高通量电泳沉积的样品点厚度变化情况

由此可以看出，NiO/YSZ 复相悬浮液性质，特别是溶剂类型与表面活性剂，对悬浮液 Zeta 电位、电导率和粒径的影响较大，是光定向沉积所需悬浮液的重要参数。此外，光照强度、沉积电压、沉积时间和悬浮液浓度对光定向高通量电泳沉积也具有显著的影响。通过光定向高通量电泳沉积技术可以在数分钟内制备 {10×10} 阵列的 NiO/YSZ 复合阳极样品点阵，有望大大加速燃料电池阳极材料的研发效率。

7.3.2　光定向高通量电泳沉积制备 NiO/YSZ 梯度层状材料

层状复合材料，是指利用复合技术使两种或多种物理、化学、力学性能不同的材料在界面上实现结合而制备的复合材料。通过恰当的材料组合制成的层状复合材料，可以极大地改善单一材料的结构，提高其性能，近年来受到世界各国的普遍重视。前文提到，电泳沉积技术在垂直于电极方向具有天然的成分控制优势，非常适合层状材料的结构设计和制备。固体电解质燃料电池的阳极为 NiO/YSZ 材料，与之相连的是 YSZ 固体电解质薄层，阳极和固体电解质的厚度及其之间的界面结构，对于燃料电池的性能也具有极大的影响[31-34]。然而，通过常规的制备技术对这些方面进行研究，完成也需要巨大的工作量[35-37]。本节采用光定向高通量电泳沉积技术对 NiO/YSZ 悬浮液进行沉积组分调控,制备出燃料电池阳极和电解质 NiO/YSZ 层状高通量复合材料。

1. 连续梯度层状材料的高通量制备

1）图案化 NiO/YSZ 连续梯度层状材料的制备

要实现层状高通量材料的制备,首先要实现层状材料的图案化制备。图 7-24 所示为图案化 NiO/YSZ 连续梯度层状材料实物图。可以发现,光定向电泳沉积出的"福州大学"样品结构完整,图案化精确度较高。而图 7-24（a）样品颜色偏白,是由于绿色的 NiO 向白色的 YSZ 梯度变化,最终样品呈现白绿色。图 7-24（b）样品呈现绿色,是因为白色 YSZ 向绿色的 NiO 的梯度转变,故样品最终为绿色。

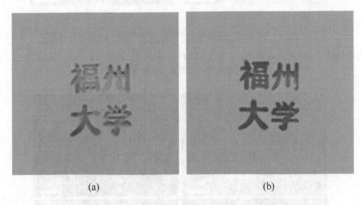

(a)　　　　　　　　　　　　　(b)

图 7-24　图案化 NiO-YSZ 连续梯度层状材料实物图（a）,以及图案化 YSZ-NiO 连续梯度层状材料实物图（b）（扫描封底二维码可见本图彩图）

图案化 NiO/YSZ 连续梯度层状材料 SEM 图如图 7-25 所示。由 SEM 照片可以发现,NiO-YSZ 和 YSZ-NiO 两种连续梯度层状材料表面都为 NiO 与 YSZ 粉体混合状态,其厚度都为 20～30μm,但 YSZ-NiO 连续梯度材料的厚度要大于 NiO-YSZ。因为 NiO-YSZ 中 NiO 粒径较大,作为底层材料时,沉积的结构比较疏松,存在脱落的可能,不利于后续沉积,当随着 YSZ 含量增加时,YSZ 由于表面带电量小,有效电场已经很难促进 YSZ 进行沉积,导致最终沉积层较薄。反观 YSZ-NiO 的沉积过程,YSZ 的初始粒径较小,作为底层时,沉积出的 YSZ 层较为致密,给沉积提供了良好的基础,后续的 NiO 沉积由于 NiO 颗粒表面的带电量较高,沉积较为容易,YSZ-NiO 连续梯度层状材料厚度较大。

图 7-26 给出了图案化 NiO-YSZ 连续梯度层状材料样品 EDS 图。可以看出,Ni 和 O 元素由于其含量较多,无法得出明确的变化,但由基片往上 Zr 元素含量逐渐增多,Zr 元素的变化过程与 NiO-YSZ 的成分变化相吻合。

图 7-25　图案化 NiO/YSZ 连续梯度层状材料 SEM 图

（a）（b）图案化 NiO-YSZ 连续梯度层状材料断面 SEM 图、表面 SEM 图；（c）（d）图案化 YSZ-NiO 连续梯度层状材料断面 SEM 图、表面 SEM 图

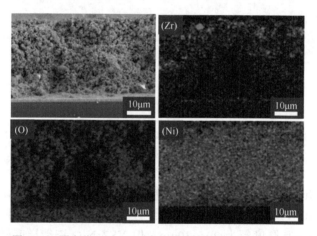

图 7-26　图案化 NiO-YSZ 连续梯度层状材料样品 EDS 图

　　图 7-27 为图案化 YSZ-NiO 连续梯度层状材料样品 EDS 图。可以看出，由基片往上 Zr 元素含量逐渐减少，而 Ni 元素呈现逐渐增加的趋势，YSZ 和 NiO 中都含有 O 元素，故 O 元素含量没有明显变化。

　　表 7-2 为图案化 NiO-YSZ 与 YSZ-NiO 连续梯度层状材料样品元素含量。可以看出，两种梯度层状材料的 Zr 元素含量要都低于 Ni 元素含量，这主要是因为 YSZ 本身的材料特性，相比于 NiO 更难发生沉积。同时，NiO-YSZ 连续梯度层状材料的 Ni 元素含量要高于 YSZ-NiO 连续梯度层状材料的 Ni 元素含量，而 Zr 元素含量却正好相反。

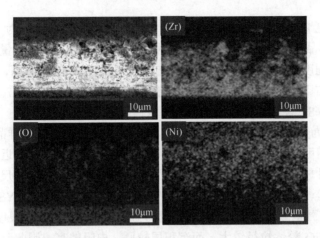

图 7-27 图案化 YSZ-NiO 连续梯度层状材料样品 EDS 图

表 7-2 图案化 NiO-YSZ 与 YSZ-NiO 连续梯度层状材料样品元素含量（质量分数）（单位：%）

样品	Zr	Ni	O
NiO-YSZ	2.31	35.04	62.65
YSZ-NiO	9.04	24.69	66.27

2）NiO/YSZ 连续梯度层状材料的高通量制备

图 7-28 描述了光定向高通量沉积的 YSZ-NiO 连续梯度层状材料样品 Ni/Zr 分布情况。由实验结果可知，从左上角到右下角区域，样品点的 Ni/Zr 呈现逐渐减小的趋势，这与之前的非连续梯度高通量的结果相反。造成这种结果的原因是

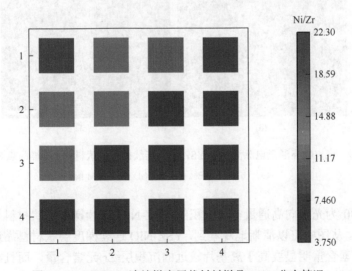

图 7-28 YSZ-NiO 连续梯度层状材料样品 Ni/Zr 分布情况

在光定向高通量电泳沉积连续梯度层状材料样品时，其最底层为 YSZ，顶层为 NiO，随着样品厚度的增加，样品表面的 YSZ 含量减少，NiO 含量增加。而左上角区域光照强度高，因此样品点的厚度较大，所以 NiO 的含量高，导致 Ni/Zr 偏高，而反观右下角，由于光照强度小，沉积出的样品点厚度较薄，此时右下角区域样品点的 YSZ 含量较高，故右下角区域样品点 Ni/Zr 偏低。

图 7-29 为光定向高通量电泳沉积的 YSZ-NiO 连续梯度 1-1 样品点的 SEM 照片。由断面图可知，YSZ-NiO 1-1 样品点厚底接近 30μm，同时靠近基片的区域沉积层颗粒尺寸较小，沉积得比较致密，而远离基片的沉积层颗粒尺寸较大，沉积层也比较疏松。这主要是因为靠近基片的沉积层 YSZ 含量较高，YSZ 颗粒尺寸较小，而此时有效电场强度高，故沉积层比较致密，而随着沉积层厚度的增加，NiO 含量增加，NiO 粉体粒径较大，而沉积层较厚，电阻较高，因此此时有效电场强度较低，故导致 NiO 层较为疏松。由图 7-29（c）和（d）可以观察到样品点表面呈现 NiO 与 YSZ 粉体混合的疏松状态。

图 7-29 光定向高通量电泳沉积的 YSZ-NiO 连续梯度层状材料 1-1 样品点 SEM 图

（a）（b）截面 SEM 图；（c）（d）表面 SEM 图

图 7-30 为光定向高通量电泳沉积的 YSZ-NiO 连续梯度层状材料 1-1 样品点的 EDS 图。从图中可以清晰地观察到，YSZ-NiO 连续梯度层状材料靠近基片的沉积层 Zr 元素含量明显要高于离基片较远的沉积层 Zr 元素含量，而且靠近基片的沉积层 Ni 元素含量要低于远离基片的沉积层 Ni 元素含量。

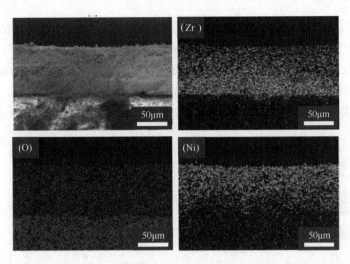

图 7-30　光定向高通量电泳沉积的 YSZ-NiO 连续梯度层状材料 1-1 样品点 EDS

　　光定向高通量电泳沉积的 YSZ-NiO 连续梯度层状材料 1-1 样品点的线扫描能谱如图 7-31 所示。可以明显看到，越靠近基片，沉积层中 Zr 元素含量总体呈上升趋势，即代表 Zr 元素含量增加，而沉积层中 Ni 元素含量总体呈下降趋势，说明 Ni 元素含量减少。

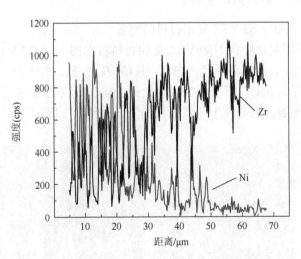

图 7-31　光定向高通量电泳沉积的 YSZ-NiO 连续梯度层状材料 1-1 样品点的线扫描能谱

　　如图 7-32 所示，氢气处理前后的 YSZ-NiO 连续梯度层状材料左上角区域的样品点的电阻要大于右下角区域样品点电阻并呈现阶梯递减趋势。这与不同区域样品点所受的光照强度有关，左上角区域光照强度高，沉积层的厚度大，故样品点的电阻大。同时还可以观察到经过氢气处理后的 YSZ-NiO 连续梯度层状材料样品点的电阻相比于氢气热处理前的样品点都获得较大提高。一般而言,氢气热处理会使 NiO 转变为金属镍,从而使样品点的电导率升高。但由于制备出的 YSZ-NiO 连续梯度层状材料结构本身比较疏松,经过低温氢气热处理也难以致密化,同时氢气还原 NiO 会使样品体积收缩,故使原来与 NiO 的连接变得更不稳定,样品电阻增大。

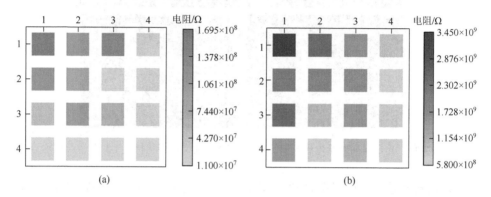

图 7-32　光定向高通量电泳沉积的 YSZ-NiO 连续梯度层状材料经氢气热处理前后的电阻变化情况
(a)氢气处理前;(b)氢气处理后

2. 层状复相材料的高通量制备

1)图案化层状 NiO/YSZ 复相材料的制备

图 7-33 为图案化层状 NiO/YSZ 复相材料实物图。图 7-33(a)上层为 YSZ 材料,下层为 NiO,故样品颜色为白色,且结构较完整。图 7-33(b)样品为绿色,是因为样品上层为 NiO,下层为 YSZ。此外,NiO 颗粒 Zeta 电位更大,沉积更为容易,故在无光照区也会发生少量沉积使图案化精度下降。

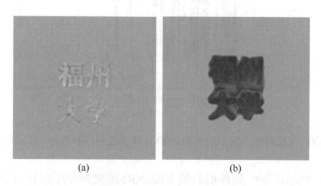

图 7-33　图案化层状 NiO/YSZ 复相材料实物图
(a)图案化层状 NiO-YSZ 复相材料实物图;(b)图案化层状 YSZ-NiO 复相材料实物图。扫描封底二维码可见本图彩图

图 7-34 为图案化层状 NiO/YSZ 复相材料 SEM 图。由 SEM 结果可知，NiO-YSZ 和 YSZ-NiO 两种复相材料表面结构都比较疏松，都能观察到明显的分层现象。层状 YSZ-NiO 复相材料下层为粒径较小的 YSZ 颗粒，故下层堆积比较致密，上层的 NiO 粒径较大，故结构比较疏松。然而，层状 NiO-YSZ 复相材料刚好相反，下层为粒径较大的 NiO 颗粒，上层为粒径较小的 YSZ 颗粒。此外，两者的 YSZ 层厚度存在巨大差异，这与 NiO、YSZ 这两种颗粒的沉积难易有关。当先沉积 YSZ 时，NiO 带电量较高，故后续还是能发生沉积，但如果先沉积 NiO，后续 YSZ 的沉积就会变得困难，故沉积层较薄。

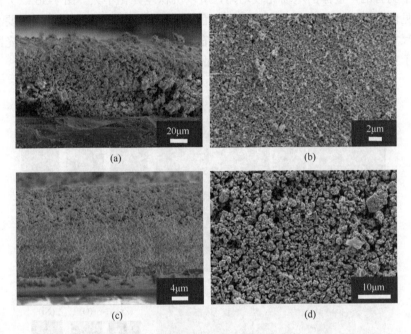

图 7-34　图案化层状 NiO/YSZ 复相材料 SEM 图
（a）（b）图案化层状 NiO-YSZ 复相材料断面 SEM 图、表面 SEM 图；（c）（d）图案化层状 YSZ-NiO 复相材料断面 SEM 图、表面 SEM 图

图 7-35 为图案化层状 NiO/YSZ 复相材料 EDS 图。由 EDS 图的结果可以看出两种层状结构 Zr 与 Ni 的分层分布。NiO-YSZ 复相材料基片附近 Ni 元素含量较高，而 Zr 元素在远离基片处含量较高，而 YSZ-NiO 复相材料的 Zr、Ni 元素分布则与其相反。

2）层状 NiO/YSZ 复相材料的高通量制备

图 7-36 为光定向高通量电泳沉积制备的双层状 NiO/YSZ 样品实物图。由图 7-36（a）可以观察到，样品左上角为白色 YSZ，而右下角主要为绿色 NiO/YSZ。

这主要是因为下层 NiO/YSZ 为均匀光照下制备的，对二氧化钛光阳极的激发程度大致相同，形成的电场比较均匀，因此沉积尺寸等情况大致相同，而上层 YSZ 是非均匀光照下制备的，左上角的光照强度要高于右下角，因此右下角沉积在下层 NiO/YSZ 上的 YSZ 较少。图 7-36（b）样品与图 7-36（a）刚好相反，左上角为绿色 NiO/YSZ，右下角为白色 YSZ，但底层的 NiO/YSZ 清晰可见。这主要是因为下层 NiO/YSZ 为非均匀光照下制备的，左上角的光照强度要高于右下角光照强度，对二氧化钛光阳极的激发程度大，因此左上角的电场强度要高于右下角的电场强度，左上角的沉积样品尺寸要大于右下角的样品尺寸。而上层 YSZ 是均匀光照下制备的，整体的电场比较均匀，所以沉积差异化不大。图 7-36（c）样品表面可见白色 YSZ，但底层可以观察到绿色 NiO/YSZ，同时右下角的尺寸要小于左上角尺寸。因为样品上下层的材料都是在非均匀电场下制备的，右下角光照强度要小于左上角，所以右下角沉积出的样品点要小于左上角样品点。

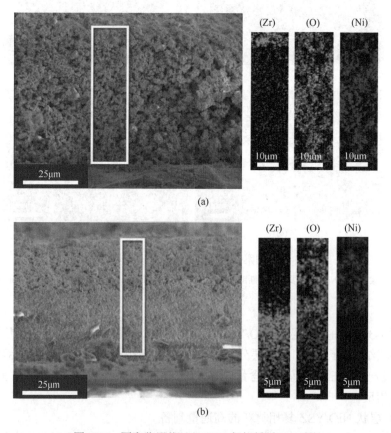

图 7-35　图案化层状 NiO/YSZ 复相材料 EDS 图

（a）图案化层状 NiO-YSZ 复相材料断面 EDS 图；（b）图案化层状 YSZ-NiO 复相材料断面 EDS 图

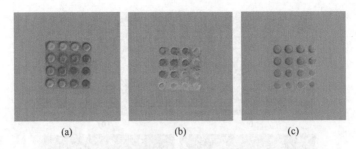

(a)   (b)   (c)

图 7-36   双层状材料的光定向高通量电泳沉积制备

（a）上层为非均匀光照下沉积的 YSZ，下层为均匀光照下沉积的 NiO/YSZ；（b）上层为均匀光照下沉积的 YSZ，
下层为非均匀光照下沉积的 NiO/YSZ；（c）上层为非均匀光照下沉积的 YSZ，下层为非均匀光照下沉积的 NiO/YSZ。
扫描封底二维码可见本图彩图

    图 7-37 为均匀光照下制备的 NiO/YSZ 和非均匀光照下制备的 YSZ 双层材料 1-1、1-2、1-3、1-4 样品点的断面 SEM 形貌。可以观察到，沉积层具有明显的分层现象，上层为小尺寸的 YSZ，堆积比较致密，下层为 NiO/YSZ 两相混合，颗粒尺寸较大。

    非均匀光照下制备的 NiO/YSZ 和均匀光照下制备的 YSZ 双层材料 1-1、1-2、1-3、1-4 样品点的断面 SEM 形貌如图 7-38 所示。从实验结果可以发现，沉积层无法观察到明显的分层现象。总体来说，由于 NiO 颗粒粒径较大，沉积出的样品孔洞较多，堆积比较疏松。

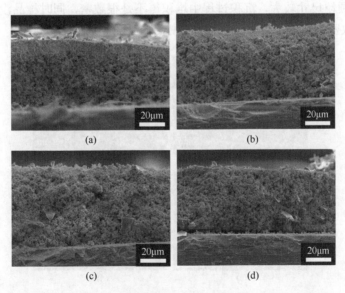

(a)   (b)

(c)   (d)

图 7-37   均匀光照下制备的 NiO/YSZ 和非均匀光照下制备的 YSZ 双层材料 1-1、1-2、1-3、1-4
样品点的断面 SEM 形貌

（a）1-1；（b）1-2；（c）1-3；（d）1-4

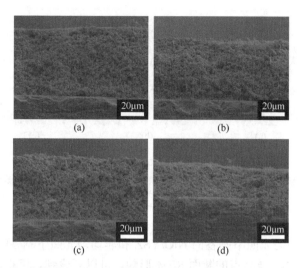

图 7-38　非均匀光照下制备的 NiO/YSZ 和均匀光照下制备的 YSZ 双层材料 1-1、1-2、1-3、1-4 样品点的断面 SEM 形貌

（a）1-1；（b）1-2；（c）1-3；（d）1-4

图 7-39 为非均匀光照下制备的 NiO/YSZ 和非均匀光照下制备的 YSZ 双层材料 1-1、1-2、1-3、1-4 样品点的断面 SEM 形貌。可以看到，沉积层有少许分层现象，但上层 YSZ 的层厚较小。沉积层总体结构不是很致密，存在很多孔洞，这是由于 NiO 颗粒尺寸较大，沉积过程中堆积得不是很致密，同时样品没有进行高温烧结形成致密的过程，所以结构较为疏松。

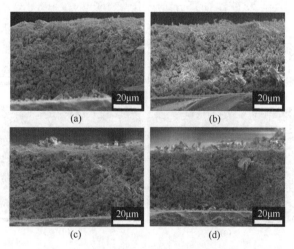

图 7-39　非均匀光照下制备的 NiO/YSZ 和非均匀光照下制备的 YSZ 双层材料 1-1、1-2、1-3、1-4 样品点的断面 SEM 形貌

（a）1-1；（b）1-2；（c）1-3；（d）1-4

均匀光照下制备的 NiO/YSZ 和非均匀光照下制备的 YSZ 双层材料 1-1、1-2、1-3、1-4 样品点的断面 EDS 图如图 7-40 所示。由实验结果可知，通过 EDS 明显看到远离基片的沉积层 Zr 含量较高，并且 1-1、1-2、1-3、1-4 样品点 Zr 层的厚度依次递减。

图 7-41 描述的是非均匀光照下制备的 NiO/YSZ 和均匀光照下制备的 YSZ 双层材料 1-1、1-2、1-3、1-4 样品点的断面 EDS 图。由 EDS 结果来看，上层的 Zr 元素多，但和均匀光照下制备的 NiO/YSZ 和非均匀光照下制备的 YSZ 双层材料相比，Zr 层的厚度较小，这主要是因为非均匀光照下制备 YSZ 层时，有效电场强度较低，YSZ 沉积量较少。

图 7-42 为非均匀光照下制备的 NiO/YSZ 和非均匀光照下制备的 YSZ 双层材料 1-1、1-2、1-3、1-4 样品点的断面 EDS 图。从图中可以看到分层情况，上层都为 Zr 元素，下层为 Ni 与 Zr 元素，但是上层 Zr 含量还是比较少。这主要是因为经过第一次沉积 NiO/YSZ 的时间较长，混合层较厚，使沉积层的电阻升高，当进行上层 YSZ 沉积时，沉积层的电阻较大，使沉积有效电场强度降低，最后导致 YSZ 沉积量不高。此外，由于底层 NiO/YSZ 层比较疏松多孔，在 YSZ 单相沉积时，YSZ 也会进入 NiO/YSZ 孔隙中，使上层的 YSZ 含量较低。

图 7-40　均匀光照下制备的 NiO/YSZ 和非均匀光照下制备的 YSZ 双层材料 1-1、1-2、1-3、1-4 样品点的断面 EDS 图

(a) 1-1；(b) 1-2；(c) 1-3；(d) 1-4

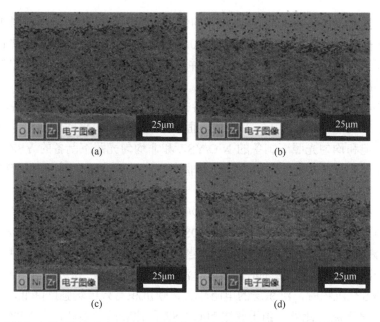

图 7-41　非均匀光照下制备的 NiO/YSZ 和均匀光照下制备的 YSZ 双层材料 1-1、1-2、1-3、1-4
样品点的断面 EDS 图

（a）1-1；（b）1-2；（c）1-3；（d）1-4

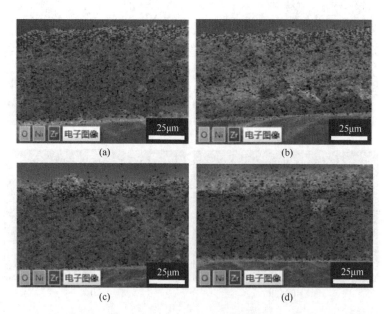

图 7-42　非均匀光照下制备的 NiO/YSZ 和非均匀光照下制备的 YSZ 双层材料 1-1、1-2、1-3、
1-4 样品点的断面 EDS 图

（a）1-1；（b）1-2；（c）1-3；（d）1-4

图 7-43 是均匀光照下制备的 NiO/YSZ-非均匀光照下制备的 YSZ 双层状复合材料经氢气热处理前后的电阻变化情况。由图 7-43 可以看出，相比右下角区域，左上角区域的样品点电阻普遍偏高。因为底层 NiO/YSZ 是在均匀光照下沉积制得的，所以各区域的样品点沉积情况大致相同，电阻差异小。而上层 YSZ 沉积时光照不均匀，左上角区域光照强，二氧化钛薄膜电极激发程度高，YSZ 沉积的质量多，导致该区域样品点电阻比右下角区域大。由图 7-43（b）可知，经过氢气热处理之后，各样品点的电阻都会获得提升。这是由于在还原气氛下，NiO 发生还原反应变成 Ni 时发生体积收缩，留下孔隙进而导致电阻升高。此外，过多 NiO 被还原产生 Ni 金属也会降低与 YSZ 的兼容性，从而使样品电阻上升。

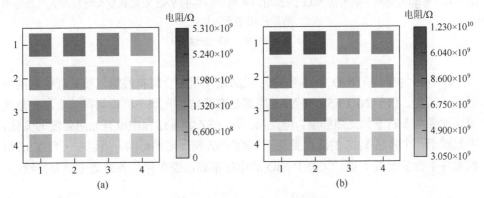

图 7-43　均匀光照下制备的 NiO/YSZ-非均匀光照下制备的 YSZ 双层状复合材料经氢气热处理前后的电阻变化情况
（a）氢气处理前；（b）氢气处理后

图 7-44 显示的是非均匀光照下制备的 NiO/YSZ-均匀光照下制备的 YSZ 双层状复合材料经氢气热处理前后的电阻变化情况。由图可知，样品电阻呈现左上角区域与右下角区域电阻高，其他位置电阻较低的现象。样品底层为非均匀光照下沉积的 NiO/YSZ，左上角区域的光照强度高，因此左上角区域沉积物厚度大于右下角区域样品点。NiO/YSZ 沉积时为非均匀沉积，等到第二层 YSZ 沉积时，左上角区域几乎已经达到沉积极限，因此后续沉积的 YSZ 比较微量。然而，右下角区域最初沉积的 NiO/YSZ 的量较少，当切换强光时，YSZ 沉积受到初始沉积层的影响较小，因此沉积量会高于左上角样品点 YSZ 的沉积量。虽然总体来说右下角区域的沉积层厚度要低于左上角区域沉积层厚度，左上角样品点电阻值高，但是右下角区域沉积的 YSZ 质量大且 YSZ 的电导率要低于 NiO，因此右下角区域样品点也呈现高电阻。最后呈现左上角区域样品点与右下角区域样品点的电阻都偏高，其他位置电阻较低的情况。经过氢气还原之后，各样品点电阻在原来的基础上都获得了提升，这主要与 NiO 发生还原造成高孔隙率有关。

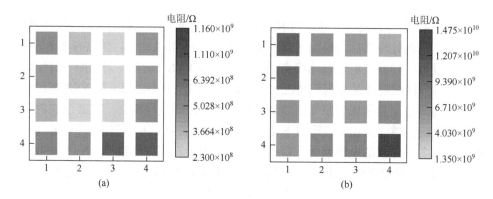

图 7-44 非均匀光照下制备的 NiO/YSZ-均匀光照下制备的 YSZ 双层状复合材料经氢气热处理前后的电阻变化情况

（a）氢气处理前；（b）氢气处理后

图 7-45 为非均匀 NiO/YSZ-非均匀 YSZ 双层状复合材料经氢气热处理前后的电阻变化情况。由于 NiO/YSZ 和 YSZ 层都是在非均匀光照下沉积制得的，左上角光照强度要高于右下角光照强度，但是第二层 YSZ 制备过程中没有光照强度的变化，因此对于整个样品 YSZ 的沉积受制于 NiO/YSZ 层厚度的影响，所以左上角 YSZ 沉积量并不会多于右下角。又由于 NiO 的电导率高，整个样品各处的电阻差异较小。

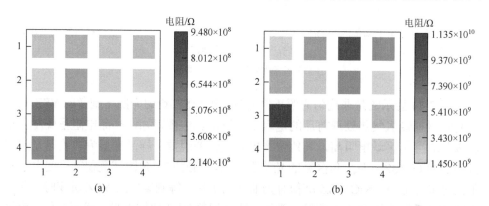

图 7-45 非均匀光照下制备的 NiO/YSZ-非均匀光照下制备的 YSZ 双层状复合材料经氢气热处理前后的电阻变化情况

（a）氢气处理前；（b）氢气处理后

双层状复合材料经氢气热处理前后的 XRD 图谱如图 7-46 所示。由图可以判断 NiO 等物相存在；此外，经过氢气热处理后，部分 NiO 衍射峰消失，说明 NiO 量发生减少，这也与前面经过氢气处理的部分 NiO 发生还原反应产生金属 Ni 的推测相吻合。

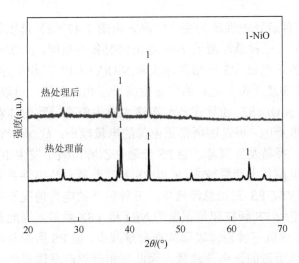

图 7-46　双层状样品经氢气热处理前后的 XRD 图谱

综上所述，通过利用光定向沉积技术实现了图案化 NiO/YSZ 层状材料以及图案化 NiO/YSZ 连续梯度层状材料的制备，且可以实现 NiO/YSZ 层状材料和 NiO/YSZ 连续梯度层状材料的高通量制备，制备过程方便快捷，整个制造过程在 1~2min 内完成。另外，光定向沉积技术可以在三维调控材料结构，制备图案化及层状材料于一体的多相材料。

7.3.3　光定向高通量电泳沉积制备 NiO/YSZ/PS 三相复合材料

光定向高通量沉积技术作为一种新型的材料高通量实验方法，相比于传统的材料制备方法，具有简便快速高效的特点。之前的章节已经验证了光定向高通量沉积技术在 NiO/YSZ 无机材料中的运用潜力，因此进一步扩展该技术在其他材料领域的研究具有重要意义。在燃料电池中，阳极结构会对电池性能产生重要影响。孔隙率是影响燃料电池阳极结构的一个重要因素，阳极的孔洞可以为燃料电池的燃料提供运输通道，一个合适的多孔阳极可以增大阳极、电解质、燃料气形成的三相界面的比表面积，促进燃料的转化，提高电池的利用率。故利用光定向沉积技术实现燃料电池的多孔阳极的高通量制备是很有必要的。本节将聚苯乙烯（polystyrene，PS）作为造孔剂，对 NiO/YSZ/PS 三相悬浮液性质进行研究，从而确定合适的三相悬浮液参数，然后通过光定向沉积技术实现 NiO/YSZ/PS 三相复合材料的高通量制备。

1. NiO/YSZ/PS 三相悬浮液性质

图 7-47 为添加不同含量的聚丙烯酸铵表面活性剂后 PS、NiO/YSZ、

NiO/YSZ/PS 三种悬浮液性质的变化情况。由图 7-47（a）可以得知，在没有添加表面活性剂时，三种悬浮液的 Zeta 电位情况各不相同：NiO/YSZ 两相悬浮液最初带 10mV 的正电位，PS 单相悬浮液和 NiO/YSZ/PS 三相悬浮液都带负电位，并且 PS 单相悬浮液所带负电荷的电量要高于三相悬浮液，可以达到–28.1mV。首先这是由于 NiO/YSZ 粉体在乙醇溶液中发生解离导致粉体颗粒表面会带上正电基团从而带正电，但是因所带正电荷的电量较小，故 NiO/YSZ 两相悬浮液的稳定性不好，容易发生沉降。当 PS 分散在乙醇溶液中发生电离时会使 PS 粉体表面带上负电荷且电荷量较高，所以 PS 悬浮液显示负电性并具有良好的稳定性。而在 NiO/YSZ/PS 三相悬浮液中，三种粉体的电离情况不同，电离时悬浮液中存在带负电的 PS 颗粒和带正电的 NiO 和 YSZ 颗粒，因此部分正负电荷之间会发生中和，导致三种粉体表面的电荷量减少，但 PS 所带负电荷总量明显高于其他两种粉体所带的正电荷总量，因此三相悬浮液呈现负电性。然而，颗粒间发生电荷的中和会消耗一定量的负电荷，三相悬浮液颗粒所带电荷量要低于 PS 单相悬浮液颗粒的电荷量，故 NiO/YSZ/PS 三相悬浮液的负电荷的电荷量要低于 PS 悬浮液，也会发生一定的絮凝。而当聚丙烯酸铵表面活性剂浓度为 0.2g/L 时，三种悬浮液中的负电荷量增多，并且 NiO/YSZ 两相悬浮液会发生电性转变，由最初的带正电荷转变为带负电荷。这是由于聚丙烯酸铵表面活性剂在乙醇溶液中会发生解离，分离出带负电荷的—COO⁻，这些基团被粉体颗粒吸附会促使 PS 和 NiO/YSZ/PS 悬浮液的 Zeta 电位增大，而 NiO/YSZ 悬浮液的正电荷也会吸附由表面活性剂产生的带负电荷的—COO⁻基团，导致正负电荷中和。随着表面活性剂添加量的提高，三种悬浮液的电负性增大，PS 悬浮液的 Zeta 电位可达–42.1mV。从图 7-47（b）的结果可以得知，在没有加入表面活性剂时，NiO/YSZ、NiO/YSZ/PS、PS 悬浮液的平均粒径依次升高。其中，PS 悬浮液平均粒径可以达到 3μm，NiO/YSZ 悬浮液粒径最小，而 NiO/YSZ/PS 三相悬浮液的平均粒径介于两者之间。随着表面活性剂的不断添加，三种悬浮液中颗粒粒径不断减小。这是因为表面活性剂的解离产生—COO⁻，被粉体颗粒吸附后使三种悬浮液的 Zeta 电位绝对值增大使颗粒之间产生静电-位阻效应，所以团聚的颗粒不断分散开，最终悬浮液的粒径呈现逐渐减小的趋势。如图 7-47（c）所示，随着表面活性剂浓度的提高，三种悬浮液的电导率不断增大，最终可以达到约 40μS/cm。表面活性剂的解离产生—COO⁻，使悬浮液中离子数目增多，故悬浮液的电导率显著提高。然而，在光定向高通量沉积中，悬浮液的电导率不宜过大。当悬浮液的电导率过大时，会导致双电层急剧减薄，颗粒受到的电场力减小，使粒子的运动较慢或者与电极的结合力不够，造成无法沉积或沉积质量较差。

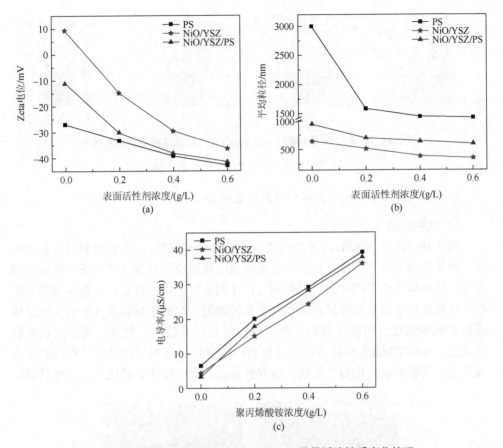

图 7-47   PS、NiO/YSZ、NiO/YSZ/PS 三种悬浮液性质变化情况

（a）PS、NiO/YSZ、NiO/YSZ/PS 三种悬浮液 Zeta 电位变化图；（b）PS、NiO/YSZ、NiO/YSZ/PS 三种悬浮液粒
径变化图；（c）PS、NiO/YSZ、NiO/YSZ/PS 三种悬浮液电导率变化图

　　图 7-48 为 NiO/YSZ/PS 三相悬浮液加入不同浓度表面活性剂时悬浮液的沉降变化情况图。当没有加入表面活性剂时，由于 NiO 和 YSZ 粉体在乙醇溶液中电离带正电荷，而 PS 粉体电离后所带电荷为负。异性电荷相互吸引，悬浮液中的 NiO、YSZ 和 PS 最初会发生团聚。由于正负电荷发生中和，颗粒表面的总电荷量减小，三相悬浮液的稳定性下降，悬浮液中的粉体颗粒会发生团聚，最后因为重力作用而发生沉降。而当加入聚丙烯酸铵表面活性剂时，表面活性剂解离产生—COO$^-$，使颗粒表面带电量升高，因此颗粒之间所带电荷相互排斥就会使颗粒分散开，悬浮液的稳定性也随之提高。在一定范围内随着表面活性剂浓度的提升，粉体颗粒表面带电量不断升高，粉体的沉降情况也会逐渐好转，悬浮液的稳定性提高。然而，当表面活性剂的量过高时，产生的高分子基团就会相互缠绕，造成粉体之间的絮凝。

(a)   (b)   (c)   (d)

图 7-48 表面活性剂浓度对 NiO/YSZ/PS 三相悬浮液稳定性的影响

（a）0g/L；（b）0.2g/L；（c）0.4g/L；（d）0.6g/L

2. NiO/YSZ/PS 三相复合材料的高通量制备

1）沉积时间

图 7-49 为不同沉积时间下高通量制备的 NiO/YSZ/PS 三相复合材料样品实物图。由实验结果可知，每个样品左上角区域的样品点尺寸要大于右下角区域的样品点。这种情况产生的原因已经介绍过：在制备过程中，样品左上角区域的光照强度普遍要高于右下角区域，导致左上角区域沉积时的电场强度大于右下角区域沉积的电场强度，所以才使右下角区域样品点尺寸较小。此外，随着沉积时间的延长，NiO/YSZ/PS 样品点的尺寸也会产生变化。沉积时间延长，最终到达电极并发生沉积的颗粒也随之提高，故使样品点的尺寸变大。相比于左上角区域，

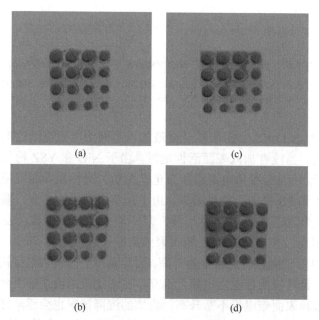

图 7-49 不同沉积时间下高通量沉积的 NiO/YSZ/PS 三相复合材料实物图

（a）50s；（b）100s；（c）150s；（d）200s

沉积时间对右下角区域样品点尺寸的影响更为明显。这可能是因为左上角区域颗粒本身受到较大的电场力，颗粒运动速度快，短时间内就可以到达电极发生沉积，沉积时间的延长对其的帮助有限。相反，右下角区域颗粒受到的电场力较弱，颗粒的运动速度慢，当沉积时间较短时，到达对电极并发生沉积的颗粒数目就会更少，适当延长沉积时间可以使运动速度慢的颗粒发生沉积。当然，过长的沉积时间也会对光定向高通量电泳沉积的精度造成影响，会使其在非光照区域产生极少量的沉积现象。

　　1-1、2-2、3-3、4-4 样品点的直径和厚度随时间的变化情况如图 7-50 所示。从测试结果可以看出，1-1、2-2、3-3、4-4 样品点的直径存在差异，在同一沉积时间下制备的 NiO/YSZ/PS 三相复合材料中，从 1-1 到 4-4 的样品点直径依次减小。这是因为在 1-1 处的光照强度最强，2-2 次之，4-4 处光照强度最弱，所以 1-1 处二氧化钛半导体薄膜的激发程度最高，颗粒发生沉积时所受的电场力也远远大于其他样品点，故 1-1 样品点直径要显著大于其他三个样品点直径。此外，其他三个样品点处光照强度依次减弱，故沉积出的样品点直径也随之减小，但 1-1 与 2-2 两样品点的直径差异不大，这可能与这两点处光照强度都较高，基本都达到二氧化钛光阳极的激发有关，故这两点直径的差异化不大。随着沉积时间的延长，1-1、2-2、3-3、4-4 样品点的直径也增加，1-1 样品点从 50s 时的 1.56mm 提升到 200s 时的 1.76mm，4-4 从 50s 时的 0.89mm 提升到 200s 时的 1.06mm。这主要和沉积时间的延长使运动速度较慢的粒子在电极发生沉积的概率有关。从图 7-50（b）可知，同一沉积时间下 1-1、2-2、3-3、4-4 四个样品点的厚度依次减小，但随着沉积时间的延长，四个样品点的厚度也会增大。这是因为沉积样品的厚度越大，其电阻也就越大，故导致沉积的有效电场强度减小，沉积的量也随之减小。1-1 处所受光照强度大，故其两电极间电场强度大，当沉积物的厚度较大时，依旧可

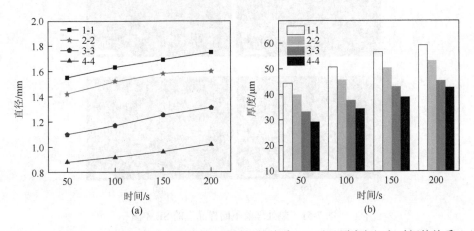

图 7-50　1-1、2-2、3-3、4-4 样品点直径与沉积时间的关系（a）以及厚度与沉积时间的关系（b）

以提供较高的有效电场强度，而 4-4 样品点处光照强度低，颗粒所受电场力较弱，当沉积到一定厚度时，无法克服沉积层巨大的电阻来提供理想有效电场强度来继续沉积，故 4-4 处样品点的厚度最小。而随着沉积时间的延长，四个样品点的厚度也会增大，其原因和直径增大一样，都与增大了颗粒发生沉积的概率有关。

如图 7-51 所示，从 SEM 图的结果可以发现，样品由于没有致密化烧结而呈现疏松结构，同时还可以观察到 PS 微球混杂在 NiO 和 YSZ 颗粒之间且微球的尺寸为 0.2～2.5μm。这也证实了高通量制备出的样品含有 PS 这种有机物。此外可以观察到，1-1 和 2-2 样品点的 SEM 照片中裸露的 PS 较少，而 3-3 和 4-4 样品点裸露的 PS 明显较多，这与各个样品点的厚度有关。1-1、2-2 样品点光照强度高，沉积物的厚度大，因此 PS 可以大部分被 NiO 和 YSZ 覆盖。3-3、4-4 样品点所受光照强度低，沉积物的厚度小，而 PS 本身粒径较大，故大部分的 PS 没有办法被 NiO 和 YSZ 粉体覆盖导致裸露在外。

图 7-52 为经过 320℃热处理之后 1-1、2-2、3-3、4-4 样品点的 SEM 图。由图可以发现，样品在较低温度下的热处理没能使样品实现致密化，依然和之前一样呈现疏松多孔的结构。然而，经过热处理之后，样品的显微结构中已经观察不到 PS 微球，取而代之的是 PS 微球被烧掉之后留下的孔洞。此外，1-1 和 2-2 这两个样品点的孔洞分布情况和 3-3、4-4 存在一定差异。1-1、2-2 样品点表面为疏松结构并且存在 PS 微球留下的孔洞，3-3、4-4 样品点表面虽然也分布有很多微孔，但比 1-1、2-2 样品点的孔洞尺寸更小，这和烧结前各个样品点 PS 微球的分布结果相符合，是光照分布不同导致的 PS 沉积情况存在差异的结果。

图 7-51　热处理前不同样品点的 SEM 图

(a) 1-1；(b) 2-2；(c) 3-3；(d) 4-4

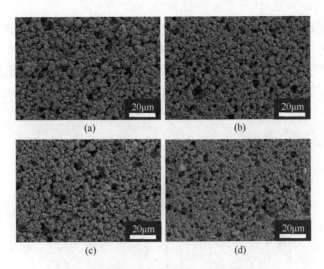

图 7-52 热处理后不同样品点的 SEM 图

（a）1-1；（b）2-2；（c）3-3；（d）4-4

NiO/YSZ/PS 与 PS 的红外谱图如图 7-53 所示。由红外吸收谱线可见，1628cm^{-1} 处的吸收峰对应于苯环的 C=C 弯曲振动峰。NiO/YSZ/PS 三相复合材料的红外吸收峰明显减弱并宽泛化；同时，PS 粉体的特征吸收峰依然存在，3029cm^{-1} 的峰对应于苯环上 C—H 键的伸缩振动峰，在 2922cm^{-1} 处的峰对应于—CH$_2$—上 C—H 键的伸缩振动峰，757cm^{-1} 和 698cm^{-1} 处的峰是由苯基引起的变形振动峰。

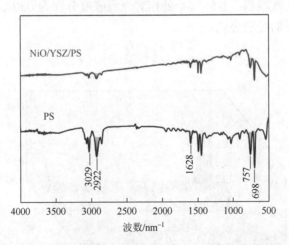

图 7-53 NiO/YSZ/PS 三相复合材料与 PS 粉体的红外光谱

NiO/YSZ/PS 三相复合材料和 PS 粉体的 XRD 图谱如图 7-54 所示。可见 PS 粉体的 XRD 图谱在 $2\theta=19.6°$ 附近有一个明显宽泛的衍射峰，这是典型非晶有机聚合物的特征峰。而 NiO/YSZ/PS 三相复合材料的 XRD 图谱也存在一个宽泛的衍射峰，但相对 PS 粉体的衍射峰位置相对左移。同时 NiO/YSZ/PS 三相复合材料 XRD 图谱 FTO 和 TiO$_2$ 的衍射峰比较强，因此 NiO 的衍射峰比较弱，由于 YSZ 含量较少其衍射峰没能在 NiO/YSZ/PS 三相复合材料的 XRD 图谱中找到。

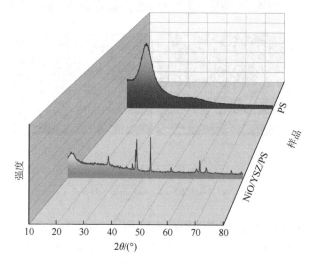

图 7-54 NiO/YSZ/PS 三相复合材料与 PS 粉体的 XRD 图谱

图 7-55 为 1-1、2-2、3-3、4-4 样品点的相对光照强度。1-1、2-2、3-3、4-4 相对光照强度依次减弱。1-1、4-4 处相对光照强度分别为 0.8I_0、0.4I_0，满足光照强度与距离关系的经验公式：

$$I = \frac{I_0}{d^2}$$

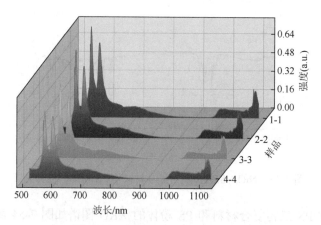

图 7-55 不同样品点的相对光照强度

　　图 7-56 为 NiO/YSZ 复相材料和 NiO/YSZ/PS 三相复合材料通过 XRF 测试的 Ni/Zr 变化情况。由 XRF 的测试结果可以看出，无论是 NiO/YSZ 复相材料还是 NiO/YSZ/PS 三相复合材料，都呈现为左上角区域 Ni/Zr 低，而右下角区域 Ni/Zr 高。这主要是因为左上角区域施加的沉积光照强度高，虽然 NiO 颗粒表面的带电量要大于 YSZ 表面带电量，但在较强的电场力作用下，NiO 和 YSZ 粉体都能发生沉积。而随着光照强度减弱，电场力也逐渐减小，颗粒表面带电情况就发挥重要作用。表面带电量高的 NiO 颗粒能轻松地沉积在电极上，而表面带电量少的 YSZ 颗粒在相同时间内运动速度慢而无法到达对电极并发生沉积。因此，随着光照强度减弱，YSZ 沉积的减少量要高于 NiO 沉积的减少量，这就导致 Ni/Zr 随光照强度增强而减小。此外，NiO/YSZ 复相材料和 NiO/YSZ/PS 三相复合材料的 Ni/Zr 变化范围也存在差异。NiO/YSZ 复相材料的 Ni/Zr 变化范围更大，可以从 9.3 增大到 15.9，而 NiO/YSZ/PS 三相复合材料的 Ni/Zr 变化区间为 13.7~16.7，明显小于 NiO/YSZ 复相材料的 Ni/Zr 变化范围。这是因为 PS 的加入会对 NiO 颗粒和 YSZ 颗粒的沉积造成影响。PS 沉积使沉积层的电阻增大从而阻碍电位较小的 YSZ 颗粒发生沉积，而对电位较大的 NiO 颗粒沉积虽然也会造成阻碍，但其影响远远低于对 YSZ 颗粒的影响，故导致 Ni/Zr 从一开始就差距明显，远远高于 NiO/YSZ 复相材料的 Ni/Zr。

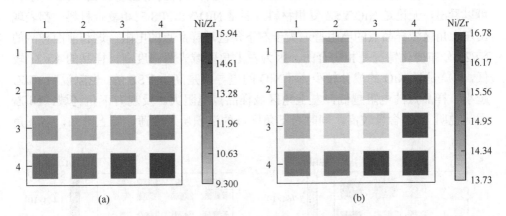

图 7-56　NiO/YSZ 复相材料（a）以及 NiO/YSZ/PS 三相复合材料（b）的 Ni/Zr 分布

　　图 7-57 为 2-2 样品点在不同时间下 NiO、YSZ 和 PS 沉积速率情况。由实验结果可知，随着沉积时间的延长，三种氧化物沉积速率逐渐减小。同时，在某一沉积时间下，NiO 的沉积速率要远大于 PS 和 YSZ 的沉积速率，这也就和前面得出的 Ni/Zr 情况相吻合。虽然 PS 的沉积速率要小于 NiO，但其沉积速率高于 YSZ，因此 PS 的加入可能会对 YSZ 的沉积造成影响。之前的结果中也验证了这一点，

加入 PS 的 NiO/YSZ/PS 三相复合材料 Ni/Zr 要高于没有加入 PS 的 NiO/YSZ 复相材料,说明 PS 确实会影响 YSZ 的沉积。

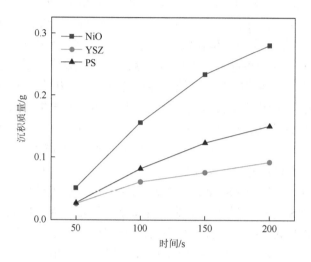

图 7-57　NiO、YSZ 和 PS 颗粒沉积速率情况

　　NiO/YSZ 复相材料和 NiO/YSZ/PS 三相复合材料的电性能如图 7-58 所示。可以看出,无论是 NiO/YSZ 复相材料,还是 NiO/YSZ/PS 三相复合材料,都表现出左上角区域样品点的电阻普遍大于右下角区域样品点的电阻,这和前面样品的 Ni/Zr 分布变化情况是相吻合的。因为左上角区域光照强度高,样品的 Ni/Zr 较低,也就是说 NiO 的成分较少,而 NiO 的电导率是高于 YSZ 的,也就说明 Ni/Zr 越小,样品点的电阻越低,左上角区域样品点电阻大。反观右下角区域,Ni/Zr 大,说明 NiO 含量较高,同时右下角区域的沉积层厚度薄。综上可知,右下角

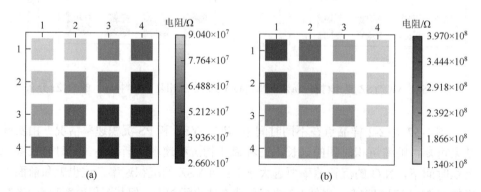

图 7-58　NiO/YSZ 复相材料的电性能分布情况(a),以及 NiO/YSZ/PS 三相复合材料的电性能
分布情况(b)

区域样品点的电阻要低于左上角区域样品点电阻。通过比较 NiO/YSZ 复相材料和 NiO/YSZ/PS 三相复合材料电阻分布可以观察到三相复合材料的电阻要高于复相材料的电阻，造成这种现象的原是 PS 的导电性差，PS 的加入使 NiO/YSZ 之间的连接变得更不紧密，原本就疏松的结构之间的桥连变得更少，所以 NiO/YSZ/PS 三相复合材料样品点的电阻要高于对应的 NiO/YSZ 复相材料样品点的电阻。

2）PS 含量

图 7-59 为不同 PS 含量下高通量沉积的 NiO/YSZ/PS 三相复合材料的实物图。由图可知，随着 PS 含量的增加，样品沉积的完整性也逐渐下降。这可能有两个原因：①PS 粒径比较大，因此在电泳过程中会与 NiO 和 YSZ 颗粒发生碰撞而改变其他颗粒的运动以及沉积方向，最后导致在光照区域边缘发生少量沉积。②当 PS 含量过高时，PS 与界面的结合力不够强，容易发生滑移导致结构被破坏，PS 粒径比较大使沉积出的材料结构比较疏松，当沉积层达到一定厚度时由于重力作用就容易坍塌。

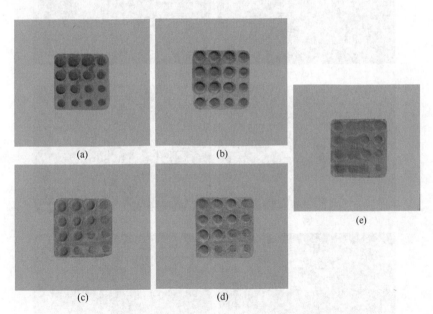

图 7-59　不同 PS 含量的 NiO/YSZ/PS 三相复合材料沉积情况

（a）w(PS) = 0；（b）w(PS) = 0.05；（c）w(PS) = 0.1；（d）w(PS) = 0.15；（e）w(PS) = 0.2

不同 PS 含量下高通量沉积的 NiO/YSZ/PS 三相复合材料不同样品点的 SEM 图如图 7-60 所示。可以看出，在同一 PS 含量下，1-1 样品点的 PS 微球数目要略少于 4-4 样品点表面的 PS 数目，并且 4-4 样品点表面的 PS 微球粒径尺寸更小。

这是因为两个样品点处的光照强度导致电场强度存在差异，4-4 处微弱的电场力驱动不了大粒径的 PS 颗粒，故主要为小粒径的 PS 颗粒。随着 PS 含量的增加，样品的表面 PS 颗粒的数目也相应提高。

图 7-60 不同 PS 含量的 NiO/YSZ/PS 三相复合材料不同样品点的 SEM 图

(a) $w(PS) = 0$, 1-1；(b) $w(PS) = 0$, 4-4；(c) $w(PS) = 0.05$, 1-1；(d) $w(PS) = 0.05$, 4-4；(e) $w(PS) = 0.1$, 1-1；
(f) $w(PS) = 0.1$, 4-4；(g) $w(PS) = 0.15$, 1-1；(h) $w(PS) = 0.15$, 4-4

图 7-61 描述的是热处理后不同 PS 含量下高通量沉积的 NiO/YSZ/PS 三相复合材料不同样品点的 SEM 图。由图可知样品微结构为疏松多孔的不致密结构，在同一 PS 含量下，1-1 样品点的表面微孔数目要少于 4-4 样品点表面的孔洞数目。随着 PS 含量的升高，材料表面的孔洞数目增加。

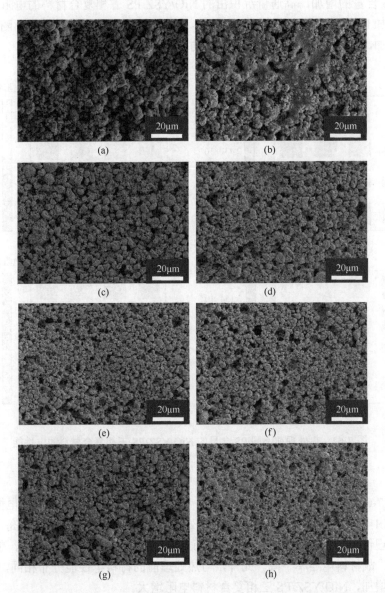

图 7-61　热处理后不同 PS 含量的 NiO/YSZ/PS 三相复合材料不同样品点的 SEM 图

(a) $w(PS)=0$，1-1；(b) $w(PS)=0$，4-4；(c) $w(PS)=0.05$，1-1；(d) $w(PS)=0.05$，4-4；(e) $w(PS)=0.1$，1-1；(f) $w(PS)=0.1$，4-4；(g) $w(PS)=0.15$，1-1；(h) $w(PS)=0.15$，4-4

图 7-62 为热处理前不同 PS 含量的 NiO/YSZ/PS 三相复合材料的电性能分布情况。由电性能测试结果可知与 NiO/YSZ 复相材料的电性能分布情况相似。由于左上角区域光照强度高，样品沉积厚度大，故样品点电阻值高，NiO/YSZ/PS 三相复合材料也呈现从左上角区域至右下角区域样品点电阻不断减小的趋势。此外，随着 PS 含量的增加，高通量沉积出的 NiO/YSZ/PS 三相复合材料的电阻也升高，而未添加 PS 的 NiO/YSZ 材料电阻最小。这是因为 PS 的导电性较差，随着 PS 的含量增加，NiO/YSZ/PS 三相复合材料的电性能自然下降。

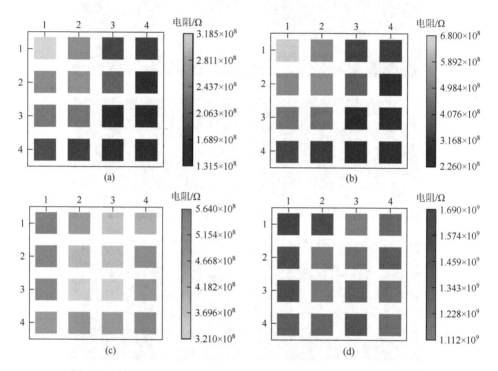

图 7-62　热处理前不同 PS 含量的 NiO/YSZ/PS 三相复合材料的电性能
（a）$w(PS) = 0$；（b）$w(PS) = 0.05$；（c）$w(PS) = 0.1$；（d）$w(PS) = 0.15$

图 7-63 为热处理后不同 PS 含量的 NiO/YSZ/PS 三相复合材料的电性能分布情况。由电性能测试结果可知，经过热处理之后，样品的电阻获得升高，这是因为热处理使 NiO/YSZ 体积产生收缩，而且 PS 被去除之后会留下孔洞，使结构变得多孔，故材料电导率下降。此外，与热处理前的材料电性能分布相同，随着 PS 含量的增加，NiO/YSZ/PS 三相复合材料电阻增大。

通过光定向沉积技术实现了 NiO/YSZ/PS 三相复合材料的高通量制备。通过调控表面活性剂浓度等因素来确定 NiO/YSZ/PS 三相悬浮液的最佳参数从而来实现 NiO/YSZ/PS 三相复合材料的高通量制备，并通过热处理除去样品中的 PS，就可以获得高通量的多孔 NiO/YSZ 阳极样品。

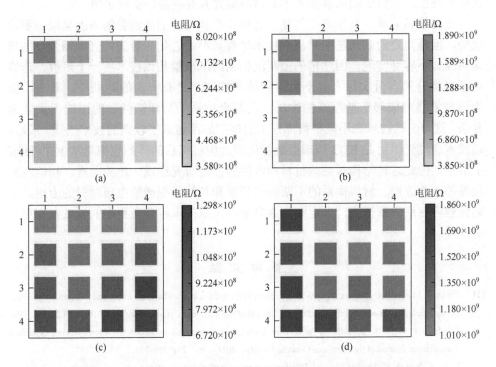

图 7-63　热处理后不同 PS 含量的 NiO/YSZ/PS 三相复合材料的电性能
(a) w(PS) = 0；(b) w(PS) = 0.05；(c) w(PS) = 0.1；(d) w(PS) = 0.15

7.4　本章小结

本章介绍光定向电泳沉积技术的原理和关键影响因素，并通过设备设计实现其在复相材料、复相层状材料和复相多孔材料的高通量制备。光定向电泳沉积系统的重要平台是光定向电泳沉积芯片，一个利用二氧化钛薄膜与对电极组成的沉积场所，还需要光源、电源、悬浮液输送装置共同组成光定向电泳沉积一体化系统。光定向高通量电泳沉积过程中则需要利用光照强度的非均匀性来实现对半导体薄膜的非均匀激发，从而实现复相甚至多相材料的高通量制备，同时在高通量电泳沉积过程中改变沉积条件还可以对材料的结构进行调控。光定向电泳沉积技术主要涉及悬浮液的配制、光定向电泳沉积系统的搭建、光定向高通量电泳沉积三个部分。在悬浮液配制过程中，需要调控溶剂类型以及表面活性剂浓度来获取稳定可靠的悬浮液，这样才能保证在低电压下实现材料的高通量电泳沉积。在应用方面，光定向电泳沉积技术体现出在材料组成研究和结构高通量制备方面的能力，特别是对于层状材料的高通量制备、多孔材料的高通量制备方面具有明显的优势和特色，这对于面向具体应用的材料研究具有很强的实际价值。

尽管设备简单，且在多类型复合材料和层状材料的高通量制备上呈现出明显优势，但是光定向高通量电泳沉积技术也有其不足之处。首先，光电场强度的精确调控并不容易实现，因此精确控制沉积物的沉积量是该技术的一个短板，造成高通量组分的含量实际上并不能得到精确控制，具有一定的随机性。其次，由于该技术强烈依赖于悬浮液的性质，而复合体系的悬浮液性质的影响因素非常复杂，这对于该技术在不同材料体系上的推广应用造成了较高的技术瓶颈。最后，该技术通过光照后在 FTO 玻璃上进行沉积，但沉积后的阵列也很难从 FTO 玻璃上取下，因此这种结构对某些材料和器件的性能研究造成一定的困难。相信随着设备的不断改进、材料体系的不断研究开发和其他类型透明电极材料的应用，上述问题将逐渐得到解决，光定向高通量电泳沉积技术将会在更多的领域发挥更大的作用。

参 考 文 献

[1] Zehbe R, Mochales C, Radzik D, et al. Electrophoretic deposition of multilayered（cubic and tetragonal stabilized）zirconia ceramics for adapted crack deflection. Journal of the European Ceramic Society, 2016, 36（2）: 357-364.

[2] Sa'adati H, Raissi B, Riahifar R, et al. How preparation of suspensions affects the electrophoretic deposition phenomenon. Journal of the European Ceramic Society, 2016, 36（2）: 299-305.

[3] Keller F, Nirschl H, Dörfler W, et al. Efficient numerical simulation and optimization in electrophoretic deposition processes. Journal of the European Ceramic Society, 2015, 35（9）: 2619-2630.

[4] Moritz K, Aneziris C G. Electrophoretic deposition of yttria-stabilised zirconia powder from aqueous suspensions for fabricating ceramics with channel-like pores. Journal of the European Ceramic Society, 2014, 34（2）: 401-412.

[5] Fukada Y, Nagarajan N, Mekky W, et al. Electrophoretic deposition — Mechanisms, myths and materials. Journal of Materials Science, 2004, 39（3）: 787-801.

[6] Sarkar P, Nicholson P S. Electrophoretic deposition（EPD）: Mechanisms, kinetics, and application to ceramics. Journal of the American Ceramic Society, 1996, 79（8）: 1987-2002.

[7] Besra L, Liu M. A review on fundamentals and applications of electrophoretic deposition（EPD）. Progress in Materials Science, 2007, 52（1）: 1-61.

[8] Ji C Z, Lan W H, Xiao P. Fabrication of yttria-stabilized zirconia coatings using electrophoretic deposition: Packing mechanism during deposition. Journal of the American Ceramic Society, 2008, 91（4）: 1102-1109.

[9] Hadraba H, Drdlik D, Chlup Z, et al. Layered ceramic composites via control of electrophoretic deposition kinetics. Journal of the European Ceramic Society, 2013, 33（12）: 2305-2312.

[10] Van der Biest O O, Vandeperre L J. Electrophoretic deposition of materials. Annual Review of Materials Science, 1999, 29: 327-352.

[11] Rezaei B, Taki M, Ensafi A A. Modulated electrical field as a new pulse method to make TiO_2 film for high-performance photo-electrochemical cells and modeling of the deposition process. Journal of Solid State

Electrochemistry，2017，21（2）：371-381.

[12] Narkevica I，Stradina L，Stipniece L，et al. Electrophoretic deposition of nanocrystalline TiO₂ particles on porous TiO_{2-x} ceramic scaffolds for biomedical applications. Journal of the European Ceramic Society，2017，37（9）：3185-3193.

[13] Ma K N，Gong L L，Cai X J，et al. A green single-step procedure to synthesize Ag-containing nanocomposite coatings with low cytotoxicity and efficient antibacterial properties. International Journal of Nanomedicine，2017，12：3665-3679.

[14] Dushaq G H，Rasras M S，Nayfeh A M. Distribution and coverage of 40 nm gold nano-particles on aluminum and hafnium oxide using electrophoretic method and fabricated MOS structures. Materials Research Bulletin，2017，86：302-307.

[15] Moo J G S，Mayorga-Martinez C C，Wang H，et al. Nano/microrobots meet electrochemistry. Advanced Functional Materials，2017，27（12）：1604759.

[16] Kaya S，Boccaccini A R. Electrophoretic deposition of zein coatings. Journal of Coatings Technology and Research，2017，14（3）：683-689.

[17] Farrokhi-Rad M，Shahrabi T，Mahmoodi S，et al. Electrophoretic deposition of hydroxyapatite-chitosan-CNTs nanocomposite coatings. Ceramics International，2017，43（5）：4663-4669.

[18] Cordero-Arias L，Boccaccini A R. Electrophoretic deposition of chondroitin sulfate-chitosan/bioactive glass composite coatings with multilayer design. Surface and Coatings Technology，2017，315：417-425.

[19] Avcu E，Bastan F E，Abdullah H Z，et al. Electrophoretic deposition of chitosan-based composite coatings for biomedical applications：A review. Progress in Materials Science，2019，103：69-108.

[20] Wang Y C，Leu I C，Hon M H. Kinetics of electrophoretic deposition for nanocrystalline zinc oxide coatings. Journal of the American Ceramic Society，2004，87（1）：84-88.

[21] Chen C Y，Chen S Y，Liu D M. Electrophoretic deposition forming of porous alumina membranes. Acta Materialia，1999，47（9）：2717-2726.

[22] Pascall A J，Qian F，Wang G M，et al. Light-directed electrophoretic deposition：A new additive manufacturing technique for arbitrarily patterned 3D composites. Advanced Materials，2014，26（14）：2252-2256.

[23] Kundu P K，Samanta D，Leizrowice R，et al. Light-controlled self-assembly of non-photoresponsive nanoparticles. Nature Chemistry，2015，7（8）：646-652.

[24] Böhmer M. In situ observation of 2-dimensional clustering during electrophoretic deposition. Langmuir，1996，12（24）：5747-5750.

[25] Sarkar P，De D，Rho H. Synthesis and microstructural manipulation of ceramics by electrophoretic deposition. Journal of Materials Science，2004，39（3）：819-823.

[26] Wei X，Nbelayim P S，Kawamura G，et al. Ag nanoparticle-filled TiO₂ nanotube arrays prepared by anodization and electrophoretic deposition for dye-sensitized solar cells. Nanotechnology，2017，28（13）：135207.

[27] Martins A S，Harito C，Bavykin D V，et al. Insertion of nanostructured titanates into the pores of an anodised TiO₂ nanotube array by mechanically stimulated electrophoretic deposition. Journal of Materials Chemistry C，2017，5（16）：3955-3961.

[28] Chen-Wiegart Y C K，Kennouche D，Cronin J S，et al. Effect of Ni content on the morphological evolution of Ni-YSZ solid oxide fuel cell electrodes. Applied Physics Letters，2016，108（8）：083903.

[29] Sato K，Naito M，Abe H. Electrochemical and mechanical properties of solid oxide fuel cell Ni/YSZ anode fabricated from NiO/YSZ composite powder. Journal of the Ceramic Society of Japan，2011，119（1395）：876-883.

[30] Clemmer R M C，Corbin S F. The influence of pore and Ni morphology on the electrical conductivity of porous Ni/YSZ composite anodes for use in solid oxide fuel cell applications. Solid State Ionics，2009，180（9-10）：721-730.

[31] Itagaki Y，Shinohara K，Yamaguchi S，et al. Anodic performance of bilayer Ni-YSZ SOFC anodes formed by electrophoretic deposition. Journal of the Ceramic Society of Japan，2015，123（1436）：235-238.

[32] Hosomi T，Matsuda M，Miyake M. Electrophoretic deposition for fabrication of YSZ electrolyte film on non-conducting porous NiO-YSZ composite substrate for intermediate temperature SOFC. Journal of the European Ceramic Society，2007，27（1）：173-178.

[33] Xu Z G，Rajaram G，Sankar J，et al. Electrophoretic deposition of YSZ electrolyte coatings for SOFCs. Fuel Cells Bulletin，2007，2007（3）：12-16.

[34] Jin C，Mao Y C，Zhang N Q，et al. Fabrication and characterization of Ni-SSZ gradient anodes/SSZ electrolyte for anode-supported SOFCs by tape casting and co-sintering technique. International Journal of Hydrogen Energy，2015，40（26）：8433-8441.

[35] Chen L，Yao M，Xia C R. Anode substrate with continuous porosity gradient for tubular solid oxide fuel cells. Electrochemistry Communications，2014，38：114-116.

[36] An C M，Song J H，Kang I，et al. The effect of porosity gradient in a nickel/yttria stabilized zirconia anode for an anode-supported planar solid oxide fuel cell. Journal of Power Sources，2010，195（3）：821-824.

[37] Beltran-Lopez J F，Laguna-Bercero M A，Gurauskis J，et al. Fabrication and characterization of graded anodes for anode-supported solid oxide fuel cells by tape casting and lamination. Electrocatalysis，2014，5（3）：273-278.

第四篇

基于外场加热结合的多通道并行合成粉体组合材料芯片制备技术

第8章 ▮▮▮

微纳粉体样品库高通量并行
合成与激光束并行加热技术

　　高通量技术的优势在于通过显著增加制备样品的数量来提高发现新材料的概率，因此提高样品库的制备效率至关重要。具有微纳尺度的功能粉体材料在能源、环境、生物、催化等众多领域应用广泛，研发针对微纳粉体样品的高通量制备技术与装备，用以合成大量化学成分分立变化或准连续变化的样品，结合材料结构和性能表征技术，不仅可快速发现或优选出具有优异性能的线索材料，还可为材料计算和数据挖掘积累实验数据，为应用选材提供材料样品库。

　　高通量合成与传统合成方法相比，需满足等效加速的要求。通常，微纳粉体合成包括前驱物粉体制备和后续热处理两个主要工艺步骤。在常规方法的基础上赋予其高通量制备的功能特性，使样品制备效率显著提高，这是本章要介绍的主要内容，阐明高通量制备如何解决将原料向阵列排布的微反应器中输送以及如何实现反应控制这两个关键问题。下面将详细描述微纳粉体前驱物样品库的高通量制备技术和与之匹配的高能量密度激光束快速加热技术，并以若干代表性的范例展示高通量技术的应用效果。

8.1　基　本　原　理

8.1.1　微纳粉体前驱物高通量并行合成

　　微纳粉体前驱物高通量并行合成是在限域空间下通过基于溶液的多种湿化学方法（如硝酸盐热解法、柠檬酸盐-硝酸盐燃烧法、共沉淀法等[1, 2]）快速制备阵列排布的多样品。限域空间是指被有限分割的、具有独立反应空间的、阵列排布的、微小体积的反应器，或简称微反应器。通过将反应溶液向微反应器精准输运，实现各样品成分的分立变化或梯度变化或准连续变化，获得一系列可比对的有效前驱物样品。并行合成机构主要包括：前驱物溶液储液、注液排针以及可推动或驱动注液排针盒向阵列微反应器定点定量输送溶液的传送机构。由于早期应用的并行合成系统中缺少溶液混合及在线脱水功能，需要离线操作搅拌或超声振动分散及加热干燥，导致合成的前驱物粉体出现成分分布不均匀等现象。为解决上述问题，在中国科学院上海硅酸盐研究所刘茜团队研发的并行合成系统中，增加了原位超声分散与干燥功能[3]。并行合成机构配置示意图如图 8-1 所示。

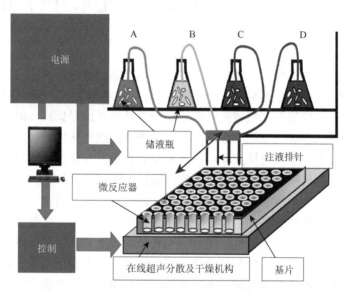

图 8-1   微纳粉体前驱物高通量并行合成机构配置示意图，包括储液瓶、注液排针、驱动注液
排针盒移动的机械臂（加粗双箭头表示）、微反应器阵列、在线超声分散及干燥机构

8.1.2   平行激光束并行加热

高温处理是微纳粉体制备过程中的重要环节。激光加热是一种将光能转换为热能的加热方式，具有快速加热、定向性好、可聚焦、穿透性强、能量可调等特点。通过多条平行激光束并行垂直入射上述微反应器阵列中的各样品，进行遍历扫描加热处理，可以实现对样品库中所有样品的化学反应、晶化、烧结等过程的控制。加热各样品的激光能量可以相同，也可差异化处理，由此筛选出热处理的温度条件优值。以中国科学院上海硅酸盐研究所研发的平行激光束并行加热系统[4, 5]为例，主要包括激光光源、温控、微反应器阵列及二维样品移动台。平行激光束并行加热机构配置示意图如图 8-2 所示。

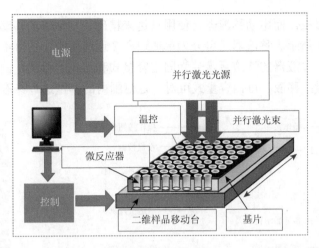

图 8-2 平行激光束并行加热机构配置示意图，包括并行激光光源、温控、微反应器阵列及二维样品移动台

8.2 高通量制备技术与装备

8.2.1 微纳粉体前驱物多通道并行合成技术

利用液相法合成微纳粉体样品库，通常根据材料成分组合设计方案，采用商业化的移液装置将含有所需化学元素的前驱物溶液按照配比注射到微反应容器中。移液装置在组合化学及生物医药等领域应用广泛，其注液控制精度可在 0.1μL～10mL 范围内调节，精准度高，适用液体种类广，操作简单。如果需要控制精度达纳升级别的移液装置，可采用组合溶液喷射及微流控芯片的形式，具体可参见本书第 10 章和第 11 章内容。

移液装置的工作原理一般分为两类[6]：①气垫式活塞移液器，内置活塞系统，活塞移动距离由调节轮控制螺杆结构实现，推动按钮带动推动杆使活塞向下移动，排除活塞腔内的气体。松手后，活塞在复位弹簧的作用下恢复原位，从而完成吸液。排液时，再由活塞推动空气排出液体。使用移液器时，配合弹簧的伸缩性特点来操作，可以很好地控制移液的速度和力度，从而实现高效和准确的移液操作。空气垫将吸入塑料吸头内的液体样本与移液器内的活塞分隔开，在移液过程中会有一段空气存留在系统中，因此不适宜吸取黏稠度大的液体和一些挥发性液体。②外置活塞式移液器，活塞设计在吸头内部，直接与液体相接触，活塞和液体之间没有空气段，通过活塞的移动进行液体的吸取和排出。液体与活塞直接接触，无空气段，适用于黏稠度大、密度大于 $2.0g/cm^3$ 的液体、气泡性液体或者挥发性液体。

移液器分为手动移液器和电动移液器，手动移液器通过控制活塞按钮的顺序进行液体的移取，而电动移液器是使用马达来精确控制活塞的移动，并增加精准度，如图 8-3 所示。移液器还可分为单通道和多通道两类，图 8-4 所示是一款八通道移液器。移液器的移液量可分为固定容量式和可调容量式，固定容量式只能进行一个容量的移液，可调容量式可对一定范围内的容量进行移液[6]。

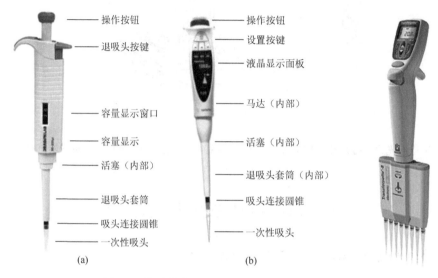

| | (a) | | | (b) | |

图 8-3　单通道微量移液器

（http://www.ismart-cn.com/product/Pipette/）
（a）手动移液器；（b）电动移液器

图 8-4　八通道微量移液器

（http://www.isolab-e.com/
goods-1213.html）

　　上述微量移液器均是手持式的，其缺点在于缺少支撑及在三维方向自动移动和控制的机构，因此无法快速对阵列样品进行移液处理，效率比较低。自动化程度高的微量移液器研发成功并进入市场后，移液效率大幅提升。这类自动化程度高的微量移液器就是目前在生物医药等领域广泛使用的液体处理工作站，其基本原理与移液器类似，主要增加了可带动多通道移液器在三维方向移动的自动化机械臂及溶液抽吸与排出的驱动系统、溶液输送的管路系统和控制系统等，使溶液处理的效率显著提高。图 8-5 是两款代表性的自动液体处理工作站产品（美国 Gilson 公司和瑞士 Tecan 公司产品，图片引自产品官网介绍）。

　　1. 基于自动液体处理工作站的粉体高通量制备

　　上述先进的自动化液体处理工作站已被移植应用到微纳粉体前驱物的高通量并行合成中，用于向微反应器阵列输送和分配反应溶液。

　　早在 2000 年，德国萨尔大学科学家 Maier 团队的研究工作就采用了 Tecan 公司的自动液体处理工作站（Miniprep 50，Tecan）。该研究团队以加速水净化处理

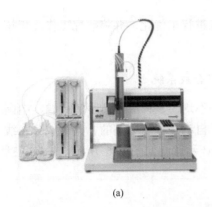
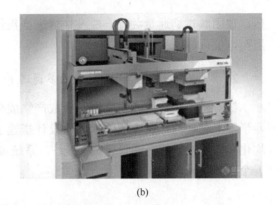

(a)　　　　　　　　　　　　　　　(b)

图 8-5　代表性的自动液体处理工作站（图片引自产品介绍）

（a）Gilson 公司 GX-274@自动液体处理工作站；（b）Tecan 公司 Freedom EVO@自动液体处理工作站

用光催化剂研发为目的，在国际上率先报道了溶胶-凝胶高通量并行合成可见光催化剂及快速表征催化活性的工作。他们使用自动液体处理工作站等设备，批量制备了一系列成分可对比的催化剂样品。其中，催化剂基质选择 TiO_2、SnO_2 和 WO_3，掺杂离子则覆盖了过渡金属、稀土、碱金属、碱土金属等几十种元素[7]。催化剂合成采用溶胶-凝胶法，借助自动液体处理工作站向多个{5×9}阵列的玻璃烧瓶中分别输运液态反应物，所用烧瓶是高效液相色谱（high performance liquid chromatography，HPLC）分析专用烧瓶，每只玻璃烧瓶的容积为 2mL。合成的凝胶在玻璃烧瓶中于室温下陈放 2 周，然后在 400℃/3h 条件下煅烧（连同玻璃烧瓶一起煅烧）。之后，在高通量合成的催化剂颗粒中（掺杂的 TiO_2、SnO_2 和 WO_3 基颗粒）加入 4-氯苯酚污染物溶液，用以评价光催化活性（辐照光发射波长大于 400nm）。该团队还自行搭建了光催化评价联用装置，在很大程度上提升了催化剂筛选的效率。

该项工作利用高效液相色谱法表征了催化剂活性。在 TiO_2 体系中，发现掺杂 Rh、Na-Pt、Cr、Ir、Co、Ru、Tb、Mn 及 Pr 离子的催化剂具有较高的活性，转化率大于 5%，与采用传统方法筛选催化剂获得的结果具有一致性[8-11]。其中，Tb、Mn 及 Pr 离子掺杂具有良好的催化效果，这是 Maier 等首次报道的结果。在 SnO_2 体系中，首次发现了一系列有效的掺杂离子，如 Cr、Mn、Ru、Ir、Pr、Hf、V、Ta、Re、Au、Ce、Tb 和 Ho 离子，甚至主族的 Bi 和 Ca 离子，催化转化率均可大于 5%。在 WO_3 体系中，发现只有 Ir 和 Cr 少数几种掺杂离子具有催化活性。

在上述研究中，由于每个样品库或材料芯片上制备催化剂样品数较少，只有 45 个，且高通量制备过程中缺少成分均化步骤，同时反应容器使用的是玻璃烧瓶，内部样品煅烧温度设置比较低（400℃），导致合成产物的化学均匀性及晶化程度受限，制备样品的数量也有限，在一定程度上影响了产物的催化性能及评价。之后，该团队对高通量并行合成及快速表征系统进行了优化，并将研究工作逐步拓展至电催化等材料筛选[12, 13]。

2. 具有原位均化和干燥功能的多通道并行合成系统

针对微纳粉体前驱物高通量合成产物成分不均匀、样品数量少等问题，中国科学院上海硅酸盐研究所刘茜团队设计搭建了自动化程度更高的、具有成分在线均化和脱水功能的高通量合成系统[3]，系统设计示意图如图 8-6 所示，主要包括五个功能单元。

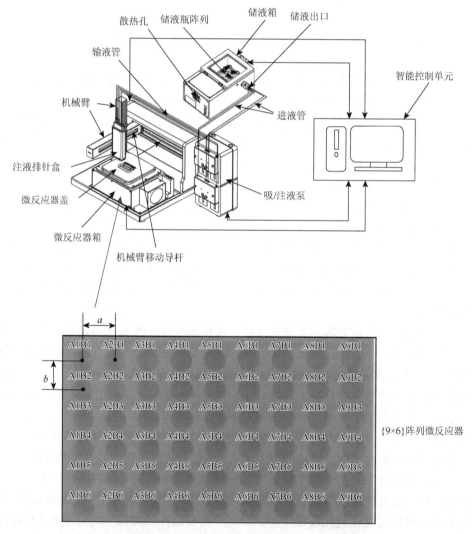

图 8-6　基于液相前驱物的微纳粉体高通量并行合成结构设计示意图及阵列陶瓷微反应器[3]

（1）存储合成粉体所需反应溶液的储液单元，包括储液瓶阵列和温控及振动装置。

（2）执行溶液输运和定点滴注的处置单元，包括吸/注液泵、机械臂、注液排针等。

（3）接收所滴注溶液的二维阵列微反应器单元，置于微反应器箱内，如图 8-6 所示的{9×6}阵列微反应器，以阵列方式排布的有限个反应孔位，A1B1，A2B1，A3B1，…，AnBm，相邻孔位的横向间距和纵向间距为固定值，即相邻两个孔位中心位置点间的距离 a 和 b，与注液排针盒的移动距离匹配，以实现反应溶液的选区定点输运。阵列微反应器选材为耐高温陶瓷基片和玻璃烧管两种类型，以满足不同熔点样品的煅烧处理。

（4）执行阵列微反应器中滴注溶液原位混合和干燥的成分均化与加热单元，置于微反应器箱内，含超声振动和电控加热功能模块。

（5）操控和监测上述储液单元、处置单元、阵列微反应器单元、成分均化与加热单元工作的智能控制单元。

该系统各功能单元采用模块化设计。在储液单元中配置溶液搅拌模块，设置磁力搅拌，避免反应原液在静置/抽取过程中产生沉淀或析晶反应而堵塞管路，确保精准的原液浓度。在执行溶液输运和定点滴注的处置单元中（可以选用自动液体处理工作站），设计了溶液输运全管路的"近贴细电热丝"温度调控方式，防止溶液在全管路输运和滴液过程中由于出现"冷点"而产生黏度变化、沉淀或析晶反应等造成管路堵塞，确保反应原液的精准输运和滴加。此外，还设计了并行合成仪中核心部件注射泵、机械臂和储液模块的集成一键式启动模式，无须单独逐一启动各个模块，可提高实验效率。全管路的升温模块控制集成在计算机控制系统，通过屏幕上的实验监控窗口可以实时设置和观测管路温度，温度调控模块集成度高，操作方便且智能化。系统配置了智能化故障报警系统，提示用户及时检查报错信息，检修相关部件，提高了仪器的安全性。设计了专门的废气废液收集模块，清洗过程中产生的废气和废液分别排入废液回收腔和废气收集腔，更加环保和安全。增加制备环境的选择性，从操作便利考虑，可选择非密闭环境；若需合成对环境敏感的材料体系，可选择密闭环境，增加保护性气体及维持弱真空的功能模块。经过技术不断优化，研制的高通量并行合成平台的操作更方便，流程更智能化，极大减少了管路堵塞等系统故障。

研制的基于液相前驱物多通道并行合成装置原型机实物图及主要配置如图 8-7 所示。系统的智能控制单元可以通过计算机操作界面及手机 APP 远程监控界面（安卓系统）实现人机交互操作（图 8-8），用以输入组合溶液配置方案，生成溶液注入控制指令，控制机械臂驱动注液排针与微反应器平台的匹配移动，使不同成分的溶液分别注入微反应器阵列，完成溶液输送和分配、混合与干燥和冷却等；此外，该系统还具备成分和制备数据采集、存储、云端共享及管理功能。

储液单元　　　　　　机械臂和注液排针　　　　　　超声振子

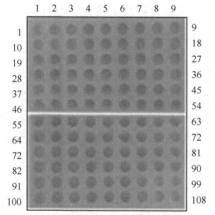
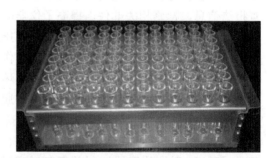

{9×12}阵列陶瓷和玻璃微反应器

图 8-7　基于液相前驱物多通道并行合成装置原型机实物图及主要配置，包含储液单元、机械臂和注液排针、超声振子、{9×12}阵列陶瓷和玻璃微反应器

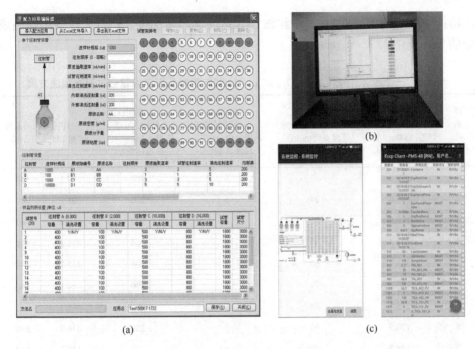

图 8-8　多通道并行合成原型机的计算机操作界面（a）、智能监测（b）及手机 APP 的远程监控界面（c）

在多通道并行合成流程中，首先将配置的反应物溶液注入储液瓶，使瓶中溶液通过进液管输送到双向吸/注液泵，再进入注液排针盒；启动机械臂动作，在 Z 方向定位注液排针端与微反应器阵列上端面间的有效距离，然后驱动注液排针盒随机械臂在 X-Y 平面移动，按成分设计方案将注液排针盒中溶液逐次滴注到微反应器阵列的各孔位中，直至完成微反应器阵列中每一个独立样品的溶液滴注；在溶液滴注过程中或滴注结束后，均可启动置于微反应器阵列下方的溶液原位成分均化和干燥功能（≤140℃），使各孔位中的溶液均匀混合及干燥，最终获得符合初始成分设计的前驱物粉体阵列样品库。目前，每通道液滴控制精度达 1～25μL，可满足不同浓度和黏度液体前驱物的输运和滴注；注液量及精度控制由注液管体积、进样针直径以及注液速度所控制；目前注液管体积选择 100μL、1mL 和 10mL 三种，进样针针孔直径选择 0.4mm 和 1.1mm 两种，不易发生溶液堵塞，与所设计的大部分化学溶液成分含量及黏度相适配。阵列样品单元数大于 100 个，一般情况下，制备 108 个干燥后的样品（{9×12}阵列）总计仅需 2～4h，样品合成效率显著提高，较传统液相法制备粉体效率提升约 100 倍。

表 8-1 列举了一个{9×3}阵列稀土 Ce 和 Eu 共掺杂铝酸钇 $Y_3Al_5O_{12}$:xCe, yEu 荧光粉样品库的高通量合成溶液加注方案，共计 27 个样品，在各溶液浓度确定

的前提下，以含 Ce 和 Eu 离子溶液加入量的逐渐增加来实现合成过程中样品成分的分立变化。

表 8-1　一个{9×3}阵列 $Y_3Al_5O_{12}:xCe, yEu$ 荧光粉样品库高通量合成溶液加注方案

样品孔位	注液器 A（Y(NO₃)₃ 溶液浓度 1.00mol/L）注液体积/μL	注液器 B（Ce(NO₃)₃ 溶液浓度 0.05mol/L）注液体积/μL	注液器 C（Eu(NO₃)₃ 溶液浓度 0.05mol/L）注液体积/μL	注液器 D（Al(NO₃)₃ 溶液浓度 1.50mol/L）注液体积/μL	孔位注液体积/μL	孔位总体积/μL
1	179.1	12	6	200	397.1	540
2	178.5	24	6	200	408.5	540
3	177.9	36	6	200	419.9	540
4	177.3	48	6	200	431.3	540
5	176.7	60	6	200	442.7	540
6	176.1	72	6	200	454.1	540
7	175.5	84	6	200	465.5	540
8	174.9	96	6	200	476.9	540
9	174.3	108	6	200	488.3	540
10	178.8	12	12	200	402.8	540
11	178.2	24	12	200	414.2	540
12	177.6	36	12	200	425.6	540
13	177.0	48	12	200	437.0	540
14	176.4	60	12	200	448.4	540
15	175.8	72	12	200	459.8	540
16	175.2	84	12	200	471.2	540
17	174.6	96	12	200	482.6	540
18	174.0	108	12	200	494.0	540
19	178.5	12	18	200	408.5	540
20	177.9	24	18	200	419.9	540
21	177.3	36	18	200	431.3	540
22	176.7	48	18	200	442.7	540
23	176.1	60	18	200	454.1	540
24	175.5	72	18	200	465.5	540
25	174.9	84	18	200	476.9	540
26	174.3	96	18	200	488.3	540
27	173.7	108	18	200	499.7	540

8.2.2　微纳粉体前驱物单通道快速合成技术

高通量合成可以采用两种模式，除上述多通道并行合成技术外，也可通过单通道快速合成提升制备样品的效率。这里介绍一项特殊的单通道快速合成技术，即超临界水热流连续合成技术，其采用超临界水为介质，仅数秒钟即可快速合成纳米晶，充分体现样品制备速率的优势。该项工作内容是英国伦敦大学学院科学家 Darr 团队的研究成果[14]，以 Zr-Y-Ce-O 系化合物快速合成为例进行应用示范。该高通量水热流连续合成系统（high-throughput continuous hydrothermal flow synthesis，CHFS）可快速合成组成均匀的陶瓷纳米晶粒，产物间无成分相互污染。在该项工作中，核心技术在于混合的前驱物溶液与超热水流在一个特殊的混合器中汇合，发生快速水热合成反应，形成纳米晶粒热流。超热水流的温度为450℃，系统压力为24.1MPa。纳米晶粒热流冷却后，在背压控制器的出口处被收集在一起，经冰冻干燥，再经1000℃煅烧处理，最终填入样品盒，用于后续结构和性能的测试与表征。超临界连续水热流方法的制备效率是传统水热合成所无法达到的。该项工作报道之后，超临界连续水热流合成方法广泛用于高效制备稀土 Eu 掺杂荧光粉、Fe-La-Ni 系燃料电池电极材料、稀土掺杂 ZnO 光催化材料、锂离子电池电极材料等[15-20]。

8.2.3　激光并行热处理技术

1. 平行激光束并行加热样品库

高温热处理是材料制备的必备环节，可实现材料合成中的化学反应、结晶成相、致密化、熔化铸锭等。然而，针对阵列样品库的快速热处理技术仍很稀缺。高能激光加热技术具有加热快速、定向性好、可聚焦、能量可调等特点[21-25]，理应成为加热处理阵列样品库的有效技术。

有鉴于此，中国科学院上海硅酸盐研究所刘茜团队研制了针对阵列样品库的平行激光束并行加热系统[4, 5]，其结构设计图如图 8-9 所示，主要功能配置包括：①并行装配的数台二氧化碳激光器，发出波长为 10.6μm 的红外激光，适合加热无机非金属材料，选择连续激光，可以获得比较平稳的加热效果；②扩束镜和反射镜使激光束以一定束径尺寸平行并垂直通过激光入射窗进入样品加热腔，对需要处理的阵列样品进行加热；③辐射温度计对样品温度进行实时测量和反馈，保证样品加热符合预设的加热曲线；④红外相机可实时监控样品加热图像；⑤X-Y 二维移动平台将阵列样品移动至指定的待加热位置；⑥主控电脑对每个待加热位点的加热参数进行设置，并实时显示正在加热位点的位置、激光功率、样品温度、加热曲线及加热图像。上述扩束镜能够改变激光光束直径和发散角，其通常由前后两个曲面透镜组成，准平行的激光通过前一个曲面透镜变得聚焦或者发散，再通过后一个曲面透镜重新成为准平行的激光，调整两个曲面透镜的相对位置可改变输出激光的束斑尺寸；调节激光束斑尺寸可实现不同的加热模式，束斑尺寸小时，近似为对样品进行点加热，束斑尺寸大时，可实现对样品一定面积内的均匀加热。在该结构中，扩束镜安装在激光束下面，由此改变激光束的束斑尺寸，使激光束的照射面积与待加热样品的受热面积吻合，达到最佳的加热效果。扩束也可导致激光功率密度下降，通过提高激光能量加以弥补。此外，阵列样品中每个样品的间隔距离与激光光束的间距相匹配，以实现每个样品的中心位置与激光束斑中心位置的准直对应，达到"一对一"的精确加热效果；同时，也可实现多束激光对多个样品同时加热，大幅度提升加热效率。

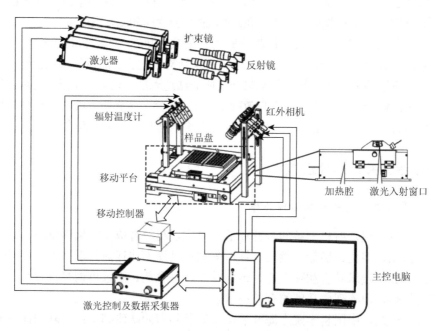

图 8-9　平行激光束并行加热系统结构设计示意图[4]

研制完成的激光束并行加热原型机实物图及主要配置示于图 8-10，其中的智能控制单元通过与激光光源、温度测量、样品台移动、阵列样品密封的通信接口连接，用于控制激光能量馈入、时效、温度、位置等的变化，使激光束对阵列中的每个样品达到快速、有效和定点加热，并记录实验参数、加热过程参数变化、加热温度（功率）-时间曲线，还可实时录像和屏幕实验结果回放。根据实验需要，可对几个样品同时加热，并实现激光馈入能量、时效、温度、位置多参数可控调节，达到加热参数筛选及优化的要求。图 8-11 所示为三束平行激光对一个{6×9}阵列样品库上三个样品（图 8-11（a），标记红方块）同时"一对一"加热，智能窗口记录显示的加热曲线（图 8-11（b））及加热区光晕（图 8-11（c））。

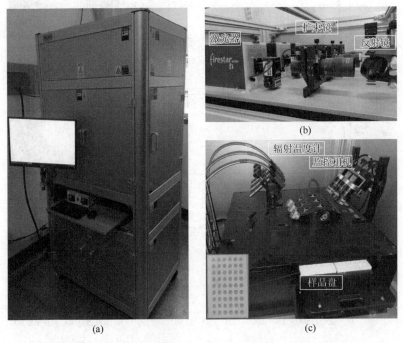

图 8-10　激光束并行原位加热装置原型机实物图（a）及主要配置，包括光路（b）和测温及
图像记录（c）[5]

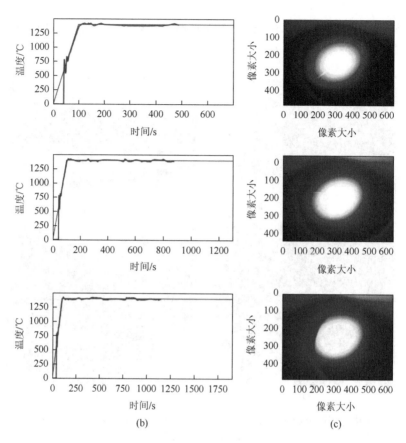

图 8-11　三束平行激光同时对阵列样品库中三个样品（（a），标记红方块）进行"一对一"
加热，智能窗口记录显示的加热曲线（（b），保温温度分别为 1400℃、1500℃、1600℃）和
加热区光晕（c）

　　在激光束并行加热实验流程中，首先将所需加热的样品装入样品盘并放入加热腔，在主控计算机中设置对应位置的加热参数（目标温度、加热时间、保温时间等）。开始加热后，激光控制及数据采集器根据每个样品的加热参数调整激光器的输出功率百分比，输出的激光束通过扩束镜和反射镜后垂直并平行进入加热腔，照射至样品上，每束激光加热一个样品，多束激光可平行加热多个样品。主控电脑根据辐射温度计采集到的样品温度实时调整激光器的输出功率，以确保加热过程符合预设方案。红外监控相机可实时观察样品的加热情况。当一组或一个样品加热完成后，主控电脑发送新的待加热样品位置到移动控制器，移动控制器驱动移动平台将样品盘移动至指定位置，进行下一组或一个样品加热。

　　激光加热稳定性实验选择高熔点陶瓷为实验样品，激光束束斑直径为 6mm，设定两档加热温度 2000℃和 2500℃；设定两档升温时间 60s 和 300s；保温时间均

为 300s，具体实验内容列于表 8-2。实验结果为如图 8-12 所示的激光加热功率-温度-时间关系曲线。加热过程中，当样品温度低于 2000℃时，激光功率与温度之间呈现近似线性关系；超过 2000℃时，激光加热功率急剧升高，与温度之间无线性关系，这与高温下样品熔化相关联。样品在 2000℃以上时，熔融加剧，体积收缩，导致红外测温仪测温点发生变化，无法准确反映激光加热点的实际温度，从而波动剧烈。因此，激光加热的稳定性与样品的熔点及激光加热束斑尺寸相关。

表 8-2　激光加热稳定性实验条件

实验编号	实验内容		
	设定温度/℃	升温时间/s	保温时间/s
3-1-0（黑线）	2000	60	300
3-2-0（红线）	2000	300	300
3-3-0（绿线）	2500	60	300
3-4-0（蓝线）	2500	300	300

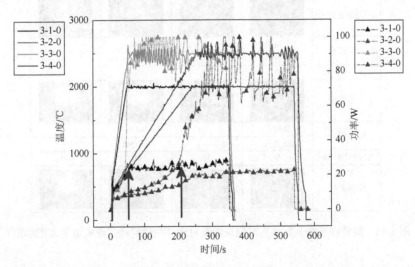

图 8-12　激光加热功率-温度-时间关系曲线（扫描封底二维码可见本图彩图）

图 8-13 为激光加热实时记录的图像。以陶瓷样品加热为例，优化高速相机的最佳观察参数，实现视频记录内容清晰准确。采用单束激光加热，加热功率为 30W、60W 和 90W。调节扩束镜，使激光照射光斑直径为 6mm。根据镜头工作距离，调节相机至正焦位置。选用滤光片型号为波长 520nm（绿光）及 650nm（红光）；衰减片透过率为 2%及 0.1%。第一组加热成像效果对比：采用 520nm 波长滤光片，匹配不同衰减片（透过率 2%及 0.1%）组合使用，当采用透过率为 2%的衰减片组

镜头组合	衰减片	无		
	滤光片	520nm		
加热功率/W	0	30	60	90
成像效果		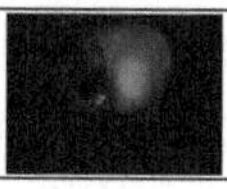		

镜头组合	衰减片	无		
	滤光片	650nm		
加热功率/W	0	30	60	90
成像效果				

镜头组合	衰减片	2%		
	滤光片	520nm		
加热功率/W	0	30	60	90
成像效果		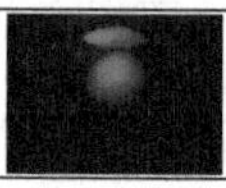	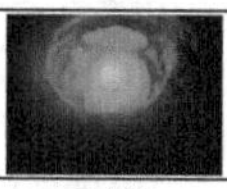	

镜头组合	衰减片	0.1%		
	滤光片	520nm		
加热功率/W	0	30	60	90
成像效果		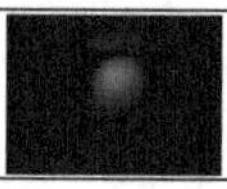	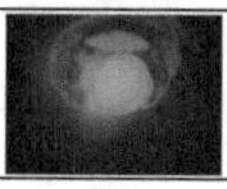	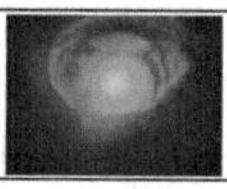

镜头组合	衰减片	2%		
	滤光片	650nm		
加热功率/W	0	30	60	90
成像效果	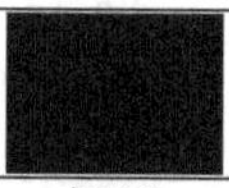	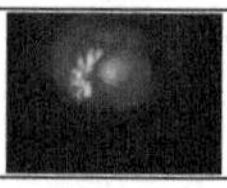		

镜头组合	衰减片	0.1%		
	滤光片	650nm		
加热功率/W	0	30	60	90
成像效果				

图 8-13　陶瓷样品激光加热实时记录图像对比（扫描封底二维码可见本图彩图）

合，激光功率加热到 90W 以上时，由于出现高温熔化样品的辐射光光晕，图像斑呈白色放射状光斑，无法观察到样品本身的形状；而当采用透过率为 0.1%的衰减片时，即使光功率加热到 90W 以上，由于高温熔化样品的辐射光光晕得到衰减，仍可以看到加热样品的正焦成像。第二组加热成像效果对比：采用 650nm 波长滤光片，当加上透过率为 2%的衰减片，激光功率加热到 60W 以上时，就出现了样品熔化而导致的辐射光光晕,样品本身形状难以观察；当光功率进一步上升到 90W 以上时，由于光晕加剧，图像斑呈白色放射状光斑，完全无法观察到样品的本身形状。而当加上透过率为 0.1%的衰减片时，即使光功率加热到 90W 以上，由于高温熔化样品的辐射光光晕得到衰减，仍可看到加热样品的正焦成像，但图像的清晰度不如波长 520nm 的滤光片组合成像的效果。上述对比结果证明，对于陶瓷样品加热图像记录的优选条件是：采用 520nm 波长的滤光片与 0.1%透过率的衰减片组合。

此外，研制的原型机的激光加热安全防护评价值达到0.04mW/cm^2，远低于国标《工作场所有害因素职业接触限值 第 2 部分：物理因素》（GBZ 2.2—2007）规定的 0.1W/cm^2（即眼直视激光束与激光束照射皮肤的职业接触限值的照射度）。

并行激光束加热用于阵列样品的快速定向加热，可完成多样品的原位化学反应、结晶、熔化等，通过激光能量馈入和时效改变，获得优化的样品加热处理效果。欲加热样品以阵列形式制备或装配在基片上，基片上阵列样品中每个样品的间隔距离与多个激光光束的间距相匹配，以实现每个样品的中心位置与激光束斑中心位置的准直对应，达到精确加热效果。当一个或一组样品加热完成后，通过样品台移动可将样品移动到新的位置，从而实现在程序控制下对样品台上每个样品的自动遍历加热；同时，也可实现多束激光对多个样品同时加热，大幅度提升加热效率。

以典型的稀土 Ce 掺杂 Y$_3$Al$_5$O$_{12}$(YAG：Ce)荧光材料为加热对象。将原料粉体经 800℃预烧 2h，压制成直径 10mm、厚 1mm 的片状样品。将一组 9 个片状样品置于基片上，设置烧结温度分别为 1400℃、1500℃ 和 1600℃，保温时间 180s、360s 及 540s。经对比实验筛选发现，在温度 1500℃和保温 540s 的条件下，激光加热处理后所得样品具有更高的物相纯度和特征黄光发射强度（波长 450nm 蓝光激发），见图 8-14 所示的样品 XRD 物相和发射光谱。

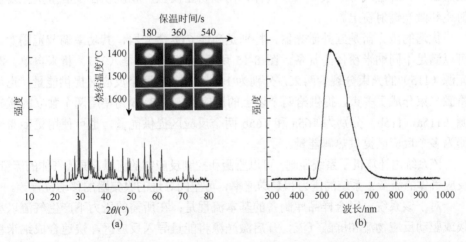

图 8-14 经平行激光束加热（1500℃/保温 540s）所得 YAG:Ce 片状陶瓷样品的 XRD 图谱（a）（插图为 9 个样品的激光加热图像），以及发射光谱（b）（激发光波长为 450nm）

2. 制备纳米粉末样品库的激光热解法

早在 2005 年，美国因特麦崔克斯股份有限公司提出了一种纳米粉末组合样品库制备的技术设计方案[26]，即通过热解技术合成组合材料样品库，加热源可采用电子束发生器、X 射线源、激光源等辐射源或它们的组合。其中，激光热解是其最优方案。

反应前驱物可以是气体、液体和固体。根据初始设计的各样品的化学组成比例差异来确定输入源物质比例的变化，由此制备出具有不同组成的纳米粉体样品，并将粉体收集在可以空间寻址（即可以确定样品位置）的基片上，或者使用独立的样品收集器来收集制备的粉体，从而形成样品库。利用该系统制备的纳米粉体的粒径为 1～500nm，更优的结果是 10～100nm 窄粒径分布。

纳米粉体合成的组合激光热解系统包括三个主要部分：①物质源输送部分；②反应室部分；③控制室部分。

物质源输送部分通常包括将反应物或前驱物输送到反应室的专用装置，各种反应物向反应室的输送速率可以独立控制。物质源输送装置包括 CVD 注入器，或者前驱物被载气带入反应室。物质源可以包括金属氯化物、溴化物、碘化物、酰胺化物，以及有机金属前驱物，或者反应气体等广泛的物质。物质源输送装置包括多个前驱物管道和气体管道。通过气压调节器和/或控制注入器来独立控制前驱物蒸气或气体，由此可以获得预设组成的物质源混合物。

在该系统中，反应室是密闭的，内部保持一定的反应条件，反应物流和激光束交汇在反应区，引发反应，形成粉体产物，然后收集在可移动和可空间寻址的收集器中。屏蔽气体一般是惰性气体，用以防止反应产物沉积在反应室壁上及反射镜和激光透射窗上。

优选的激光器是红外激光器，特别是高能 CO_2 激光器，其功率调节范围宽，可以满足不同纳米粉体的制备。图 8-15 所示为使用分束器（217）将来自单一激光源（115）的光束分裂为两束，分别为 165a 和 165b 两个反应区提供能量，也可将激光束分成更多束，提供给两个以上的反应区。图 8-16 为使用两个独立的激光源（115a，115b）分别为 165a 和 165b 两个反应区提供能量，也可使用更多激光器为多个反应区提供热解能量。

该系统由计算机子系统控制，可以监测和控制反应物的流量、屏蔽气体的流量、反应气体的流量、系统的压力和泵送速率、可空间寻址的收集器的移动位置等。

对于该系统，组合样品库制备的基本流程是：在所需的压力下产生气流以承载或驱动反应物流和屏蔽气流，开启激光源将能量导入反应区，快速合成纳米粉体产物，产物沉积在可空间寻址的收集器的第一个位置上。然后，改变反应物流、屏蔽气流、激光源能量、收集器位置等参数，制备第二个纳米粉体产物，使其沉积在收集器的第二个位置上。有限次重复这一流程，即可制备出一系列具有不同成分、不同粒径，甚至不同晶体结构的纳米粉体样品，即合成了预设的纳米粉体样品库。

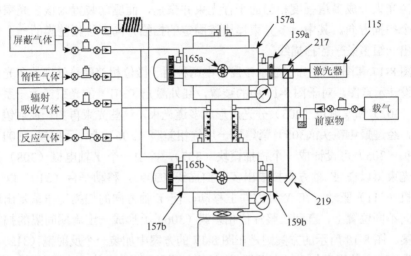

图 8-15 纳米粉体制备中的多工位激光热解，使用分束器（217）将单一激光源（115）的光束分裂为两束，分别为 165a 和 165b 两个反应区提供热解能量[26]

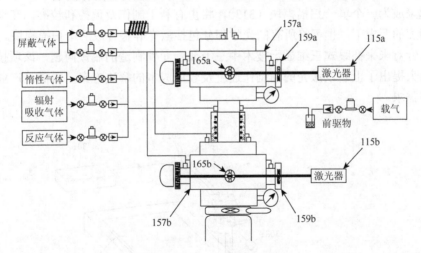

图 8-16 纳米粉体制备中的多工位激光热解，使用两个激光源（115a 和 115b）分别为 165a 和 165b 两个反应区提供热解能量[26]

3. 用于微位相差膜热处理的多光束激光装置

激光加热除用于制备组合样品库外，也是一种制备或加工阵列式元器件的高能热源。2008 年，我国台湾工业技术研究院发明了一种用于微位相差膜（microretarder plate）制造的多光束激光装置[27]。用于微位相差膜热处理的多光束激光装置以激光加热的方式制作相互交错的、两个不同位相区域的微位相差膜，装置中包含一个红外激光光源、一个多光束模块和一个驱动装置。多光束模块将红外激光光源光束分成多道强度相当的平行光束并聚焦，而驱动装置为该多光束模块提供一个扫描方向。其中，多光束模块依固定的扫描方向在位相差膜的一个表面上扫描出一组多条平行扫描线。

图 8-17 和图 8-18 分别显示该发明中两种用于微位相差膜热处理的多光束激光装置设计示意图。对于图 8-17 中的装置，红外激光（301）的光束经由一系列的分光镜（302）和反射镜（303）分光后形成多道光束，这些光束再由一反射镜（304）反射，经过聚焦镜头（305）聚焦到一片位相差膜（306）上。反射镜（304）和聚焦镜头（305）可设计成一个扫描模块（307），并由一个 Y 轴电机（308）驱动，让激光束得以在 Y 轴方向扫描出多条扫描线（309）。移动平台（310）以一个 X 轴电机（311）驱动，在 X 轴方向上移动，使 Y 轴方向的扫描动作重复出现在 X 轴方向不同位置上，直到在整片位相差膜（306）上形成一定周期间隔的扫描线长条图案。图 8-18 所示的方案则是在图 8-17 的方案中加装一个反射镜（312），使红外激光（301）的光束与 Y 轴向平行。在这样的设计下，分光镜（302）和反射镜（303）可以与扫描模块（307 = 304 + 305）一同做扫描移动，使得整个光学部分可以整合起来成为一个单一扫描模块（313），将更有利于制作及调控和校准。在满足加工精度的要求下，也可将所有的光学部分包括激光等整合成一个扫描模块。

针对未来裸眼式三维显示技术中三维显示元件制造的瓶颈问题，该项技术的发明人提出了上述以激光的高制作速度及较低成本的解决方案，以满足产业界的迫切需求。

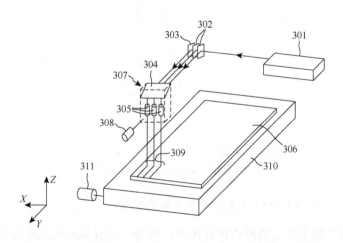

图 8-17　一种用于微位相差膜热处理的多光束激光装置设计示意图[27]

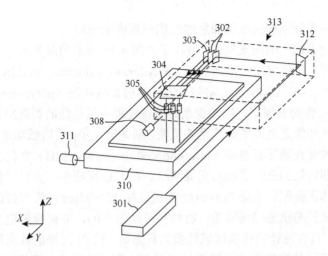

图 8-18 一种用于微位相差膜热处理的多光束激光装置设计示意图（加装反射镜 312）[27]

4. 高通量激光制造压力传感器阵列

由于光学工程的快速发展，激光已经可以用于高精度（亚微米分辨率）和高速度（1m/s）构图或加工材料，根据激光功率的强度，可以使用激光切割各种结构的材料或诱导材料中的化学反应，例如，将碳基聚合物转化为石墨烯[28]等。2022 年，香港中文大学及广东工业大学的 Zhao、Huang 与 Chen 合作团队报道了一项通过两步激光工艺制造高分辨率柔性压力传感器阵列的研究成果，以解决高空间分辨率和低串扰干扰的瓶颈问题[29]。在该合作团队所研制的传感器阵列中，各个感测像素及其互连通过激光诱导的石墨烯化和烧蚀顺序来定义，以达到串扰干扰的最小化。通过理论建模和实验验证来优化互连的几何形状。结果显示，新器件设计使 0.7mm 分辨率传感器阵列的串扰系数显著降低，串扰抑制尤其有利于涉及软表面（如人体皮肤和器官）压力检测的应用场景。展示了传感器阵列在触觉模式识别和微创癌症手术中的应用前景。

在该项工作中，使用了一种两步激光制造方法，用紫外激光从聚合物多层堆叠中创建传感器阵列，以低制造成本解决压力传感器阵列中的串扰问题。首先用低激光功率来生成隔离的压阻三维石墨烯像素，然后提高激光功率来切穿有源层和基片层，并留下互连图案来连接各个像素。利用悬臂梁的原理，通过理论建模和实验验证优化了互连的几何形状。结果表明，蛇形互连设计产生了最好的结果，极大地降低了单个像素之间的串扰，并且对于柔软表面（如人类皮肤和器官）上的压力映射尤其有益。实现了具有 0.7mm 高分辨率的{8×8}传感器阵列（像素尺寸：0.4mm，像素距离：0.3mm），单个像素表现出 1.37kPa^{-1} 的高灵敏度、80kPa 的宽压力工作范围、20ms 的快速响应时间和良好的循环稳定性，并展示了传感器阵列在微创手术触觉模式识别和肿瘤组织识别中的应用。

为了实现模拟中的图案制作，设计了如图8-19所示的两步激光制造工艺来制造压阻层。首先，将聚二甲基硅氧烷（polydimethylsiloxane，PDMS）层旋涂在玻璃基片上，然后在PDMS表面粘贴75μm厚的聚酰亚胺（polymide，PI）胶带。采用PDMS层作为支撑层，以减少最终传输过程中互连线的剥离应力和变形，这对防止像素内和像素之间的短路至关重要。制备第一步，使用低功率（2.1～3.8W）激光器，通过激光诱导石墨烯（laser-induced graphene，LIG）光化学过程，将原始薄膜的上部转化为三维多孔石墨烯网络。在LIG反应中，大量气体的产生，引起多孔结构体积膨胀。石墨烯层的最终厚度为22～35μm。值得注意的是，激光束可以沿着编程的轨迹扫描薄膜，将材料转换为LIG，并精确地定义每个像素的面积。因此，只有设计的传感区域转换为石墨烯，而PI区域的其余部分仍然不导电，从而实现了传感像素的电隔离。制备第二步，将激光功率提高到6.8W，对PI和PDMS进行烧蚀。通过对激光扫描轨迹进行编程，形成通过PI和PDMS层的蛇形互连。蛇形互连长度设置为相邻像素之间距离的2.5倍。

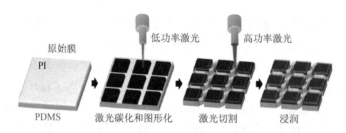

图8-19　具有蛇形互连的压阻式材料阵列的制造工艺[29]

通过引入两步激光制造方案，制造了高分辨率、高灵敏度的柔性传感器阵列。利用激光处理的多功能性，通过三维石墨烯网络的局部光化学反应实现了传感像素的电隔离，并通过激光切割有源层和支撑层中的蛇形互连结构极大地抑制了像素之间的机械干扰。因此，传感器阵列在刚性和柔性表面上都表现出无串扰性能。此外，单个传感器还表现出高灵敏度、宽压力工作范围、短响应时间和良好的工作稳定性。通过成功的触觉模式识别和肿瘤组织定位实验，展示了所研制的传感器阵列的应用潜力。

8.3　应　用　范　例

8.3.1　$Y_3Al_5O_{12}$铝酸盐基荧光材料的组合设计及高通量筛选

荧光材料涉及基质、激活剂和敏化剂，材料性能受成分及结构多因素制约，采用高通量技术可加速材料筛选。材料的发光性能，尤其是可见光发光强度和光色可凭借视觉对图像记录的初步判断来评价优劣，获得优选结果。而且成像方法操作简易、具有良好的空间分辨率以及并行表征的特点，已成为组合材料学方法中的高通量表征技术之一[30-38]。

中国科学院上海硅酸盐研究所刘茜团队选择钇铝石榴石 $Y_3Al_5O_{12}$（yttrium aluminum garnet，YAG）作为发光基质材料，通过在基质晶格中的 A（Y 位）与 B（Al 位）格位双原子取代策略，尝试在基质内创造适合混合价态发光离子 Eu^{2+}/Eu^{3+} 共存的化学环境，以实现通过双发光中心调控光谱的目的[39]。

YAG 属于立方晶体结构，包含[YO_8]十二面体、[AlO_6]八面体和[AlO_4]四面体，其中，Al^{3+} 占据四面体与八面体的中心位置，每个四面体与八面体通过共享顶角上的 O^{2-} 相连，构成十二面体间隙，Y^{3+} 占据十二面体的中心位置[40, 41]。具有与 Y^{3+} 相似离子半径的稀土元素可通过掺杂占据十二面体位点作为激活剂离子或改变十二面体位点的晶体场强；较小半径的 Al^{3+} 可被 $Mn^{2+/3+/4+}$、Cr^{3+}、Mg^{2+}、Si^{4+} 等离子取代[42-44]。

在该项研究中，设计样品库中样品的化学通式为 $Me_yY_{3-y}Al_{5-y}Si_yO_{12}:xEu$（Me = Mg, Ca, Sr, Ba，离子半径依次递增；$x = 0.001 \sim 0.05$，$y = 0.5 \sim 1.5$)，即在 YAG 中的 A 格位用二价碱土金属离子取代 Y^{3+}，在 B 格位用小半径 Si^{4+} 取代 Al^{3+}[39]。

所用稀土离子的前驱物溶液由稀土氧化物溶解于稀硝酸获得，其余金属阳离子的前驱物溶液均通过硝酸盐直接溶于去离子水获得。Si^{4+} 前驱物溶液由质量比为 9∶10∶3 的正硅酸乙酯（$(C_2H_5O)_4Si$，TEOS）、乙醇和去离子水的混合溶液获得。按照预设的组合化学成分方案，通过高通量并行合成将前驱物溶液逐一滴注至对应的微反应器孔内，经超声混合、干燥至获得凝胶。后续高温化学反应过程可分为两步：较低温度下的硝酸盐受热分解形成氧化物以及高温固相反应形成 YAG 基荧光粉。样品库进一步在 1100℃ 的温度和弱还原气氛下（5%H_2 + 95%Ar）处理，以获得价态发生变化的 Eu 离子。

初次设计、制备和筛选的样品库为{9×12}阵列（图 8-20），共计 108 个成分点。通过样品库的快速荧光成像对比筛选，获得了具有高发光强度的优选成分区域（图 8-21，矩形框区域为发光强度高的区域，即 Ca-Si、Sr-Si、Ba-Si 双原子取代区域），所用激发光为波长 254nm 的紫外光（λ_{ex} = 254nm）。

在此基础上，进一步收缩成分筛选范围，设计和制备了{9×6}阵列共计 54 个样品，再次通过荧光强度对比，最终筛选得到优选成分为 $CaY_2Al_4SiO_{12}:0.03Eu$（$x = 0.03$，$y = 1.0$)，即图 8-22 中矩形框成分区域内的优值。使用软件对发光图像进行处理，进一步确定了具有高发光强度的优选样品成分为 $CaY_2Al_4SiO_{12}:0.03Eu$。样品的发射光谱测试结果与这一筛选结果具有一致性（图 8-23，红色谱线）。结合弱还原气氛下的退火热处理，诱导 Eu^{3+} 向 Eu^{2+} 转变，样品在相同激光条件下，主要发射中心峰位为 430nm 的蓝光（图 8-24，图 8-25），进一步证实了所筛选的优选成分具备混合价态 Eu^{2+} 和 Eu^{3+} 两个发光中心受激共发射的荧光性能。其中，Eu^{2+} 发射蓝光（f-d 跃迁发射），Eu^{3+} 发射红光（f-f 跃迁发射），调控 Eu^{2+} 和 Eu^{3+} 两者的成分比例和发光分量，即可有效调控光谱特性。

材料	浓度x								
	0.001	0.003	0.005	0.007	0.01	0.02	0.03	0.04	0.05
(1) YAG	$Y_{3-x}Al_5O_{12}:x$Eu，$y=0$，附加对比例								
(2) YASG	$Y_{3-x}Al_4SiO_{12}:x$Eu，$y=0$，附加对比例								
(3) MYASG	$Mg_{0.5}Y_{2.5}Al_{4.5}Si_{0.5}O_{12}:x$Eu，$y=0.5$，Me = Mg								
(4) MYASG	$Mg_{1.5}Y_{1.5}Al_{3.5}Si_{1.5}O_{12}:x$Eu，$y=1.5$，Me = Mg								
(5) CYASG	$Ca_{0.5}Y_{2.5}Al_{4.5}Si_{0.5}O_{12}:x$Eu，$y=0.5$，Me = Ca								
(6) CYASG	$Ca_{1.5}Y_{1.5}Al_{3.5}Si_{1.5}O_{12}:x$Eu，$y=1.5$，Me = Ca								
(7) SYASG	$Sr_{0.5}Y_{2.5}Al_{4.5}Si_{0.5}O_{12}:x$Eu，$y=0.5$，Me = Sr								
(8) SYASG	$Sr_{1.5}Y_{1.5}Al_{3.5}Si_{1.5}O_{12}:x$Eu，$y=1.5$，Mе = Sr								
(9) BYASG	$Ba_{0.5}Y_{2.5}Al_{4.5}Si_{0.5}O_{12}:x$Eu，$y=0.5$，Me = Ba								
(10) BYASG	$Ba_{1.5}Y_{1.5}Al_{3.5}Si_{1.5}O_{12}:x$Eu，$y=1.5$，Me = Ba								
(11) YMASG	$Y_{3-x}MgAl_3SiO_{12}:x$Eu，Mg取代1个Al，附加对比例								
(12) SYMASG	$SrY_2MgAl_2Si_2O_{12}:x$Eu，Sr取代1个Y，Mg取代1个Al，附加对比例								

图 8-20　$Me_yY_{3-y}Al_{5-y}Si_yO_{12}:x$Eu（Me = Mg, Ca, Sr, Ba）组合材料样品库初次筛选成分设计图[39]

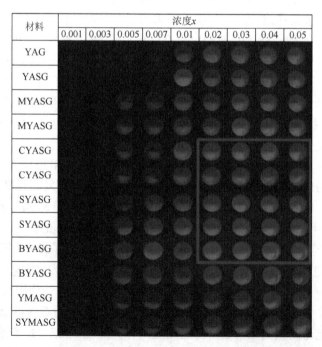

图 8-21　$Me_yY_{3-y}Al_{5-y}Si_yO_{12}:x$Eu（Me = Mg, Ca, Sr, Ba）组合材料样品库的发光图像
（$\lambda_{ex} = 254$nm）[39]

x
Me_y
Ca0.5 Ca1 Ca1.5 Sr0.1 Sr0.3 Sr0.5 Ba0.1 Ba0.3 Ba0.5
0.02
0.03
0.04
0.05
0.06
0.07

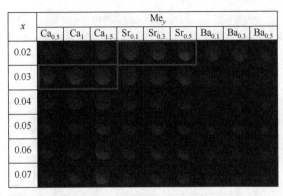

图 8-22　$Me_yY_{3-y}Al_{5-y}Si_yO_{12}:xEu$（Me = Ca, Sr, Ba，$x = 0.02 \sim 0.07$，$y = 0.1, 0.3, 0.5, 1.0, 1.5$）组合样品库发光图像（$\lambda_{ex} = 254nm$，感光度 ISO = 50）[39]

λex = 254nm
Ca0.5Y2.5Al4.5Si0.5O12: 0.03Eu
CaY2Al4SiO12: 0.03Eu
Ca1.5Y1.5Al3.5Si1.5O12: 0.03Eu
Sr0.1Y2.88Al4.9Si0.1O12: 0.02Eu
Sr0.3Y2.68Al4.7Si0.3O12: 0.02Eu
Sr0.5Y2.48Al4.5Si0.5O12: 0.02Eu
发光强度(a.u.)
10000
8000
6000
4000
2000
0
500
525
550
575
600
625
650
675
波长/nm

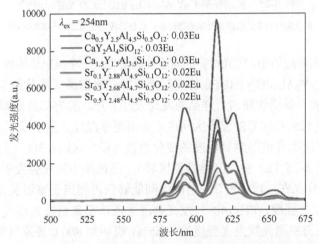

图 8-23[①]　样品库红框内 6 个样品（图 8-22）的发射光谱（$\lambda_{ex} = 254nm$）[39]

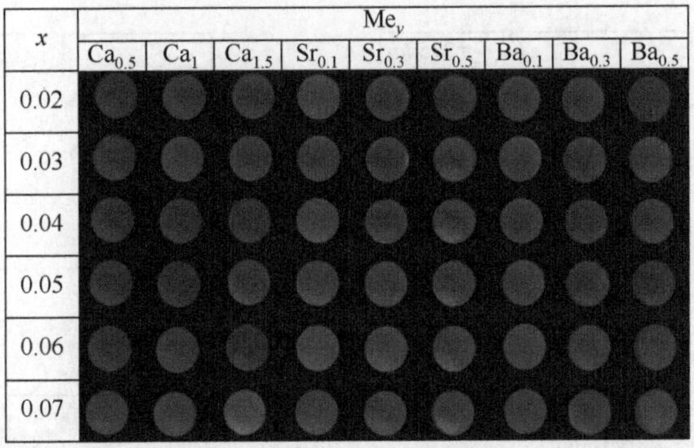

x
Me_y
Ca0.5 Ca1 Ca1.5 Sr0.1 Sr0.3 Sr0.5 Ba0.1 Ba0.3 Ba0.5
0.02
0.03
0.04
0.05
0.06
0.07

图 8-24　样品库在弱还原气氛热处理后的发光图像（$\lambda_{ex} = 254nm$）[39]

① 扫描封底二维码可见本图彩图。全书同。

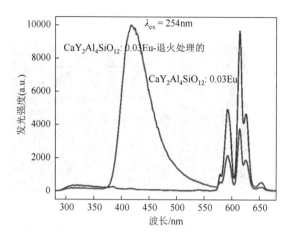

图 8-25　优选样品 CaY$_2$Al$_4$SiO$_{12}$:0.03Eu 的发射光谱[39]

黑色谱线为未经弱还原气氛处理样品；红色谱线为经弱还原气氛处理样品

　　此外，在实际应用中，荧光材料的高温热稳定性是一个很重要的参数。图 8-26（a）是优选样品 CaY$_2$Al$_4$SiO$_{12}$:0.03Eu 的变温光致发光光谱图（样品经 800℃还原气氛下处理 1h）。在开始升温阶段，样品的发光强度上升，在 75℃时获得最高的光致发光强度，并在 125～150℃的温度区间内才回落至室温发光强度以下。图 8-26（b）所示为发光强度积分值随测试温度的变化曲线（积分区间：360～535nm 及 583～680nm，即图 8-26（a）中的光谱覆盖区域），通过图中发光强度积分值的变化趋势可以看出，样品在 50～100℃的温度区间能够获得相当于室温荧光强度 105%～110%的光致发光强度；在约 140℃，发光强度才回落至室温发光强度。并且在 250℃的温度下仍保持室温光致发光强度的约 65%，说明经 800℃还原气氛处理 1h 的优选样品具有优异的荧光热稳定性。

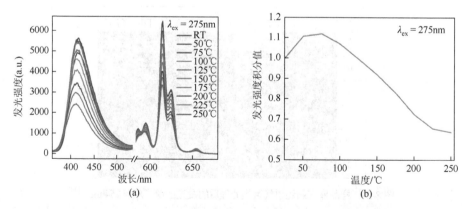

图 8-26　经 800℃还原气氛处理 1h 优选样品 CaY$_2$Al$_4$SiO$_{12}$:0.03Eu 的变温光致发光光谱（a）和发光强度积分值随测试温度的变化曲线（b）[39]

该类荧光材料适合应用于植物工厂暖房的节能 LED 补光灯（昼夜和四季补光），对植物生长等具有重要作用。其中，叶绿素与胡萝卜素对蓝光的吸收比例大，对光合作用影响大；红光可影响光合成、种子萌芽、幼苗生产以及营养与花青素合成等。

8.3.2　Y_2GeO_5 基光信息存储材料高通量筛选及应用基础

光信息存储是具有应用前景的冷数据存储方式，低能耗、长寿命和高安全性是其性能优势，符合国防、医疗、保密等数据的长期存储。无机材料具有良好的化学稳定性和耐高温稳定性，凸显长寿命存储特点，成为新一代存储介质的候选材料，其特有的光存储机理将目前反应较慢的光热效应转变为速度更快的光量子效应，可获得写入能耗降低、写入速率提高的效果[45-47]。但真正实现高密度多维光信息存储仍面临诸多难题。材料研究的关键问题在于能带结构的设计，具体体现为基质的选择（禁带宽度）及掺杂离子种类和掺杂量（杂质能级引入）的作用机制[48-51]。

针对上述问题和需求，中国科学院上海硅酸盐研究所刘茜团队选择具有优良化学和热稳定性的 Y_2GeO_5 基无机电子俘获型材料为研究对象，从能带工程角度分析，通过在基质中掺杂具有丰富电子结构的非发光稀土离子或过渡金属离子的协同作用，在基质禁带中引入局部陷阱能级，提供光存储的内部能量机制[52, 53]。

首先，以 Y_2GeO_5 为基质，利用第一性原理计算稀土离子掺杂前后 Y_2GeO_5 基质的禁带宽度，计算值与基于紫外-可见吸收光谱测试所计算推演的禁带宽度（约 5.7eV）基本一致，表明 Y_2GeO_5 基质具有较宽的禁带，通过掺杂等途径较易引入陷阱能级。

基于能带计算结果，通过引入系列稀土离子共掺杂的策略，尝试在禁带内诱生分立的缺陷能级制造陷阱，以实现稳定的光信息存储。组合设计了 {9×6} 阵列样品库（图 8-27（a）），样品的化学通式为 $Y_{1.99-x}GeO_5:0.01Pr, xRE$ (RE = Lu, Tm, Er, Ho, Dy, Tb, x = 0, 0.001, 0.003, 0.005, 0.007, 0.009, 0.011, 0.013, 0.015)，在 $Y_{1.99-x}GeO_5$（YGO）中的 Y 格位用其他三价稀土离子取代，x 值对应阵列中每一行的 9 个共掺杂浓度。第 1 行共掺杂 Lu，第 2 行共掺杂 Tm，以此类推。

通过高通量并行合成将配制的硝酸盐前驱物溶液逐一滴注至对应的微反应器孔内，经过混合、干燥，获得凝胶。再在 600℃下预烧结，实现硝酸盐热分解；然后在 1200℃下煅烧，得到 YGO 基荧光粉材料样品库。通过样品库的快速荧光成像对比筛选（图 8-27（b），λ_{ex} = 245nm），获得了具有高发光强度优选成分（矩形框内区域）。将优选区域成分样品放大制备，进一步表征其发光性能、陷阱性能及光存储特性。图 8-27（c）是筛选样品 $Y_{1.989}GeO_5:0.01Pr^{3+}, 0.001RE^{3+}$（缩写为

YGO：Pr, RE，RE = Lu, Tm, Er, Ho, Dy, Tb）的发射光谱（PL，λ_{ex} = 245nm），研究发现，单掺杂 YGO：Pr 及双掺杂 YGO:Pr, RE 样品均显示了多色发射峰，范围从蓝绿色到近红外发射，对应于 Pr^{3+} 的一系列 4f-4f 能级跃迁。其中，YGO：Pr, Dy 和 YGO：Pr, Tb 样品的发光强度最强。

此外，表征了单掺杂 YGO：Pr 及共掺杂 YGO：Pr^{3+}, RE^{3+} 系列样品的热释光（TL）谱，以预测影响光信息存储性能的关键因素——陷阱能级。研究发现，只有 Pr 与 Dy 和 Tb 分别共掺杂后两个样品的 TL 谱峰强度大大增加，表明更多的载流子被陷阱俘获。特别是 YGO:Pr, Tb 的 TL 谱有三个明显的峰，分别以 355K、431K 和 525K 为中心（标记 T_1、T_2、T_3）。对应三个陷阱深度的估算值为 0.709eV、0.861eV 和 1.05eV，窄的陷阱分布宽度为 0.063eV、0.082eV 和 0.154eV，深陷阱能级和窄陷阱分布为光信息存储创造了良好的条件。图 8-27（d）所示为 YGO：Pr^{3+}, RE^{3+}（RE = RE = Lu, Tm, Er, Ho, Dy, Tb）系列样品的热释光谱图。

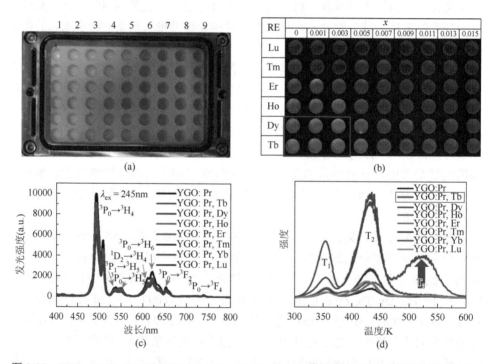

图 8-27　YGO：0.01Pr, 0.001RE(RE = Lu, Tm, Er, Ho, Dy, Tb)荧光粉的{9×6}阵列样品库（a）、样品库荧光成像（λ_{ex} = 254nm）（b）、发射光谱（λ_{ex} = 254nm）（c）和热释光光谱（d）

利用优选的 YGO：Pr, Tb 材料制备了模拟光盘，进行点光源光信息写入和读出的实验，所用的信息读写装置是由中国科学院上海光学精密机械研究所合作团队研发的。使用波长为 515nm、光斑尺寸约为 500nm 的飞秒激光器，重复频率为 40MHz，脉冲宽度为 500fs，在模拟光盘表面记录信息点。模拟光盘是以YGO∶Pr, Tb 粉与聚乙烯吡咯烷酮（polyvinylpyrrolidone，PVP）混合制成的YGO∶Pr, Tb-PVP 厚膜所制作的存储介质（基片为石英玻璃）。将涂覆了 YGO∶Pr, Tb-PVP 膜的基片放置在样品台上，通过样品台在二维平面可控匀速移动，移动精度达到微纳量级，用波长为 515nm 的聚焦飞秒激光束在样品选定的红色方框区域内二维可控扫描，实现了 {10×10} 光信息点阵列的逐位光信息写入。信息点的半径约为 0.5μm，相邻信息点间隔约为 1μm。信息点写入后，切换飞秒激光模式为线性连续扫描，在写入光信息点的区域按照之前激光束移动的线路线性扫描，信息写入的区域显示红色的光激励发光点，而未写入光信息点的位置没有发光现象。写入点和读出点之间的发光颜色变化源自发光离子 Pr^{3+} 从蓝绿色到红-近红外波段的多色发射特性。通过配备的光纤探头探测发现，在没有光信息写入的区域，光谱信号几乎为 0，而在光信息写入的区域出现了光谱峰（在 600～800nm 波段），即写入的信息被成功地转化成了光谱信号，实现了信息的有效读出。将收集到的光谱积分强度随扫描移动距离的变化作图，通过"不发光"与"发光"两个差异化状态，实现了二进制光信息中的"0"和"1"状态，由此证实了YGO∶Pr, Tb-PVP 膜材料具有在微观尺度上实现光信息存储的特性。同时，所记录的光信息点图像也说明光激励发光是一种高度局域化的光电子过程，通过激光束激励来俘获和释放模拟光盘上特定斑点处的电子，从而实现微小光信息点的写入和读出[52]。

8.3.3　基于稀土离子掺杂铋配位网络的发光调谐和单相白光发射

8.3.1 节和 8.3.2 节介绍了稀土离子掺杂的无机荧光材料的高通量制备与筛选，本节将介绍一项关于稀土离子掺杂的有机配位网络结构荧光材料发光性能的高通量筛选研究工作。由于无机-有机框架结构巧妙地将无机成分的高结晶度和刚性与有机成分的可调性、多样性和柔性相结合，可以设计和创造出大量新材料。

该项有机配位网络结构发光材料的工作是由巴西圣保罗大学 Brito 等领导的合作团队首次报道的，主要聚焦发光材料在光转换分子器件领域的应用背景下展开研究[54]。该团队采用的高通量制备手段是水热合成方法。所加工的阵列水热釜，由 {4×6} 阵列不锈钢微反应器组成，内衬是聚四氟乙烯（polytetrafluoroethylene，PTFE），每个微反应器的容积是 2mL。荧光材料的基质是三价铋离子配位的有机邻苯三甲酸（H_4Pyr），即 [Bi(HPyr)] 配位网络；掺杂剂选择三价稀土离子（RE^{3+} = Sm^{3+}、Eu^{3+}、Tb^{3+}和 Dy^{3+}），构建了一个多发光中心共存的体系。通过高通量水热合成方法获得了一系列稀土离子单掺杂和双掺杂的 [Bi(HPyr)] 基荧光粉样品。

研究发现，掺杂的稀土离子 RE^{3+} 取代了部分 Bi^{3+}，但由于稀土离子浓度不高

（0.0%～5.0%（摩尔分数）），掺杂并未影响化合物的结构、结晶度、基质的形态和热稳定性。

对于未掺杂稀土离子的[Bi(HPyr)]，通过时间分辨发光和寿命测量结果发现，295K 条件下的荧光发射源自 HPyr^{3-} 的 $S_1 \rightarrow S_0$ 跃迁态发光和 Bi^{3+} 团簇的变价电荷迁移态（intervalence charge transfer，IVCT，Bi^{2+}/Bi$^{4+} \rightarrow$ Bi^{3+}/Bi^{3+}）发光之间的竞争性发光。寿命测量还证明，在[Bi$_{0.95}$RE$_{0.05}$(HPyr)]样品中，不同稀土掺杂离子之间没有发生明显的能量传递，这表明 RE^{3+} 相互距离足够远，从而阻止了能量传递。

不同浓度的稀土离子 RE^{3+}（Eu^{3+}，Tb^{3+}，Dy^{3+} 和 Sm^{3+}）单掺杂和双掺杂的[Bi(HPyr)]，表现出一种多色发光可调的特性。在 Tb^{3+}:Eu^{3+} 和 Tb^{3+}:Sm^{3+} 两组双掺杂体系中（每组离子掺杂总量是恒定值 0.05mol），随着 Eu^{3+} 和 Sm^{3+} 浓度增加，发光颜色由绿色分别转变为红色（前者）和橙色（后者），均是暖光发射。而在含有 Dy^{3+}:Eu^{3+} 或 Dy^{3+}:Sm^{3+} 双掺杂的两组[Bi(HPyr)]样品中，均出现了白光发射，其相关色温（correlated colour temperature，CCT）范围宽，为 2500～7500。

总之，在 RE^{3+} 掺杂的[Bi(HPyr)]体系中，稀土离子之间弱的相互作用特性带来了很大的优势，即只需考虑掺杂浓度的变化就可调控发光颜色，因此所研发的 RE^{3+} 掺杂[Bi(HPyr)]荧光粉在光转换分子器件应用中将成为很好的候选材料。

8.3.4 发射光谱的多光束宽光谱表征技术与示范

与高通量制备相衔接的高通量表征技术是材料研发中评价和筛选材料性能的关键手段，需要突破传统的"一次测试一个样品"的模式。中国科学院上海硅酸盐研究所刘茜团队为解决高通量并行合成微纳尺度荧光粉体样品库的光谱表征，研发了发射光谱的多光束宽光谱表征技术[55, 56]，以弥补目前高通量发射光谱测试技术的稀缺性。

该项工作设计和建立了多光束宽光谱表征技术与装备，以满足阵列荧光粉样品库发射光谱测试的需求。激发波长覆盖系列单色光源：254nm、365nm、405nm、450nm、545nm、665nm、808nm、980nm 和 1060nm，采用带通滤波片确定光谱测试范围为 300～980nm，分辨率为 1nm。

多光束宽光谱表征装备的整体结构设计示意图示于图 8-28，具有如下四个主要功能单元。

（1）样品台移动单元，在其上放置阵列样品，目前阵列样品库尺寸设计与上述微纳粉体并行合成仪对应的{9×6}阵列微反应器尺寸一致；阵列样品与光谱测试点位置匹配运动的样品台移动控制器与主控电脑单元相连，当一个或一组样品测试完成后，样品台移动单元可将样品台移动到新的位置，对下一个或一组样品进行测试，从而可以实现在程序控制下对样品台上的每个样品进行自动遍历光谱测试。

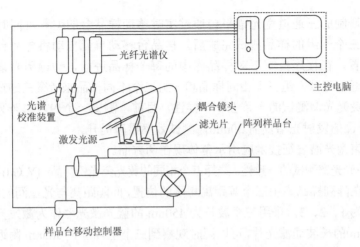

图 8-28　多光束宽光谱表征装备的整体结构设计示意图[55]

（2）激发光源单元，具备并列或阵列排布的多个激光光源或 LED 光源，目前配置有波长为 254～1060nm 的激光二极管（laser diode，LD）光源，还可以根据需要增配其他类型的光源；光源组或光源阵列为模块化设计，具备统一的插拔式电源，整体尺寸与插槽相吻合。

（3）接收光谱信号并进行处理的探测器单元，具备与激发光源单元相对应的并列或阵列排布的多个光纤光谱仪，监测波长范围为 300～1000nm，通过耦合镜头和光纤接收光学信号并传输至光纤光谱仪；滤光片设置于样品台与耦合镜头之间，用于除去干扰信号，提高光谱仪的信噪比，并可以根据需求选择长波通或短波通滤光片。

（4）主控电脑，其与探测器单元相连并用于记录及显示实验结果，目前采用 Coral 软件同时控制三台光谱仪，同时对三个样品进行检测，读出对应的光谱特征，实现了多通道并行光谱测试。

研制的多光束宽光谱表征装备可根据需要对几个样品同时进行光谱测试，并实现激发波长、测量范围、样品位置等参数的可控调节，达到测试参数高效筛选及优化的技术要求。在实时测试时，将所需测试的阵列样品装入移动样品台，选择需要的激发光源单元及滤光片，在程序主控电脑中设置对应位置的样品测试参数（光谱范围、激发光照时间等）。开始测试后，激发光源单元发出激发光照射到被测样品上，样品受激发发出光谱信号，光谱信号经滤光片过滤后，由耦合镜头接收，然后经光纤传入光纤光谱仪，光谱信号经光纤光谱仪准直、色散、聚焦、光电转换等处理后，处理好的光谱信息传输至程序主控电脑并转换为图像显示出来；当一个或一组样品加热完成后，程序主控电脑发送新的待测试位置到样品台移动控制器，样品台移动控制器控制样品台移动单元移动到指定位置，开始新的测试。

目前研制的三通道宽光谱平台通过实时移动样品台的位置可同时测量三个样品，当三个一组的样品测试完成后，样品台移动单元自动将样品台移动到新的测试位置，在程序控制下对样品库中的每个样品进行自动遍历光谱测试。此外，可以通过测试一组三个相同样品和一组三个不同样品来考察三通道宽光谱测试平台对荧光光谱测试的一致性和多样性。目前，测试一个{9×6}阵列样品库共计 54 个样品的发射光谱仅需 30min，测试效率显著提升。

多光束宽光谱表征技术应用示范体现在两方面。

（1）荧光光谱测试的一致性。选择三个相同的黄光荧光粉样品: $(Y, Gd)_3Al_5O_{12}:Ce$，分别放置在阵列样品库中三个等距离相隔的位置，间隔距离与光源间的距离相同，样品标记为 1、2、3，采用三个波长为 450nm 的蓝光激光器作为激发光源，同时放置 480nm 的长波通滤光片，可以同时观察到三个主峰位于 585nm 附近的黄光发射带，显示三价稀土发光离子 Ce^{3+} 的典型发光特性，而且放置在阵列样品库中三个不同位置的黄光荧光粉样品的发射光谱是一致的，色坐标也基本重合，均位于黄光区域，表明该三通道宽光谱测试平台所测试的荧光光谱结果具有一致性。光谱测试和色坐标计算结果列于表 8-3。

表 8-3　样品库中不同位置荧光粉的发光峰位和 CIE 色坐标

样品位置编号	激发光波长/nm	发射光峰位/nm	CIE 色坐标（x, y）
1-黄粉	450	585	（0.4686，0.4683）
2-黄粉	450	586	（0.4727，0.4693）
3-黄粉	450	586	（0.4675，0.4719）
4-红粉	450	640	（0.5586，0.3327）
5-黄粉	450	585	（0.4685，0.4655）
6-绿粉	450	525	（0.2889，0.5811）

（2）荧光光谱测试的宽谱及差异性特点。选择三个不同的荧光粉样品：红光荧光粉样品$(Ca, Sr)AlSiN_3:Eu$、黄光荧光粉样品$(Y, Gd)_3Al_5O_{12}:Ce$ 和绿光荧光粉样品$(Ba, Sr)_2SiO_4:Eu$，将其分别放置在阵列样品库中三个等间距的位置，间隔距离与光源间的距离相同，样品标记为 4、5、6，采用波长为 450nm 的蓝光激光器作为激发光源，同时放置 480nm 的长波通滤光片。红、黄、绿光三种荧光粉分别发射主峰位于 640nm、585nm、525nm 附近的宽谱带红色光、黄色光和绿色光，其色坐标分别位于红光、黄光、绿光色调区域，表明该三通道宽光谱测试平台可显示荧光光谱的宽谱和差异性特点。国际照明委员会（commission international de l'eclairage，CIE）色坐标计算结果列于表 8-3。

8.3.5　Ca-Sr-Ba-Ti-O 钙钛矿结构氧还原催化剂的高通量合成与筛选

在研发诸如金属-空气电池、低温燃料电池等高效能量存储和转换器件时，所涉及的氧还原反应（ORR）是至关重要的反应[57]，该反应被认为是这些能源器件中的动力学限制因素。ORR 需要催化剂助力，因此用于 ORR 催化剂的研发是当今的热点之一，期望发展出可替代昂贵铂金（Pt）、成本低、元素储量丰富的新型电催化材料[58-60]。

Darr 领导的团队开展了 $MTiO_3$（M = Ca, Sr, Ba）钙钛矿结构氧还原催化剂的高通量合成与筛选工作[61]。在 8.2.2 节曾介绍，该团队建立了高通量连续水热流合成系统用于制备纳米材料。他们利用所建立的高通量合成系统，在大约 14h 内制备了 66 个钙钛矿基 $Ba_xSr_yCa_zTiO_3$（$x + y + z = 1$）样品，形成样品库，每个样品约 3g。收集合成的粉体样品经过清洗、冷冻干燥、压片及烧结，然后使用旋转圆盘电极测试技术，评估其氧还原催化活性。此外，还对合成的样品进行了包括 BET 比表面积、粉末 X 射线衍射（PXRD）和透射电子显微镜（TEM）的分析，以建立物理性能和电化学表征数据之间的关联性。

在使用 CHFS 方法快速稳定制备的 66 个钡锶钙钛酸矿纳米颗粒样品库中，所有 66 个样品均具有钙钛矿结构（$SrTiO_3$ 和 $BaTiO_3$，立方相；$CaTiO_3$，正交相）。对于 $CaTiO_3$-$BaTiO_3$ 关联的 $Ca_xBa_{1-x}TiO_3$ 固溶相，由于 Ca^{2+} 和 Ba^{2+} 之间的大尺寸错配，在超过 25%（原子分数）的掺杂浓度下，观察到两种钙钛矿固溶体相共存。由于快速水热合成法的特点，所制备的催化剂晶粒细小，其 BET 比表面积（$54 \sim 116m^2/g$）较文献报道的固相法制备样品的比表面积高出约 $40m^2/g$[62-64]。

对样品库的 ORR 电催化活性进行了初步电化学筛选，发现高 Ba 含量及低 Sr 含量的样品具有较高的活性。其中，样品 $Ba_{0.8}Sr_{0.2}TiO_3$ 对 ORR 有较高的电流响应（$-1.49mA/cm^2$），同时具有较低的起始电位（$-0.2V$ vs. Ag/AgCl）。极限电流密度分布采用旋转圆盘电极测试法测试，测试条件为 $-0.5V$，使用 Ag/AgCl 电极，转速为 900r/min，使用 O_2 饱和的 0.1mol/L NaOH 电解质。样品的晶粒尺寸数据由谢乐（Scherrer）方程计算而得。

总体而言，样品库中各样品的性质随成分及晶粒尺寸变化而逐渐变化，进一步表明 CHFS 合成路线可以提供一种稳定、可靠和有效的多样品制备方法，所制备的系列样品的结构和性能具有可比性，结合表征手段，可以快速筛选出具有良好电催化活性、低成本、资源储量丰富的 $Ba_xSr_yCa_zTiO_3$（$x + y + z = 1$）候选材料。

8.3.6　Li-La-Ti-O 钙钛矿结构材料稳定性及离子电导率研究

在全球能源短缺的大背景下，研发安全、高能量密度、长寿命的可再生能源具有重要意义，其中，先进锂离子电池成为可再生能源候选之一。在全固态锂电池中，存在大量待候选的固体电解质，而金属氧化物因其突出的稳定性受到高度关注[65]。

2021 年，加拿大麦吉尔大学 McCalla 领导的团队首次报道了使用高通量组合合成方法，结合 XRD 和阻抗谱表征技术，快速筛选钛酸镧锂 Li-La-Ti-O（LLTO）体系钙钛矿结构固体电解质的研究成果[66]。该团队采用高通量合成技术制备了 576 个 Li-La-Ti-O 样品（即 9 个{8×8}阵列样品库），并用 XRD 和粉末 XRD 对其进行了结构表征和精修。通过自动化的 Rietveld 结构精修方法确定了相组成，所获得的物相稳定性分析结果为该类材料应用选材提供了重要的依据。研究发现，LLTO 体系任何成分的样品都不是稳定的纯相，而是复合相，只有在高温过程中通过与第二相共存的方式才能形成稳定相。对于经历了缓慢冷却处理过程所制备的样品，这个特点更加明显。而且，随着第二相含量的变化，离子电导率发生急剧变化，这对设计固体电解质提供了很重要的信息。所制备样品的总离子电导率一般可高达 $5×10^{-5}$S/cm；但当第二相为 TiO_2，且含量为 9%（摩尔分数）时，样品的体积电导率可大于 10^{-3}S/cm。这两个电导率数值与目前最先进的技术指标相比，均具有很明显的竞争力。研究结果表明，第二相 TiO_2 有助于降低复合电解质中的晶界能，其可能发挥了烧结助剂的作用。该项工作不仅展示了组合合成方法在固体电解质研究中的示范应用，而且对离子传输中第二相正效应作用的重要性有了全新的认知，甚至颠覆了一些固有的理念。

在具体的样品库合成中，采用手动或自动液体分配系统（Opentrons OT-2 移液机器人，美国），将前驱物溶液注入{8×8}阵列排布的 64 个不锈钢杯中，每个杯子的容积是 400μL。首先，将柠檬酸溶液注入杯子中，然后注入钛酸四丁酯溶液，再次是硝酸镧溶液，最后注入硝酸锂溶液。这些溶液在 65℃的空气中干燥 12h，然后置于 160℃的真空烘箱中干燥 1h，获得固态粉末前驱物。将粉体样品研磨后转移到氧化铝板上进行热解。热解后的粉末样品在空气中 600℃下加热 12h，加热和冷却速率均为 2℃/min。然后将获得的样品转移到自制的高通量压制模具中制成片状样品。将片状样品放置在氧化铝板上，在空气条件下，以 5℃/min 的速率加热至 1150℃或 1200℃，并保温 12h 或 6h。采用两种冷却速率：慢冷和淬冷。慢冷即在结束保温 6h 后立即停电，冷却速率约为 3℃/min。淬冷是将出炉的热的片状样品倾倒在室温下的铜板上，产生适度淬火的效果（在不足 1min 的时间内冷却到 100℃以下）。

通过 XRD 物相分析和结构精修结果还发现，LLTO 复合相是稳定的，且大部分 LLTO 相的稳定性是在缓慢冷却期间形成的，而不是在高温条件下。因此，通过选择正确的样品组成及合成条件来制备样品，就可以实现降低样品晶界电阻的目的，而无须采取额外的热处理，也不需要添加剂和埋粉处理。

基于 {8×8} 阵列 LLTO 样品库中所有样品的粉末 XRD 图谱以及根据样品的 Rietveld 精修结果所获得的摩尔组分相图可以确定各样品的物相结构和成分。根据 64 个样品的电化学阻抗谱图测试结果可以绘制总离子电导率的等高线图。由此，结合摩尔成分相图和电导率图，并根据对材料性能的需求，可以快速筛选出样品的成分及对应的合成条件，实现高通量筛选的目的。

8.3.7　骨再生用锌掺杂双相磷酸钙的高通量合成与筛选

随着人类对于健康和生存质量关注度的不断提高，用于骨修复和再生的人造材料的研究工作方兴未艾。其中，磷酸钙陶瓷材料由于其良好的生物相容性，成为研发的重点。磷酸钙陶瓷材料包括羟基磷灰石（hydroxyapatite，HA）、磷酸三钙（tricalcium phosphate，β-TCP）以及两者的混合物（也称为双相磷酸钙（biphasic calcium phosphate，BCP））[67]。已有研究工作显示，相比单相 HA 和 β-TCP，BCP 具有更优的成骨诱导活性，而且 BCP 中 HA 与 β-TCP 两相的比例对体内新骨形成有显著影响[68, 69]。

华南理工大学 Ye 和广东工业大学 He 等领导的团队合作，共同利用高通量实验和筛选方法研究了 Zn 元素掺杂对磷酸钙材料成骨诱导活性的影响，显著提高了搜索最优掺杂范围的效率[70]。该项研究以 BCP 为掺杂基体，Zn 为掺杂元素，采用高通量化学沉淀法合成了梯度掺杂含量为 0%～10.0%（摩尔分数）的 Zn-BCP，对比研究了 Zn 掺杂量对 BCP 物相、结构、形貌和细胞学响应的影响。

实验中搭建了高通量样品合成装置，主体结构由多通道蠕动泵和多头磁力搅拌器组成，具有五个 24 通道的蠕动泵（BT00F，Lead Fluid，中国）作为进液器以输送前驱物溶液到反应容器内。配置 4 个 24 头的磁力搅拌器和一个 8 头磁力搅拌器用于反应单元中溶液的搅拌混合。通过化学沉淀的方式，一次最多可以制备 104 个具有不同成分的样品。伴随搅拌，反应溶液持续反应 2h，然后陈化 24h。胶体产物经过洗涤和冻干，在 900℃下热处理 2h，即得到一系列合成产物，用于后续的结构分析和生物实验。

通过高通量实验成功制备出了锌掺杂量梯度变化的 BCP 系列双相磷酸钙生物材料样品。其中，锌占据 Ca(5) 和 Ca(4) 晶体学格位，有取代钙进入 β-TCP 结构的趋势。随着锌掺杂量的增加，β-TCP 在 BCP 双相磷酸钙中的晶格参数逐渐降低，直到掺杂量超过 5%（摩尔分数），但是，HA 的晶格参数几乎没有变化。粉末样品提取物中的锌含量明显随锌掺杂量的增加而稳步上升。锌释放可调节细胞学反应，促进碱性磷酸酶活性、钙沉积以及小鼠骨髓间充质干细胞（bone marrow mesenchymal stem cells，mBMSCs）中成骨和血管生成相关基因的表达。但是，当锌掺杂量大于 6%（摩尔分数）时，形成氧化锌，使 BCP 中的锌出现大量释放，由此导致细胞凋亡。很明显，合适含量的锌掺杂可有效促进骨髓间充质干细胞的成骨分化，并调节巨噬细胞中炎症和组织愈合相关基因的表达。高通量体外细胞毒性评价表明，BCP 中锌掺杂含量不应高于 5%（摩尔分数），最有效的锌掺杂量范围和掺杂量分别为 2.0%～2.8%（摩尔分数）和 2.4%（摩尔分数）。通过在比格犬背侧肌进行体内骨诱导实验，验证了锌掺杂的最有效含量。该项高通量制备及筛选研究为确定 Zn 元素在磷酸钙中的有效掺杂含量范围提供了参考；同时，展示了一项高效开发具有更优生物活性的骨组织工程用 BCP 材料的成功案例。

8.3.8 激光增材制造高通量合成 Mo-Nb-Ta-W 高熵合金

高熵合金（high-entropylloys，HEAs）是一类由多种主元素组成的特殊合金，具有抗辐照、高强度、耐腐蚀等特性[71-74]。然而，对于这类高熵合金可组合的元素成分种类及混合比例的限度或容忍度还存在很多未知。因此，为了能够开发出有前景的、成分复杂的 HEAs 材料，需要发展高通量方法来加速研发。为此，美国威斯康星大学麦迪逊分校 Moorehead 团队发展了一种采用激光增材制造技术高通量合成 Mo-Nb-Ta-W 高熵合金的方法，与表征和计算相结合，形成了高效研发的平台[75]。在该项研究中，通过增材制造的原位合金化技术在打印平台板上高通量制备了一系列不同成分的 Mo-Nb-Ta-W 合金样品阵列，并对打印平台板上的所有阵列样品整体进行了 SEM、EDS 和 XRD 表征。EDS 分析结果显示，高通量制备的每个样品的顶面成分是均匀的，仅存在极少未熔化的金属粉末；XRD 相分析表明，每个样品都是单相，但具有无序的晶体结构。此外，还结合 CALPHAD 相图计算模型确定了每种 HEA 成分在较低温度（300℃）下的平衡相，计算结果与 XRD 结果具有较好的一致性。

图 8-29 所示为该团队采用的激光增材制造高通量合成样品库的示意图，主要包括 4 个独立的粉料漏斗，分别填装 Mo-Nb-Ta-W 粉料；4 个位于粉料漏斗底部的可旋转的螺旋转子，控制 4 种粉料以一定线性变化比例组合进入下面的气流管路中；氩气提供气流进入气流管道，并通过气流扰动使 4 种粉料混合；4 个物料喷嘴将金属粉末定向喷射至打印头，粉料遭遇入射到打印平台板板面的激光，形成熔化池；通过移动台来调节激光束在打印平台板上的加热位置，即可实现在打印平台板上沉积有序排列的阵列样品。所使用激光的束斑为 600μm，在打印位置的聚焦斑尺寸为 380μm，激光的冷却速率超过 1000K/s。每个打印样

品的尺寸为 6.35mm×6.35mm×3.175mm。打印平台板采用 316 不锈钢板，尺寸为 100mm×100mm×6.35mm。

采用常规方法制备合金时，合金各原料的成分决定了最终样品的成分。但是，在采用激光增材制造技术高通量合成样品的过程中，各金属元素的蒸气分压、原始粉末的几何形状、粉料的反射率、元素的混合熵等因素均能影响粉料对激光能量的吸收，并决定究竟多少原料进入了熔化池达到混合状态。因此，在初始设计的成分与样品最终成分间存在差异。对此，该项研究进行了激光增材制造步骤多次迭代实验和计算预测。研究发现，在仅改变粉料漏斗底部螺旋转子转速的条件下，三次迭代后，初始设计的成分与样品最终成分间的接近程度最高。

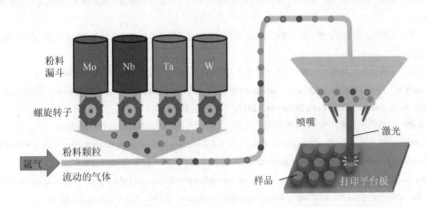

图 8-29　激光增材制造高通量合成 Mo-Nb-Ta-W 样品库的示意图

8.4　本章小结

由本章内容可见，微纳粉体高通量制备方法和激光并行加热技术具有明显的高效性及先进性，通过若干应用示范已展示出其加速材料研发的效果。然而，相对于高通量制备技术，目前与之衔接的高通量表征技术的研发还略显滞后，特别是材料性能的高通量测试技术，因此还需不断研发与微纳粉体样品库相适配的高通量表征技术，以满足高通量制备多样品的结构与理化性能的快速评价及优选。现阶段已有一些可与高通量制备直接对接的商业化的高通量表征技术装备，如微束 X 射线荧光谱仪、微束 X 射线衍射仪、高通量质谱仪、非接触式成像技术、共振增强多光子电离、扫描电化学表征平台、表面增强拉曼光谱等。

此外，高通量优选的目标样品需进行后续放大规模制备，加以进一步实验验证，并采用常规方法进行结构和性能的综合表征和评价，判定其是否满足应用需求指标。

发展高通量实验技术的目的是加速新材料发现及优化，获得"海量"材料信息，加深理解并构建材料成分-工艺-结构-性能的构效关系，建立基于高通量实验结果的数据库，为应用选材、新材料设计、计算模拟仿真、机器学习预测等提供实验数据和科学技术基础。因此，在发展高通量实验方法的同时，还需不断完善实验与筛选过程"海量"数据的采集、记录、处理、建立数据库等问题，用于资源共享、数据挖掘和应用，协同实现缩短材料研发周期和降低材料研发成本的目标[76]。

参 考 文 献

[1] 徐甲强，向群，王焕新. 材料合成化学与合成实例. 哈尔滨：哈尔滨工业大学出版社，2015：92-106.

[2] 鲍骏，高琛，黄孙祥，等. 适用于催化剂和发光材料研究的并行合成和高通量表征技术. 现代化工，2006，（8）：8-13.

[3] 刘茜，王家成，徐小科，等. 基于溶液滴注并行合成阵列粉体样品库的高通量制备系统：中国，CN115436117A. 2022-12-6.

[4] 刘茜，余野建定，汪超越，等. 阵列样品激光加热系统：中国，CN109352182B. 2019-2-19.

[5] Xu X K，Deng M X，Liu Q，et al. Advanced multi-laser-beam parallel heating system for rapid high temperature treatment. Journal of Inorganic Materials，2021，37（1）：107-112.

[6] 须建，彭裕红，马青，等. 临床检验仪器. 2 版. 北京：人民卫生出版社，2015：26-35.

[7] Lettmann C，Hinrichs H，Maier W F. Combinatorial discovery of new photocatalysts for water purification with visible light. Angewandte Chemie International Edition，2001，40（17）：3160-3164.

[8] Kisch H，Zang L，Lange C，et al. Modifiziertes，amorphes titandioxid-ein hybrid-photohalbleiter zur detoxifikation und stromerzeugung mit sichtbarem licht. Angewandte Chemie，1998，110（21）：3201-3203.

[9] Zang L，Lange C，Abraham I，et al. Amorphous microporous titania modified with platinum（Ⅳ）chloride—A new type of hybrid photocatalyst for visible light detoxification. Journal of Physical Chemistry B，1998，102（52）：10765-10771.

[10] Bazin D，Dexpert H，Lynch J，et al. XAS of electronic state correlations during the reduction of the bimetallic PtRe/Al$_2$O$_3$ system. Journal of Synchrotron Radiation，2020，6（3）：465-467.

[11] Iwasaki M，Hara M，Kawada H，et al. Cobalt ion-doped TiO$_2$ photocatalyst response to visible light. Journal of Colloid Interface Science，2000，224（1）：202-204.

[12] Welsch F G，Stöwe K，Maier W F. Rapid optical screening technology for direct methanol fuel cell（DMFC）anode and related electrocatalysts. Catalysis Today，2011，159（1）：108-119.

[13] Dogan C，Stöwe K，Maier W F. Optical high-throughput screening for activity and electrochemical stability of oxygen reducing electrode catalysts for fuel cell applications. ACS Combinatorial Science，2015，17（3）：164-175.

[14] Weng X L，Cockcroft J K，Hyett G，et al. High-throughput continuous hydrothermal synthesis of an entire nanoceramic phase diagram. Journal of Combinatorial Chemistry，2009，11（5）：829-834.

[15] Lin T，Kellici S，Gong K N，et al. Rapid automated materials synthesis instrument: Exploring the composition and heat-treatment of nanoprecursors toward low temperature red phosphors. Journal of Combinatorial Chemistry，2010，12（3）：383-392.

[16] Alexander S J，Lin T，Brett D J L，et al. A combinatorial nanoprecursor route for direct solid state chemistry：Discovery and electronic properties of new iron-doped lanthanum nickelates up to La$_4$Ni$_2$FeO$_{10-\delta}$. Solid State

Ionics，2012，225：176-181.

[17] Quesada-Cabrera R，Weng X L，Hyett G，et al. High-throughput continuous hydrothermal synthesis of nanomaterials（part Ⅱ）：Unveiling the As-prepared Ce$_x$Zr$_y$Y$_z$O$_{2-\delta}$ phase diagram. ACS Combinatorial Science，2013，15（9）：458-463.

[18] Goodall J B M，Illsley D，Lines R，et al. Structure-property-composition relationships in doped zinc oxides：Enhanced photocatalytic activity with rare earth dopants. ACS Combinatorial Science，2015，17（2）：100-112.

[19] Johnson I D，Lübke M，Wu O Y，et al. Pilot-scale continuous synthesis of a vanadium-doped LiFePO$_4$/C nanocomposite high-rate cathodes for lithium-ion batteries. Journal of Power Sources，2016，302：410-418.

[20] Howard D P，Marchand P，McCafferty L，et al. High-throughput continuous hydrothermal synthesis of transparent conducting aluminum and gallium co-doped zinc oxides. ACS Combinatorial Science，2017，19（4）：239- 245.

[21] Dahl J C，Wang X Z，Huang X，et al. Elucidating the weakly reversible Cs-Pb-Br perovskite nanocrystal reaction network with high-throughput maps and transformations. Journal of the American Chemical Society，2020，142（27）：11915-11926.

[22] Wang H Y，Jing Z A，Liu H L，et al. A high-throughput assessment of the adsorption capacity and Li-ion diffusion dynamics in Mo-based ordered double-transition-metal MXenes as anode materials for fast-charging LIBs. Nanoscale，2020，12（48）：24510-24526.

[23] Meng Q B，Zhou X L，Li J H，et al. High-throughput laser fabrication of Ti-6Al-4V alloy：Part Ⅰ. Numerical investigation of dynamic behavior in molten pool. Journal of Manufacturing Processes，2020，59：509-522.

[24] Ren Y M，Zhang Y C，Ding Y Y，et al. Computational fluid dynamics-based in-situ sensor analytics of direct metal laser solidification process using machine learning. Computers & Chemical Engineering，2020，143：107069.

[25] Holder D，Weber R，Röcker C，et al. High-quality high-throughput silicon laser milling using a 1 kW sub-picosecond laser. Optics Letters，2021，46（2）：384-387.

[26] 向 X D，柳 Y K，李 Y Q，等. 基于纳米粉末的组合库的制备：中国，CN101233266A. 2008-7-30.

[27] 林浪津，蔡朝旭，李锟. 用于微位相差膜热处理的多光束激光装置：中国，CN101498805B. 2011-12-30.

[28] You R，Liu Y Q，Hao Y L，et al. Flexible electronics：Laser fabrication of graphene-based flexible electronics. Advanced Materials，2020，32（15）：2070112.

[29] Li Y H，Long J Y，Chen Y，et al. Crosstalk-free，high-resolution pressure sensor arrays enabled by high-throughput laser manufacturing. Advanced Materials，2022，34（21）：2200517.

[30] Reddington E，Sapienza A，Gurau B，et al. Combinatorial electrochemistry：A highly parallel，optical screening method for discovery of better electrocatalysts. Science，1998，280（5370）：1735-1737.

[31] Taylor S J，Morken J P. Thermographic selection of effective catalysts from an encoded polymer-bound library. Science，1998，280（5361）：267-270.

[32] Wang J，Yoo Y，Gao C，et al. Identification of a blue photoluminescent composite material from a combinatorial library. Science，1998，279（5357）：1712-1714.

[33] Chen L，Bao J，Gao C，et al. Combinatorial synthesis of insoluble oxide library from ultrafine/nano particle suspension using a drop-on-demand inkjet delivery system. Journal of Combinatorial Chemistry，2004，6（5）：699-702.

[34] Luo Z L，Geng B，Bao J，et al. Parallel solution combustion synthesis for combinatorial materials studies. Journal of Combinatorial Chemistry，2005，7（6）：942-946.

[35] Ding J J，Jiu H F，Bao J，et al. Combinatorial study of cofluorescence of rare earth organic complexes doped in the poly(methyl methacrylate) matrix. Journal of Combinatorial Chemistry，2005，7（1）：69-72.

[36] Zhang K，Liu Q F，Liu Q，et al. Combinatorial optimization of $(Y_xLu_{1-x-y})_3Al_5O_{12}:Ce_{3y}$ green-yellow phosphors. Journal of Combinatorial Chemistry，2010，12（4）：453-457.

[37] Su X，Zhang K，Liu Q，et al. Combinatorial optimization of $(Lu_{1-x}Gd_x)_3Al_5O_{12}:Ce_{3y}$ yellow phosphors as precursors for ceramic scintillators. ACS Combinatorial Science，2011，13（1）：79-83.

[38] Wei Q H，Wan J Q，Liu G H，et al. Combinatorial optimization of La, Ce-co-doped pyrosilicate phosphors as potential scintillator materials. ACS Combinatorial Science，2015，17（4）：217-223.

[39] Zheng Z H，Deng M X，Wang C Y，et al. Dual-ion substituted $(MeY)_3(AlSi)_5O_{12}:Eu$ garnet phosphors: Combinatorial screening, reductive annealing, and luminescence property. RSC Advances，2021，11（36）：22034-22042.

[40] Kuklja M M. Defects in yttrium aluminium perovskite and garnet crystals: Atomistic study. Journal of Physics: Condensed Matter，2000，12（13）：2953.

[41] Kazakova L I，Kuz'micheva G M，Suchkova E M. Growth of $Y_3Al_5O_{12}$ crystals for jewelry. Inorganic Materials，2003，39（9）：959-970.

[42] Katelnikovas A，Bettentrup H，Uhlich D，et al. Synthesis and optical properties of Ce^{3+}-doped $Y_3Mg_2AlSi_2O_{12}$ phosphors. Journal of Luminescence，2009，129（11）：1356-1361.

[43] Shi Y R，Wang Y H，Wen Y，et al. Tunable luminescence $Y_3Al_5O_{12}:0.06Ce^{3+}, xMn^{2+}$ phosphors with different charge compensators for warm white light emitting diodes. Optics Express，2012，20（19）：21656-21664.

[44] Pan Z F，Chen J C，Wu H Q，et al. Red emission enhancement in Ce^{3+}/Mn^{2+} co-doping suited garnet host $MgY_2Al_4SiO_{12}$ for tunable warm white LED. Optical Materials，2017，72：257-264.

[45] 赵晓鸾，刘云. 光存储技术应用及其发展. 信息技术与标准化，2010，（6）：34-43.

[46] Su W，Hu Q，Zhao M，et al. Development status and prospect of optical storage technology. Opto-Electronic Engineering，2019，46（3）：180560.

[47] 徐端颐. 超高密度超快速光信息存储. 沈阳：辽宁科学技术出版社，2009：1-12.

[48] Dorenbos P. The 5d level positions of the trivalent lanthanides in inorganic compounds. Journal of Luminescence，2000，91（3-4）：155-176.

[49] van den Eeckhout K，Poelman D，et al. Persistent luminescence in non-Eu^{2+}-doped compounds: A review. Materials（Basel），2013，6（7）：2789-2818.

[50] Du J R，Feng A，Poelman D. Persistent luminescence: Temperature dependency of trap-controlled persistent luminescence. Laser & Photonics Reviews，2020，14（8）：2070048.

[51] Zhuang Y X，Lv Y，Wang L，et al. Trap depth engineering of $SrSi_2O_2N_2:Ln^{2+}, Ln^{3+}(Ln^{2+} = Yb, Eu; Ln^{3+} = Dy, Ho, Er)$ persistent luminescence materials for information storage applications. ACS Applied Materials & Interfaces，2018，10（2）：1854-1864.

[52] Deng M X，Liu Q，Zhang Y，et al. Novel Co-doped $Y_2GeO_5:Pr^{3+}, Tb^{3+}$: Deep trap level formation and analog binary optical storage with submicron information points. Advanced Optical Materials，2021，9（10）：2002090.

[53] 刘茜，邓明雪，徐小科. 一种电子俘获型稀土共掺锗酸钇光存储介质及其制备方法和应用：中国，CN114686226A. 2022-7-1.

[54] Cunha C S，Köppen M，Terraschke H，et al. Luminescence tuning and single-phase white light emitters based on rare earth ions doped into a bismuth coordination network. Journal of Materials Chemistry C，2018，6（46）：12668-12678.

[55] 徐小科，刘茜，周真真. 阵列样品光谱测试系统：中国，CN113640257A. 2021-11-12.

[56] Zhou Z Z，Liu Q，Fu Y W，et al. Multi-channel fiber optical spectrometer for high-throughput characterization of

photoluminescence properties. Review of Scientific Instruments，2020，91（12）：123113.

[57] Debe M K. Electrocatalyst approaches and challenges for automotive fuel cells. Nature，2012，486（7401）：43-51.

[58] Hwang J，Rao R R，Giordano L，et al. Perovskites in catalysis and electrocatalysis. Science，2017，358（6364）：751-756.

[59] Wang Y，Chen K S，Mishler J，et al. A review of polymer electrolyte membrane fuel cells：Technology，applications and needs on fundamental research. Applied Energy，2011，88（4）：981-1007.

[60] Steele B C H，Heinzel A. Materials for fuel-cell technologies. Nature，2001，414：345-352.

[61] Groves A R，Ashton T E，Darr I A. High throughput synthesis and screening of oxygen reduction catalysts in the $MTiO_3$(M = Ca, Sr, Ba) perovskite phase diagram. ACS Combinatorial Science，2020，22（12）：750-756.

[62] Pfaff G. Synthesis of calcium titanate powders by the sol-gel process. Chemistry of Materials，1994，6（1）：58-62.

[63] Uchino K，Sadanaga E，Hirose T. Dependence of the crystal structure on particle size in barium titanate. Journal of the American Ceramic Society，1989，72（8）：1555-1558.

[64] Burnside S，Moser J E，Brooks K，et al. Nanocrystalline mesoporous strontium titanate as photoelectrode material for photosensitized solar devices：Increasing photovoltage through flatband potential engineering. The Journal of Physical Chemistry B，1999，103（43）：9328-9332.

[65] Bachman J C，Muy S，Grimaud A，et al. Inorganic solid-state electrolytes for lithium batteries：Mechanisms and properties governing ion conduction. Chemistry Review，2016，116（1）：140-162.

[66] Jonderian A，Ting M，McCalla E. Metastability in Li-La-Ti-O perovskite materials and its impact on ionic conductivity. Chemistry of Materials，2021，33（12）：4792-4804.

[67] Dorozhkin S V. Calcium orthophosphate bioceramics. Ceramics International，2015，41（10）：13913-13966.

[68] Kurashina K，Kurita H，Wu Q，et al. Ectopic osteogenesis with biphasic ceramics of hydroxyapatite and tricalcium phosphate in rabbits. Biomaterials，2002，23（2）：407-412.

[69] Arinzeh T L，Tran T，Mcalary J，et al. A comparative study of biphasic calcium phosphate ceramics for human mesenchymal stem-cell-induced bone formation. Biomaterials，2005，26（17）：3631-3638.

[70] Lu T L，Yuan X Y，Zhang L H，et al. High throughput synthesis and screening of zinc-doped biphasic calcium phosphate for bone regeneration. Applied Materials Today，2021，25：101225.

[71] Yeh J W，Chen S K，Lin S J，et al. Nanostructured high-entropy alloys with multiple principal elements：Novel alloy design concepts and outcomes. Advanced Engineering Materials，2004，6（5）：299-303.

[72] Yang T，Li C，Zinkle S J，et al. Irradiation responses and defect behavior of single-phase concentrated solid solution alloys. Journal of Materials Research，2018，33（19）：3077-3091.

[73] Senkov O N，Miracle D B，Chaput K J，et al. Development and exploration of refractory high entropy alloys—A review. Journal of Materials Research，2018，33（19）：3092-3128.

[74] Shi Y Z，Yang B，Liaw P. Corrosion-resistant high-entropy alloys：A review. Metals，2017，7（2）：43.

[75] Moorehead M，Bertsch K，Niezgoda M，et al. High-throughput synthesis of Mo-Nb-Ta-W high-entropy alloys via additive manufacturing. Materials & Design，2020，187：108358.

[76] 刘茜，王家成，周真真，等. 微纳粉体样品库高通量并行合成的研究进展. 无机材料学报，2021，36（12）：1237-1246.

第9章

电场辅助加热的多通道固相
并行制备陶瓷材料芯片技术

本章主要介绍"高通量固态粉末配制系统"和"电场辅助高通量燃烧合成装置"的基本原理和技术特点，结合热电材料、粉状药物、陶瓷材料的高通量研发应用范例进行阐述。本章所涉及的高通量配料装置可以实现固态粉末在多通道模具内的快速、精准配制和微米尺度均匀混合；所涉及的高通量合成装置可提供外场辅助和瞬态超高温反应条件。

将"高通量固态粉末配制系统"和"电场辅助高通量燃烧合成装置"组合联用的功能主要在于：用于固态粉末向阵列反应器中的快速配置、陶瓷样品的快速合成和快速筛选，从而大幅降低材料研制周期和成本，加速高性能新材料的研发。

9.1 基 本 原 理

9.1.1 高通量固态粉末配制原理

高通量制备技术可一次性获得大量的样品，高通量快速表征技术可以验证设计和制备的结果，以便达到快速优化材料成分/工艺/性能的目的。但限于样品的制备难度，目前大多数高通量制备技术主要针对薄膜和以溶液为前驱物的多通道并行合成样品，对固态粉末类的高通量配制及高温处理研究很少。本章所述及的固态粉末的高通量配料装置实现了微/纳米陶瓷粉末的配料—混合—压缩多功能集成，这种合成设备可广泛应用于粉体材料。

目前关于高通量粉体配料的研究工作还比较少，公开的研究工作主要来自上海大学材料学院骆军教授研究团队和德国克里斯蒂安·阿尔伯特基尔大学药学系的 Steckel 研究团队，他们分别报道了各自所研制的定量配粉设备。

上海大学材料学院骆军教授团队基于称重原理研制了干粉自动进给系统，提高了配制样品的效率和准确性。研究发现，配料设备的给料速率和精度可以通过螺旋旋出长度 L（mm）、转速 V（r/min）的协同调节来实现改变。这里选取典型

的热电材料 $Bi_xSb_{2-x}Te_3$（$x = 0.3, 0.4, 0.5, 0.6, 0.7, 0.8$）体系梯度成分变化样品制备作为展示。首先编写相应的功能梯度材料成分分布的控制程序，之后成功制备了 $Bi_xSb_{2-x}Te_3$（$x = 0.3\sim0.8$）功能梯度材料，并在热压烧结、退火后得到纯度更高的梯度组成分布样品。通过重复实验验证送料系统的精度和可靠性，同时梯度成分组件和自动喷粉系统可显著提高新材料的研发速度[1]。

在药物开发和生产中，特别是在处理少量、高效活性物质时，粉末的精确灌装仍是一个不小的挑战。德国克里斯蒂安·阿尔伯特基尔大学药学系 Steckel 研究团队研制了一种针对微细粉体的振动毛细管加药系统。这项工作的主要目的是研究毛细管的内口径、频率和振幅等参数对粉体流动配料情况的影响。他们还使用五种不同种类的乳糖粉为原料，研究了粉体密度、粒度分布和形状等对粉体称量的影响。研究发现，频率和幅值对流量及其差异都有影响，但影响程度不同。最终该设备可实现称量流量范围从 1mg/s 到 10mg/s，相对标准偏差可以达到 3%。此外，他们还将电容传感器集成到闭环的加药系统，可以对是否达到设定目标有非常快的响应时间（几毫秒），从而形成闭环过程，实现标准剂量偏差低至 0.1mg，该方法有望应用于产业界精细药粉的精确充填[2, 3]。

中国科学院理化技术研究所功能陶瓷研究团队研制的高通量粉体配料，是利用螺旋结构挤出粉体，通过体积量程实现定量配制。首先称量出已知体积、质量的实验粉体，得到对应的堆积密度标准曲线。通过标定球形粉本身的质量-体积标准曲线，先设定需要配料的质量，通过换算得到特定体积，最后根据体积设定旋出圈数[4, 5]，完成配料。

9.1.2　电场辅助燃烧合成反应原理

与高通量粉体配料环节相衔接的是高温过程，完成后续的陶瓷材料烧结。自蔓延高温合成法（self-propagating high-temperature synthesis，SHS）又称燃烧合成（combustion synthesis，CS），即在一定的气氛中点燃粉末压坯，产生化学反应，其放出的生成热使邻近物料的温度骤然升高，引发新的化学反应，以燃烧波的形式蔓延至整个反应物，将反应物转变为生成物产品。该工艺生产过程简单，能量利用充分，反应迅速，可得到高纯产品。

由于电场作用能强化燃烧合成过程，实现因反应放热量小而难以反应或反应不完全的粉体合成，因此利用电场辅助的方法从 20 世纪以来就成为材料领域的研究热点之一。

为了满足现代陶瓷的需求并促进材料创新，美国马里兰大学材料科学与工程系胡良兵和莫一非、弗吉尼亚理工大学郑小雨和加州大学圣迭戈分校骆建团队合作，研发了一种高温超快烧结（ultrafast high-temperature sintering，UHS）的陶瓷合成方法，如图 9-1 所示。该方法能够形成均匀的温度分布，可以实现快速加热（$10^3 \sim$ $10^4℃$/min）和快速冷却（最高 $10^4℃$/min）以及高温度（最高 3000℃）烧结[6]，超快的加热速率远远超过了大多数传统熔炉。他们将压制的陶瓷前体粉末生坯直接夹在两个碳毡之间，这些碳毡通过辐射和传导迅速加热，形成均匀的高温环境。

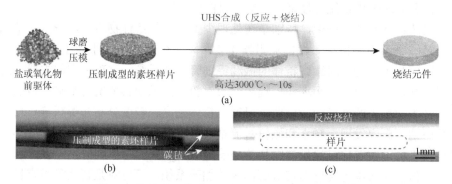

图 9-1　陶瓷合成的高温超快烧结过程及设备照片[6]

（a）UHS 合成过程的示意图；（b）UHS 装置结构在室温下的结构照片，包括压制成型的素坯样片和碳毡；（c）反应烧结，为紧密封装的加热带围绕压紧的素坯样片提供均匀的温度分布，使陶瓷快速烧结

通常，烧结涉及颗粒的粗化和致密化之间的竞争。表面扩散在低温下会占主导地位，并且会导致粗化和颈部生长而没有致密化，而晶界和整体扩散在高温下更为重要，从而导致快速致密化。UHS 的超高加热速率绕过了低温区域，从而减少了颗粒的粗化并保持了较高的烧结毛细驱动力，这与其他超快加热方案（如快速烧结和其他奇特的加热方法）中观察到的类似。较低的活化能也表明，UHS 工艺中的烧结和晶粒长大机制与常规烧结方法有所不同。在某些情况下，特别是对于某些化学性质复杂的固体电解质，在 UHS 的较高处理温度下会形成一小部分液体，这进一步促进了超快液相烧结的致密化。

中国科学院理化技术研究所功能陶瓷研究团队也在该领域有相关研究，即先引入外加电场，诱发多通道配置粉体的超高温燃烧合成，系统研究了电场辅助作用下不同体系的燃烧合成过程及产物的结构性能演化规律，实现了电场辅助技术与高通量粉末配料装备的对接。

9.2　高通量制备技术与装备

9.2.1　应用于热电材料的高通量配料系统

热电目前被认为是一种可以从几乎任何类型的废热中产生"清洁"电能的可行方法。为提高热电器件的热电能量转换效率，筛选效率更高的材料体系，上海大学材料学院骆军教授团队研发了一种用于制备热电材料的高效自动送粉系统。功能梯度材料是提高热电材料效率和使用温度范围的有效手段，可以通过退火和其他工艺进行成分和组织结构的连续变化，可以作为理想的梯度变化样品来筛选热电性能最好的样品组成。该研究团队制备了典型体系的热电功能梯度材料，并研究了其在不同类型组装和焊接热电模块中的应用。这种具有准连续成分分布的功能梯度材料可以满足材料基因组计划的样本要求，并且可用于进一步研究和提高热电转换效率。

1. 自动送粉系统

在实际操作中，高纯物料粉末的称量精度对制备结果有很大影响。操作人员必须保证粉末剂量的准确性。此外，由于粉末存储容器反复打开，气溶胶的形成还可能造成交叉污染。通常实验室会采用抹刀进行精确称量和手工配药，但这又是一种不精确、耗时、烦琐，甚至高风险（如样品可能有毒、有害）的手工制样方法。为了应对以上问题，必须引入一种精确的送粉系统。之前研究团队总结了各种用于医药行业的微给药器和低剂量给药系统，从中得到启发，从工作原理来讲，几乎都是基于体积或重量原理。由于干粉的黏性和黏结力大于重力，且用于生物技术、制药和材料领域的加工粉末颗粒尺寸越来越小，这会导致很多不必要的团聚（结块）和表面黏附。因此，使用传统的输送系统进行分配是比较困难的。目前所采用的粉末计量和加药方法主要包括气动、螺旋/螺旋钻、静电和振动方法等。

基于体积原理的给药技术，是用固定容量加药的配料头直接分离出 $0.5\sim10\mathrm{mg}$ 计量的粉末。体积计量可以通过使用槽式输送机的连续吸气来实现。该机可用于高瞬时精度（小于 1%的变化）和高速（$3\sim11\mathrm{g/s}$）的散粉。然而，这种气动方法不能提供连续的自动计量和粉末分配。Besenhard 等[7]提出了一种基于气缸活塞系统（即粉末泵）的容积式进料器，该进料器允许精确地进料以及每小时几克的进料速度，即使是针对非常细的粉末。然而，由于颗粒包装、湿度、静电效应和粉末中批次之间的变化，体积加药也会产生误差。不同粉末批次之间粒径分布的微小差异会随机地影响颗粒包装成品率，产生一些废弃的粉末。

重力测量技术更适合于提供精度要求不高的配料。例如，已经成功研制出使用振动毛细管或棒、超声波、螺旋方法、振动通道和振动抹刀等基于重力测量的方法。与体积送粉系统相比，基于重力给粉原理的系统不仅能保证精确有效的给粉，而且具有更好的重复性。然而，对于小剂量（低于 200mg），传统的称重技术往往太慢。

综合上述技术特点，扬长避短，上海大学骆军教授团队开发了一种基于重力原理的自动给料系统，实现了快速、连续、可靠、准确地给料[1]。研究团队利用自动送料系统制备了成分梯度变化的 $Bi_xSb_{2-x}Te_3$ 梯度材料，在热压烧结后形成了单一晶相成分，未发生相变。最后对其组成进行了分析，证明所制备的样品具有梯度变化的化学成分，从而验证了自动送粉系统的可行性。

2. 自动送粉系统在热电材料研发中的应用

1）梯度样品配制流程

碲化铋（$Bi_xSb_{2-x}Te_3$）化合物和合金具有层状晶体结构，电子禁带宽度较窄，是在室温区间使用的最佳工业应用材料。因此，对不同组成分布的 $Bi_xSb_{2-x}Te_3$（$x = 0.3, 0.4, 0.5, 0.6, 0.7$ 和 0.8）体系进行功能梯度材料（functional graded materials，FGMs）的研究。这里制备了均匀的 P 型 $Bi_xSb_{2-x}Te_3$ 样品，x 值分别为 0.3、0.4、0.5、0.6、0.7、0.8。如图 9-2 所示，通过不同比例的粉末（Bi、Sb 和 Te）分层注入磨具，形成成分梯度样品。原料粉体目数为 100～200 目。样本比例在纵向上呈梯度变化，各层含量如表 9-1 所示。如图 9-3 所示，完整的梯度样品制备流程如下。

（1）利用开发的自动送粉系统，将原料堆叠成梯度组分。

（2）通过热压使功能梯度材料致密化，然后退火均匀化。

（3）沿梯度样品的轴向切割，打磨成 1.5mm 厚的薄板，以表征性能。

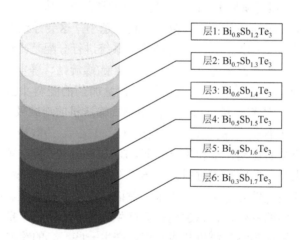

层1: $Bi_{0.8}Sb_{1.2}Te_3$

层2: $Bi_{0.7}Sb_{1.3}Te_3$

层3: $Bi_{0.6}Sb_{1.4}Te_3$

层4: $Bi_{0.5}Sb_{1.5}Te_3$

层5: $Bi_{0.4}Sb_{1.6}Te_3$

层6: $Bi_{0.3}Sb_{1.7}Te_3$

图 9-2　FGM 样品示意图[1]

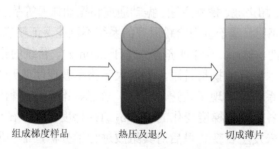

组成梯度样品　　　　热压及退火　　　　切成薄片

图 9-3　制备 FGM 样品流程图[1]

表 9-1　样品各元素配方[1]　　　　　（单位：mg）

元素	层数					
	1	2	3	4	5	6
Bi	314	209	209	209	139	105
Sb	275	226	284	365	325	345
Te	719	547	300	765.6	638	638

2）自动送粉系统

所研制的自动送粉系统分为给料、称重和传输三个模块，如图 9-4 所示，下面将依次展开介绍。

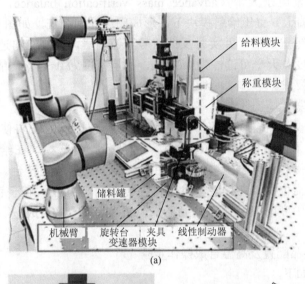

(a)

(b)

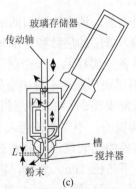

(c)

图 9-4　自动送粉系统

（a）系统设置；（b）给料模块；（c）给料模块原理图[1]

（1）给料模块。

如图 9-4（b）所示，该模块包括旋转、水平和垂直方向驱动单元以及三个加药给料装置。三个加药给料机（Mettler Toledo，QH012-ZNMW 11150115，瑞士）连接在水平驱动单元平台上。每个给料机装一种粉料，不同给料机可通过水平驱动切换单元，实现不同粉料的连续给料。给料机的结构原理如图 9-4（c）所示。装好原粉料的给料机经水平装置在轴上移动后，在垂直旋转装置的带动下，搅拌器旋转滑下，使粉料从玻璃容器中通过凹槽流出，进入小储料器中。进料速度和精度可通过协调主轴搅拌器的转速 V（r/min）和突出长度 L（mm）来调节。加药完成后，当搅拌器末端回到初始位置时，整个过程处于密封状态。

（2）称重模块。

将微型精密电子天平（advance mass verification balance，Mettler Toledo XSE105DU，瑞士）置于给料模块下，形成闭环控制系统，如图 9-4（a）所示。用天平记录实际重量值，并实时反馈信号给控制器，控制给料速度，提高系统整体的进给精度。天平可读性为 0.01mg，称量范围为 0～41g，能满足高精度、大范围的给料要求。

（3）传输模块。

为了消除交叉污染的风险，需要对每种混合比例的粉末使用单独的储料罐。为此开发了传输模块，如图 9-4（a）所示。给料模块在给料前将储料罐依次传送到平衡台。传输模块包含线性制动器、夹具和旋转台。一旦储料罐被转盘移动到所需位置，夹具便会将储料罐传送到平衡台。加药完成后，储料罐由具有六个自由度的机械臂运输到所需位置，等待压实、成型、烧结等后续处理操作。

3）梯度样品配置及高温合成操作步骤

进料步骤如下。

步骤 1：进料前，请在进料口的玻璃容器中填充足够的粉末。

步骤 2：输入每层的层数和各部分的给料比例。

步骤 3：准备一层样品。一个储料罐由上料单元从转盘输送到天平，然后由三个给料机给料模块依次给三种类型的粉料，最后运至指定地点（机械臂）。

步骤 4：重复步骤 3，完成各层材料的制作。需要注意的是，步骤 3 和步骤 4 是由系统自动实现的，不需要任何人工干预。

步骤 5：制备的元素层混合物首先在直径 10mm 的石墨模具中，在单轴压力 75MPa、673K 下热压 20h。然后，将热压后的圆柱形试样（成分梯度锭）沿轴向切成小片。另一部分用 Partulab 装置（MRVS-1003）在 10^{-3}Pa 下密封在石英管中，并在 673K 下退火 24h。最后，用线锯将样品切成薄板，供结构和性能表征使用。

3. 自动送粉系统及其制样效果评价

为验证所开发系统的进给性能，以层2的铋粉给料过程为例。如图9-5所示，不到3min给料过程也分为快速给料和精准给料两个阶段。在快速给料阶段，伸出的长度（mm）从0增加到7.2，旋转搅拌器的速度V（r/min）从0到160。因此，在此阶段给料量随给料速率的提高而不断增加。当给料量接近理想值时，为了防止超出目标量，在之后的精准给料阶段，粉料进给速度逐渐减慢，搅拌器的旋出长度和转速分别下降到6mm和130r/min。通过协作调控搅拌器的转速和旋出长度，在快速给料阶段采用粗加料的方法来提高加料效率，在精准给料阶段采用细加料的方法保证加料精度。为了证明重复性，用该体系制备了三个相同的样品。样品1制备过程中产生的自动化系统配料误差见表9-2。实验结果表明，所有样品的配料误差均小于0.1mg，系统精度达到了可接受的范围。此外，为了证明系统的效率，记录了一个全流程制备样品的时间，并与熟练操作员手工操作的时间进行了比较。如表9-3所示，系统节省了大约50%的时间成本。因此，开发的系统大大减轻了实验人员的负担，提高了工作效率，对新材料的开发具有重要意义。

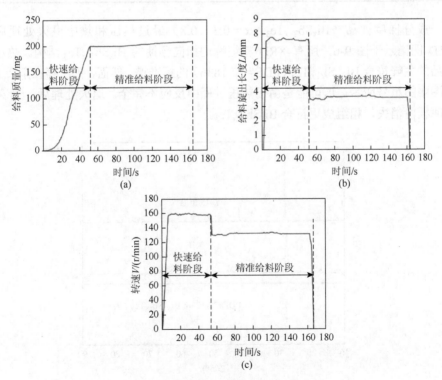

图9-5 制备FGM试样的铋粉进料工艺[1]

(a) 给料质量；(b) 旋出长度；(c) 转速

表 9-2 样品 1 的自动配料误差[1]

层数	Bi/mg			Sb/mg			Te/mg		
	目标	实际	误差	目标	实际	误差	目标	实际	误差
1	314.00	313.92	0.08	275.00	274.95	0.05	719.00	718.91	0.09
2	209.00	208.95	0.05	226.00	226.01	−0.01	547.00	546.96	0.04
3	209.00	208.95	0.05	284.00	283.97	0.03	638.03	638.03	−0.03①
4	209.00	209.03	−0.03	365.00	364.92	0.08	765.52	765.52	0.08①
5	139.00	138.94	0.06	325.00	324.96	0.04	637.92	637.92	0.08①
6	105.00	104.91	0.09	345.00	344.99	0.01	638.00	637.95	0.05

① 原始数据有偏差，导致此处数据计算有误。

表 9-3 采用自动化系统和手动方法配制铋粉的时间成本[1]　　　　（单位：s）

配料种类	层数					
	1	2	3	4	5	6
手动	350	310	345	360	322	308
自动	182	165	160	162	104	95

　　成分梯度样品（$Bi_xSb_{2-x}Te_3$，$x=0.3\sim0.8$）经过热压和热压退火处理后的 XRD 图谱示于图 9-6，所有 XRD 特征峰均指向预期的 $Bi_xSb_{2-x}Te_3$ 结构。热压后样品的主峰符合 $Bi_{0.4}Sb_{1.6}Te_3$（PDF# 72-1836）的标准谱。然而，仍然存在杂质 Sb，如图中的星号所示。这可能是由于热压过程中反应不完全。退火处理后，Sb 杂质在薄板内消失，相组成更符合 $Bi_xSb_{2-x}Te_3$。

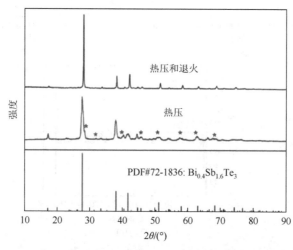

图 9-6　样品（$Bi_xSb_{2-x}Te_3$，$x=0.3\sim0.8$）经过热压退火后的梯度成分锭的 XRD 图谱，图中星号所示为未反应完全的残余 Sb，退火后残余 Sb 消失[1]

退火 24h 后样品中间区域的扫描电镜和能谱（SEM-EDS）结果显示于图 9-7，薄板沿整个试样纵向呈明显的成分梯度变化。为了验证重复性，进行了三次实验，均证实样品的成分呈梯度分布，验证了给料系统的可靠性和准确性。由此可见，与传统的人工操作相比，该系统显著提高了配料效率和准确性。该技术可提供一种高效和低成本的梯度样品成分配制方案，在新材料的开发和生产中获得广泛应用。

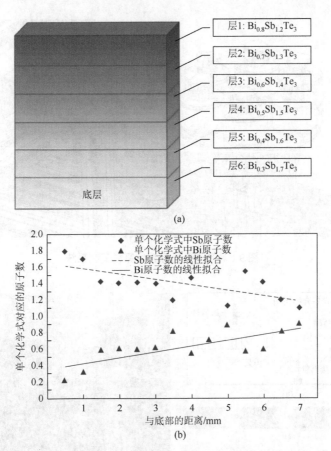

图 9-7　薄板的层逐层成分分析结果（a），以及元素 Bi 和 Sb 含量从底层逐层变化趋势（b）[1]

9.2.2　应用于陶瓷粉体的高通量固态粉末配制设备

如何将粉末进行快速配制和填充，实现基质和掺杂组分的组合成为高通量设备的关键技术问题。中国科学院理化技术研究所功能陶瓷团队以固态粉末为原料，通过粉末造粒和体积控制来实现准确定量出料。搭建自动控制位移台的联动，解决在限定尺度的、分立的小体积范围内填充合成目标粉体的原料。所设计的高通量装置模具通道数目为 10～100 个，通道尺寸为 ϕ5mm×5mm～ϕ10mm×10mm，旋转料罐送粉量控制在 5～100μL/次，送料精度可达 0.005g。为减少粉料损耗、合理排布料罐，任务书中原设计传送带直线型配料更改为圆周排布料罐旋转放料，如图 9-8 所示。整个过程包括接料、加盖、混料、退盖、送料、倒料、清洗和压料，结构示意图及流程如图 9-9 所示。

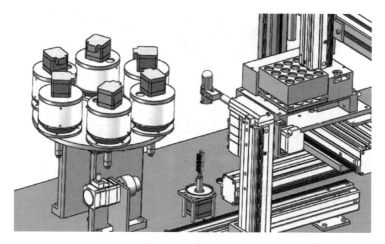

图 9-8　高通量固态粉体原料配制系统

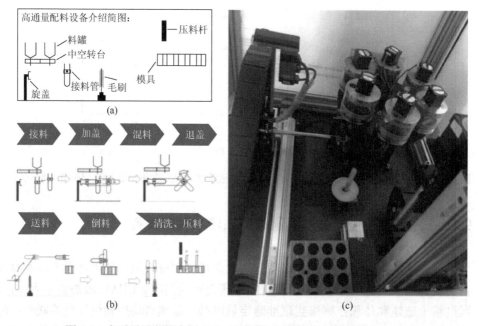

图 9-9　高通量设备简介图（a）、流程图（b）及内部结构照片（c）

1. 高通量固态粉末配制系统模块设置

1）配料模块

微纳陶瓷粉末高通量配料的一个关键步骤是粉末的精确输送。经过研究，采用图 9-10 所示的微螺旋结构，通过调控步进电机脉冲信号，优化结构，反复实验，成功解决送料精度低、转堵问题。保证送料精度达 0.005g。同时也可根据绘制的各种物质的体积质量关系曲线，完成精确的质量称重。

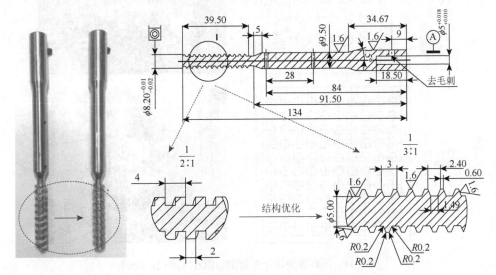

图 9-10　配料模块微螺旋结构优化图（单位：mm）

2）混料及倒料模块

不同粉料按照程序设置依次定量给料，通过机械设置料罐自动盖上，之后机械臂进行混合。摆动的时间和次数可以设定，直到完全混合。最后机械臂将盖子撤出，混合料罐转移至模具旁，将混合好的粉末倒入指定位置的孔洞模具中。在过去的操作中，设置不准确，经常会导致漏粉。因此，通过测量各部件的距离、调试点位置、优化传输程序来解决这一问题。

3）样品成型模块

样品通过压料杆自动压实粉末成型。这里已经设计出如图 9-11 所示的 4×4、10×10 通道模具。可以配置多个示例集。任何其他尺寸的模具都可以定做，设计的高通量器件通道数可达 10～100，通道尺寸有 $\phi5$mm 及 $\phi10$mm。

4）清洗模块

由于压料杆需要对每一个通道的粉料机械成型，为了避免其他样品压料过程中残留在压料杆的粉料影响之后的样品成分，在每次冲压操作过程中都专门设置了自动归位的清洗模块。另外，在每一次配方灌装和输送完成后，还对料罐进行清洗。因此，安装了一个自转台与清除残余粉末的毛刷，在一个配料周期完成后进行清洁，如图 9-12 所示。

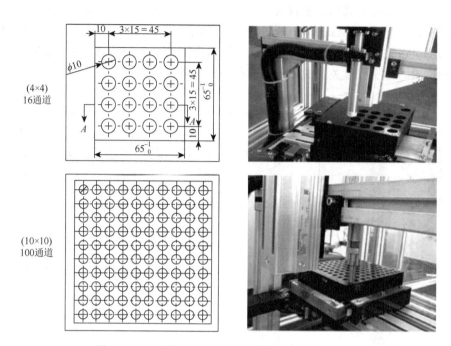

图 9-11　压料模块设计图及实验照片（单位：mm）

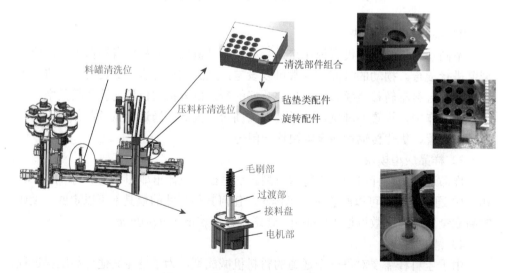

图 9-12　清洗模块设计图及实验照片

5）程序控制面板

高通量配料系统的主要操作界面可分为手动运行、自动行动和参数设置三部分，如图 9-13 所示。当没有程序运行时，单击手动控制可以微调各部件的运行位置。可通过程序调整中空转台角度和转速、接料滑台的三个位置及相应速度、送料滑台的四个位置及相应速度、搅平滑台的两个位置、旋盖装置速度、接料旋转速度等，以及接料旋转电机的角度、旋盖装置角度和速度、清理（洗）装置附件圈数和速度、X 轴和 Y 轴的位置与速度、脱模滑台位置与速度、送料滑台的五个位置及相应速度等。通过不断调整适当的操作程序，保证自动流程顺利运转，之后自动功能可以根据确定的参数自动执行程序，无须逐个设置。

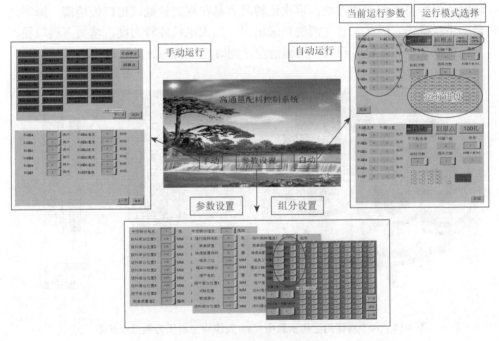

图 9-13　程序控制面板模块

6）高通量配料设备的运行操作完善

首先，通过送料滑台的运输，使料罐移动至搅平电机料仓下方的出料口处。中空转台控制所需要的物料种类旋至料罐上方。料罐电机启动，带动中心的螺旋出料杆旋转，按体积定量旋出注入料罐。待所有所需原料完成出料后，料罐在滑台的控制下接触旋盖装置，完成加盖，之后料罐在机械控制下进行摇摆，完成不同种类粉末的均匀混料工作。混料后，同样操作进行退盖，再被滑台运输至布料台上方，在指定位置完成倒料，移动至旋转毛刷处完成料罐的清洗，最后归回原位。与此同时，压料杆根据程序设置移动至指定倒料模具孔道，完成粉末的压制成型，最后压料杆通过搅平滑台移动至清洗位，完成压料杆的清洗。

在设备的实际运行中，发现了一些操作稳定性及连续性方面的问题，设备运转出现的问题及解决手段如下所述。

（1）料罐出料问题。

六个装有不同成分的料罐在下料时，个别料罐由于电机运转不顺畅，无法螺旋出料（能听到电机运转声音，但螺旋进料杆不转动）；导致其下方的混料罐中实际得到的六种成分的配比不准确（与期望配比不一致）。

根据此问题，首先对下料（螺旋）过程展开力学模拟分析，如图 9-14 所示。发现在粉料挤出处所形成的压力较大，特别是当粉体在料罐中长期（储存）不运转时，很容易吸潮导致结块，再次运转时容易在螺旋管处或出口处堵塞，影响之后的下料操作。因此，首先清洗料罐出口，加大电机旋转力度，增大下料口径。并且需保证不做实验时将六个料罐清空，同时将下料螺旋处清理干净。

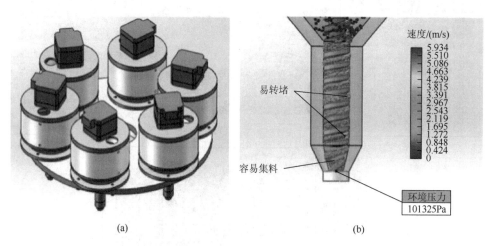

图 9-14　六个料罐的结构示意图（a）及螺旋出料压力模拟计算图（b）

（2）压料模具稳定性问题。

图 9-15（a）为前述配料设备中导轨滑块结构，当多孔模具孔道中堆粉高度增加到一定值时，常常会在压料杆压料时出现力的不平衡，导致整个模具发生晃动、粉料难以压实成块。

因此，通过增加辅助导轨（滑块）（图 9-15（b）），解决压料时压料模块的变形问题。此外，向 4×4、10×10 孔模具（ϕ20mm、ϕ10mm）的压料杆内部添加弹簧结构，拓宽模具通孔中能够堆积粉料的高度范围，提高设备运行稳定性。

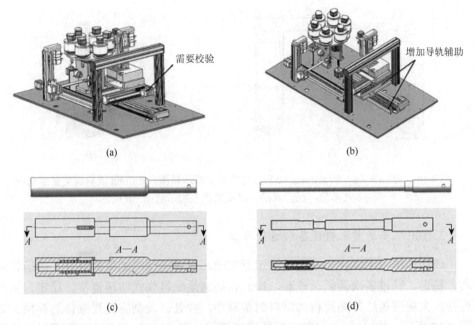

(a)   (b)

(c)   (d)

图 9-15　配料设备导轨滑块调整前（a）与调整之后（b）的结构，以及 ϕ20mm（c）和 ϕ10mm（d）压料杆调整之后的剖面结构

（3）混料罐撒料问题。

当混料罐中混合好的粉料总体积稍过量（≥1000μL）时，就会在倒入模具时撒在孔道外面，导致实际配置样品总物质量少于设定值。

在之前的结构基础上，将原本的圆柱型孔道接料部分进行二次加工锥角扩孔，保证所有的粉体顺利滑入孔道，如图 9-16（a）和（b）所示。同时，将混料罐的内部结构加工成抛物线曲面，促使粉料集中方向倾倒，避免粉体撒落，如图 9-16（c）所示。

（4）毛刷定位问题。

由于两套模具（16、100 通道）孔距的差距，清洗电机位置需要做相应的调整；如图 9-16（d）所示，调节距离约 7.5mm，同时更换对应毛刷。

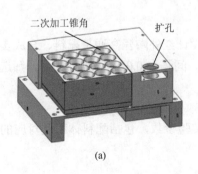
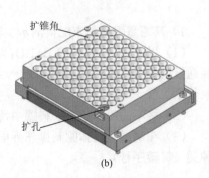

(a)   (b)

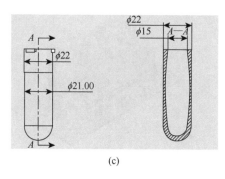

(c)   (d)

图 9-16　φ20mm（a）和φ10mm（b）接料模具更新示意图、φ20mm 混料罐更新示意图
（单位：mm）（c），以及清洗毛刷示意图（d）

2. 100 孔高通量配料设备的运行验证

成功地进行了多次 100 孔连续运行实验，已可确保高通量配料设备的运转顺利、稳定。经过多次调试、校准，100 孔高通量配料模式实现连贯、稳定、多次运行，大幅缩短红外陶瓷粉体材料制备周期，并且已录制完整视频作为存档。如图 9-17 所示，图（a）为设备运行的视频截图，图（b）为完成 100 孔配料时的操作界面截图。其中，每个标号表示一通道，完成配料时灯由灰色转变为绿色。

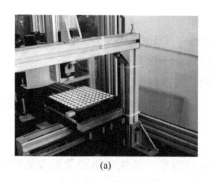
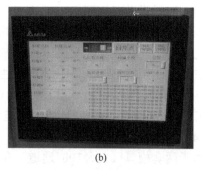

(a)   (b)

图 9-17　高通量配制视频截图（a），以及操作界面截图（b）

1）高通量陶瓷粉末配料演示实验内容

（1）以 La、Al 掺杂的 $BaTiO_3$ 为例，设计红外陶瓷高通量配料、合成实验，高通量制备 $Ba_{1-y}La_yAl_{0.25}Ti_{0.75}O_n$（$y = 0 \sim 1$，间隔为 0.01）阵列样品库，筛选 y 的取代量优值。

（2）将不同粉体放置于料罐中待用。

（3）在高通量粉体配制操作界面输入实验参数，包括配料体积及对应的粉体种类（料罐序号）。

（4）启动工作流，开始{10×10}阵列共 100 个样品位的遍历料罐原料、混合、倒料以及压料。

（5）每次配料结束，混料罐以及压料杆均归于清洗位进行清洗。

（6）计算机端或手机 APP 在线监控工作流。

（7）工作流结束，移出制备的阵列样品。压料杆归于原位，待下一轮制备实验。

2）高通量陶瓷粉末配料实验条件

（1）粉体种类：四种，见表 9-4 中的四种原料混合比例设计方案，La 离子取代量递增。

（2）实验陶瓷微反应器总样品数：100 个，{10×10}阵列。

（3）目标产物：$Ba_{1-y}La_yAl_{0.25}Ti_{0.75}O_n$（$y = 0 \sim 1$，间隔为 0.01）的原料陶瓷粉体压片预烧样品。

表 9-4　氧化物陶瓷粉 $Ba_{1-y}La_yAl_{0.25}Ti_{0.75}O_n$（$y = 0 \sim 1$，间隔为 0.01）样品库合成的四种原液混合比例设计方案

样品孔位	料罐 A $BaCO_3$ 体积/μL	料罐 B TiO_2 体积/μL	料罐 C Al_2O_3 体积/μL	料罐 D La_2O_3 体积/μL	混料罐总体积/μL
1	122.2	47.7	15.8	0.0	185.7
2	120.4	47.5	15.7	1.5	185.1
3	118.6	47.3	15.7	2.9	184.5
4	116.9	47.1	15.6	4.3	183.9
5	115.1	46.9	15.5	5.7	183.2
6	113.4	46.6	15.4	7.1	182.5
7	111.7	46.4	15.4	8.5	182.0
8	110.0	46.2	15.3	9.9	181.4
9	108.3	46.0	15.2	11.3	180.8
10	106.7	45.8	15.2	12.6	180.3
11	105.0	45.6	15.1	14.0	179.7
12	103.4	45.4	15.0	15.3	179.1
13	101.8	45.2	15.0	16.6	178.6
14	100.2	45.0	14.9	17.9	178.0
15	98.6	44.8	14.8	19.2	177.4
16	97.0	44.6	14.8	20.5	176.9
17	95.5	44.4	14.7	21.8	176.4
18	93.9	44.2	14.6	23.0	175.7
19	92.4	44.0	14.6	24.3	175.3
20	90.8	43.8	14.5	25.5	174.6

样品孔位	料罐 A BaCO$_3$ 体积/μL	料罐 B TiO$_2$ 体积/μL	料罐 C Al$_2$O$_3$ 体积/μL	料罐 D La$_2$O$_3$ 体积/μL	混料罐 总体积/μL
21	89.3	43.6	14.4	26.7	174.2
22	87.8	43.4	14.4	28.0	173.6
23	86.4	43.2	14.3	29.2	173.1
24	84.9	43.1	14.3	30.4	172.7
25	83.4	42.9	14.2	31.6	172.1
26	82.0	42.7	14.1	32.7	171.5
27	80.5	42.5	14.1	33.9	171.0
28	79.1	42.3	14.0	35.0	170.4
29	77.7	42.2	14.0	36.2	170.1
30	76.3	42.0	13.9	37.3	169.5
31	74.9	41.8	13.8	38.5	169.0
32	73.5	41.6	13.8	39.6	168.5
33	72.2	41.5	13.7	40.7	168.1
34	70.8	41.3	13.7	41.8	167.6
35	69.5	41.1	13.6	42.9	167.1
36	68.1	40.9	13.6	43.9	166.5
37	66.8	40.8	13.5	45.0	166.1
38	65.5	40.6	13.4	46.1	165.6
39	64.2	40.5	13.4	47.1	165.2
40	62.9	40.3	13.3	48.2	164.7
41	61.6	40.1	13.3	49.2	164.2
42	60.4	40.0	13.2	50.2	163.8
43	59.1	39.8	13.2	51.3	163.4
44	57.8	39.6	13.1	52.3	162.8
45	56.6	39.5	13.1	53.3	162.5
46	55.4	39.3	13.0	54.3	162.0
47	54.1	39.2	13.0	55.2	161.5
48	52.9	39.0	12.9	56.2	161.0
49	51.7	38.9	12.9	57.2	160.7
50	50.5	38.7	12.8	58.2	160.2
51	49.4	38.6	12.8	59.1	159.9
52	48.2	38.4	12.7	60.1	159.3
53	47.0	38.3	12.7	61.0	159.0
54	45.9	38.1	12.6	61.9	158.5

样品孔位	料罐 A BaCO$_3$ 体积/μL	料罐 B TiO$_2$ 体积/μL	料罐 C Al$_2$O$_3$ 体积/μL	料罐 D La$_2$O$_3$ 体积/μL	混料罐 总体积/μL
55	44.7	38.0	12.6	62.9	158.2
56	43.6	37.8	12.5	63.8	157.7
57	42.4	37.7	12.5	64.7	157.3
58	41.3	37.5	12.4	65.6	156.8
59	40.2	37.4	12.4	66.5	156.4
60	39.1	37.2	12.3	67.4	156.0
61	38.0	37.1	12.3	68.2	155.6
62	36.9	37.0	12.2	69.1	155.2
63	35.8	36.8	12.2	70.0	154.8
64	34.7	36.7	12.1	70.9	154.4
65	33.7	36.5	12.1	71.7	154.0
66	32.6	36.4	12.1	72.6	153.7
67	31.6	36.3	12.0	73.4	153.3
68	30.5	36.1	12.0	74.2	152.8
69	29.5	36.0	11.9	75.1	152.5
70	28.5	35.9	11.9	75.9	152.2
71	27.4	35.7	11.8	76.7	151.6
72	26.4	35.6	11.8	77.5	151.3
73	25.4	35.5	11.7	78.3	150.9
74	24.4	35.3	11.7	79.1	150.6
75	23.4	35.2	11.7	79.9	150.2
76	22.5	35.1	11.6	80.7	149.9
77	21.5	35.0	11.6	81.5	149.6
78	20.5	34.8	11.5	82.2	149.0
79	19.5	34.7	11.5	83.0	148.7
80	18.6	34.6	11.4	83.8	148.4
81	17.6	34.5	11.4	84.5	148.0
82	16.7	34.3	11.4	85.3	147.7
83	15.8	34.2	11.3	86.0	147.3
84	14.8	34.1	11.3	86.8	147.0
85	13.9	34.0	11.2	87.5	146.6
86	13.0	33.9	11.2	88.2	146.3
87	12.1	33.7	11.2	89.0	146.0
88	11.2	33.6	11.1	89.7	145.6

续表

样品孔位	料罐 A BaCO₃ 体积/μL	料罐 B TiO₂ 体积/μL	料罐 C Al₂O₃ 体积/μL	料罐 D La₂O₃ 体积/μL	混料罐 总体积/μL
89	10.3	33.5	11.1	90.4	145.3
90	9.4	33.4	11.1	91.1	145.0
91	8.5	33.3	11.0	91.8	144.6
92	7.6	33.2	11.0	92.5	144.3
93	6.8	33.0	10.9	93.2	143.9
94	5.9	32.9	10.9	93.9	143.6
95	5.0	32.8	10.9	94.6	143.3
96	4.2	32.7	10.8	95.2	142.9
97	3.3	32.6	10.8	95.9	142.6
98	2.5	32.5	10.7	96.6	142.3
99	1.7	32.4	10.7	97.2	142.0
100	0.8	32.3	10.7	97.9	141.7

3. 高通量粉体配料孔洞尺寸及通道数测评

根据任务书要求，使用游标卡尺对孔洞和边界处进行测评，模具参数满足相关技术指标要求，如图 9-18 所示。

φ5mm孔洞　　　　　　　　φ10mm孔洞

图 9-18　高通量模具孔洞尺寸及通道数测评

4. 高通量粉体料罐送粉控制量测评

高通量粉体配料使用螺旋结构挤出实现体积量程控制。首先称量出已知体积、质量的实验粉体，得到对应的堆积密度标准曲线。

1）测试仪器和方法

称量设备：梅特勒-托利多（Mettler Toledo）精密天平，最大称重300g，精度0.0001g。

测试方案及步骤如下。

（1）取一张50mm×50mm的称量纸在天平上称重，天平去皮重量归零。

（2）将该称量纸放置在料罐端口下指定位置。

（3）设定释放粉体体积量程分别为5μL、25μL、50μL、75μL和100μL。

（4）启动高通量粉体配料流程，通过料罐螺旋口将粉体（SiO_2 球形粉）挤压在称量纸上，取出称量纸，立即在精密天平上称量，即可得到对应称量粉体的质量，由质量除以密度计算出粉体体积，测试过程及结果如图9-19和图9-20所示。

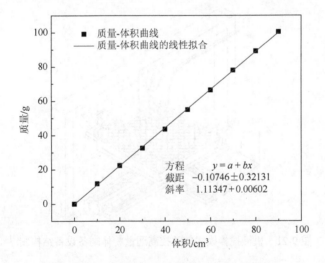

图9-19　测试粉体样品质量-体积标定曲线

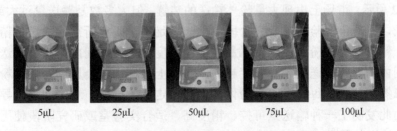

图9-20　5～100μL体积粉体称量过程及测试结果图示

2）测试结果

测试结果评价：粉体螺旋出料预设体积为 5μL、25μL、50μL、75μL 和 100μL，启动高通量粉体配料流程，旋料出口向下端称量纸上旋出粉体。称量粉体质量分别为 0.0055g、0.0273g、0.0837g、0.1111g 和 0.0554g，通过标定球形粉本身的质量-体积标准曲线，换算得到的体积分别为 0.00477μL、0.02492μL、0.04985μL、0.07414μL 和 0.09880μL，证明了通道控制量能够达到 5～100μL 的考核指标。

9.2.3 其他类型的高通量粉体配料设备

对于高通量粉体配料设备，近年来国内研究机构及科技公司也有相关工作报道。中国科学院上海硅酸盐研究所的马明研发了一种基于机械搅拌模式的数控高通量粉体制备设备，如图 9-21 所示。他们将数控技术引入材料制备领域，使用自动化数控设备代替科研人员的手工操作，得到了实现材料快速全自动连续生产的全自动选区激光熔化连续合成设备及方法[8]。

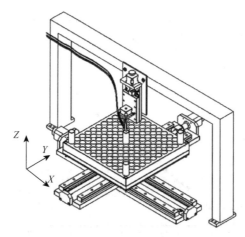

图 9-21　机械搅拌模式的数控高通量粉体制备设备结构图[8]

深圳市科晶智达科技有限公司劳宝飞发明了一种高通量粉体输送装置，如图 9-22 所示，市场上出现大量粉体输送的装置，但大多数是输送量过大或过小、精度低，不适合实验室或研究阶段使用，满足不了研究所需的输送量精度高的需求。精度取决于粉体输送出料量的均匀程度和单位时间内的粉体输送量，单位时间内的粉体输送量越少精度越高。市面上螺杆送料会压缩粉体，粉体之间存在摩擦力。螺杆每转一圈，粉体累积到一定量才排出，均匀性差，导致精度低，由此发明了一种输送量可控、精度高、适合实验室或研究阶段使用的高通量粉体输送装置[9]。

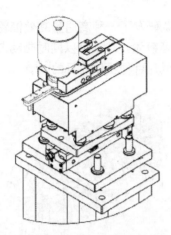

图 9-22　高通量粉体输送装置结构图[9]

　　北京科技大学秦明礼团队发明了一种高通量燃烧合成粉体材料的制备装置，如图 9-23 所示。对于低温燃烧合成，其工艺参数繁多，材料成分设计、燃料的类型、氧化剂与燃料的配比、溶剂的选择与用量、燃烧温度、燃烧气氛和燃烧速率等都对产物粒度、形貌、物相等特性有影响，需要优化出最佳的材料配比和工艺条件，得到所需粒度、形貌、成分的粉体材料。运用传统工艺，合成过程烦琐，会消耗大量的时间，且合成容易产生误差进而影响结果，造成误判和漏判，对下一步实验条件设定造成影响，难以实现材料的大批量快速合成与分析。他们的发明所要解决的技术问题是提供一种高通量燃烧合成粉体材料的制备装置和制备方法，其适用范围广，操作简单[10]。

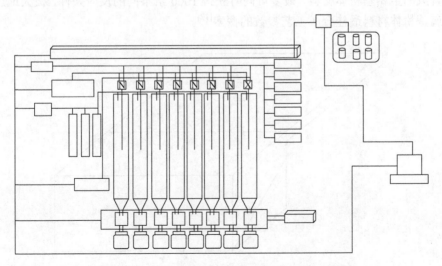

图 9-23　高通量燃烧合成粉体材料的制备装置[10]

昆明理工大学冯晶团队研发了一种高通量高效混粉机，如图 9-24 所示，可混合金属、非金属、有机物等粉体。转轴可以同时带动若干混粉单元转动，因此可以达到同时混合几十种甚至几百种粉体的目的[11]。

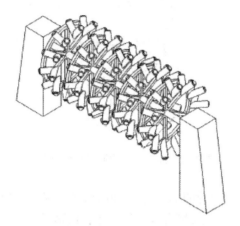

图 9-24　高通量高效混粉机结构图[11]

天津大学钟澄团队发明了一种合成金属基粉体材料的装置及其高通量合成方法，如图 9-25 所示，此发明利用微流体的反复分裂合并，可自动化地在一次实验中生成系列浓度梯度，极大省却了烦琐的人工配制不同浓度反应溶液的过程；利用热阻呈梯度变化的基板，只需使用一个加热器，即可在一次实验中获得系列温度梯度，可显著提升实验效率；在一次实验过程中即可获得多种浓度和温度参数下合成的金属基粉体材料，最多可同时获得 1000 组不同的反应条件，极大地加速金属基粉体材料最佳合成工艺参数的探索[12]。

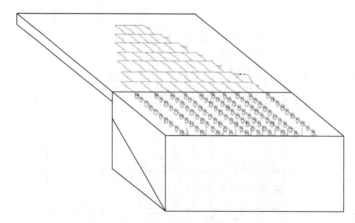

图 9-25　微流体高通量配料结构图[12]

实际上，目前对于高通量粉体配料的应用，在中医药领域也非常广泛和深入。目前，中药材粉料混合的加工工艺中，主要通过槽型混合机、螺杆混合机等设备进行混合，但存在以下问题：加料不方便、粉尘量大、混合完成后出料不方便和出料不彻底，存在死角、盲区，混合不均匀。这是目前中药材及药品生产过程中面临的普遍问题。因此，有必要对中药材粉料混合，特别是对廖香保心丸药物粉料混合设备进行进一步的改进。针对这样的问题和需求，上海和黄药业有限公司开发了一种中药材药粉混合的高效混粉机，该设备能够实现多种药材粉体的精准均匀混合，如图 9-26 所示[13]。

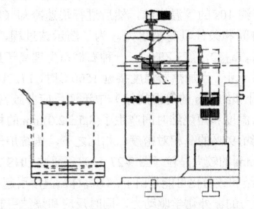

图 9-26　中药材药粉混合的高效混粉机结构图[13]

9.2.4　电场辅助快速烧结致密化陶瓷制备技术

陶瓷因其良好的热性能、力学性能和化学稳定性而成为广泛应用的重要材料。基于第一性原理进行计算预测的方法可能是加速材料发现以开发改良陶瓷的宝贵工具，必须通过实验确认此类预测的材料属性。然而，材料的筛选速率受到加工时长和常规陶瓷烧结技术中挥发性元素损失的成分控制差的限制。为了突破这些限制，美国马里兰大学材料科学与工程系胡良兵团队开发了一种 UHS 技术，用于在惰性气氛下进行辐射加热来制造陶瓷材料。该团队提供了 UHS 技术的几个示例，以证明其潜在的实用性和应用性，包括固体电解质、多组分结构和高通量材料筛选方面[6]。

常规的陶瓷烧结通常需要数小时的处理时间，这可能成为高级陶瓷材料高通量化的障碍。由于烧结过程中 Li 和 Na 的剧烈挥发，较长的烧结时间在陶瓷基固体电解质（solid state electrolyte，SSE）的开发中是严重问题，这对于提高能源效率和安全性的新型电池至关重要。在惰性气氛中，这些碳加热元件可以提供高达约3000℃的温度，足以合成和烧结几乎任何陶瓷材料。短的烧结时间也有助于防止挥发、蒸发和在多层结构的界面处发生不希望的互扩散。另外，该技术是可扩展的，因为该工艺与材料的固有特性脱钩了，从而可以进行一般且快速的陶瓷合成和烧结。UHS技术还与陶瓷前体的3D打印兼容，除多层陶瓷化合物之间明确定义的界面外，还可以产生新颖的烧结后结构。此外，UHS的速度可以通过计算对新材料预测进行快速的实验验证，这有助于发现跨越广泛成分的材料。多种应用可从该方法中受益，包括薄膜SSE和电池应用。

在典型的UHS过程中，加热元件会在约30s或更短的时间内从室温升至烧结温度（图9-27（a）），而利用传统炉子需花费数小时才能完成。在该温度上升阶段之后，进行约10s的等温烧结，然后进行快速冷却（约5s）。与其他烧结方法相比，这些时间和条件具有吸引力。为了演示该过程，胡良兵团队合成了掺Ta的$Li_{6.5}La_3Zr_{1.5}Ta_{0.5}O_{12}$（LLZTO），一种石榴石型锂离子导电陶瓷，建议应用于SSE。在UHS技术中，当加热器温度接近1500℃时，LLZTO的前驱物在约40s（约30s的温度上升和约10s的等温烧结）中迅速反应并致密化（图9-27（a））。UHS技术的高烧结温度和短烧结时间产生了(8.5±2.0)mm的相对较小的晶粒尺寸（图9-27（b））和约97%的高相对密度。相比之下，传统炉子烧结石榴石的显微组织具有(13.5±5)mm的较大晶粒（图9-27（c））。通过UHS方法生产的材料中观察到的这种快速烧结和致密化可能是由于：①高样品温度引起的快速动力学；②超出正常毛细管驱动力的额外化学驱动力，同时反应和烧结引起的致密化；③超高加热速率可提高致密化速率。

传统合成方法的长时间烧结会导致石榴石SSE中的Li损失，这是Li蒸发和形成第二相而导致离子电导率降低的结果。相比之下，UHS技术能够以秒为单位调整烧结时间，从而在Li含量和晶粒长大方面提供出色的控制。作为比较，胡良兵团队使用UHS技术或常规炉子烧结了一系列含0%、10%和20%过量Li的LLZTO前驱物配方。使用电感耦合等离子体质谱法，观察到在电炉烧结的LLZTO样品中Li的严重损失（高达99%），但在UHS样品中Li的损失量小于4%，即使没有过量Li的样品也是如此。

飞行时间二次离子质谱分析结果证实了UHS烧结LLZTO中所有元素的均匀分布。随着热激活过程的进行，致密化和Li蒸发速率均随温度升高而增加，但石榴石致密化速率的增加可能快于蒸发速率。这导致较少的Li损失，并且烧结时间短得多，足以进行致密化。图9-27（a）的SEM图结合时间-温度转换图说明了UHS过程中LLZTO石榴石的密度和组成的演变。通过UHS技术合成的石榴石的XRD鉴定出纯立方石榴石相，而传统炉子烧结样品中大量的Li损失会导致副反应。此外，用UHS技术合成的LLZTO样品的离子电导率为(1.0±0.1)mS/cm，这是报道的基于石榴石的SSE电导率的最高值。

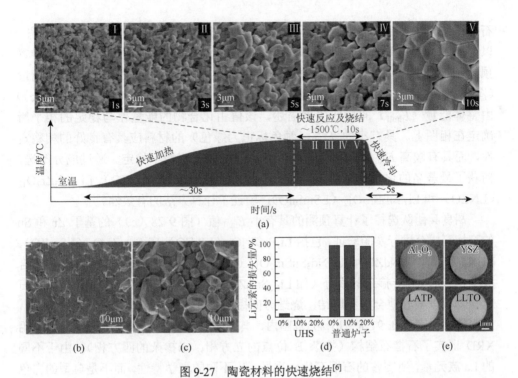

图 9-27　陶瓷材料的快速烧结[6]

（a）UHS 工艺的典型温度分布，SEM 图像显示了 LLZTO 陶瓷在 UHS 烧结 10s 恒温条件下的反应过程；（b）UHS 烧结 LLZTO 断口 SEM 图像；（c）传统炉子烧结 LLZTO 断口 SEM 图像；（d）通过 UHS 技术和传统炉子烧结不同 LLZTO 样品的 Li 损失；（e）UHS 技术在约 10s 内烧结的各种陶瓷图片

　　应用 UHS 技术可以合成各种高性能陶瓷。作为演示，胡良兵团队成功烧结的氧化铝（Al_2O_3，密度大于 96%）、Y_2O_3 稳定的 ZrO_2（YSZ，密度大于 95%，具有 (265 ± 85)nm 的超细晶粒）、$Li_{1.3}Al_{0.3}Ti_{1.7}(PO_4)_3$（LATP，密度大于 90%）和 $Li_{0.3}La_{0.567}TiO_3$（LLTO，密度大于 94%），直接来自压制的前驱物粉末生坯，并且在 1min 内全部完成（图 9-27（e））。Al_2O_3 和 YSZ 是两种典型的结构陶瓷，具有出色的力学性能和较高的烧结温度，而 LATP 和 LLTO 是固态电池中使用的锂离子导体。XRD 显示 UHS 技术制备的材料为纯相，表明没有副反应。SEM 图像显示，晶粒烧结良好，具有低孔隙率，并且断面的显微组织均匀。与放电等离子烧结（spark plasma sintering，SPS）相比，UHS 技术的无压烧结过程和较短的处理时间也导致了与固体扩散相关的副反应或样品碳加热器污染问题更少。该团队认为超高的加热速率和较短的烧结时间可以在动力学上最小化此类副反应发生的可能性。与其他的陶瓷合成技术相比，该技术特别适用于大体积陶瓷的高通量筛选。

　　UHS 技术能够快速、可靠地合成各种陶瓷的能力可以快速验证通过计算预测的新材料组成，并加快散装陶瓷材料的筛选速度（图 9-28（a））。他们使用锂石榴石化合物（$Li_7A_3B_2O_{12}$；A = La 基，B = Mo、W、Sn 或 Zr）作为模型系统，以证明这种快速筛选能力由计算预测和 UHS 过程实现。同时，使用 DFT 计算预测和评估大量基于石榴石结构的其他具有非锂阳离子组合的化合物的能量（图 9-28（b））。这些计算生成的假设的 Li_7-石榴石化合物的相稳定性（图 9-28（c））由整体能量（E_{hull}）的较低值来描述，该值由化合物的能量差与稳定的相平衡确定在相图上。具有小的 E_{hull}（颜色标记为绿色）的材料应具有良好的相稳定性，而具有较高 E_{hull}（颜色标记为红色）的材料表明相不稳定。通过成分筛选，捕获了最著名的化学计量的 Li_7-石榴石，如 $Li_7La_3Zr_2O_{12}$（LLZO）、$Li_7Nd_3Zr_2O_{12}$（LNZO）和 $Li_7Sm_3Sn_2O_{12}$（LSmSnO），验证了计算方法的有效性。

胡良兵团队选择了计算预测的具有小 E_{hull} 值（图 9-28（c））的基于 Zr 和 Sn 的石榴石成分进行实验验证，包括 $Li_7Pr_3Zr_2O_{12}$（LPrZO）、$Li_7Sm_3Zr_2O_{12}$（LSmZO）、$Li_7Nd_3Zr_2O_{12}$（LNdZO）、$Li_7Nd_3SnSm_2O_{12}$（LNdSmSnO）。此外，还在 B 位点合成了相应的 0.5Ta 掺杂的成分（如 $Li_{6.5}Sm_3Zr_{1.5}Ta_{0.5}O_{12}$（LSmZTO））。新的石榴石化合物可以很好地合成和烧结，烧结时间短至 10s，晶粒尺寸和微观结构均一。最终的相对密度在 91%～96%的范围内，典型的晶粒尺寸为 2～10mm。他们使用 XRD 证实了石榴石结构（掺杂 B 位点的立方相；未掺杂的四方相）。由于不同的 La 族元素，所制备的石榴石化合物显示出不同的光学特性，而不是典型的白色（图 9-28（d））。石榴石的离子电导率数量级为 10^{-4}S/cm，与 LLZO 石榴石的电导率相当。该团队还尝试合成一些之前预测的不稳定石榴石化合物，如 $Li_7Gd_3Zr_2O_{12}$。不出所料，即使 SEM 图像显示出良好的烧结晶粒，XRD 图谱也表明该成分未形成石榴石相，这验证了其计算预测。

UHS 的快速烧结速率还可以同时进行多种材料的共烧结，从而可以更快地筛选材料或设备。在实际的陶瓷合成中，烧结可能是最耗时的过程，尤其是当尚未针对新的成分开发出最佳的烧结参数时。但是，使用 UHS 技术，可以使用 20×5 矩阵设置快速共烧结 100 个陶瓷颗粒（面积约为 12cm×3cm（颗粒尺寸为 5mm））。此设置对于材料筛选过程非常实用。为了证明这种可扩展性，通过直接从相应的生坯进行共烧结，合成了 10 个石榴石成分。相比之下，尽管 SPS 目前被认为是制造散装陶瓷样品的高通量方法，但通常只能在 1～2h 内生产出一个样品。此外，由于需要多个昂贵的 SPS 仪器，SPS 难以轻松并行执行。

高温下仅几秒钟的超快加热也可以减少或消除有害杂质的偏析和晶界缺陷。该方法对于固体电解质以及许多其他结构和功能陶瓷可能具有有益的作用。使用 LLZTO 作为概念证明，胡良兵团队进行了对称的 Li 剥离镀覆研究，以系统地表征 UHS 石榴石 SSE 的电化学性能。由于在对称电池配置中诊断短路方面存在挑战，该团队应用原位中子深度分析（neutron depth profiling，NDP）来确认 UHS LLZTO SSE 可以在高电流密度下传导锂离子而不会使电路短路。结果显示，

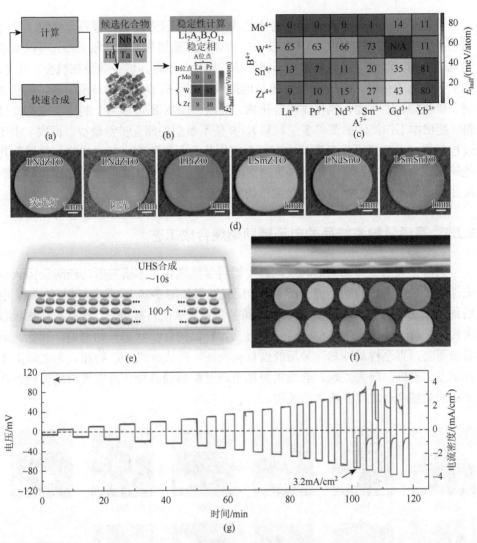

图 9-28　陶瓷筛分快速烧结技术[6]

（a）通过计算预测和快速合成加速材料研发；（b）预测新石榴石组成的计算工作流，以整体能量（E_{hull}）评价不同阳离子组合候选化合物的相稳定性，并与最低能量相平衡进行比较；（c）预测的不同稳定性的石榴石组成；（d）通过 UHS 技术烧结并通过计算预测的石榴石材料（与通常的白色具有不同的颜色）的图片，由于紫翠石效应，LNdZTO 石榴石在不同光源（如荧光灯和阳光）下可以改变颜色；（e）用 UHS 技术在 10s 内制备 100 个陶瓷样品的 20×5 矩阵示意图；（f）10 个共晶石榴石样品的 UHS 装置图片，上图是 UHS 共晶工艺的侧视图；（g）带有厚 Li 电极的对称电池在不同电流密度下循环的电压和电流密度分布（扫描封底二维码可见本图彩图）

具有厚（>100mm）锂金属涂层的 Li-LLZTO-Li 对称电池表现出高达 3.2mA/cm² 的临界电流密度，是报道最多的基于平面石榴石的 SSE 的电流密度值。此外，对 Li-LLZTO-Li 对称电池进行了长期循环，可以在 0.2mA/cm² 的电流密度下循环超过 400h，表现了出色的循环稳定性。

快速烧结使可伸缩陶瓷卷对卷烧结成为可能，因为前驱物薄膜可以快速穿过加热条以实现连续的 UHS。UHS 技术中的高温薄碳加热器也非常灵活，可以保形地包裹结构，以快速烧结非常规形状样品和器件。还有其他一些潜在机会。首先，由于其极高的温度，UHS 可以很容易地扩展到广泛的非氧化物高温材料，包括金属、碳化物、硼化物、氮化物和硅化物。其次，UHS 还可以用于制造功能梯度材料（超出本工作演示的简单多层材料），并使不希望的相互扩散最少。再次，UHS 过程超快，远非热力学平衡状态可能会产生具有不平衡浓度的点缺陷、位错和其他缺陷或亚稳态相，从而获得理想的性能。最后，这种 UHS 技术可控制和调节温度曲线，从而能够控制烧结和微观结构的演变。

9.2.5 高通量陶瓷样品的电场辅助燃烧合成工艺

为保证高通量样品的顺利反应，中国科学院理化技术研究所功能陶瓷团队首先探索了 SiC 电场辅助燃烧合成工艺，反应过程如图 9-29 所示。通过外加 20V 电场预热 3min，再施加 36V 电压引燃并维持反应。从原料被引燃，样品的红热状态大约能持续 5min，施加 36V 电压 5min 后，样品的红热状态开始消退，颜色逐渐暗淡下去，直至样品冷却。最后经过材料表征，确认合成 SiC 物相，为之后工作打下工艺基础。研究发现，合适的外加电场及配料模具设计是实现电场辅助条件下高通量燃烧合成陶瓷粉体的关键。

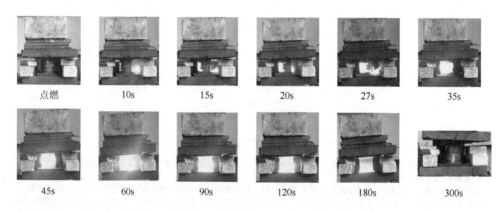

图 9-29　电场辅助燃烧合成 SiC 随时间的反应情况

1. 电场辅助燃烧合成反应釜结构设计

Munir 最早利用电场辅助弱放热体系的燃烧合成反应，即先通过外点火器点燃试样，点燃后即熄灭外点火器，并同时在试样上施加一个与燃烧波传递方向垂直的电场，通过控制电场强度的大小来实现对整个过程的控制。中国科学院理化技术研究所功能陶瓷团队根据模型设计了如图9-30所示的电场辅助燃烧合成反应釜。在装样部分,采取双层样品排列,样品上下铺垫碳毡以防止反应过程样品开裂、变形所导致的电极接触不良问题。此外,通过在外层套石英管进行反应过程保温。

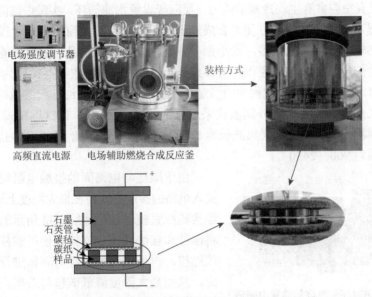

图 9-30 电场辅助燃烧合成反应釜及装样照片

为实现样品的快速烧结,该团队开发出了瞬时超高温烧结的方法,利用电场在局部形成高温度场,升温速率和降温速率可达 $10^3 \sim 10^4 ℃/min$,加热最高温度超过 2000℃,在瞬时超高温度场的作用下,陶瓷迅速实现致密化。

1)瞬时超高温烧结装置

瞬时超高温烧结装置如图9-31所示,由电压源和电流源、观察窗、气氛控制及装样装置组成。

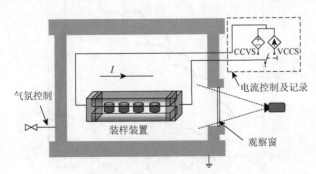

图 9-31 瞬时超高温烧结装置

CCVS 表示电流控制电压源;VCCS 表示电压控制电流源

在瞬时超高温烧结装置中，电源使用受控直流电流源（TZDKF，广州铜泽电源设备有限公司，中国），可实现电流 0～200A、电压 0～200V 的自由调控，以及电流控制电压、电压控制电流两种模式。由于反应温度较高，为保证反应的安全性，需要真空腔室有主动冷却的能力，反应釜设置水冷循环，实现炉温降低。在炉门处设置石英观察窗口，方便对合成过程进行观测。石英窗口的尺寸过大会导致热量以热辐射方式丧失过多，过小则导致无法全面测试样品，故使用能从窗口处观察到全部样品的最小直径作为窗口直径。经过测算，设置石英窗口为直径 8mm 的圆形窗口。为监测反应过程中的温度变化，采用热电偶和红外测温两种方式进行测温。红外测温使用的红外测温仪采用德国欧普士公司的 PICONNECTOW-05m 型红外测温仪，该热像仪采集波长为 500～540nm 的辐射能量，转化为温度信息，测温范围为 900～2450℃。

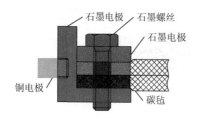

图 9-32 瞬时超高温烧结装置中碳毡与石墨电极间接线处结构示意图

由于碳毡与电路间的接触电阻较大，碳毡接入电路的接线方式将在很大程度上影响结果。经实验探索验证，采用图 9-32 所示的接线方法将碳毡和接线柱进行连接。使用铜柱与石墨螺纹连接，再使用石墨螺丝对碳毡进行压紧和固定，从而最大限度降低碳毡与石墨、铜接线柱的接触电阻。碳毡在螺纹拧紧时发生压缩，碳毡与石墨电极间紧密接触。

使用此高通量电场辅助燃烧合成工艺，能够自由调控反应区域的温度。如图 9-33 所示分别为碳毡中心区域（测温点 1）和边缘区域（测温点 2）的温度随电流变化而产生的变化。随着电流的梯度增加，碳毡温度梯度升高，温度与电流

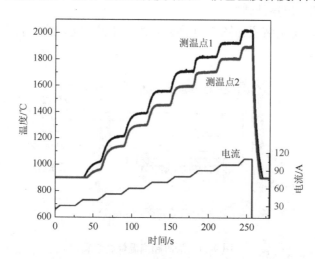

图 9-33 碳毡中心区域（测温点 1）和边缘区域（测温点 2）的温度随电流的变化

之间呈正相关关系。取多次测量时不同电流对应的平衡温度，可知电流与温度间为稳定的线性关系，通过对电流大小的控制，可实现对温度大小的控制。

反应釜提供了发生反应的容器，附带气氛控制管路，可实现反应在真空或气氛保护条件下进行；电源使用射频直流电源，能够在电压 0～200V、电流 0～200A 的范围内自由设置；在反应釜壁处设置一个透明观察窗口，方便对样品状态进行观测，同时可以通过红外相机对样品的温度分布进行测试。使用红外相机和数码相机拍摄的样品不同状态如图 9-34 所示。

样品的装样方式如图 9-34 中常温状态图所示。将样品置于两片碳毡的夹层中，碳毡两端接入电流。碳毡在电流的作用下发热，并在两层碳毡间形成超高温的温度场，如高温状态图所示。样品在高温场中热辐射、热传导的双重传热的作用下受到加热发生反应。两层碳毡及其形成的间隙中的温场分布如图 9-35 所示，碳毡在间隙处的温度远高于表层温度，温度呈高梯度分布。

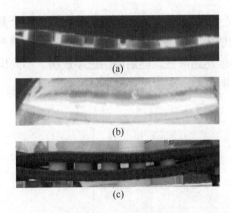

图 9-34　红外相机、数码相机拍摄样品状态图
（a）红外热像图；（b）高温状态图；（c）常温状态图

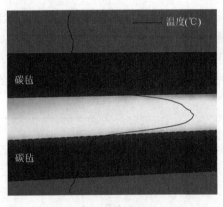

图 9-35　样品处的温度分布

2）电场与温度场间的关系

样品所处的温度场主要受到电流大小和碳毡尺寸的影响。

图 9-36 所示为使用碳毡尺寸为 50mm×100mm×2mm，不同电流大小时，温度的变化及碳毡间隙温度的分布。

随着电流升高，碳毡间隙的温度升高，两者呈现正相关的关系。在电流小于 80A 时，电流与温度的线性关系明显；当电流大于 80A 时，温度的增速放缓，这与高温下辐射散热增加有关。温度升高时，辐射散热的比例增加且热辐射向短波方向移动，透过石英观察窗口的热辐射散热量同步大幅增加，导致了温度的升高偏离线性关系。

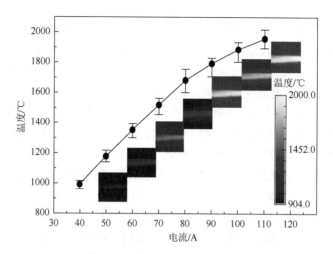

图 9-36　不同电流时温度变化及温度分布红外图

图 9-37 所示为电流 30A 时，不同碳毡尺寸下，利用热电偶测得的碳毡间隙两个测温点的温度变化情况。可以看到，在施加电场后，碳毡温度迅速升高，达到接近平衡温度时，升温速率降低；在电源关闭后，温度迅速降低，随后降温速率放缓。不同碳毡尺寸导致平衡温度差别大，同电流时的平衡温度，碳毡尺寸越小则平衡温度越高。

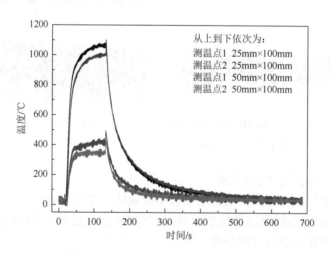

图 9-37　不同碳毡尺寸对温度分布的影响

3）升温速率、保温时间对烧结的影响

使用粒径为 100~150nm 氧化铝为原料，使用 50mm×100mm×2mm 的碳毡，控制电流增加速率，使升温速率分别为 200℃/s、100℃/s、50℃/s，电流增至 60A，保温 40s 后关闭电源，获得样品的 SEM 图见图 9-38。

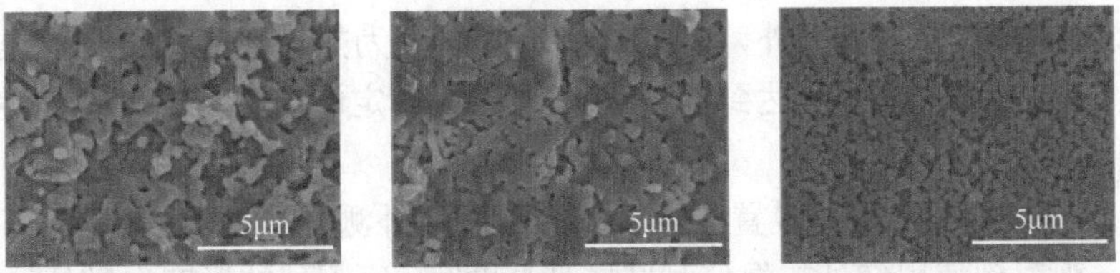

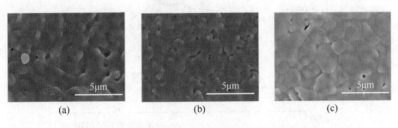

图 9-38　不同升温速率时氧化铝的晶粒生长情况

(a) 200℃/s，40s；(b) 100℃/s，40s；(c) 50℃/s，40s

　　升温速率对样品的晶粒尺寸产生影响，升温速率为 50℃/s 时的晶粒尺寸小于升温速率 100℃/s 和 200℃/s。使用 100～150nm 氧化铝为原料，使用 50mm×100mm×2mm 的碳毡，控制电流增加速率，使升温速率为 30℃/s，电流增至 60A，分别保温 40s、80s、120s 后关闭电源，获得样品的 SEM 图如图 9-39 所示。

图 9-39　不同保温时长时氧化铝的晶粒生长情况

(a) 30℃/s，40s；(b) 30℃/s，80s；(c) 30℃/s，120s

　　随着保温时间延长，致密度逐渐增加，在保温 120s 时，已实现大于 98% 的高致密度，实现了快速致密化。同时，随着保温时间的延长，晶粒尺寸无明显变化。由此可知，在瞬时超高温烧结过程中，特定温度下晶粒生长主要受到升温速率的影响，而保温时间的延长只能使其致密度增加，对晶粒生长则影响较小。这与经典烧结理论一致，低温下，表面扩散占主导地位，导致粗化和颈部生长而没有致密化；高温下，以晶界和整体扩散为主，从而实现快速致密化。瞬时超高温烧结的超高加热速率绕过了低温区域，减少了颗粒的粗化并保持了较高的烧结毛细驱动力。

2. 高通量燃烧合成装置测温方法设计

　　温度测量是装置设计中的一个难题。常规高温炉体中使用热电偶进行测温，但是在本装置中，一方面由于碳毡易变形，使用热电偶测温会破坏碳毡与样品紧密接触的结构，造成对样品的加热不充分；另一方面，钨铼热电偶测温的上限为 2300℃，设备所能达到的温度上限超过 2400℃，使用热电偶测温不能显示高温段的温度；另外，热电偶显示的温度为热电偶焊点处温度均匀加热后的温度，与实际碳毡所达到的温度变化存在一定的滞后，温度变化速率的显示不准确。

因此，提出在炉壁处设置测温窗口，利用红外测温的方式进行测温。在前期实验中，观察到使用红外热像仪测试样品温度时，所测试的温度为样品外沿温度，样品的内沿温度高于样品外沿温度,使用热电偶对这两个位置的温度差进行标定，测量温度的位置如图 9-40 所示，标定测试的温度曲线如图 9-41 所示。

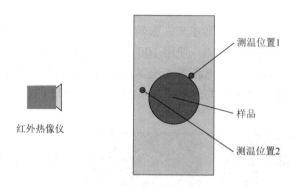

图 9-40　测温位置示意图

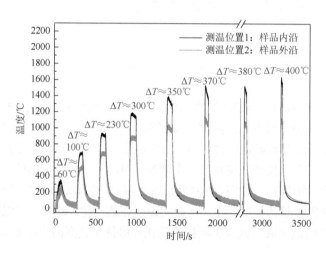

图 9-41　测温过程中的温度变化

由图 9-41 中数据可知，内外沿温差随温度升高而增加，根据图 9-41 绘制内侧温度的推测图如图 9-42 所示。因此，样品的实际温度将高于热电偶测试所得的温度，实测温度为 2450.1℃时（图 9-43），内部温度已达到 3000K（2726.85℃）以上，达到考评指标。

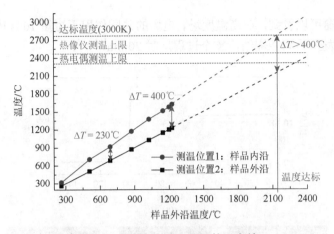

图 9-42　样品内沿和外沿的温度差

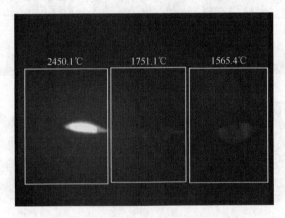

图 9-43　反应燃烧中的红外热像仪示数

9.3　应　用　范　例

9.3.1　高通量合成 Zr-Ti-C-B 体系红外陶瓷

1. Zr-Ti-C-B 体系高通量的合成

已有报道发现 $Zr_{0.8}Ti_{0.2}C_{0.74}B_{0.26}$ 陶瓷具有优良的高温耐氧化、抗烧蚀性能，且其 1000℃ 以上的热传递形式 80% 为热辐射，且集中在波长 1～5μm 范围内。中国科学院理化技术研究所功能陶瓷团队以此为基础选择探究 Zr-Ti-C-B 体系，研究不同组分红外辐射效率，获得更优的体系。实验首先以恒流模式开始，外加 100A 电流预热，至样品为红热状态；之后转为恒压模式，数秒后发生闪燃，持续反应约 4min，U、I 随时间变化的曲线如图 9-44（a）所示。从图 9-44（b）中的反应釜透视窗可以看到，在高温度场、电场的共同作用下短短 100s 内即有强烈的光亮，样品发生反应并烧结，整个过程历时 20min[14, 15]。

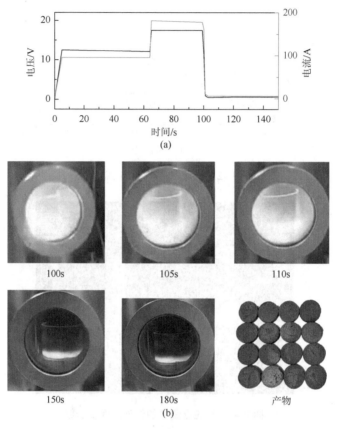

图 9-44　实验过程中电压、电流随时间的变化曲线（a）和燃烧合成过程照片及产物（b）[14]

2. Zr-Ti-C-B 体系高通量的表征

1）样品 XRD 表征

图 9-45 为普通燃烧合成及高通量电场辅助燃烧合成不同 Zr、Ti 比例样品的 XRD 图谱，曲线无杂峰，说明产物为单相。当 $x=0$ 时，仅有 ZrC 相特征峰，对应 PDF 卡片#35-0784，说明初始粉体反应完全，随着 Ti 的质量分数增加，晶格中 Zr 原子逐步被 Ti 原子代替，样品特征峰发生移动，TiC 衍射峰对应 PDF 卡片#73-0472。由于高通量样品数多、数据量大，所观察到的结果和规律更加清晰。从效率角度比较，传统燃烧合成方法制备样品每个需要 4h，制备六个样品即耗时 24h，且产物疏松、无强度、固溶程度低；由于电场辅助方法为一次性合成，制备 16 个样品总共耗时 1h，效率大大提高，且合成产物烧结完全、强度高、固溶程度更高。

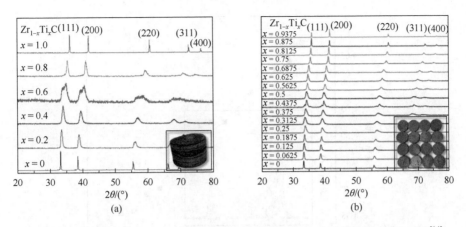

图 9-45　普通燃烧合成（a）及高通量电场辅助燃烧合成（b）样品及 XRD 对比[14]

2）样品形貌表征

图 9-46 为高通量样品的 SEM 图。可以看到，样品晶粒尺寸随固溶程度增加而减小。利用 Jade 6.0 计算样品的晶格常数绘制图 9-47（插图为样品 XRD 图谱），由于 TiC 和 ZrC 晶体结构相同，使用 Vegard 定律对其进行计算，发现晶格常数变化均匀，接近理论值，说明样品的固溶程度高。

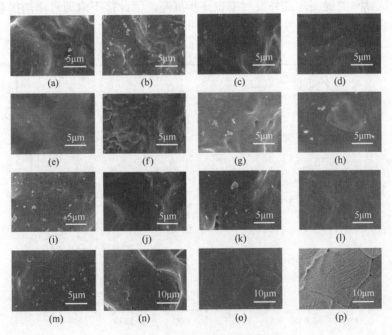

图 9-46　陶瓷的微观形貌[14]

（a）～（p）$Zr_{1-x}Ti_xC$（$x = 0.0625$、0.125、0.1875、0.25、…，0.9375，间隔为 0.0625）

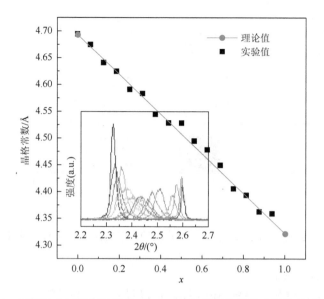

图 9-47　不同组分红外陶瓷样品（$Zr_{1-x}Ti_xC$）的晶格常数实验值及理论值[14]

3）样品红外发射率测试表征

图 9-48 为合成高通量样品粉体在 0.75～2.5μm 波段的红外发射率测试曲线，随着测试频率的提高，红外发射率也逐步提高，因此接下来通过增加掺杂种类和变换体系来进行高红外发射率效果的进一步探索。

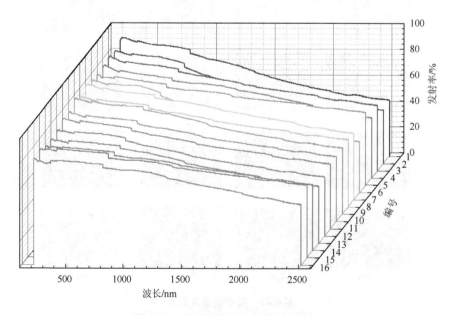

图 9-48　高通量样品红外发射率曲线

此外，使用红外热像仪对 Zr-Ti-C-B 体系样品进行高通量表征，在 80℃升温至 120℃的过程中，各样品辐射温度变化如图 9-49 所示。结果表明，$Zr_xTi_{1-x}C_{1-y}B_{2y}$ 体系在红外波段 8～14μm 时的发射率接近；发射率较高的组分出现在碳化物含量较高的一端。

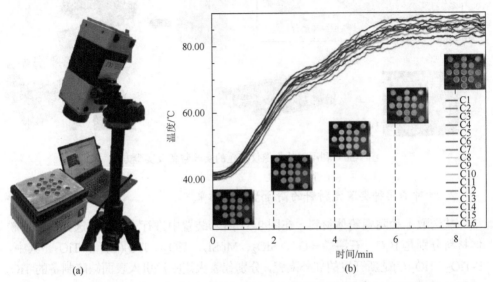

（a）　　　　　　　　　　　　　　　（b）

图 9-49　红外热像仪（a）及 $Zr_xTi_{1-x}C_{1-y}B_{2y}$ 样品高通量表征辐射温度随时间的变化（b）

9.3.2　基于红外热像仪测试的高通量快速筛选

1. 高通量表征关键设备和方法

为实现对具有不同发射率红外陶瓷材料的高通量快速筛选，直观比较出不同样品的发射率差异，经调研比较，最终选定德国英福泰克公司 VarioCAM HD 型红外热像仪作为主体设备。该设备通过测量 8～14μm 波段红外辐射的强度，在不直接接触物体的情况下，计算出被测试样品表面的辐射温度，并以伪彩色图像的形式直观地呈现温度分布和变化。辐射温度是与物体表面具有相同辐射强度的黑体温度，相同温度下，它的大小与材料表面的发射率呈正比关系。因此，根据该设备对相同温度场中系列化样品的成像结果，可以实现对红外陶瓷材料发射率的比较，从而快速高通量筛选红外陶瓷。

利用该关键设备搭建的实验装备及实验方法如图 9-50 所示。

不同的陶瓷材料置于特制装样托内，样品托以阵列的方式置于恒温加热台上，通过红外热像仪对升温过程中的阵列化样品进行连续摄像，之后通过对比辐射强度优选出高发射率的红外陶瓷。

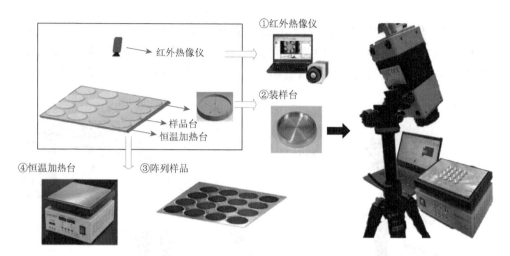

图 9-50　利用红外热像仪搭建的实验装备及实验方法

2. 针对不同种类陶瓷材料的高通量表征结果

共选取七种陶瓷粉体材料，在图 9-51 所示装置中进行表征。所选择的陶瓷粉体材料分别是 B_4C、石墨烯（G）、SiO_2、$MoSi_2$、TiO_2、$TiO_2(C)$、$F-TiO_2$。其中，$F-TiO_2$、$TiO_2(C)$ 是新开发的红外陶瓷，分别代表火焰喷淬引入表面缺陷制备的 TiO_2 球和 C 掺杂 TiO_2。各样品在恒温 80℃ 的加热台上进行红外成像测试。

结果表明，不同陶瓷样品的发射率大小顺序为：$F-TiO_2 > SiO_2 > B_4C > G > TiO_2 > TiO_2(C) > MoSi_2$，辐射强度最高的样品为 $F-TiO_2$，达到 $220W/m^2$。因此，该套装置可实现对不同种类陶瓷材料的高通量表征。B_4C、石墨烯、SiO_2、$MoSi_2$ 为目前使用最广泛的红外陶瓷成分，以这四种物质为参照物，能够迅速定位新材料的红外辐射力水平，提高工作效率。

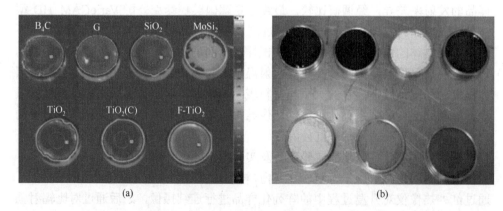

图 9-51　不同种类陶瓷材料的辐射强度分布图（a）和实物图（b）

9.3.3　红外陶瓷辐射涂料产品的中试生产

1. 流程简介

针对前期筛选出的高发射率红外陶瓷粉体，中国科学院理化技术研究所功能陶瓷团队以之作为关键材料用于制备辐射冷却涂料，并且目前已实现 5t 年产的中试线规模。涂料由原料粉体经过均化、反应合成、研磨细化、浆料分散、进一步细化分散、浆料封装得到最终产品。

2. 工艺流程

1）均化

原料粉体混合均化，处理原料粉体 6000kg。

5kg/次×1200 次 = 6000kg，1 台设备。

单台设备 1h/次，200 天工时中，每天运转 6 次。

2）反应合成

红外陶瓷粉体的合成反应，产率为 50%，即得到净产品 3000kg。

净产品 5kg/次×600 次 = 3000kg，1 台设备。

单台设备 2h/次，200 天工时中，每天运转 3 次。

3）研磨细化

对红外陶瓷-粉体进行研磨细化。

15kg/次×200 次 = 3000kg，1 台设备。

单台设备 4h/次，200 天工时中，设备每天运转 1 次。

4）浆料分散

加入去离子水及功能助剂进行分散，水和粉体比例 1∶1，则需处理混合浆料共 6000kg。

30kg/次×200 次 = 6000kg，1 台设备；

单台设备 4h/次，200 天工时中，设备每天运转 1 次。

5）细化分散

对浆料继续研磨细化均匀。

15kg/次×400 次 = 6000kg，有 2 台设备，每台运转 200 次。

单台设备 2h/次，200 天工时中，每台设备每天运转 1 次。

6）封装

将得到的涂料产品进行封装，涂料密度约 1.5g/cm^3，即总体积约为 4000L，单桶容积为 20L，需要封 200 桶，每分钟封 2 桶，2h 内即可完成。按照每年 200 天的工期，可完成 6t（6000kg）的生产，该中试线具备年产 5t 节能涂料的产出能力。

9.4 本 章 小 结

本章综述了国内外高通量固态粉末配制系统和外场辅助高通量燃烧合成装置系统的研究进展，包括目前应用于热电材料、细微粉药物、陶瓷材料的高通量固态粉末配制系统以及应用于陶瓷样品的电场辅助燃烧合成系统。"高通量固态粉末配制系统"基于重力称量法，所研制的设备能够实现标准剂量偏差低至 0.1mg，样品粉末在 10～100 个通道模具内的快速精准配制和均匀混合；电场辅助高通量燃烧合成装置系统采用大功率直流射频电场，实现了陶瓷坯体的快速合成和致密化，即瞬时超高温合成高通量制备技术。利用电场形成升降温速率达 10^3～10^4℃/min、最高温度大于 2200℃的温度场，可使预制坯体在瞬时超高温环境下快速实现合成和致密化，从而实现陶瓷块体材料的快速制备；利用红外热像仪测得表观温度，完成对红外陶瓷发射率的高通量表征，实现了对高发射率红外陶瓷的快速筛选。

将筛选出的高发射率陶瓷粉体作为关键材料，用于辐射节能涂料的规模化生产，目前已实现年产 5t 的中试规模，有望在热工节能应用领域发挥重要作用。

参 考 文 献

[1] Pu H Y, Xie R Q, Peng Y, et al. Accelerating sample preparation of graded thermoelectric materials using an automatic powder feeding system. Advances in Manufacturing, 2019, 7（3）：278-287.

[2] Chen X, Seyfang K, Steckel H. Development of a micro-dosing system for fine powder using a vibrating capillary. Part 1：The investigation of factors influencing on the dosing performance. International Journal of Pharmaceutics, 2012, 433（1-2）：34-41.

[3] Chen X L, Seyfang K, Steckel H. Development of a micro-dosing system for fine powder using a vibrating capillary. Part 2. The implementation of a process analytical technology tool in a closed-loop dosing system. International Journal of Pharmaceutics, 2012, 433（1-2）：42-50.

[4] Shuang S, Li H H, He G, et al. High-throughput automatic batching equipment for solid state ceramic powders. The Review of Scientific Instruments, 2019, 90（8）：083904.

[5] 双爽, 李宏华, 贺刚, 等. 一种高通量粉体的制备装置及其使用方法：中国, CN110434982A. 2021-6-29.

[6] Wang C W, Ping W W, Bai Q, et al. A general method to synthesize and sinter bulk ceramics in seconds. Science, 2020, 368（6490）：521-526.

[7] Besenhard M O, Fathollahi S, Siegmann E, et al. Micro-feeding and dosing of powders via a small-scale powder pump. International Journal of Pharmaceutics, 2017, 519（1-2）：314-322.

[8] 马明, 兰正义, 魏晨阳, 等. 一种基于机械搅拌模式的数控高通量粉体制备设备：中国, CN213254411U. 2021-5-25.

[9] 劳宝飞, 夏利, 唐元杰. 一种高通量粉体输送装置：中国, CN108996262A. 2018-12-14.

[10] 秦明礼, 吴昊阳, 贾宝瑞, 等. 一种高通量燃烧合成粉体材料制备装置及制备方法：中国, CN107892329A. 2020-7-17.

[11] 冯晶，郑椿，种晓宇，等. 一种高通量高效混粉机：中国，CN109012376B. 2018-12-18.

[12] 钟澄，宋志双，胡文彬. 合成金属基粉体材料的装置及其高通量合成方法：中国，CN105935780A. 2018-5-4.

[13] 段丽颖，刘献洋，胡鹏程，等. 一种用于中药材药粉混合的高效混粉机：中国，CN206549490U. 2017-10-13.

[14] Li H H，He G，Li Y，et al. Combinatorial synthesis of multiple $Zr_xTi_{1-x}C$ by electric field-assisted combustion synthesis. Journal of the European Ceramic Society，2020，41（1）：1020-1024.

[15] 贺刚，李宏华，杨潇，等. 一种燃烧合成制备 ZrTiCB 四元陶瓷粉体的方法：中国，CN107827464A. 2018-3-23.

第五篇

基于多通道微反应器的微纳粉体组合材料芯片制备技术

第 10 章

基于溶胶-凝胶和水热-溶剂热等
微反应器并行合成粉体样品库

基于材料基因工程思想而设计和发展的并行合成技术可以制备分立成分样品库和准连续梯度变化成分样品库[1-3]。而针对功能粉体发展的并行合成技术则主要借鉴了药物、催化剂等样品库快速制备筛选的模式[4]。本章基于粉体材料的复杂性、组分、结构和功能的多样性，以及粉体材料性能对制备条件的敏感性，有针对性地阐述粉体材料的并行合成方法和技术，重点以水热-溶剂热、溶胶-凝胶和溶液燃烧并行合成技术为例，介绍相关高通量前驱物溶液输送和合成装置，以及利用这些技术和装置开展的典型材料筛选和应用示范。同时，相应的高通量表征也是本章主要内容之一。

10.1 基 本 原 理

针对粉体材料的高通量制备方法，相关的并行合成技术需要考虑原料形态（固态粉末[5]、液体[6]（溶液、悬浊液））及相应的原料输运问题。相对于传统固相合成方式，湿化学反应在原子/分子尺度上混合原料，具有合成温度低、合成粉体细且均匀等优点，在荧光粉、催化剂等粉末材料的制备中广泛运用，包括溶胶-凝胶[7]、溶液燃烧[8]、水热-溶剂热[9]、微流控[10]等。

以水热-溶剂热法为例，其指在特制的密闭高压反应釜中，采用水或有机溶剂作为反应体系，通过对反应体系加热（100~500℃）、加压（或自生蒸气压 1~100MPa），创造一个相对高温、高压的反应环境，从而合成通常难以形成的某些材料[11]。与之相似，溶胶-凝胶法也需要严格控制凝胶、老化、煅烧等过程[12]。也就是说，材料的性质对湿化学合成的条件十分敏感。因此，在进行湿化学并行合成时，需考虑限域微反应器中原料扩散和合成粉体材料均匀性的影响；发展微通道反应环境下流体混合和热交换技术，解决并行合成的温度场、流场控制难题[13, 14]。

10.2　高通量制备技术与装置

10.2.1　高通量前驱物输送技术与装置

高通量制备装置通常是将传统方法中的反应器体积缩小制成微反应器，多个微反应器组合构成阵列式排布，按批次高通量制备可对比的样品库，并从中筛选优值。因此，适度提高样品单元数或提高样品的制备通量是提高效率的必要条件，而将大量前驱物溶液精准、快速地分配与输运至阵列中各微反应器是实现粉体材料并行湿化学合成的第一步，也是技术的关键[15]。

常规的溶液输送使用微量注射器，需手动将各种前驱物溶液滴入预定的微反应器内，且滴定时注射器"针头"上的液滴需接触反应器内表面才能脱离，反复滴定可能造成二次污染。对于包含大量样品的样品库，手动滴定的准确性差、效率太低，需要开发前驱物的高精度、高通量精准输送技术与装置[15]，因此液滴喷射技术应运而生。

喷墨打印机就是基于液滴喷射开发的一种非击打式点阵印刷技术，故这一技术又常称为"喷墨"技术[16]。液滴喷射技术是利用喷墨打印机原理，将原料溶液或者悬浮液以微液滴的形式喷射到基片上的小孔中，每一个小孔可以看成一个微型的反应器，通过调节喷入小孔中溶液的种类和数量，能够控制小孔中样品的成分，再配合后期的处理，实现材料样品库的合成。液滴喷射技术装置简单，使用方便，具有在微观尺度上精确控制反应物的能力，因而在生物小分子、有机材料的组合研究中得到广泛应用。

液滴喷射技术是一种用外力迫使液体以液滴的形式从小孔中射出来的技术。与可喷射纳升量级的液滴喷射技术相比，微量注射器技术仅可实现微升级液滴输送。并且，为了实现大量样品的并行合成，使用液滴喷射技术可显著提高前驱物溶液输送的效率。

液滴喷射从技术上可分为连续式和随机式两类[15]。连续式喷射的液滴以一定的频率不断射出，而随机式喷射的液滴只在需要时才喷出。前者以电荷控制型为代表，而后者又可分为电热式（气泡式）、压电式、电磁阀式等。

在连续式喷射系统中，一般利用液泵对液体施加固定的压力，由液滴发生器周期性切断射流形成液滴，随后再对液滴充电以便进行偏转控制。由于可控性差，与随机式喷射技术相比，连续式喷射技术的用途较少。

电热式喷射是利用几微秒宽度的脉冲电流瞬时将喷头内的电热元件加热至300℃左右，使与电热元件表面接触的液体迅速汽化，形成一个很小的气泡。膨胀的小气泡挤压喷嘴中的液体，使喷嘴中的液体以液滴的形式射出。液滴射出后，在电热元件降温和喷嘴毛细管虹吸的共同作用下，喷嘴从进液系统中吸入液体，补充射出的液体，为下一次喷射做准备。热泡式喷墨打印机是基于这一原理开发的。压电喷射是利用瞬间的高压力迫使喷嘴出口附近的液滴获得较大速度，从而脱离喷嘴，形成液滴，并且滴落在目标位置。在电磁阀式喷射中，通过液泵对液体施加一定的压力，同时控制电磁阀的瞬时开通产生液滴，通过改变压力和电磁阀的开通时间控制液滴的大小和喷射频率。

长期以来，由于缺乏明确的应用，液滴喷射技术的发展缓慢。20 世纪 80 年代中期开始，随着喷墨打印机的商品化，液滴喷射技术也取得了长足的进展。液滴喷射技术具有在微观尺度上精确控制前驱物溶液的能力，这使得其在材料科学中获得了应用。例如，通过在喷射过程中调整所喷溶液的配比，可以很容易地实现成分调变和合成功能梯度材料；通过系统地调变前驱物溶液的成分，可形成阵列样品，合成组合方法筛选新材料所需的材料样品库。Ago 等在 N 型硅基片上喷射 Co 纳米颗粒悬浮液，再以析出的纳米 Co 作为化学气相沉积生长碳纳米管的催化剂，制成场发射用的多层碳纳米管阵列[16]。类似地，Fox 等在 P 型硅和石英基片上喷射纳米金刚石悬浮液，以析出的金刚石纳米颗粒为籽晶，通过化学气相沉积制备得到金刚石薄膜[17]。Evans 等将 ZrO_2、Al_2O_3 制成悬浮液，并在喷射过程中通过特制的混合容器系统改变两者的比例，得到功能梯度材料[18]。将锆钛酸铅粉末与丙烯酸分散剂、聚乙烯醇缩丁醛黏结剂在乙醇/丙酮混合液中球磨成悬浮液，经喷射、烧结后得到传感器阵列。Schultz 和项晓东等在预先打孔的陶瓷基片上喷射硝酸盐水溶液，通过控制不同孔中各种原料的喷射滴数，经蒸干水分、高温固相反应，合成了包含 100 个稀土荧光材料的样品库[19]，并从中筛选出有价值的荧光"线索"材料。Mallouk 等利用改装的喷墨打印机在碳纸上喷射不同浓度的贵金属氯化物水溶液，成功制备出含 645 个电极的组合样品库。并以质子荧光指示剂表征不同电势下的质子浓度，系统研究了 Pt-Ru-Os-Ir-Rh 五元体系的甲醇电催化氧化活性，从中筛选出组分为 $Pt_{44}Ru_{41}Os_{10}Ir_5$ 的四元合金作为甲醇燃料电池阳极用的催化材料[20]。近年来，随着溶胶-凝胶和纳米分散技术的发展，喷射技术逐渐在无模具成形、微机械和微器件制造、生物芯片、材料合成等领域获得了应用[21, 22]。

中国科学技术大学高琛教授团队基于微压电喷墨原理，研制了组合溶液喷射合成仪，如图 10-1 所示。喷头数 8 个，喷射平均液滴体积为 10nL，误差±2%；喷射频率 500～1000Hz；可实现对水溶液、悬浮液、低黏度液体等多类溶液的稳定喷射。该合成仪主要部分是 8 个与储液瓶相连的独立喷头和对微反应器阵列进行定位的步进电机，微反应器阵列放置在二维电动平台上，整套系统由一台计算机控制。在图形界面的帮助下，操作者输入各喷头所喷液体的浓度、阵列尺寸、组合方案等信息后，系统自动生成喷射控制指令控制喷头和平台的协调动作。在计算机的控制下，喷头将储液瓶内的不同溶液按设定的比例折算成滴数喷入微反应器的阵列孔中，完成原料的输送。通过这一技术，可以在微反应器阵列中根据需要喷射不同种类、不同浓度、不同数量的液滴[23]。通过机械振动和超声等后处理手段，实现受限微空间内原料的均匀扩散，再经反应得到所需的样品库。

组合溶液喷射合成仪的核心部件是可控的液滴喷头。该喷头由不锈钢腔体、压电片、白宝石喷嘴和进液管以环氧树脂黏结而成，所有与溶液接触的部分均应具有良好的化学惰性，以保证所喷溶液不被污染。其工作原理是：压电片在脉冲高压的作用下产生机械振动，当振动以声波的形式传播到喷嘴尖端时，声波的正压部分使喷嘴尖端的液体加速，并在惯性的作用下，克服表面张力脱离液体，形成液滴射出。随后声波的负压部分在喷嘴中形成局部真空，从进液系统中吸入液体充满喷嘴，准备下次喷射[23]。

喷头驱动电路由脉冲信号发生器、逻辑门、脉冲放大器组成。脉冲发生器发出的周期脉冲信号，由逻辑与门被计算机接口信号控制，当控制信号为高电平时，脉冲信号输入放大器，经放大后驱动压电片振动。逻辑与门的输出分一路传回接口，用来对喷射的滴数计数。上述器件安装在一块电路板上，形成一个独立的模块。通过喷嘴结构、控制软件和电路系统三者的密切配合，实现多通道液滴喷射的精确控制。压电喷头的精度在纳升量级，可用于微量掺杂材料的组合研究。

运用液滴喷射技术制备无机粉体材料样品库的一个关键问题是喷射液的制备。Mallouk 和 Schultz 等的研究中，喷射的液体都是可溶物的水溶液[20, 24]。虽然液滴喷射技术具有结构简单、成本低、定位精度高、节省原料等优势，但是对所喷溶液要求较苛刻。一方面，喷射系统要求溶液具有良好的微粒分散性以防喷头堵塞，较稀的浓度以降低溶液的黏度，易于喷射；但另一方面，现有技术又难以把稀的分散体及时固化成均匀致密的坯体。为了满足液滴喷射系统对喷射液体的要求，悬浮液在喷射过程中应保持稳定（没有沉淀和团聚），且必须具有高表面张力、低黏度。但是，实际悬浮液中的超细颗粒表面能高，易于团聚，可以通过在溶剂中引入分散剂、稳定剂或黏结剂等，利用电荷性质及空间位阻实现超细颗粒的稳定分散悬浮，但分散剂的引入会导致表面张力降低、黏度增大，同时也引入了杂质。在液滴喷射系统中，表面张力的降低和黏度的增加都会导致悬浮液喷射困难。

高能球磨是工业制造微粉的常用方法。在球磨过程中，被磨的材料不断受到磨球的撞击和挤压，致使颗粒细化，同时晶格发生畸变，表面能升高，与其他物质反应的活化能降低[25]。如果在水中球磨氧化物，被机械力活化的粒子表面有可能吸附水中的 OH⁻，产生电荷相斥，阻止颗粒间的团聚和沉降，得到稳定的超细颗粒悬浮液。基于此，中国科学技术大学陈雷等[26]借鉴 Eans 喷射纳米颗粒悬浮液的经验[27]，通过高能球磨中的机械表面改性，在去离子水中对多种难溶氧化物粉末进行球磨，成功制备出稳定的超细纳米悬浮液，其中不含任何扩散剂和稳定剂。利用该方法制备的悬浮液具有良好的稳定性和较高的浓度，同时由于溶剂是去离子水，具有表面张力高、黏度低等特点。以此类悬浮液为喷射原料，采用组合溶液喷射仪，顺利输送了用于荧光材料样品库合成的前驱物溶液[28, 29]。这种悬浮液制备方法具有一定的普适性，可以满足较多难溶物悬浮液的制备，成功拓展了液滴喷射技术在材料基因工程研究中的应用。为了避免湿化学合成过程中前驱物结晶、降低黏度，中国科学院上海硅酸盐研究所刘茜研究员团队通过激光快速定向加热系统设计，增加并优化了液相前驱物储存和输送过程中的环绕加热氛围系统，实现前驱物溶液定点精准到达微反应器[30]。

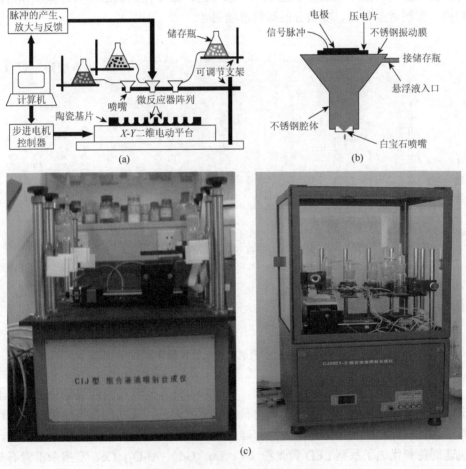

图 10-1　组合溶液喷射合成仪[29]

（a）原理图；（b）喷头示意图；（c）实物照片

除需要控制液体的黏度和表面张力外，除气也是一个关键的步骤。由于一般的液体中溶解有少量的非平衡空气，这些非平衡溶解的空气在喷射期间极易析出，并形成微小的气泡吸附在喷嘴处，导致喷嘴堵塞。因此，喷射所用的溶液应预先进行除气处理。将惰性气体以每分钟 10 个小气泡左右的速度从储液瓶的底部鼓泡通入溶液 12~24h，一般可保证不发生气泡堵塞。

为了更好地辅助上述工作的开展，高琛团队开发了一种组合液滴喷射仪软件。组合液滴喷射仪控制软件是为多通道溶液精确输送开发的监控软件[31]，如图 10-2 所示。适用于 Microsoft Windows 10 64bit、Microsoft Windows 7 32bit 操作系统。控制软件中已经集成了常用的组合方案，如二元组合、四元组合、梯度组合等，并留有接口，操作者可以利用界面操作编辑任意样品的组分。通过操作该套软件可以协调控制样品库三维移动定位和溶液喷射，数字化控制溶液喷射体积和溶液切换，实现对多类型、多组分的高精度喷射。

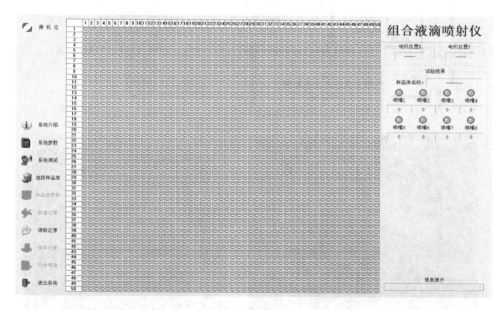

图 10-2　组合液滴喷射仪软件操作界面

高琛团队利用该组合液滴喷射仪，在{11×11}阵列微孔的陶瓷基片上成功输送了用于合成硅铝酸盐长余辉荧光材料的前驱物溶液，成功制备了硅铝酸盐长余辉荧光材料样品库。中国科学院上海硅酸盐研究所刘茜研究员团队利用该设备，快速制备和优选了系列 LED 荧光粉（Y, Lu, Gd）$_3$Al$_5$O$_{12}$:Ce、双掺杂堇青石基高红外辐射节能涂层、高发光强度 La-Ce 共掺焦硅酸盐闪烁体等[32-35]。

1970 年成立于德国的实验室自动化生产商 Zinsser Analytic 公司，针对高黏性液体研发了自动化液体处理装置，包括注射泵、阀门、注射器、机械臂、移液探头、夹持器、实验器皿和支架等，通过相应的软件操作，可实现加液、移液、分液、转液等液体处理过程。可输送黏度高于 8000cP[①]的液体，黏度最高可达15000cP，液体处理体积范围 100μL～50mL。通过电导率可检测不同液体的液位；通过机械臂，实现 x-y-z 轴移动，每个机械臂可配八个分配探头，探头具有可变间距，可用于多种类微孔板、样品瓶、试管、烧瓶、烧杯等容器的液体转移及样品制备。

　　Zinsser Analytic 公司研发的系列自动化液体处理、粉末处理、称量校准、样品制备、合成系统和质量控制等装置，具有高通量、自动化、模块化的特点，已成功应用于制药、化学、生物、体外诊断、食品、日化、石油、农业等多领域，为拜耳、礼来、阿斯利康、嘉士伯、雀巢等大型企业提供高通量自动化实验平台。德国萨尔大学 Maier 教授团队使用 Zinsser Analytic 溶液输送装置，实现了通量 50 的样品库前驱物溶液配置，进而并行合成了系列铝-铅-铋氧化物光催化剂[36]。

　　在前驱物溶液高通量精准输送的基础上，进一步开展湿化学并行合成和高通量表征是粉体材料样品库筛选的必要过程。本章接下来将重点以溶胶-凝胶并行合成、水热-溶剂热并行合成以及溶液燃烧并行合成为例，介绍相关湿化学并行合成技术和装置。

10.2.2　溶胶-凝胶并行合成技术与装置

　　溶胶-凝胶法是湿化学法制备粉体材料中的一种常用方法。该方法是以无机盐或金属醇盐等作为前驱物，在液相下将这些原料混合均匀，通过水解、缩合化学反应形成稳定的溶胶。溶胶经陈化胶粒间缓慢聚合，形成三维空间结构的凝胶，再经干燥和煅烧获得微纳粉体材料[37]。近年来，溶胶-凝胶法在玻璃、氧化物涂层和功能陶瓷粉料，尤其是传统方法难以制备的复合氧化物材料、高临界温度氧化物、超导材料的合成中均得到了成功的应用[38, 39]。

　　溶胶-凝胶法的特点是反应物在液相下均匀混合并进行反应生成稳定的溶胶体系而不产生沉淀，放置一段时间后转变成凝胶，采用蒸发脱去液体，而不是机械脱水成干凝胶，再在低于传统固相反应的温度下合成粉体材料。与其他制备方法相比，溶胶-凝胶法具有许多优点[39]：①可以制备高纯度高均质的化合物。溶胶-凝胶法中反应物多为低黏度的液体，经混合后短时间内可达到分子级的均一性，易于合成出比矿物纯度更高的化合物。②可以在低温条件下合成材料。由于反应物在溶液中混合得十分均匀，当凝胶产生时，化合物在分子水平上已得到良好的

---

① 1cP = 10^{-3}Pa·s。

混合，而且粒度小，比表面积大，反应活性高，易于在较低温度下发生化学反应。③可以得到一些用传统方法无法获得的材料。无机材料在制备过程中可能会发生相转变，有机材料在高温下易分解，溶胶-凝胶法较低的反应温度将阻止相转变和热分解的发生，得到有机-无机复合材料。同时溶胶-凝胶法能在纳米尺寸或分子水平上进行复合，有利于制备纳米复合材料。④易于调控凝胶的微观结构。通过调节前驱物、溶剂、水量、反应条件、后处理条件等，可得到不同微观结构和理化性质的凝胶。⑤工艺简单，操作方便，这也是溶胶-凝胶法在制备粉体材料中得到普遍应用的重要原因。

溶胶-凝胶法用于并行合成时，需考虑限域微反应器中原料扩散和合成粉体材料均匀性等影响。例如，前驱物的溶解度往往不同，溶质间存在优先析出问题，难以实现均匀混合；针对不同阳离子的通用胶体介质难以寻找；凝胶形成和干燥阶段对温度非常敏感，难以保证合成材料的成分和结晶性一致。同样，高通量溶胶-凝胶法也有它的局限性，溶胶-凝胶法制备的样品需要经过凝胶、老化、煅烧等过程，因而在高通量并行合成过程中，各个环节都可能造成不利影响，如制备过程中难以保证每个微反应器中样品成分均匀；在煅烧过程中，由于温度的不均匀，可能会造成一些凝胶呈透明状、出现裂纹等一系列问题。这些在高通量溶胶-凝胶法并行合成中都是重点关注的对象。

1998 年，Holzwarth 等[40]利用溶胶-凝胶法并行合成了 37 个由 1%~10%Ir、Pt、Zn、V、Mn、Fe、Pd、Cr、Co、Ni、Rh、Cu、Ru 金属盐与硅溶胶和钛溶胶形成的催化材料样品库，并通过己炔加氢反应对样品库进行筛选。随后，该研究团队报道了含有 Ag、Au、Bi、Co、Cu、Cr、Fe、In、Mo、Ni、Re、Rh、Sb、Ta、Te、V、W 的 33 个 Ti、Si、Zr 凝胶催化材料样品库，用作丙烯氧化反应的催化材料[41]。美国 Symyx 公司的研究团队采用高通量溶胶-凝胶法制备了 Mo-V-Nb-O、V-Al-Nb、Cr-Al-Nb 等体系的催化材料样品库，用于乙烯氧化脱氢反应[42]。

2001 年，Maier 团队以加速水净化处理的光催化剂研发为目的，在国际上率先报道了 45 通道的溶胶-凝胶高通量并行合成及快速表征光催化剂的研究成果，批量制备和筛选了系列 TiO_2、SnO_2、WO_3 基三元催化剂[7]。该团队研发的高通量制备与表征联用系统包括四层构造：①光催化反应所需的光源，发射波长大于 400nm；②在光源下层设置盛有 K_2CrO_4 溶液的磨砂玻璃池，以消除上层光源辐照引起的痕量紫外光影响；③阵列催化剂样品库，由 45 个容积为 2mL 的玻璃瓶组成，瓶内装有高通量合成的催化剂以及 4-氯苯酚污染物溶液，用以评价光催化活性；④在阵列样品库下方放置振荡器，以保证上方样品库内的组分在催化实验过程中达到均匀混合的状态。Maier 团队所研发的高通量并行合成及光催化评价联用系统为催化剂高效筛选提供了技术支撑，但催化剂制备通量略低，为 45 个，且由于高通量合成过程中缺少成分均匀步骤，产物存在明显的成分不均一等问题，这为后续高通量制备的优化升级提供了设计空间。随后，该团队又相继对高通量溶胶-凝胶法并行合成及快速表征系统进行了优化及应用拓展[43, 44]。

2007 年，Maier 团队实现了高通量溶胶-凝胶法并行合成和表征装置的升级优化，成功合成并筛选了用于甲醇水溶液制氢的多组分光催化剂[36]。在这套装置中，多个光反应器与气相色谱法结合使用，可直接分析光催化产物。前驱物溶液通过 Zinsser Analytic 自动化液体处理装置输送至 2mL 的玻璃瓶中，玻璃瓶置于 5×10 通道的配有机械振动的轨道上。移液结束后，通过机械振动将前驱物溶液进行混合，再经煅烧制得铝-铅-铋氧化物样品库。

2011 年，Maier 团队将溶胶-凝胶法并行合成装置与荧光表征结合，成功制备并筛选了用于甲醇燃料电池的催化剂，包含铝、钴、铬、铜、铁、锰、钼、铌、镍、钽、钛、锌和锆等元素在内的二元和三元金属氧化物，以及由铂、铋、铈、钴、铬、铜、铁、镓、锗、铟、镧、锰、钼、铌、钕、镍、镨、锑、锡、钽、碲、钛、钒、锌和锆等组成的多元材料[43]。

传统溶胶-凝胶法合成周期较长，而现有商品化的溶胶-凝胶法并行合成设备又存在设备较粗糙、通量较低以及粉体合成不均匀等问题。并且因为组合样品库上的单个样品质量较小，基片及表面界面效应对样品性质可能有影响，所以组合合成不仅要求快速高效和高密度，同时要求样品具有代表性，即与常规样品相比没有太大差别。

针对湿化学方法中并行合成设备通量较低、合成样品不均匀、实验条件控制有限等问题，中国科学技术大学高琛和安徽大学孙松团队先后开发了基于溶胶-凝胶的多通道微纳粉体制备技术和装置，如图 10-3 所示。研制的溶胶-凝胶多通道微纳粉体合成装置包括加热系统、机械振动系统、超声分散系统和微反应器阵列。微反应器阵列密度高于 100，可沿纵向堆叠样品库，提高制备样品数量，单个微反应器体积可选（1~10mL）。反应前驱物溶液采用组合溶液喷射合成仪引入微反应器阵列中。为了保证得到的样品具有期望的晶体结构，要求原料充分混合均匀。采用溶胶-凝胶法合成材料时，原料是以液态方式混合的。因此，微反应器阵列集成了万向筛和超声层，通过机械振动和超声分散以确保不同反应物原料在微反应器中的均匀混合。加热层采用高导热性电热板或 U 型镍铬丝，利用多点热电偶测温，以保证阵列反应温度的均一性，可调节合成、老化温度范围为室温至 300℃，可控化学组分达三种。该多通道微纳粉体合成装置在进行阵列密度为 100 的样品库制备时，合成效率较传统方法提高了超过 90 倍，时间缩短了近 180 天。该装置可与多种催化剂高通量表征、测试装置耦合，在一定程度上解决了现有的湿化学合成高通量设备存在的设备较粗糙、通量较低以及粉体合成不均匀等问题，为催化材料筛选提供了一种快速方便的方式，加速湿化学微纳粉体材料合成从研究到产业化的转变，对资源的综合利用和加速新材料的研发具有重要意义。

图 10-3　溶胶-凝胶多通道微纳粉体并行合成装置实物照片

10.2.3　水热-溶剂热并行合成技术与装置

水热-溶剂热并行合成是指以有机物或水为溶剂，在高压釜等密闭体系内，在一定的温度和溶液的自生压力作用下，利用溶液中的物质发生化学反应所进行的合成[37]。水热-溶剂热合成与固相合成研究的差别在于"反应性"不同[45]。这种"反应性"不同主要反映在反应机理上，固相反应的机理主要以界面扩散为特点，而水热-溶剂热反应主要以液相反应为特点。在高温高压条件下，水或其他溶剂处于临界或超临界状态。溶质在高温高压溶剂中的物理化学性质均发生较大改变，溶质溶解度提高，反应活性提高，有利于合成常规湿化学反应无法制得的物相或物种[46]。此外，由于水热-溶剂热并行合成方法的易操作性与可调变性，已成为衔接合成化学与合成材料物理性质之间的桥梁，如价态和缺陷控制[11,47]。水热-溶剂热并行合成已成为目前多数无机功能材料、特种组成与结构的固体以及特种凝聚态材料，如复杂价态固体、平衡缺陷晶体、非晶态、薄膜、纳米晶等重要材料的合成途径之一[48,49]。

将水热-溶剂热并行合成方法用于合成组合材料样品库，其难点除了原料输运，还包括反应器设计、反应控制等问题。普通的组合反应器（如微型试管阵列、磨有小孔阵列的刚玉基片）比较容易制作，而水热-溶剂热并行合成所需的微型反应釜阵列的制备比较困难。

1998 年，为了加快沸石类催化剂（Na_2O-Al_2O_3-SiO_2）的筛选，挪威科学家 Akporiaye 等[3]采用钻有小孔阵列的聚四氟乙烯板制作多腔微型反应釜，并采用自动快速注液仪将前驱物溶液逐一输送至微型反应釜中的孔道，实现通道数为 100

的水热并行合成反应。该团队研制的水热-溶剂热并行合成装置的反应温度可达200℃，每个反应腔约 0.5mL。该团队开创性的工作为水热-溶剂热高通量合成微纳粉体提供了借鉴[50-52]。但采用该套水热-溶剂热并行合成装置，反应产物需取出后采用传统的 XRD 技术进行结构分析，难以实现高通量表征。随后，马普研究所的 Klein 等[50]改进了此项工作，将微反应器阵列中每个反应腔的体积进一步缩小至 8μL，并且产物直接合成在反应器底部的硅片上，可直接用于物相结构表征。

2011 年，英国 Wang 团队利用自主研发的高通量水热-溶剂热并行合成装置，成功制备出一系列离子掺杂的 TiO$_2$ 基材料[53]。该装置主要包括溶液供给系统、高温高压反应器阵列和收集转盘。采用该高通量水热合成工艺每天能够制备出数百个样品，与传统的单独水热合成工艺相比，效率提高了 50 倍。美国 Freeslate 公司开发了 24 通道的水热-溶剂热并行合成装置，应用于分子筛催化剂等材料的高通量合成与筛选。

在溶胶-凝胶并行合成技术研发基础上，2020 年，中国科学技术大学高琛和安徽大学孙松团队设计和制作了一种水热-溶剂热多通道微纳粉体并行合成装置，通过设计梯度温度场控制，实现样品库的纵向温度场调控机制，最高反应温度为300℃[9]。水热-溶剂热多通道微纳粉体并行合成装置拟设计的反应器阵列密度大于 100 个单元，采用分层结构设计，单个微反应釜体积可选（10mL、7.5mL、5mL），内衬采用聚四氟乙烯制造，并置于不锈钢外套中，通过法兰实现高压密封。反应前驱物溶液通过前期发展的组合溶液喷射合成仪引入微反应器阵列中。加热层采用高导热性电热板，多点热电偶测温，以保证同一层反应器阵列的温度均一性。不同加热层采用独立控温方式，以实现不同温度梯度的并行反应。

水热-溶剂热多通道微纳粉体并行合成装置实物照片如图 10-4 所示，包括管式炉，管式炉内设有多层温控区，多层温控区的温度从下到上呈梯度递增，每层温控区内均设有多通道微反应器。微反应器阵列密度 104 个单元，以聚四氟乙烯为基片，通过机械挤压式内螺纹钻杆接头密封实现微体积反应液的密封，内釜耦合于温度梯度炉中。通过前驱物溶液输送装置，向微反应器的反应通道中输送反应物，加入水溶液或溶剂形成反应体系，通过对多通道微反应器加热，内部液体蒸发，创造高温高压环境，促进反应物的溶解、分散和化学反应，从而实现多通道水热-溶剂热微纳粉体材料的合成，可实现包含多种原料组分、多个微反应器在不同温度压力下的同时合成。

温度是水热-溶剂热合成中的一个重要影响因素。为了确保所研制的水热-溶剂热并行合成装置的温度均一性，基于传热学理论，对微反应器内部进行瞬态温度的数值模拟研究。运用 HyperMesh 与 ANSYS 软件，建立多通道微反应器的结构模型。其中，93s 时反应器内温度场分布如图 10-5（a）所示。可以看出，此时微反应器最外层已达到设定温度 200℃，而内部温度仅有 75℃左右。图 10-5（b）

为反应器内 A、B、C 和 D 位置的瞬时温度随时间的变化图。由图可知，在烘箱的加热作用下，各监测点温度均呈现先快速升高后趋于平稳的变化规律，靠近反应器壁面的反应腔温度升高较快，最先达到恒定温度。通过实际测量和理论模拟，验证了所研制的水热-溶剂热多通道微纳粉体并行合成装置可以实现各阵列样品在温度较均匀条件下的合成。并且该装置可与多种催化剂高通量表征、测试装置耦合，为催化材料筛选提供了一种快速方便的方式，加速湿化学微纳粉体材料合成从研究到产业化的速度并降低研发成本，能够节省劳动力，减少浪费。

(a)　　　　　　　　　　(b)

图 10-4　水热-溶剂热多通道微纳粉体并行合成装置实物照片[14]

（a）水热-溶剂热并行合成装置；（b）多通道微反应器

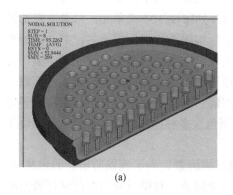
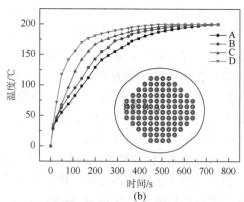

(a)　　　　　　　　　　(b)

图 10-5　水热-溶剂热多通道微纳粉体合成装置的温度场模拟结果[9]

（a）93s 时反应器内温度场分布；（b）反应器内瞬时温度随时间变化图

水热-溶剂热并行合成技术的优势有以下几点：①组合合成技术进行微量合成，可以节省原料，降低成本，避免了过量药品的浪费。该合成方法符合资源节约型、环境友好型的发展理念。②高通量合成可以实现自动进样和自动检测，快速高效地进行大批量合成，大大节省了人力。③该方法可以进行最大限度的平行实验，有利于控制变量来探究单一反应条件对于合成体系的影响，筛选出最优的合成条件。当然，高通量水热-溶剂热并行合成技术目前也有所局限：①组合化学的应用需要大量的前期投入，包括搭建合成仪器以及自动表征的设备。②微量实验的样品产量过少，只能进行前期的表征。③大批量的平行实验不利于对晶化过程的研究。虽然在现有技术下，高通量水热-溶剂热并行合成还存在许多问题，但由于在快速制备大量样品上的巨大优势，必然会为越来越多的人所接受。

超临界水热合成是水热-溶剂热并行合成的一个特例，该方法采用超临界水为介质，仅数秒即可快速合成纳米晶，充分体现制备速率的优势。与其他制备方法相比，超临界水热合成具有许多特殊的优点[54]：①通过控制反应过程的参数（压力、温度等），可以得到不同粒径大小和不同粒径分布范围的微纳粉体材料；②制备方法简单，工艺条件易实现，能量消耗低；③整个过程无有机溶剂的参与，环保性好，是实现可持续发展战略所提倡的"绿色化学"的有效途径。超临界水热合成技术以其特殊的优越性已得到广泛关注。2009 年，英国科学家 Weng 等[55]报道了超临界水热高通量连续合成技术，实现 Zr-Y-Ce-O 系化合物的快速合成。该系统可在高压下快速合成组成均匀的陶瓷纳米晶粒，产物间无成分相互污染。该项工作之后，连续水热合成方法广泛用于高效制备 Fe-La-Ni 系燃料电池电极材料、稀土掺杂 ZnO 光催化材料、锂离子电池电极材料等[55-59]。

10.2.4 溶液燃烧并行合成技术与装置

溶液燃烧法是另一种重要的湿化学合成技术[60]。溶液燃烧法合成粉体材料是利用氧化剂、有机燃料等溶液化学反应自身产生的放热效应，无需或部分需要外热源，通过快速持续的高温化学反应制备所需成分及结构的产物[61]。溶液燃烧并行合成的本质是氧化剂与还原剂之间的氧化还原放热反应，氧化剂一般采用金属硝酸盐，还原剂为有机燃料，常用的有机燃料包括尿素（CH_4N_2O）、甘氨酸（$C_2H_5NO_2$）、碳酰肼（CH_6N_4O）、柠檬酸（$C_6H_8O_7$）等[62]。反应物之间能够发生强烈的放热反应，使反应本身能以反应波的形式持续下去，这是溶液燃烧合成的基础。

溶液燃烧反应是一个复杂的过程。由水、金属硝酸盐和有机燃料混合组成的前驱物溶液在加热条件下蒸发，脱水，变成黏稠状物质；随后继续加热，使体系起泡、分解；当体系的温度达到其点火温度时，前驱物开始自燃，反应释放的热能使体系瞬间达到高温，并维持反应的继续进行而无需外界再提供能量。燃烧引发的反应或燃烧波的蔓延速率相当快，一般为 0.1～20.0cm/s，最高可达 25cm/s。燃烧持续时间通常只有几秒钟，短时间内释放出的大量气体能有效分散生成的固相样品，快速的降温过程又能有效降低生成粉体的团聚程度，因此产物多为蓬松、泡沫状的多孔物质。溶液燃烧反应一般在 500℃或更低的温度下发生，该温度远远低于相应氧化物的固相合成温度。

溶液燃烧法除具备湿化学合成共同的优点，如合成温度低、粉体细、适合多元材料合成外，还具有反应过程简单、反应迅速、合成粉体极其蓬松等特点[61]。研究组合材料样品库的溶液燃烧制备技术不仅可以丰富并行合成技术，还能满足一些特殊材料体系的组合研究需求，如亚稳相材料。

1967 年，Merzhanov[63]对 Ti 和 B 混合粉坯燃烧时发现"固体火焰"，这是燃烧合成实验的雏形。苏联、美国、日本都对燃烧合成技术进行了广泛的研究，并合成了大量的材料（如 B、C、Si、N 化合物）。这些反应大多采用固态粉末混合、压片再燃烧的工艺流程，具有燃烧温度高、反应迅速等特点。Kingsley 和 Sandeep 等[64, 65]报道了溶液燃烧并行合成技术，通过燃烧尿素与硝酸盐的混合溶液成功制备氧化铝和钇铝石榴石等材料。随后，采用不同有机燃料（如柠檬酸、甘氨酸）的燃烧合成技术迅速发展起来，合成的产物也扩展到多组分氧化物粉体（如铝酸盐[64, 66, 67]、铁酸盐[68-70]、铬酸盐[62, 71]等），使溶液燃烧并行合成迅速发展成一项重要的粉末材料合成技术。与其他粉末合成法相比，溶液燃烧并行合成具有工艺简单、原料在分子尺度混合均匀、适于制备多组分材料、合成粉体成分均匀、合成温度低、烧结时间短、颗粒较细且杂质含量低、节能等优点。

溶液燃烧反应的影响因素主要包括燃料的种类、燃料与硝酸盐的比例等。燃料的选择应满足反应不过分剧烈、产生的气体无毒、能够作为金属离子的络合剂等条件。络合剂可以增加金属离子的稳定性，在水分蒸发时阻止前驱物中部分离子的优先结晶。燃料含量通过影响燃烧反应时的温度和反应时间而影响相变过程。理论上，当 $\Phi_e = 1$（硝酸盐和燃料的比例用元素化学计量系数 Φ_e 表示）时，燃料和金属硝酸盐发生完全反应，反应产物中没有残余的燃料和硝酸盐，体系中的 N 全部被氧化还原成 N_2；当 $\Phi_e < 1$ 时，燃烧不充分，体系释放的热量较低，但只要火焰温度足够高，仍然可以发生氧化还原反应生成相应的产物，体系中的 N 会部分以 NO 和 NO_2 的形式释放出来，C 会部分地以 CO 或 C 颗粒的形式释放出来；当 $\Phi_e > 1$ 时，燃烧同样不充分，体系释放的热量较低，同样只要火焰温度足够高，仍然可以发生氧化还原反应生成相应的产物，体系中的 N 会部分以 NO 和 NO_2 的形式释放出来，C 会部分地以 CO 或 C 颗粒的形式释放出来，但由于燃烧时间延长，有可能导致相变，甚至杂质的产生。因此，溶液燃烧并行合成的反应速率、转化率以及产物形态可通过合理选定燃料的种类、燃料与氧化剂的配比、热量的释放和传输速度等关键因素来加以控制[62, 69]。

　　将溶液燃烧并行合成用于组合研究,需解决样品库的制备与表征两方面难题。由于燃烧反应剧烈,合成产物常常溢出反应容器,如何控制剧烈的燃烧反应,使燃烧反应在基片上的小孔反应器内进行,产物不飞出反应器,并保证样品间不互相污染,这是高通量制备的棘手难题。此外,如何保证得到的样品具有期望的晶体结构,是高通量制备的另一难题。表征方面,因为小孔反应器具有较大的深度/宽度比,所以直接表征还存在一定的困难。

　　为了保证溶液燃烧反应在小孔反应器内进行,中国科学技术大学高琛团队选择了耐酸碱、耐高温的刚玉(Al_2O_3)基片来制作微型反应器阵列。在 50mm×50mm×10mm 的基片上磨制出{6×6}的小孔阵列,每个小孔呈圆柱形,直径 5mm,深 8mm。磨制好的基片在 1600℃下进行热处理,以防止可能存在的毛细管或微裂痕引起漏液。基片上每个小孔相当于一个 150μL 左右的刚玉坩埚,虽然体积比常规容器小了三个量级,但是,当环境温度足够高,容器体积与反应物质量的比值足够大时,可以保证样品在反应器中点火燃烧。

　　溶液燃烧法本身的特点就是剧烈,生成的粉末样品容易飞散,控制困难。而高通量并行合成又要求制备出来的样品库样品点之间要有明确的分界,不能相互污染,这样才能准确地反映该组分材料的物性。因此,控制反应的剧烈程度,避免样品分散是最为困难的一项工作。为此,采取以下两个措施来达到这个目的。

　　(1)控制反应在最低的点火温度下进行。只要炉温高于反应体系的点火温度(自燃温度),就能保证燃烧反应进行。溶液燃烧反应的点火温度大都为 200~300℃,而炉温却通常设为 500℃,远高于该值。如果采用更低的炉温,可以使燃烧前反应器的整体温度较低,又由于反应物与容器之间存在热传导,如此一来可以降低反应所能达到的最高温度,从而降低反应的剧烈程度;另外,由于反应所能达到的最高温度降低,反应剧烈程度降低,合成的粉末材料往反应器外冲的动量也会有效降低。由于燃烧的最高温度降低,采取此措施带来的另一后果是所需晶相的晶化程度会变弱,然而实验表明这样也可有效避免中间相的出现。所需晶相微晶的生长可以通过后期的热处理来实现。为了更好地将燃烧反应控制在小孔反应器中,需要采用分两步的热处理方式来得到所需要的材料样品库,即先让样品库在尽可能低的点火温度条件下点火燃烧,然后在较高温度下退火形成所需的物相。

　　(2)采用三层式的反应器设计。在传统的液相燃烧反应中,反应产生的絮状粉末常常被反应产生的强大气流冲出反应器,因为能有效地阻挡粉末外溢,金属丝网也常被采用。在溶液燃烧并行合成反应器设计中,也借鉴了这种做法。然而,由于丝网无法像常规燃烧反应那样将小孔阵列遮盖严实,丝网与基片间的空隙还是能让相邻孔内的粉末互相混合。为此,在反应器中设计一个金属隔板,隔板上打有通孔阵列,孔的位置与基片上的一致,构成由基片、铜丝网、隔板组成的三层反应器系统。隔板可以让丝网紧紧地覆盖在基片上,而隔板上的通孔又可以保证燃烧产生的大量气态物质溢出。

基于上述设计思路，中国科学技术大学高琛团队加工了具有刚玉基片-铜网-金属隔板三层结构的反应装置，如图 10-6 所示。最底层是加工成阵列微反应器的刚玉基片，基片上布满直径 5mm、间隔 8mm、深 8mm 的小孔阵列，用作承载前驱物溶液的微反应器。在制备样品库之前，在小孔内壁抹上一层石蜡，这样做可以让水溶液与基片间不浸润，防止溶液沿基片内壁"爬"出反应器。在燃烧反应过程中，石蜡会被分解成二氧化碳、水蒸气等气体，不会对合成的催化剂产生影响。在陶瓷基片上层，加盖铜网以防止反应产物溢出；在铜网上层紧压金属隔板，通过四角的紧固螺钉将铜网固定。为了降低燃烧反应的剧烈程度，选用尽可能慢的升温速率，以保证自燃在较低的炉温下均匀发生。

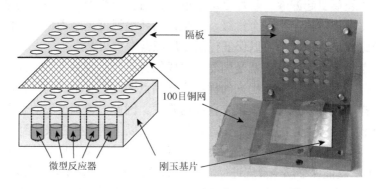

隔板

100目铜网

微型反应器

刚玉基片

图 10-6   溶液燃烧并行合成装置实物照片[8]

进行溶液燃烧反应时，需要保证足够大的反应空间，即有足够大的容器体积/反应物质量比值。因此，在磨制小孔反应器阵列时，在保证圆孔直径足够大的前提下，让小孔反应器具有较大的宽度/深度比，可以增加样品产量，大幅提升实验结果的可信度。但是，较大的宽度/深度比也给样品库的表征带来困难。例如，因为孔很深，测量的束线（X 射线、紫外光等）难以均匀地照在孔内的样品上，产生较大的测量误差，且光源与探测器在有限的角度范围内也难以布置。为了满足表征粉体样品的需要，高琛团队针对上述问题设计了一种表征基片。该基片上的小孔位置、直径都与燃烧基片一样，唯一不同的是这种基片上的小孔具有较大的宽度/深度比，即孔很浅（凹坑深度仅为 2mm）。表征基片因无须经过高温处理，因而可以用聚四氟乙烯板制作。制备完成后，让两基片紧贴，将燃烧基片内的样品转移到表征基片内，再通过平压的办法使各样品点的粉末变结实和平整，以便测量。表征基片内的样品可采用现有的众多组合表征技术进行表征。

通过 Y_2O_3:Eu, Tb 样品库的成功制备验证了该装备的可行性[8]，说明该技术可以实现多个微型溶液燃烧合成反应的并行进行，且反应间互不干扰，产物也完全分离。采用研制的装置实现溶液燃烧并行合成，高琛团队成功合成并优化了 $Y_3Al_5O_{12}$ 基系列荧光材料[8]。这种溶液燃烧并行合成技术不仅可用来研究钇铝石榴石这类高合成温度材料，而且可用于某些亚稳材料的组合研究（快速降温过程容易形成亚稳相），在众多组合合成技术中，这一点是非常独特的。另外，溶液燃烧反应是一个多参数控制过程（如硝酸盐与有机燃料的比例），这些参数的改变会极大地影响所合成粉体的微观结构，进而表现出特异的物理、化学性质[72]，显然，对于这类研究工作，组合材料样品库溶液燃烧并行合成技术的开发是非常有帮助的。

　　组合材料样品库溶液燃烧并行合成技术兼具溶液燃烧和组合研究的特点，即不仅具有瞬时高温、合成粉体比表面积大、蓬松等特点，还具有快速并行研发材料的能力。该技术具有降低材料合成温度、反应迅速、合成粉体细且蓬松等特点，可适用于高合成温度材料、亚稳材料、催化材料等的组合研究。

10.3　应用范例

　　"并行合成"具有几何级数增长的能力，使得将材料筛选从"叉鱼"模式转变为"网鱼"模式的愿望从幻想变成了现实。但是，要真正实现这样的跃变，仅有合成技术上的飞跃是不够的，必须相应地提高表征能力，因此人们提出了"高通量表征"的概念[4]。并行合成的组合材料样品库内密集排列着成百上千的微小样品，要想从中快速筛选出性能突出的材料，就必须拥有恰当的高通量表征工具。样品库高通量表征的目的是从样品库中快速发现一组具有某一特殊性能的材料组合——先导化合物或称为线索材料。基于材料基因组学思想而设计和发展的材料并行合成技术和高通量表征技术是高效制备、筛选发现新材料行之有效的新方法，已经成功应用在高温超导、巨磁阻、荧光材料、铁电/介电材料、沸石、催化剂、稀土有机发光材料等研究中[2, 20, 40, 73-75]。高通量表征将在 10.4 节详细介绍，此处不再赘述。

　　高琛团队利用发展的悬浮液喷射技术，通过将难溶氧化物粉末在纯水中球磨，成功制备了能够较长时间稳定的系列稀土氧化物超细颗粒悬浮液[26]。并以其为前驱物，采用自主研制的组合溶液喷射合成仪喷射合成了 Y_2O_3：Eu, Tb 发光样品库，其在紫外光激发下的发光照片如图 10-7 所示[76]。中国科学院上海硅酸盐研究所刘茜团队采用中国科学技术大学高琛团队研制的组合溶液喷射合成仪，快速制备和优选了系列 LED 荧光粉 (Y, Lu, Gd)$_3$Al$_5$O$_{12}$：Ce、双掺杂堇青石基高红外辐射节能涂层、高发光强度 La-Ce 共掺焦硅酸盐闪烁体等[32-35]。

　　高效真空紫外荧光材料在新型环保荧光灯和等离子体平面显示器等领域具有广泛的应用前景[77]。高琛团队以硝酸盐水溶液为前驱物，利用组合溶液喷射技术，在 50mm×50mm 的陶瓷片上成功合成了含 121 个样品的硼磷酸盐样品库，并表征了真空紫外发光性能，从中筛选出一组 $GdSr(B_xP_{2-x})O_{5.5\sim7.5}:Eu_{0.1}$ 材料，其发射峰为 $^5D_0\rightarrow^7F_0$ 跃迁[78]，发光强度高于著名的商用红光粉 $Y_2O_3:Eu$。

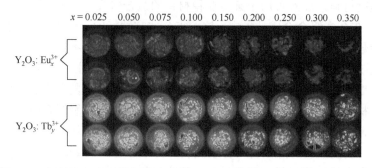

图 10-7　材料样品库的成分分布及其在 254nm 紫外光激发下的发光照片[76]

　　光催化材料在环境污染治理和光解水制氢中有巨大的应用前景。为了提高研究效率，可采用组合法来筛选新型光催化材料。2000 年，德国 Maier 团队以加速水净化处理光催化剂研发为目的，在国际上率先报道了溶胶-凝胶高通量并行合成及快速表征光催化剂的研究成果，批量制备和筛选了系列三元催化剂（TiO_2、SnO_2、WO_3 基）[7]。

　　中国科学技术大学高琛和安徽大学孙松团队在采用组合法筛选新型光催化材料方面进行了深入的研究。光催化材料样品库的合成可采用自主研制的组合溶液喷射仪、溶胶-凝胶并行合成装置、水热-溶剂热并行合成装置和溶液燃烧并行合成装置进行。该团队利用研制的组合溶液喷射系统，以及溶胶-凝胶并行合成设备，成功制备了掺杂型 $M\text{-}TiO_2$ 光催化材料样品库，并通过降解有色有机污染物的高通量光催化表征（表征通量与样品库密度相同），获得了金属掺杂、阴离子掺杂 $M\text{-}TiO_2$ 样品库光催化降解液相有机物的性能，建立了掺杂型 TiO_2 光催化材料性能的数据库。如图 10-8 所示，成功实现了对掺杂 TiO_2 光催化材料（$M\text{-}TiO_2$，M = Cu、Ag、Fe、La、Ta、V、N、Zn、Ga、Co）的并行合成和高通量表征。从活性结果可以清晰地看出，相比纯的 TiO_2 的催化活性（图 10-8，活性结果的中间位置），样品库中 0.7%$Fe\text{-}TiO_2$ 和 0.8%、0.9% $N\text{-}TiO_2$ 具有较高的光催化活性。其中，0.7%$Fe\text{-}TiO_2$ 已在传统试错法中得到了有效验证。

　　该团队基于研制的组合溶液喷射系统、溶胶-凝胶并行合成设备和高通量光催化表征，成功建立了表面修饰型 TiO_2 光催化降解气相有机物的数据库。其中，优化的 O_3 修饰的 (001) TiO_2 光催化材料，通过进一步的晶面调控和表面羟基活性位的改性，实现了高效降解挥发性有机污染物[79]。在此基础上，利用原位红外技术揭示了 O_3 修饰对不同晶面高暴露 TiO_2 降解的影响机制。该高通量实验结果进一步印证了研制的溶胶-凝胶并行合成装置的有效性。

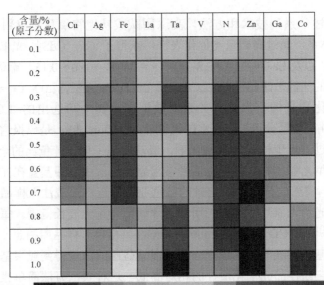

(a)

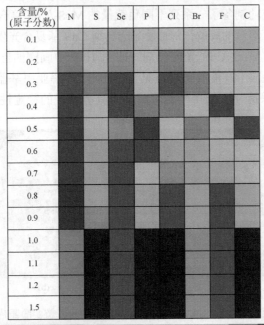

(b)

图 10-8 掺杂型 TiO₂ 光催化材料样品库

（a）M-TiO₂（M = Cu、Ag、Fe、La、Ta、V、N、Zn、Ga、Co）降解液相有机污染物亚甲基蓝的活性结果；
（b）M-TiO₂（M = N、S、Se、P、Cl、Br、F、C）降解液相有机污染物亚甲基蓝的活性结果

利用上述一系列技术和方法，高琛团队成功地将氧化物材料体系拓宽到硫（氧）化物体系，通过高通量光催化表征，获得了 $Cu_{1-x}CdS_{1-y}$ 光催化降解液相有机物的性能，以及 $La_5Ti_2Cu_xAg_{1-x}S_{5-y}O_7$（$x=0\sim1$，$y=0\sim0.15$）硫氧化物样品库光催化分解水的性能，建立了 $Cu_{1-x}CdS_{1-y}$、$La_5Ti_2Cu_xAg_{1-x}S_{5-y}O_7$（$x=0\sim1$，$y=0\sim0.15$）硫氧化物光催化剂构效关系的数据库。其中筛选出的 1.0%NiS/0.5%Pt-$La_5Ti_2AgS_5O_7$（质量分数）分解水制氢性能达 260μmol/h，是已报道的硫氧化物最高水平，通过进一步构筑 Z-型催化剂，成功实现了化学计量比的全分解水[80]。

光响应型光催化材料的催化活性常常通过溶液中亚甲基蓝在光照下褪色的快慢来体现[9]。将一定浓度、一定量的蓝色亚甲基蓝水溶液注入样品库的每个样品孔中，可见光源为氙灯，通过使用滤光片调节可见光波长范围。每隔一段时间，使用数码相机或 CCD（charge coupled device）相机对样品库拍照，通过计算机对照片中亚甲基蓝溶液的颜色进行分析。根据蓝色的深浅得到亚甲基蓝溶液的褪色速率，由此判断样品光催化活性的相对高低。这种表征方法简单直观，可达到快速筛选催化剂的目的，也能避免样品转移可能带来的误差。

基于此，安徽大学孙松团队利用研制的组合溶液喷射系统，以及水热-溶剂热并行合成装置，成功制备了一系列不同负载量的 MoS_2/CdS 复合光催化剂，并通过有色染料亚甲基蓝溶液的降解，高通量筛选典型 CdS 基复合光催化剂（图 10-9）[9]。所筛选出的 0.05%MoS_2/CdS 光催化剂（即图 10-9 中画圈的催化剂样品，对比降解前后溶液的颜色变化）能够实现可见光下 100%降解亚甲基蓝溶液，经过五个循环测试后，仍能保持 90%亚甲基蓝降解率，具有良好的稳定性。

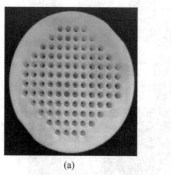
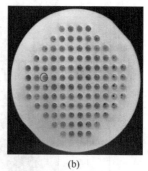

(a)　　　　　　　　　(b)

图 10-9　MoS_2/CdS 催化样品库降解亚甲基蓝实验照片[9]

（a）降解前；（b）降解后

并行溶液燃烧合成技术兼具溶液燃烧和组合研究的特点，即不仅具有瞬时高温、合成粉体比表面积大、蓬松等特点，还具有快速并行合成样品库的能力。针对这些特点，高琛团队利用组合溶液喷射仪，以及溶液燃烧并行合成技术成功制备了含有 16 种光催化剂 ABO_3（A = Y、La、Nd、Sm、Eu、Gd、Dy、Yb；B = In 或者 Al）的样品库。在太阳光的激发下，通过亚甲基蓝的降解反应，快速筛选出具有较高光催化活性的 $YInO_3$ 和 $YAlO_3$ 光催化剂[81]。图 10-10 是样品库在太阳光下降解亚甲基蓝前后的结果。由于不同体系粉末颜色的差别，反应前各个小孔内亚甲基蓝溶液的初始颜色有一定偏差。随着反应时间的延长，部分小孔内的亚甲基蓝溶液开始褪色，经过约 150min 的光催化反应后，通过肉眼就可以很清楚地判断出 $YInO_3$ 和 $YAlO_3$ 体系内的亚甲基蓝溶液已基本褪色，而其他体系褪色效果不明显，表明 $YInO_3$（图 10-10（b）第一行第一个位置，画圈标注）和 $YAlO_3$（图 10-10（b）第三行第一个位置，画圈标注）对亚甲基蓝有很好的降解效果。其中，$YInO_3$ 的性能要优于 $YAlO_3$。通过进一步优化合成条件，实现高效光催化降解甲苯和分解水的 $YAlO_3$ 和 $YInO_3$ 催化剂制备。

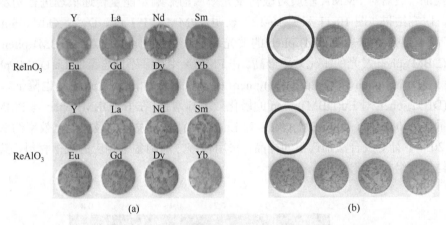

图 10-10　ABO_3 样品库降解亚甲基蓝实验照片[81]

（a）降解前；（b）降解后

　　稀土离子具有丰富的能级，稀土有机配合物具有光谱范围宽、荧光光谱峰窄、荧光寿命长、荧光强度高、Stokes 位移较大等优点，已广泛应用于电致发光材料、荧光免疫测定、聚合物光纤等领域。单一稀土离子配合物掺杂的聚合物材料的光致发光虽然具有稳定的特点，但是其发光是由 4f 能级间的跃迁造成的[77]，导致离子的吸收截面和发射截面都较小，影响材料的发光效率，解决的方法之一就是通过敏化向稀土离子传递能量，提高效率。由于稀土离子配合物掺杂聚合物的光致发光性能受到稀土离子种类、稀土掺杂浓度、敏化离子种类及浓度、激发光源的波长、聚合物的凝聚态结构等因素的影响[77]，而样品数目与稀土种类数目、稀土离子浓度等均是乘积关系，如果采用常规的方法进行筛选，需要巨大的实验工作量。

利用组合溶液喷射仪和溶液燃烧并行合成装置，高琛团队与张其锦教授合作系统研究了在聚甲基丙烯酸甲酯（polymethyl methacrylate，PMMA）基质中不同稀土配合物 RE(DBM)$_3$phen（RE = La^{3+}、Dy^{3+}、Gd^{3+}、Sm^{3+}、Y^{3+}、Tb^{3+}、Yb^{3+}）对 Eu(DBM)$_3$phen 和 Sm(DBM)$_3$phen 的敏化发光情况，目的是筛选具有高敏化效率的聚合物发光材料体系[82]。PMMA 作为一种聚合物材料，因具有合成简单、低损耗、低的光吸收等特点，受到了越来越多的重视；顺丁烯二酸二丁酯（dibutyl maleate，DBM）作为一种具有高效光吸收能力的 β-二酮配体，可以提高稀土配合物的发光效率和发光强度，同时这类配合物在 PMMA 中具有非常好的相容性；邻菲咯啉（1, 10-phenanthroline，phen）作为协同试剂，主要起保护配合物的作用，使其避免与溶剂分子发生能量传递。该团队首先采用组合方法对敏化离子配合物的种类和浓度进行优化，并对筛选出的样品采用常规方法进行验证，最后对 PMMA 基质对敏化发光效应的影响及能量传递机理进行初步研究。研究结果（图 10-11 和图 10-12）表明，PMMA 中 La^{3+}、Dy^{3+}、Gd^{3+}、Sm^{3+}、Y^{3+}离子配合物对 Eu(DBM)$_3$phen 的发光均有敏化作用。其中，La(DBM)$_3$phen 对 Eu(DBM)$_3$phen 发光的敏化效率最高。在 PMMA 中掺杂不同含量的 La(DBM)$_3$phen 和 Eu(DBM)$_3$phen，当 Eu(DBM)$_3$phen 的含量降低时，其发光强度也降低，但 La(DBM)$_3$phen 对 Eu(DBM)$_3$phen 的敏化效率却增强，在 Eu(DBM)$_3$phen 与 PMMA 质量比为 0.05 时，La(DBM)$_3$phen 对 Eu(DBM)$_3$phen 发光的最大敏化效率约增加了 20 倍。针对组合法筛选出的样品，采用传统方法制备了相应的块体材料，其测试结果与组合法基本相符。

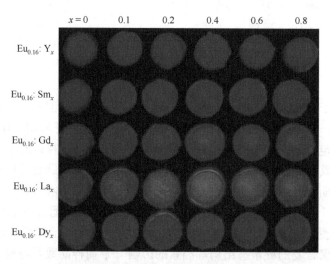

图 10-11　PMMA 基质中不同种类、不同含量稀土离子配合物对 Eu(DBM)$_3$phen 的敏化发光照片[82]

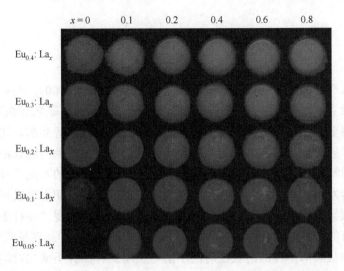

图 10-12　PMMA 基质中，不同含量的 La(DBM)₃phen 对不同含量 Eu(DBM)₃phen 的敏化
发光照片[82]

钇铝石榴石（$Y_3Al_5O_{12}$，YAG）具有立方晶格的石榴石结构和良好的力热学性质，是很好的激光介质材料和发光基质材料。传统的钇铝石榴石粉末制备常采用固相反应法，即通过混匀的 Al_2O_3 和 Y_2O_3 粉末在 1600℃高温下长时间烧结、反应制得[83]。这种方法工艺简单，易实现工业化批量生产。但是，该方法由于需要长时间的高温烧结和反复的球磨，易在产品中引入杂质和晶格缺陷，得到的粉末烧结活性低，且无法得到均匀的细粉体。此外，产物中除主相钇铝石榴石外，还经常残留中间相 $YAlO_3$（yttrium aluminum perovskite，YAP）和 $Y_4Al_2O_9$（yttrium aluminium monoclinic，YAM）。

中国科学技术大学高琛团队利用组合溶液喷射合成仪和溶液燃烧并行合成装置，成功制备了系列 $Y_3Al_5O_{12}$ 基荧光材料[8]。结果表明，该技术具有在低温条件下（<300℃燃烧，1000℃退火 2h）合成纯相的高温材料样品库的能力。合成的粉体具有蓬松、颗粒细、成分均匀等特点。其中，红色 Y_2O_3:$Eu_{0.01}$ 和绿色 Y_2O_3:$Tb_{0.01}$ 发光材料交替排列的样品库如图 10-13 所示[8]。阵列的发光照片及样品发射光谱的纯度表明，相邻微反应器中合成的样品未发生相互混合，产物间没有相互污染。在此基础上，高琛团队成功合成高温样品库 $Y_3Al_5O_{12}$:Tb_x[8]。

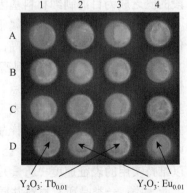

图 10-13　Y_2O_3:Eu,Tb 样品库在 254nm 紫外光激发下的发光照片（扫描封底二维码可见本图彩图）[8]

10.4   高通量表征技术

由于材料样品库中的样品数量庞大（可达 1000 或 10000），而每个样品的量又很少（微克到毫克量级），单个样品的尺寸又非常小（亚毫米到毫米量级），其表征方法需要满足高灵敏度、高空间分辨能力以及高效率等要求。传统的材料表征方法和手段除少数显微方法可直接用于组合样品库内样品的物性测量外，大多难以满足材料样品阵列性能测量的需求。高通量表征手段的不足已经成为阻碍材料基因工程发展的一个重要因素，材料基因工程的发展迫切需要发展高通量表征技术。高通量表征的理想境界是像"并行合成"一样，实现"并行表征"，即样品库上所有的样品同时表征，一个样品表征完成，则所有样品表征同时完成。"并行表征"中虽然单个样品的表征时间不短，但增加样品并不增加时间，因此对大批量样品的等效表征速度相当高。

"没有高通量的表征技术，高效合成只不过是一种奢侈的浪费"[84]——这个评论充分体现了高通量表征技术对于材料基因工程的重要性。针对高通量表征技术衔接的需求，要不断研发与材料样品库适配的高通量表征技术，提升研制装置的技术成熟度，形成批量生产能力，以满足高通量制备多样品的结构与理化性能的快速评价及优选需求。组合化学的主要研究对象是有机分子和生物小分子，样品性能的筛选一般是表征样品库与靶分子的相互作用，表征手段通用性较强，效率很高。然而，材料基因工程主要研究的是无机功能材料，要求对材料的不同物性进行较全面的表征，而不同物性的表征方式差别很大，因此没有通用的表征方法，发展各种专用的高通量表征系统就显得尤为重要，事实上正是高通量表征手段的匮乏成为目前制约材料基因工程发展的主要障碍。

对于组合样品库的表征属于微区测量，测量技术不同于常规的测量手段，不仅其精确度、准确度要求更高，而且速度足够快。高通量表征系统的空间分辨能力决定着样品库中允许的材料密度。样品库所使用的高通量表征技术应具备微区、快速、非破坏性和定量的特点。由于表征技术随所测性质千变万化且涉及不同的学科，组合样品库的高通量表征没有统一的模式。高通量表征技术可按形态分为并行和串行。并行表征中，样品库上所有的材料样品同时被表征，而在串行表征中，样品则是先后被表征的，因此串行表征时每个样品上停留的时间必须足够短，以维持实用的表征速度（通量）。另外，在被表征的性质上，高通量表征技术可分为两大类：一类是所有材料共同需要的通用分析技术，如 XRD；另一类是针对某种材料物性分析的专用技术，如介电材料的电学性质、磁性材料的磁导率等。经过数年努力，现已发展出一系列组合样品结构/成分分析技术和光、电、磁、力、热表征技术。

10.4.1　结构/成分分析技术

材料样品库是一个由大量微量材料样品密集排列成的阵列，因此对表征技术提出了高灵敏度、高空间分辨率和高通量的要求。这些要求综合起来构成了一个非常严峻的挑战，尤其是"高通量"，更是传统材料研究所未曾遇到的新问题。加上不同研究者的研究对象不同，所需表征的性质也千差万别，更加重了建立材料基因工程高通量表征体系的难度。尽管不同研究者所需表征的性质不同，但对材料结构、成分的分析需求却是共同的，因为这是建立材料成分-合成-结构-物性关系的关键环节。因此，高通量结构、成分分析技术率先成为国际上组合材料新技术的竞争焦点。

材料晶体结构的分析通常采用 XRD，成分分析通常采用 X 射线荧光技术（X-ray fluorescence，XRF）。X 射线衍射仪大多采用角度色散 X 射线衍射技术[85]。这种技术采用单波长 X 射线（单色光，衍射前单色化或衍射后单色化）照射样品，通常使样品面与探测器之间做 $\theta \sim 2\theta$ 联动扫描来得到衍射图，即衍射强度与衍射角 θ 的关系曲线，再根据衍射图上的衍射峰所处的角度 2θ 计算对应的晶面间距 d，分析材料的晶体结构。X 射线荧光是指在高能 X 射线作用下，原子的内层电子被激发，外层电子向内层空穴跃迁而产生的本征 X 射线。由于这些本征 X 射线光子的能量只与原子种类有关，不随原子所处环境的变化而改变（与分子、化合物类型无关），因而可用来鉴定元素的种类，通过计算或标定可以确定元素的含量。由于 X 射线荧光容易采集，该技术也常被集成到衍射装置内，即成分分析与结构分析同时进行。

传统的 X 射线分析技术（XRD、XRF）是针对单一材料样品设计的，由于样品的尺寸通常较大，对入射 X 射线束的尺寸及光照强度大小无严格要求。然而，组合样品量少、尺寸小、数目多，需要用具有足够光通量的小尺寸 X 射线束来分析，以提高灵敏度、缩短每个样品所需分析时间，满足快速分析（高通量）的要求。

现有的材料样品库结构分析技术大多是在传统的角度色散 X 射线衍射技术的基础上改进而来的。Intematix 公司研发的组合 X 射线衍射仪 MicroX-200，采用波带片聚焦入射光，以传统的 $\theta \sim 2\theta$ 联动扫描方式测量衍射图。该仪器上装备了固体能量探测器用于成分分析。然而，由于采用 $\theta \sim 2\theta$ 联动扫描，扫描速度较慢，完整测量每个样品大约需要 0.5h，这对于集成了 1000 多个样品的材料样品库，完成分析约需 500h。Bruker 公司研制的组合 X 射线衍射仪 D8 Discover WITH GADDS[86]，是在一台常规衍射仪（D8 Discover）上加装样品扫描台，并用面探测器取代常规的狭缝探测器制成的。其面探测器是具有空间分辨能力的多丝正比室，具有一定的能量分辨能力。面探测器能够覆盖一定的角度，因此可在一定的范围内取代探测器的转动。该装置取消了低速的联动扫描机构，具有高速表征潜力，但是 X 射线没有聚焦。Ohtani 等[87]报道的组合并行 X 射线衍射仪，利用约翰式弯晶将点光源发出的 X 射线在样品库上聚焦成 0.1mm×10mm 的条状光斑，这样可以同时测量光斑照到的一列样品的衍射图。但由于入射光发散度大，只能用于单晶或外延膜样品的结构分析，无法用于多晶样品的结构分析。

针对样品库中样品数目多、尺寸小、量少等特点，组合表征所需的结构表征技术不仅要有高亮度、小光斑的入射 X 射线束，而且要克服传统 θ～2θ 联动扫描方式耗时长的问题，然而，现有的技术大多无法满足这些要求。针对上述问题，中国科学技术大学高琛团队提出将 X 射线毛细管聚焦技术与能量色散 X 射线衍射技术结合起来用于组合样品结构分析的方法，发展了一套组合样品 X 射线表征系统。该表征系统没有采用角度色散，而以能量色散代之。在能量色散中用白光 X 射线照射样品，在某个固定的角度上，不同晶面对不同波长的 X 射线发生衍射。该方法利用了光源全波段的辐射，光源利用率大幅度提高，这在同步辐射线站使用时优势更为明显。此外，能量色散 X 射线衍射要求入射光是平行或准平行的白光 X 射线，而普通 X 射线发生器的连续谱成分较弱，为此该装置引入了 X 射线毛细管会聚透镜，可在平行化发散 X 射线的同时，提高入射 X 射线的亮度。会聚式毛细管透镜聚焦过的 X 射线束具有斑点小、亮度高的特点，即具有微区成分分析的潜力。同其他微束分析技术（电子微束、质子微束、激光微束等）相比，X 射线微束具有穿透深度大、灵敏度较高、对样品无破坏等优点，是微区成分分析的重要手段，长期以来在材料、生物、考古等研究领域发挥重要作用。毛细管束 X 射线会聚透镜可与常规 X 光源、高纯硅探测器、光纤光谱仪组成一套有效的组合样品 X 射线分析系统。装置内的 X 射线能量探测器可以同时采集 X 射线衍射、X 射线荧光。此外，装置配有光纤光谱仪，可以测量 X 射线激发的发射光谱，从而实现组合样品结构、成分、X 射线发光的快速表征。

组合样品 X 射线表征系统的实物图如图 10-14 所示。从 X 射线源发出的发散白光 X 射线经毛细管束透镜汇聚后，转变为准平行的白光 X 射线微会聚束，形成斑点小、亮度高的入射光；通过调整样品台的位置使入射光的焦点照射在组合材料样品库的相应被测样品点上；随后，从被测样品点上衍射的 X 射线和被测样品发射的 X 射线荧光被处于衍射位置上的探测器系统接收，并通过电缆传送到计算机中，由计算机采集数据，再经过相应软件进行谱分析，从而得到被测样品的结构和成分（元素）信息。为了满足不同尺寸样品的表征需要，可在样品库前加放不同孔径的针孔光阑。该系统还集成了光纤光谱仪和视频摄像系统，前者用于采集 X 射线发光光谱，后者用于样品监视和定位。样品库中各被测样品点之间的切换由计算机中的相应软件进行自动控制，通过样品台的控制电路及其位移机构带动样品平行移动来实现。

　　该组合样品 X 射线分析系统的软件操作界面如图 10-15 所示。在方案设置中，可以分别设定材料样品库的行数、列数、行宽、列宽，某样品点是否采集，采集模式及采集时间。在软件运行时，一个虚拟的样品库显示在监视器上，各样品点的测试状态由虚拟样品点的颜色和亮度来显示，而这些样品点颜色和亮度的实时变化直观反映了测试的进度。对一个需要数小时的测量过程来说，这种直观的方式是非常必要的。

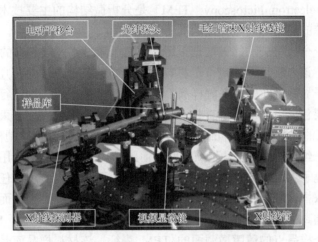

图 10-14　组合样品 X 射线分析系统实物图[86]

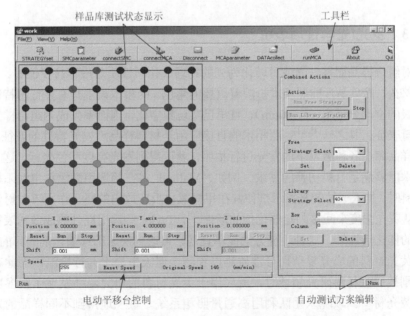

图 10-15　组合样品 X 射线分析系统软件操作界面[86]

10.4.2　形貌/微结构分析技术

激光分子束外延薄膜样品库制备技术的出现使得人们有能力用组合方法研究人工超晶格和纳米结构器件，但要深入探索这些微小薄膜样品/器件的"结构-性能"关系，需要对其结构尤其是薄膜横截面的微结构进行分析。透射电子显微术（transmission electron microscopy，TEM）是分析微结构的主要技术，将其用于分析材料样品库的最大障碍是样品的准备[88]。

近来，一个值得关注的进展是采用聚焦离子束技术发展起来的一套 TEM 快速制样方法，该方法可精确定位于材料样品库中的某一点，并在几个小时内为高分辨透射电子显微镜实验准备好样品[89]。采用聚焦离子束刻蚀进行快速 TEM 制样的过程主要包括以下步骤：首先，选定取样位置，用聚焦离子束切出一块楔形样品；再用细的钨针尖粘住样品的楔形面，将楔形样品移到电镜制样丝网的边缘，将样品固定在丝网边缘（这几步须借助钨薄膜的局部沉积）；最后用聚焦离子束将样品减薄至电子束足以穿过的厚度。该方法具有两个优点：可在任何感兴趣的位置取样，且取样区域小；制样速度较快。这两点对组合样品表征而言都很重要。采用上述聚焦离子束快速制样方法和 TEM 表征手段，成功实现了 $SrTiO_3:Si$ 材料样品库中三个样品点的薄膜横截面的 TEM 表征，该材料样品库是通过温度梯度脉冲激光沉积制备的[90]。

10.4.3　发光/光学性质表征

对组合样品而言，光或可转化为光的物理、化学性质是最容易表征的。这里，历史悠久、简单易行的照相术扮演着重要的角色。照相术天生具有并行的特性和微米量级的空间分辨率（约 10μm），且早已实现数字化，因而率先成为组合样品库的高通量表征工具之一[75, 91]。照相术的直接应用是材料样品库发光特性的表征，即对材料样品库在各种激发下的发光进行拍照，就可得到发光亮度和色坐标。这一简单的技术能够满足材料初筛的需求。例如，Mallouk 等在筛选甲醇燃料电池阳极催化剂材料时，加入一种荧光指示剂使其在甲醇氧化反应放出的质子作用下发射紫外荧光，从荧光强度来间接判定催化剂的活性[20]。Taylor 等运用红外热成像术表征组合样品的催化活性[92]。这种表征方法简单直观，可达到快速筛选催化剂的目的。

荧光材料的成分复杂而且性质难以预测，但天生易于并行检测，因此在组合方法刚被引进材料研究领域时，就应用于荧光材料的研究，并发现了很多新型高效的荧光材料。项晓东团队利用高通量照相系统，直观地得到不同样品的发光特性，并从中筛选出一组发蓝光的 Si 基复合材料（$Gd_3Ga_5O_{12}/SiO_2$）[93]。该系统是将光源所发出的紫外光直接投射到样品库上，样品库激发产生的荧光经窗口由数码相机或科学级单色 CCD 相机收集。

为了弥补照相术在定量表征上的不足，精确表征样品的发光性质，高琛团队发展了一套快速扫描光谱表征系统，用于样品库样品发射光谱的定量检测[76]。该系统主要包括一个 4W 汞灯、一台便携式光纤光谱仪（Ocean Optics，Model SD2000）、一个二维电动平移台、控制器以及计算机。光纤光谱仪内设 20/200μm 狭缝、600 线/mm 闪耀光栅、2048 元 CCD 阵列探测器，可同时采集 200~850nm 范围内的光谱。使用时，先将材料样品库固定在二维电动平移台上，计算机通过控制器使二维电动平移台移动至预定位置，汞灯发射出的紫外光激发样品库内的样品发光，发射光被光纤光谱仪的光纤探头所接收。为了避免样品之间的干扰，用遮光板挡住其他样品的发光。此外，该团队还编写了一套自动控制程序，可使二维电动平移台移动至预定位置，并自动完成光谱采集[88]。

最近，高琛团队设计并搭建了一套基于光纤束的阵列样品化学发光表征系统，如图 10-16 所示，该系统可对多个发光样品进行同时、高效率的检测。在该系统中，使用光纤束将大视场范围内的发光直接传递到更小的 CCD 光学敏感面上，因此传统光学成像设备中大视场和大数值孔径之间的矛盾得以缓解。同时，将光纤束直接耦合到 CCD 敏感面上，光收集损耗进一步减小。相对于传统光学成像系统，该系统的采集效率更高（相比光学镜头成像增益达到 55 倍）且不存在光学镜头成像系统中的渐晕现象。该系统适用于溶胶-凝胶、水热-溶剂热并行合成的样品库的高通量催化性能（以荧光分子为指示）评价。

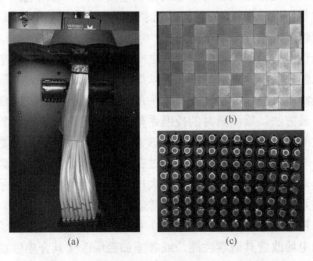

(a)   (b)   (c)

图 10-16 基于光纤束的阵列样品化学发光表征系统

（a）光纤束成像系统实物照片；（b）光纤束端面实物照片；（c）光学抛光后的 96 根光纤子束端面照片

磁光材料因其光学性质可在磁场作用下发生改变已成为光存储产业的关键材料。针对这类材料的表征装置虽早有报道[86]，但由于系统构造复杂，至今应用较少。最近出现了一些关于并行磁光表征系统的报道[94, 95]，这些系统与早期装置的最大区别是采用了并行方式，而早期是扫描串行方式。这些装置的工作原理为：用平行偏振光照射处于均匀磁场中（或已磁化）的材料样品库，再用面探测器记录反射光通过检偏器后的图像，通过设置检偏器的角度及对比相应的图像得到反射光的偏振信息，最后结合入射/反射角、磁场等参数计算出样品库中样品的法拉第/克尔旋转角。

10.4.4　电学性质表征

介电/铁电材料是微电子、信息产业的重要支柱，进一步改进优化现有材料或开发新型材料具有很高的经济、技术价值。针对这类材料开展组合研究的关键是发展高通量电学性质表征方法。为了替代低效的四探针测量方式，韦涛、项晓东、高琛等构建了新型扫描近场微波显微镜，并发展了定量近场微波显微术[84, 96]。该显微镜将微波测量技术和近场显微术结合，具有 100nm 的径向空间分辨能力和 10^{-4} 的介电常数测量灵敏度，现已成为材料基因工程少量通用设备之一，广泛用于介电/铁电及电子强关联材料的研究[97-99]。

新型扫描近场微波显微镜的核心部件是 1/4 波长同轴共振腔。安装在共振腔中心导体柱上的金属针尖从下端壁上的小孔中伸出共振腔 2～3mm，针尖下方的样品通过与针尖的相互作用改变共振腔的有效长度和损耗，进而改变系统的共振频率和品质因素。这些改变量可以通过微波电路测得，进而通过定量理论推算出材料的介电常数和微波损耗。如果同时记录三维平台上样品的位置和微波的响应，即可再现介电性质、电导率的空间分布。

非线性是铁电材料的关键功能性质之一，然而在铁电材料介电常数中，非线性项的作用比线性项小几个数量级，难以直接测量。1998 年，高琛等结合近场微波显微术、锁相放大技术，发展了非线性介电常数表征方法；2003 年，柳学榕等进一步发展了该方法，就测量时的校准系数进行了理论分析和计算，结果可使非线性介电常数的测量达到定量水准[100]。该方法利用非线性介电常数随外场改变而变化的特性，对原有装置稍加改造，通过在针尖和样品间外加低频调制电场，并用锁相放大器对共振频率的变化进行放大检出，最后通过锁相信号与非线性介电常数的定量关系得到材料的非线性介电常数。

在磁电材料（内禀/非内禀磁电材料）中，由于磁化与电极化之间存在耦合，可以通过施加电场改变其磁学性能，或者施加磁场改变其介电性能。高的磁电系数是该类材料用于信息存储、弱信号探测的关键，磁电系数的测量通常采用电容法，即测量样品在磁场作用下电容值的改变，但该方法没有空间分辨能力，不能满足组合表征的需求。高琛等发展的近场微波磁电表征技术，解决了上述问题[101]。该技术需要在近场微波显微镜中添加励磁线圈给样品施加一个交流磁场，低频交流磁场通过磁电耦合改变样品的电极化，而电极化的改变可以通过非线性介电常数来测量。相对于铁电材料的高介电常数，磁电耦合的影响较小，微弱的信号同样需要采用锁相放大器来检出。

在近场微波显微镜中，共振腔参数的改变是由针尖与样品的间距和样品介电性质共同决定的。在介电常数测量中，针尖与样品的间距是固定的（软接触或维持恒定值）；而当样品表面是同种材料时（如 Ag 膜），共振腔参数的变化直接反映针尖与样品的间距，该性质被发展成薄膜样品的压电表征技术[102]。该技术在近场微波显微镜的基础上做出改进，低频的交流信号通过信号发生器加载在压电薄膜的上下电极上，由于逆压电效应，压电薄膜在交变电场的激励下产生周期性的形变，即探测针尖与样品间的距离发生周期性的变化，从而导致系统共振频率的周期性变化。这一周期性的微弱信号最后由锁相放大器记录下来。通过数据处理，可以得到压电薄膜的形变位移，从而推算出材料的压电系数。不仅如此，通过改变交变电压的频率还可以表征压电材料的机电耦合性能，而压电电滞回线可以通过在交变电压上叠加不同的直流偏置电压信号来获得。据估计，当针尖与样品之间距离为 1μm 时，该装置垂直方向上的分辨率为 10pm，压电系数测量精度可达约 2pm/V。同已有的激光干涉、原子力显微镜等薄膜压电表征技术相比，近场微波技术同时具有微区、不接触、大范围快速扫描等优点。

定量近场微波显微术从最初的体材料线性介电常数的表征[84]，历经薄膜材料介电表征[2]、非线性介电常数表征[100]，发展到现在的压电[101]、磁电表征[102]，不仅为组合样品电学性质的高通量表征提供了手段，而且为其在介电/铁电、半导体、超导体等传统研究领域的应用奠定了基础。

10.4.5　磁学性质表征

扫描超导量子干涉仪是对大面积样品进行扫描式微区磁场检测的有效工具。近来，该装置用于过渡金属掺杂的 TiO_2 外延膜样品的磁性研究，进而首次发现了透明磁性氧化物半导体材料 $Ti_{1-x}Co_xO_2$[103]，该材料的铁磁性可保持到室温以上。此外，Takeuchi 等[104]利用扫描超导量子干涉仪研究形状记忆合金组合样品的磁性。这些实例证实扫描超导量子干涉仪是组合样品磁性表征的有力工具。

10.4.6　力学性质表征

表征材料的力学性能是研究结构材料的基本手段。纳米压痕技术是通过监测一个高灵敏度的金刚石压头对样品的刺入度以及压力计算得到硬度和弹性模量，该技术具有微米量级的空间分辨率。对于材料样品库，可用多个压头并行测量得到硬度相图。2001 年，Zhao 采用纳米压痕技术测量微区样品的硬度和弹性模量，并结合电子探针微分析技术和电子背散射衍射分析技术，系统研究了 Ni-NiAl、Ni-Pt、Fe-Cr-Mo-Ni 等材料体系的硬度/弹性-成分-结构关系[105]。这项研究结果对探究合金的硬化机理及筛选结构材料具有重要意义。

10.4.7　热学性质表征

热学性质（如热导/热容）的显微表征是一项艰难的工作，早期基于原子力显微术提出的研究方法复杂且速度缓慢，不适于表征组合样品库。近期，Cahill 等利用优化的时域热反射技术，实现了 Nb-Ti-Cr-Si 四元材料热学性质的快速、定量表征[106]。

10.4.8　催化样品库的高通量表征

人类有目的地使用催化剂已经有两千余年的历史，如糀酶催化剂酿酒制醋。20 世纪下半叶，催化技术获得了空前的发展。无机化工中的合成氨、硝酸和硫酸的生产，石油工业中的催化裂化、催化重整等二次加工过程，有机化工原料中甲醇、丁辛醇、乙酸和丙酮等的生产，煤化工中催化液化和气化，高分子化工中的三大合成材料的生产等规模的扩大、品目增多，无不借助催化剂与催化技术。可以说，催化作用的发展史就是一部人类认识自然、改造自然的斗争史。催化剂的研究和开发是现代化学工业的核心问题之一。尽管人们对催化作用和催化剂性质的理解有了长足进步，但要从理论上根据成分和制备过程预言催化材料，尤其是复杂催化反应的过程和复杂催化剂的性质，至少在目前和可见的将来还是非常困难的。因此，工业催化剂的开发仍处理论基础上的"试错"阶段。据统计，现在一种工业催化剂从研究开发到形成商用产品，平均周期是 18 年。将材料基因组学与催化剂和催化作用研究相结合，是解决现代工业催化剂开发周期落后于生产需求的重要途径。尤其在催化剂精细化、附加价值率和利润率大、技术密集度高的前提下，缩短开发催化剂的周期已成为保护我国化工产业安全、服务国民经济的基本要求。

现有的催化剂高通量筛选技术大致可以分为两种：一种是利用光学方法对特定的反应或分子产生信号，实现催化样品库的原位筛选。由于给出的是各种信号，只能间接地判断催化剂活性或选择性，因此适用于样品库的初级快速筛选。另一种是常规方法，将不同催化剂反应产物逐个导入检测器，直接计算得出反应的活性和选择性，一般用于样品库的二级精细筛选。

1）催化样品库红外热成像表征系统

由于不同催化材料对反应的催化能力不同，反应的热效应也不同，因而导致催化剂表面温度发生微小变化，利用对温度非常敏感的红外照相技术将催化剂表面温度的变化记录下来，可以实现筛选催化剂的目的[92]。

中国科学技术大学高琛团队搭建的催化剂红外热成像高通量筛选系统[77]，可用于催化剂样品库的初筛，如图 10-17 所示。系统主体由反应腔、加热及控温系统和红外热成像仪构成。反应腔内含加热平台，使用时将催化剂样品库陶瓷基片放置在加热平台上。陶瓷基片为圆形，每个样品孔直径为 5mm，深度为 7mm。通过温控系统控制加热平台温度，即催化反应温度，并充分考虑加热均匀度因素，保证不同催化剂因催化效应导致的表面温度变化来自反应本身。反应气从腔体上部的入口进入，在催化剂表面发生反应，尾气通过加热平台下方的出口流出。为了使腔内的气体混合均匀，在反应气入口前方加装了混气风扇。催化剂样品库样品表面温度的变化通过红外窗口由红外热像仪进行检测。该高通量红外热成像表征系统的加热平台温度范围为 20～900℃；平台温度均匀性小于 5K；热成像仪温度分辨率为 0.1K；可同时筛选 109 个催化剂样品。采用活性的 γ-Al$_2$O$_3$ 作为载体，以 Cu 等过渡金属以及稀土元素为活性中心，催化氧化 C$_3$H$_6$（模拟 Pt-Pd-Rh 三效催化剂环境）。前期实验证实了该方法适用于表面温度 ±1℃ 的催化剂筛选（图 10-17）。

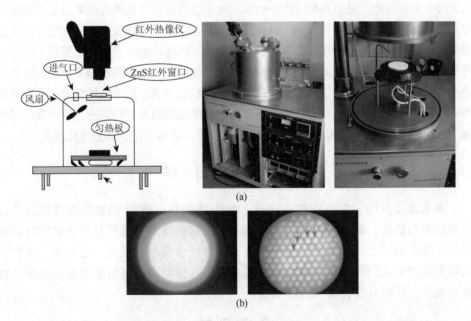

(a)

(b)

图 10-17　红外热成像高通量筛选系统和 Cu$_x$Pt$_y$/γ-Al$_2$O$_3$ 催化剂样品库筛选图

（a）热成像催化反应器结构示意图及实物照片；（b）Cu$_x$Pt$_y$/γ-Al$_2$O$_3$ 催化剂样品库反应条件下显示出活性样品点（若干箭头标识点）

2）同步辐射红外光谱成像系统

红外热成像筛选系统只能用于比较催化剂样品库中不同样品的反应活性，但无法判断反应产物的种类及含量，因而适用于催化剂样品库的大规模初筛。对于热效应较小、反应产物热释不敏感的情况，中国科学技术大学高琛团队和安徽大学孙松团队发展了同步辐射红外光谱成像系统，即将红外光谱成像技术用于组合催化材料的高通量筛选[13, 107]。同步辐射光源发出的红外辐射经红外光学系统扩束后，由不同催化材料的反应产物吸收，再经红外光学系统由焦平面阵列探测器同时记录。通过傅里叶变换红外光谱仪的扫描和快速傅里叶变换，该系统可同时获得各个催化产物的红外吸收谱。对于特定位置的催化剂，其光谱代表的是催化反应选择性，而对于特定波长的截面图像则直接反映了样品库中不同催化剂的催化活性。孙松团队利用研制的同步辐射红外显微高通量表征系统，对金属离子掺杂的 TiO_2 基光催化剂样品库实现高通量筛选。筛选出的 $1.0\%La^{3+}/0.4\%Nd^{3+}$-$TiO_2$[107] 和 $0.9\%Fe^{3+}/0.07\%Nb^{5+}$-$TiO_2$[13]复合光催化剂可实现气相有机污染物的高效降解。

上述设计中，表征灵敏度、信噪比和范围在很大程度上取决于光源。由于对多个样品同时进行表征，需要对入射光进行扩束。然而，普通光源亮度较低，扩束后光强更弱，导致其灵敏度和信噪比降低，限制了表征区域的大小，即催化剂样品库中的样品数量。在 Snively 等[108]搭建的装置中，可同时进行性能表征的催化剂数量不超过 20 个。因此，采用高亮度红外光源，对于提高组合催化筛选效率以及检测灵敏度具有重要意义。同步辐射作为一种新光源，其亮度在红外波段比普通光源高两个数量级，同时还具有光谱平缓、谱带宽等普通光源无法比拟的优点，对于提高组合催化筛选效率以及检测灵敏度具有重要意义。同其他催化剂高通量筛选技术相比，红外光谱成像技术可对样品库中催化剂同时进行表征，获取有关反应产物的信息，可以直接判断出催化剂的活性和选择性，实现高效的组合催化高通量并行筛选，研究效率可提高 1～3 个量级。并且采用红外光谱作为检测手段，适用于绝大多数催化反应。

10.5 本 章 小 结

本章重点介绍了前驱物溶液输送、水热-溶剂热、溶胶-凝胶和溶液燃烧并行合成技术与装置、高通量表征技术，以及利用这些技术和装置开展的典型材料筛选和应用示范。上述针对粉体材料的高通量并行合成与表征技术将加速粉体材料从研究到产业化的转化，并降低研发成本，节省劳动力，对资源的综合利用具有重要意义，同时具有社会和经济效益。

参 考 文 献

[1] Koinuma H，Takeuchi I. Combinatorial solid-state chemistry of inorganic materials. Nature Materials，2004，3（7）：429-438.

[2] Gao C，Hu B，Takeuchi I，et al. Quantitative scanning evanescent microwave microscopy and its applications in characterization of functional materials libraries. Measurement Science and Technology，2005，16（1）：248-260.

[3] Akporiaye D E，Dahl I M，Karlsson　A，et al. Combinatorial approach to the hydrothermal synthesis of zeolites. Angewandte Chemie International Edition，1998，37（5）：609-611.

[4] 高琛，鲍骏，黄孙祥，等. 组合方法筛选新型发光材料. 发光学报，2006，27（3）：285-290，435-436.

[5] Shuang S，Li H H，He G，et al. High-throughput automatic batching equipment for solid state ceramic powders. The Review of Scientific Instruments，2019，90（8）：083904.

[6] 严玉清，宋宽秀. 微波介质瓷粉的湿化学合成. 化学工业与工程，2003，20（6）：367-371，391.

[7] Lettmann C，Hinrichs H，Maier W F. Combinatorial discovery of new photocatalysts for water purification with visible light. Angewandte Chemie International Edition，2001，40（17）：3160-3164.

[8] Luo Z L，Geng B，Bao J，et al. Parallel solution combustion synthesis for combinatorial materials studies. Journal of Combinatorial Chemistry，2005，7（6）：942-946.

[9] 魏宇学，朱晓娣，黄菊，等. CdS 基光催化剂的并行合成及高通量筛选. 化学工程，2021，49（8）：12-17.

[10] Zhang H，Wang J J，Fan J，et al. Microfluidic chip-based analytical system for rapid screening of photocatalysts. Talanta，2013，116：946-950.

[11] 冯守华. 水热与溶剂热合成化学. 吉林师范大学学报（自然科学版），2008，（3）：7-11.

[12] 杨南如，余桂郁. 溶胶-凝胶法简介第一讲——溶胶-凝胶法的基本原理与过程. 硅酸盐通报，1993，（2）：56-63.

[13] Wei Y X，Wang A Z，Lv L L，et al. Synchrotron infrared spectroscopic high-throughput screening of multi-composite photocatalyst films for air purification. Catalysis Science & Technology，2021，11（3）：790-794.

[14] 魏宇学，孙松，张亚洲，等. 一种水热溶剂热并行合成装置：中国，CN111437780A. 2020-7-24.

[15] 高琛，黄孙祥，陈雷，等. 液滴喷射技术的应用进展. 无机材料学报，2004，19（4）：714-722.

[16] Ago H，Murata K，Yumura M，et al. Ink-jet printing of nanoparticle catalyst for site-selective carbon nanotube growth. Applied Physics Letters，2003，82（5）：811-813.

[17] Fox N A，Youh M J，Steeds J W，et al. Patterned diamond particle films. Journal of Applied Physics，2000，87（11）：8187-8191.

[18] Tang D N，Hao L，Li Y，et al. Dual gradient direct ink writing for formation of kaolinite ceramic functionally graded materials. Journal of Alloys and Compounds，2020，814：152275.

[19] McFarland E W，Weinberg W H. Combinatorial approaches to materials discovery. Trends in Biotechnology，1999，17（3）：107-115.

[20] Reddington E，Sapienza A，Gurau B，et al. Combinatorial electrochemistry: A highly parallel，optical screening method for discovery of better electrocatalysts. Science，1998，280（5370）：1735-1737.

[21] Danzebrink R，Aegerter M A. Deposition of optical microlens arrays by ink-jet processes. Thin Solid Films，2001，392（2）：223-225.

[22] Fuller S B，Wilhelm E J，Jacobson J M. Ink-jet printed nanoparticle microelectromechanical systems. Journal of Microelectromechanical Systems，2002，11（1）：54-60.

[23] 陈雷. 组合材料库的液相并行合成及红色真空紫外荧光材料敏化剂的组合筛选. 合肥：中国科学技术大学，2007.

[24] Merkx E P J，van der Kolk E. Method for the detailed characterization of cosputtered inorganic luminescent material libraries. ACS Combinatorial Science，2018，20（11）：595-601.

[25] 赵丽颖，蒋引珊，张培萍，等. 机械力化学表面改性对蒙脱石结构和性能的影响. 非金属矿，2001，（4）：11-12，49.

[26] 陈雷, 刘忠海, 沈磊, 等. 在纯水中高能球磨稀土氧化物制备超细纳米悬浮液. 物理化学学报, 2004, (7): 722-726.

[27] Mott M, Eans J R G. Zirconia/alumina functionally graded material made by ceramic ink jet printing. Materials Science and Engineering: A, 1999, 271 (1-2): 344-352.

[28] 高琛, 陈雷, 黄孙祥, 等. 用于制备组合材料样品库的难溶物悬浮液喷射方法和装置: 中国, CN1603011. 2005-4-6.

[29] 高琛, 鲍骏, 黄孙祥, 等. 用于制备组合材料样品库的难溶物悬浮液喷射装置: 中国, CN2759615. 2006-2-22.

[30] 刘茜, 余野建定, 汪超越, 等. 阵列样品激光加热系统: 中国, CN109352182B. 2021-2-12.

[31] Kaur M, Nagaraja C M. Template-free synthesis of $Zn_{1-x}Cd_xS$ nanocrystals with tunable band structure for efficient water splitting and reduction of nitroaromatics in water. ACS Sustainable Chemistry & Engineering, 2017, 5 (5): 4293-4303.

[32] Zhang K, Liu Q F, Liu Q, et al. Combinatorial optimization of $(Y_xLu_{1-x-y})_3Al_5O_{12}:Ce_{3y}$ green-yellow phosphors. Journal of Combinatorial Chemistry, 2010, 12 (4): 453-457.

[33] Su X B, Zhang K, Liu Q, et al. Combinatorial optimization of $(Lu_{1-x}Gd_x)_3Al_5O_{12}:Ce_{3y}$ yellow phosphors as precursors for ceramic scintillators. ACS Combinatorial Science, 2011, 13 (1): 79-83.

[34] Tang F H, Zhuang J D, Fei F, et al. Combinatorial optimization of Ba/Fe-cordierite solid solution $(Ba_{0.05}Fe_{0.1}Mg)_2Al_4Si_5O_{18}$ for high infrared radiance materials. Chinese Journal of Chemical Physics, 2012, 25 (3): 345-351.

[35] Wei Q H, Wan J Q, Liu G H, et al. Combinatorial optimization of La, Ce-co-doped pyrosilicate phosphors as potential scintillator materials. ACS Combinatorial Science, 2015, 17 (4): 217-223.

[36] Seyler M, Stoewe K, Maier W F. New hydrogen-producing photocatalysts—A combinatorial search. Applied Catalysis B, 2007, 76 (1-2): 146-157.

[37] 刘茜, 王家成, 周真真, 等. 微纳粉体样品库高通量并行合成的研究进展. 无机材料学报, 2021, 36 (12): 1237-1246.

[38] 张玉军. 溶胶-凝胶技术及其在陶瓷颜料制备中的应用. 现代技术陶瓷, 1994, (2): 32-36.

[39] 宋继芳. 溶胶-凝胶技术的研究进展. 无机盐工业, 2005, (11): 18-21.

[40] Holzwarth A, Schmidt H W, Maier W F. Detection of catalytic activity in combinatorial libraries of heterogeneous catalysts by IR thermography. Angewandte Chemie International Edition, 1998, 37 (19): 2644-2647.

[41] Orschel M, Klein J, Schmidt H W, et al. Detection of reaction selectivity on catalyst libraries by spatially resolved mass spectrometry. Angewandte Chemie International Edition, 1999, 38 (18): 2791-2794.

[42] Cong P, Dehestani A, Doolen R, et al. Combinatorial discovery of oxidative dehydrogenation catalysts within the Mo-V-Nb-O system. Proceedings of the National Academy of Sciences of the United States of America, 1999, 96 (20): 11077-11080.

[43] Welsch F G, Stöwe K, Maier W F. Rapid optical screening technology for direct methanol fuel cell (DMFC) anode and related electrocatalysts. Catalysis Today, 2011, 159 (1): 108-119.

[44] Dogan C, Stowe K, Maier W F. Optical high-throughput screening for activity and electrochemical stability of oxygen reducing electrode catalysts for fuel cell applications. ACS Combinatorial Science, 2015, 17 (3): 164-175.

[45] 王辉, 徐建梅, 沈上越. 水热法工艺对合成陶瓷粉体性能的影响. 宝鸡文理学院学报 (自然科学版), 2006, 26 (4): 291-296.

[46] 姜敏. 水热法制备单质铜. 宝鸡文理学院学报 (自然科学版), 2005, 25 (4): 277-279.

[47] 杨舒皓. 无机固体功能材料的水热合成化学的相关内容分析. 化学工程与装备, 2018, (12): 244-245.

[48] 施尔畏, 夏长泰, 王步国, 等. 水热法的应用与发展. 无机材料学报, 1996, (2): 193-206.

[49] Feng S H，Yuan H M，Shi Z，et al. Three oxidation states and atomic-scale p-n junctions in manganese perovskite oxide from hydrothermal systems. Journal of Materials Science，2008，43（7）：2131-2137.

[50] Klein J，Lehmann C W，Schmidt H W，et al. Combinatorial material libraries on the microgram scale with an example of hydrothermal synthesis. Angewandte Chemie International Edition，1998，37（24）：3369-3372.

[51] Senkan S M. High-throughput screening of solid-state catalyst libraries. Nature，1998，394（6691）：350-353.

[52] Newsam J M，Bein T，Klein J，et al. High throughput experimentation for the synthesis of new crystalline microporous solids. Microporous and Mesoporous Materials，2001，48（1-3）：355-365.

[53] Yang Y，Wang X. Information flow modeling and data mining in high-throughput discovery of functional nanomaterials. Computer Aided Chemical Engineering，2009，26：135-140.

[54] 王晓娟，刘学武，夏远景，等. 超临界水热合成制备纳米微粒材料. 化学工业与工程技术，2007，28（2）：18-20.

[55] Weng X，Cockcroft J K，Hyett G，et al. High-throughput continuous hydrothermal synthesis of an entire nanoceramic phase diagram[J]. Journal of Combinatorial Chemistry，2009，11（5）：829-834.

[56] Lin T，Kellici S，Gong K，et al. Rapid automated materials synthesis instrument：Exploring the composition and heat-treatment of nanoprecursors toward low temperature red phosphors. Journal of Combinatorial Chemistry，2010，12（3）：383-392.

[57] Alexander S J，Lin T，Brett D J L，et al. A combinatorial nanoprecursor route for direct solid state chemistry：discovery and electronic properties of new iron-doped lanthanum nickelates up to La$_4$Ni$_2$FeO$_{10-\delta}$. Solid State Ionics，2012，225：176-181.

[58] Goodall J B，Illsley D，Lines R，et al. Structure-property-composition relationships in doped zinc oxides：Enhanced photocatalytic activity with rare earth dopants. ACS Combinatorial Science，2015，17（2）：100-112.

[59] Weng X L，Cockcroft J K，Hyett G，et al. High-throughput continuous hydrothermal synthesis of an entire nanoceramic phase diagram. Journal of Combinatorial Chemistry，2009，11（5）：829-834.

[60] 罗震林. 微型阵列式溶液燃烧合成技术与高通量 X 射线分析方法. 合肥：中国科学技术大学，2005.

[61] McKittrick J，Shea L E，Bacalski C F，et al. The influence of processing parameters on luminescent oxides produced by combustion synthesis. Displays，1999，19（4）：169-172.

[62] Kingsley J J，Pederson L R. Combustion synthesis of perovskite LnCrO$_3$ powders using ammonium dichromate. Materials Letters，1993，18（1-2）：89-96.

[63] Merzhanov A G. Thermal explosion and ignition as a method for formal kinetic studies of exothermic reactions in the condensed phase. Combustion and Flame，1967，11（3）：201-211.

[64] Kingsley J J，Patil K C. A novel combustion process for the synthesis of fine particle α-alumina and related oxide materials. Materials Letters，1988，6（11-12）：427-432.

[65] Sandeep K，Thomas J K，Solomon S. Synthesis and characterization of AZrTi$_2$O$_7$（A = Mg，Ca，Sr and Ba）functional nanoceramics. Journal of Electroceramics，2019，43（1-4）：1-9.

[66] Kingsley J J，Suresh K，Patil K C. Combustion synthesis of fine-particle metal aluminates. Journal of Materials Science，1990，25（2）：1305-1312.

[67] Kingsley J J，Suresh K，Patil K C. Combustion synthesis of fine particle rare earth orthoaluminates and yttrium aluminum garnet. Journal of Solid State Chemistry，1990，88（2）：435-442.

[68] Kingsley J J，Chick L A，Coffey G W，et al. Combustion synthesis of Sr-substituted LaCo$_{0.4}$Fe$_{0.6}$O$_3$ powders. MRS Online Proceedings Library，2011，271：113-120.

[69] Suresh K，Patil K C. Preparation and properties of fine particle nickel-zinc ferrites：A comparative study of

combustion and precursor methods. Journal of Solid State Chemistry，1992，99（1）：12-17.

[70] Zhang Y S，Stangle G C. Preparation of fine multicomponent oxide ceramic powder by a combustion synthesis process. Journal of Materials Research，1994，9（8）：1997-2004.

[71] Chick L A，Pederson L R，Maupin G D，et al. Glycine-nitrate combustion synthesis of oxide ceramic powders. Materials Letters，1990，10（1-2）：6-12.

[72] Zhang W W，Zhang W P，Xie P B，et al. Optical properties of nanocrystalline Y_2O_3：Eu depending on its odd structure. Journal of Colloid and Interface Science，2003，262（2）：588-593.

[73] Briceño G，Chang H，Sun X D，et al. A class of cobalt oxide magnetoresistance materials discovered with combinatorial synthesis. Science，1995，270（5234）：273-275.

[74] Danielson E，Golden J H，McFarland E W，et al. A combinatorial approach to the discovery and optimization of luminescent materials. Nature，1997，389（6654）：944-948.

[75] Danielson E，Devenney M，Giaquinta D M，et al. A rare-earth phosphor containing one-dimensional chains identified through combinatorial methods. Science，1998，279（5352）：837-839.

[76] Chen L，Bao J，Gao C，et al. Combinatorial synthesis of insoluble oxide library from ultrafine/nano particle suspension using a drop-on-demand inkjet delivery system. Journal of Combinatorial Chemistry，2004，6（5）：699-702.

[77] 鲍骏，高琛，黄孙祥，等. 适用于催化剂和发光材料研究的并行合成和高通量表征技术. 现代化工，2006，（8）：8-13.

[78] Liu X N，Cui H B，Tang Y，et al. Combinatorial screening for new borophosphate VUV phosphors. Applied Surface Science，2004，223（1-3）：144-147.

[79] Zhang F，Hong B，Zhao W S，et al. Ozone modification as an efficient strategy for promoting the photocatalytic effect of TiO_2 for air purification. Chemical Communications，2019，55（26）：3757-3760.

[80] Song Z M，Hisatomi T，Chen S S，et al. Visible-light-driven photocatalytic z-scheme overall water splitting in $La_5Ti_2AgS_5O_7$-based powder-suspension system. Chemistry Sustainability Energy Materials，2019，12（9）：1906-1910.

[81] Ding J J，Bao J，Sun S，et al. Combinatorial discovery of visible-light driven photocatalysts based on the ABO_3-type (A = Y, La, Nd, Sm, Eu, Gd, Dy, Yb, B = Al and In) binary oxides. Journal of Combinatorial Chemistry，2009，11（4）：523-526.

[82] Ding J J，Jiu H F，Bao J，et al. Combinatorial study of cofluorescence of rare earth organic complexes doped in the poly(methyl methacrylate) matrix. Journal of Combinatorial Chemistry，2005，7（1）：69-72.

[83] Ikesue A，Furusato I，Kamata K. Fabrication of polycrystal line，transparent YAG ceramics by a solid-state reaction method. Journal of the American Ceramic Society，1995，78（1）：225-228.

[84] Gao C，Xiang X D. Quantitative microwave near-field microscopy of dielectric properties. Review of Scientific Instruments，1998，69（11）：3846-3851.

[85] Khurgin J B，Saif B，Seery B. Heterodyning scheme employing quantum interference. Applied Physics Letters，1998，73（1）：13-15.

[86] Luo Z L，Geng B，Bao J，et al. High-throughput X-ray characterization system for combinatorial materials studies. Review of Scientific Instruments，2005，76（9）：095105.

[87] Ohtani M，Fukumura T，Kawasaki M，et al. Concurrent X-ray diffractometer for high throughput structural diagnosis of epitaxial thin films. Applied Physics Letters，2001，79（22）：3594-3596.

[88] 丁建军. 可见光响应型光催化剂的制备、结构和性能研究. 合肥：中国科学技术大学，2009.

[89] Chikyow T，Ahmet P，Nakajima K，et al. A combinatorial approach in oxide/semiconductor interface research for future electronic devices. Applied Surface Science，2002，189（3-4）：284-291.

[90] Robbins D J，Cockayne B，Lent B，et al. The mechanism of cross-relaxation in $Y_3Al_5O_{12}:Tb^{3+}$. Solid State Communications，1976，20（7）：673-676.

[91] Sun X D，Gao C，Wang J，et al. Identification and optimization of advanced phosphors using combinatorial libraries. Applied Physics Letters，1997，70（25）：3353-3355.

[92] Taylor S J，Morken J P. Thermographic selection of effective catalysts from an encoded polymer-bound library. Science，1998，280（5361）：267-270.

[93] Wang J S，Yoo Y，Gao C，et al. Identification of a blue photoluminescent composite material from a combinatorial library. Science，1998，279（5357）：1712-1714.

[94] Zhao X R，Okazaki N，Konishi Y，et al. Magneto-optical imaging for high-throughput characterization of combinatorial magnetic thin films. Applied Surface Science，2004，223（1-3）：73-77.

[95] Zhu X S，Zhao H B，Zhou P，et al. A method to measure the two-dimensional image of magneto-optical Kerr effect. Review of Scientific Instruments，2003，74（11）：4718-4722.

[96] Wei T，Xiang X D，Wallace-Freedman W G，et al. Scanning tip microwave near-field microscope. Applied Physics Letters，1996，68（24）：3506-3508.

[97] Yoo Y K，Duewer F，Yang H T，et al. Room-temperature electronic phase transitions in the continuous phase diagrams of perovskite manganites. Nature，2000，406（6797）：704-708.

[98] Yoo Y K，Ohnishi T，Wang G，et al. Continuous mapping of structure-property relations in $Fe_{1-x}Ni_x$ metallic alloys fabricated by combinatorial synthesis. Intermetallics，2001，9（7）：541-545.

[99] Yoo Y K，Xiang X D. Combinatorial material preparation. Journal of Physics：Condensed Matter，2002，14（2）：R49-R78.

[100] 柳学榕，胡泊，刘文汉，等. 扫描近场微波显微镜测量非线性介电常数的理论校准系数. 物理学报，2003，（1）：34-38.

[101] Gao C，Hu B，Li X F，et al. Measurement of the magnetoelectric coefficient using a scanning evanescent microwave microscope. Applied Physics Letters，2005，87（15）：153505.

[102] 熊曹水，熊永红，赵天鹏，等. AgO_x薄膜的光开关特性和机理研究. 中国激光，2002，29（5）：436-438.

[103] Matsumoto Y，Murakami M，Shono T，et al. Room-temperature ferromagnetism in transparent transition metal-doped titanium dioxide. Science，2001，291（5505）：854-856.

[104] Takeuchi I，Famodu O O，Read J C，et al. Identification of novel compositions of ferromagnetic shape-memory alloys using composition spreads. Nature Materials，2003，2（3）：180-184.

[105] Zhao J C. A combinatorial approach for efficient mapping of phase diagrams and properties. Journal of Materials Research，2001，16（6）：1565-1578.

[106] Cahill D G，Goodson K，Majumdar A. Thermometry and thermal transport in micro/nanoscale solid-state devices and structures. Journal of Heat Transfer，2002，124（2）：223-241.

[107] Sun S，Zhang F，Qi Z M，et al. Rapid discovery of a photocatalyst for air purification by high-throughput screening. ChemCatChem，2014，6（9）：2535-2539.

[108] Snively C M，Oskarsdottir G，Lauterbach J. Chemically sensitive parallel analysis of combinatorial catalyst libraries. Catalysis Today，2001，67（4）：357-368.

第11章 ▍▍▍

基于微流控原理的微反应器
并行合成粉体组合材料芯片

　　高通量（high-throughput）制备方法基于其高效的材料制备和筛选，已成为材料基因组技术最重要的研究手段之一。传统上，大多通过机器人技术来实现高通量制备，即利用机械臂对前驱物进行抓取、移位、混合、反应，具有成本较高、结构复杂等局限。

　　微流控（microfluidics）技术是指在纳升尺度范围对流体进行操控的技术[1]。微流控系统适用于高通量自动化的化学和生物学实验，可以在只消耗很少试剂的前提下同时进行多个实验[2]。微流控技术源于生物医药等研究领域的应用需求，是近年来发展迅速的多学科交叉研究领域，该技术通过硅掩模光刻等精细加工方法，在聚二甲基硅氧烷（PDMS）基片上加工出微米甚至纳米级别的沟槽特征，然后将加工完成的 PDMS 基体与玻璃进行等离子键合，即得到用于控制微流体运动的微流控芯片。通过合理设计微流道特征，可以利用微流控芯片实现浓度梯度的生成和调控，或是制备核壳结构微球等。该技术已应用于化学分析、医学诊断[3]、细胞生物学[4]、药物发现[5]、信息处理等领域。近年来，研究人员也探索了微流控技术在化学合成领域中的应用[6-8]。

　　微流控技术最大的优点是可以在微平台上实现多单元技术的灵活组合和大规模智能集成。近年来已有研究学者把它用于材料的高通量制备，如 Hu 等[9]基于微流控芯片搭建了一个材料成分和反应温度控制平台，用于制备高通量湿化学粉末材料，能够在不使用机器人等复杂设备或装置的情况下，自动、高效地研究和优化前驱物溶液浓度和反应温度这两个制备参数；Jeon 等[10]将具有特定微通道结构的微流控器件用作浓度梯度发生器，并利用不同浓度梯度的溶液在基片上蚀刻轮廓。

　　在国内，天津大学联合上海交通大学，将微流控装置与温度梯度反应装置有机地结合起来，研发了材料组成和反应温度控制平台，为高通量材料制备和快速筛选研发了一种新的可靠的装置原型。该装置专为微纳米材料的合成而设计，能快速筛选出最佳的合成浓度比和温度，大大简化了各种微纳米材料合成的初步参数探索过程，为各行业的科研人员提供了强有力的工具。同时，该装置结构简单，成本低，便于大规模推广。在纳米材料制备、催化剂研发、生物材料制备等行业具有广阔的应用前景。

基于微流控技术的特点，其已应用于微纳材料样品的制备和筛选。以电催化材料研究应用最为广泛，催化剂合成和优化的重点包括寻找更佳的合金元素成分配比，从而获得更优的催化性能。而当面临高通量湿化学制备和参数研究的需求时，反应物浓度、反应温度等参数期望可被同时改变。因此，有必要研发能够在单次实验中同时研究多种参数组合的新型湿化学反应系统。利用微流控技术高通量合成微纳米合金粉体材料，是优化微纳米合金粉体材料催化性能，实现微纳米合金粉体材料快速迭代的一种便捷可行的方法。此外，结合高通量表征技术，还可以在短时间内完成含有多种不同成分的电催化材料样品库的构建和评估[11, 12]。因此，近年来出现了许多高通量电化学表征平台[13-15]，为高通量电化学表征提供了有价值的解决方案。然而，研发的高通量制备和电化学表征方案往往难以很好地模拟实际应用场景，并且很难在制备和表征过程中实现高度的连续性。因此，微流控技术在高通量材料制备和电化学筛选领域的应用是一种切实可行的方案。

11.1　基　本　原　理

11.1.1　微流控技术相关概念、原理与工艺

1. 微流控相关概念

与微流控技术相关的概念包括微流控芯片、微阵列芯片、生物芯片和微全分析系统（miniaturized total analysis system，μTAS），这些概念各不相同，但互相之间亦有交集[16]。

微流控通常指一种系统科学和技术，所制造的系统亦可称为微流控芯片，它指的是在从几微米到数百微米的通道中处理或操作小体积（$10^{-9}\sim10^{-18}$L）液体样品的系统或技术[17]。它将化学、生物或材料领域涉及的样品制备、反应、分离、检测、细胞培养、分选、裂解等操作单元集成在一个芯片上，通过微通道形成网络，以可控流体贯穿整个系统，实现常规化学或生物实验室的各种功能[18]。

微阵列芯片起源于早期的固体表面生物化学实验，具有并行化、小型化、多路通信和自动化的特点，微阵列芯片的前驱物处理方法包括影印法、机械打点法、喷墨法等[19]。微阵列芯片通常作为一种高通量筛选的方法应用于微流控系统中[20]。

生物芯片技术是一种建立在固体基质表面的微型生化分析系统，通过微处理

技术和微电子技术，实现对活组织、细胞、蛋白质、核酸、糖等生物成分的准确、快速、海量的信息检测，具有高通量、并行性和自动化的优点[21]。生物芯片是按照用途进行定义的，微流控芯片可以作为生物芯片中的混合器[22]使用，生物芯片也可以作为微流控芯片的检测技术[16]。

微全分析系统也称为"芯片上实验室"，是一种将采样、样品预处理、分析分离、化学反应、分析物检测和数据分析等一系列分析过程集成到微流控设备中的系统，该系统搭建成本低、功耗低、试剂消耗低、反应时间短，便于本地使用，能够多功能设计，具有与其他小型设备并行操作和集成的潜力[23]。

2. 微纳米尺度流体状态与特性

雷诺数（Reynolds number）可用来表征流体流动情况，即判断流体流型的无量纲数，1883 年英国人雷诺（Reynolds）[24]观察了流体在圆管内的流动，首先指出，流体的流动状态与流体的速度 U、密度 ρ、黏度 μ 以及流体通道的几何尺寸（如圆管的直径 c）有关。从而得出雷诺公式如下：

$$Re = \frac{c\rho U}{\mu} \tag{11-1}$$

公式表明，雷诺数与通道直径、流体速度和流体密度成正比，与流体黏度成反比。根据雷诺数 Re，流体的流型可分为层流和湍流。

雷诺数的本质反映了流体流动中惯性力和黏性力的比较关系。当 $Re < 2000$ 时，流型是层流，此时黏性力占主导地位，流体颗粒只能沿流动方向一维运动，与周围流体之间不存在宏观混合；当 $2000 \leqslant Re \leqslant 4000$ 时，流体流型有时为层流，有时为湍流，主要受流速、流体特质和流体通道的几何结构等影响；当 $Re > 4000$ 时，流型是湍流，此时惯性力逐渐占主导地位，流体颗粒除了在流动方向上的运动外，还会在其他方向上随机移动，即流体颗粒有不规则的脉动，相互混合[25]。

在微纳米尺度流体条件下，通道窄（<100nm）、流速低（<1cm/s），雷诺数（Re）通常小于 1，因此微纳流体流动时基本属于层流[26]。将系统缩小到微米级的一个明显效果是表面积相对于体积的大幅增加[27]。对于流体，这种效应允许在微系统中进行更有效的质量和热量传递：相对而言，传递界面更多，达到最终状态所需的总质量或总能量更少。因此，随着系统尺寸的减小，溶质梯度或温度梯度的形成和均匀化将加快。

互溶液体互相接触时，两者之间的边界会随着扩散作用而混合消失。微纳米尺度流体流动时的层流效应可以确保互溶液体之间的混合只通过扩散发生。如果液体间的佩克莱数（Peclet number，一个用于描述扩散和对流对溶液混合过程的相对重要性的数）值高，甚至可以忽略不计扩散的影响。因此，微纳米通道内互溶液体间的界面通常清晰可见。然而，由于微通道中流体流速较低，液体接触时间较长，随着时间的延长，互溶液体间的界面变得逐渐模糊[27]。为了确保微通道中的互溶液体能够充分混合，需要通过复杂的微通道设计延长接触时间。

3. 微流控芯片的结构、制备材料和加工方法

微流控芯片的基本设计组件包括试剂入口、样品入口、阀门、沟槽或微通道、引流系统和传感器部分，这些组件并不是必需的，可根据微流控芯片的具体需求设计。试剂和样品分别从入口注入，经过由阀门控制的沟槽或微通道后，从引流系统排出，再由传感器部分收集或评估结果[28]。入口、引流系统和传感器的出口部件可设计为 T 型[29]、Y 型[30]或扇骨型[31, 32]。沟槽或微通道是微流控芯片中实现流体分离、混合和反应的主要组件，它的结构需要根据芯片用途的具体功能设计。最简单的设计是平面直通道[33]；有时为了让流体能够在微通道内充分混合，还可以设计成二维曲线或折线[34, 35]来延长混合时间；如果还想进一步提高混合速度和效率，甚至可以设计成能产生强旋涡的三维折线[36]或更复杂的三维结构[37]，但相应的制造过程也更复杂。为了加强混合，可以在微通道中添加有序排列的障碍物以实现低雷诺数（Re）条件下分散在液体中不同尺寸颗粒的有效分离[38]，也可以在微通道的墙壁或底部设计斜肋、斜槽或人字槽[39]，从而产生各向异性的流动阻力和湍流。

常见的微流控芯片材料有硅、玻璃，以及聚二甲基硅氧烷（PDMS）、聚甲基丙烯酸甲酯（PMMA）等聚合物材料[28]。硅是一种具有良好的机械强度、高电导率和热导率，并对红外光透明的材料[40]，广泛应用于半导体器件和集成电路的制造，是集成电路工业的基础材料，利用硅制备微流控芯片的过程通常与微制造技术完全兼容，所制备的微流控器件可以很轻易地与微电子器件集成[41]。玻璃主要成分为二氧化硅，如果用于制备微流控芯片，良好的机械强度和化学稳定性允许它用于几乎所有纳米颗粒、聚合物和水凝胶的制备[42]，其透光性也便于观察微通道中的流体状态。有机聚合物材料的优势在于加工和制备过程更简单[43]，可以制备复杂的通道结构，可用于制备微流控芯片的有机聚合物材料主要包括聚碳酸酯（polycarbonate，PC）[44]、聚甲基丙烯酸甲酯（PMMA）[45]、聚苯乙烯（polystyrene，PS）[43]、聚对苯二甲酸乙二醇酯（polyethylene terephthalateco glycol，PETG）[46]、聚氯乙烯（polyvinyl chloride，PVC）[43]和聚二甲基硅氧烷（PDMS）[47]。其中，PDMS 具有良好的弹性，可用于制备需要大变形的特殊器件，如微气泵[48]、微阀[49]等，同时也是近年来制备微流控芯片最常见的有机聚合物材料。

目前微流控芯片的制造技术起源于微机电系统（micro-electro-mechanical system，MEMS）的微细加工[40]，硅和玻璃材料的微流控芯片已有成熟的 MEMS 微加工技术，如各向异性湿法刻蚀[50]、深反应离子刻蚀[51]、CVD[52]和阳极键合[53]

等。聚合物材料加工制备微流控芯片的方法通常通过软光刻[54]完成，这是一种1998年由哈佛大学 Whitesides 研究小组发明的一种微加工方法，是一种基于自组装和复制成型的微纳米制造技术。软光刻技术的主要过程如下：首先，利用计算机辅助设计（computer aided design，CAD）等计算机软件设计出微通道，创建高分辨率透明材料用作掩模，在硅片上制作光刻胶凸起；然后，将玻璃柱放置在硅片上，用以区分被分析物和缓冲区的储液层；再将 PDMS 预聚物浇注在硅片上，并在 65℃下固化 1h；从硅片上剥离包含凹槽的 PDMS 聚合物并取掉玻璃柱；最后，将包含凹槽的 PDMS 聚合物和一块 PDMS 平板贴合，放进等离子体中氧化1min，封闭成为微通道[47]。软光刻技术具有资金成本低、易学、应用简单、用户广泛的特点。它们可以规避投影光刻的衍射限制，可以在非平面表面上生成三维图案和结构，并且可以用于各种各样的材料和表面化学物质[54]。

11.1.2　基于微流控芯片的材料成分和反应温度控制平台的原理与设计

天津大学联合上海交通大学研发的基于微流控芯片的成分和温度控制平台由三个模块组成，包括微流控芯片模块、蠕动泵模块和反应器阵列模块。平台的原理如图 11-1[9]所示。

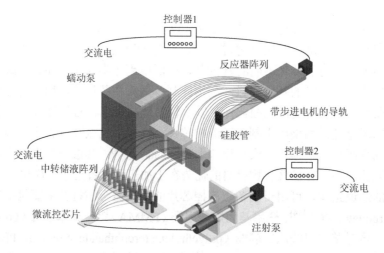

图 11-1　基于微流控芯片的成分和温度控制平台示意图[9]

在微流控芯片模块，含有不同前驱物溶液的注射器被固定在步进电机驱动的注射泵上，由控制器 2 控制。微流控芯片的入口通过 PTFE 管连接到注射器，而微流控芯片的出口连接到离心管阵列。空心钢针作为适配器被安装在 PTFE 管和微流控芯片的连接处，以防止液体泄漏。当注射泵运行时，它将以恒定速率推动注射器，控制器 2 可以将两种前驱物溶液加压注入微流控芯片，在多级圣诞树结构的微通道中分散再混合，在芯片出口产生浓度梯度，最后流入中转储液阵列，完成不同前驱物溶液的产生和收集。

如果微流控芯片出口与反应器阵列直接连接，由于微流控芯片每个出口的流体流量不同，很难保证每个通道的输送量完全一致，从而影响每个通道备料参数的一致性。蠕动泵模块可以确保相同体积的前驱物溶液平行输送到反应器阵列的每个反应器。在蠕动泵模块，核心部件是蠕动泵，它可以将多个通道的流体从一侧平行输送到另一侧，并具有简单的可编程功能。硅胶管穿过蠕动泵，其中一端连接到中转储液阵列模块，另一端连接到反应器阵列模块。当蠕动泵运行时，储存在中转储液阵列中的前驱物溶液可以以相同的流速输送到反应器阵列。

在反应器阵列模块，反应器阵列固定在由另一个步进电机驱动的螺旋滑块上，该步进电机与控制器 1 相连，其速度、操作次数、操作时间等可以调整。包含激光加工圆孔的透明亚克力板由两个铁框架水平夹紧，蠕动泵的硅胶管通过这些激光加工圆孔固定，每个孔的位置与反应器阵列一一对应。这样，来自蠕动泵的前驱物溶液可以在重力作用下流过硅胶管，直接进入相应的反应器。通过匹配控制器 1 和蠕动泵的设置（因为它们可以编程），注射器中的前驱物溶液可以自动注入反应器阵列。

由于该高通量平台采用模块化设计，可以根据不同的应用需求对不同的模块进行改造或升级，例如：①通过将该反应装置的加热片模块移除，可用于常温反应；②为了便于制备更多组不同成分的产物，可用体积更小、排列更紧密、数量更多的离子色谱瓶阵列作为中转储液阵列，替代离心管阵列；③蠕动泵和滑轨平台的设定参数可根据不同的需求进行调整，以应对实验条件变化。

1. 微反应器并行合成粉体材料芯片的设计

微流控芯片是平台中的浓度梯度发生器，由传统的 PDMS 制成。图 11-2 显示了微流控芯片的设计方案[9]。芯片有 3 个入口和 20 个出口，直径均为 0.5mm，内部微通道的横截面为 100μm×100μm。从上层不同入口流入的溶液可以在微通道中形成层流。在进入缠绕的圣诞树结构通道后，不同的层流流体在剪切力的作用下逐渐混合，形成不同浓度的溶液。在微流控芯片网络中，经过层层分布，最终形成一系列浓度梯度。微流控芯片形成的浓度梯度具有较高的精度和重复性，满足了高通量制备材料的需要。

目前，二元微纳合金材料已广泛应用于催化等领域，其组分性能数据库已经建立。然而，对于三元微纳合金材料，其组分之间的关系更加复杂，由于协同效应，其性能趋势难以预测。因此，准确、高效地建立三元催化剂组分性能数据库非常重要。为了满足这一需求，有必要设计一种新的三组分浓度控制微流控芯片来取代平台的模块。在对双组分微流控芯片的浓度梯度生成功能进行充分验证的基础上，可以在不改变其内部结构设计思想的情况下增加一个微流控芯片入口，从而实现 3 种不同组分的浓度梯度调节。该结构的微流控芯片形成的每个组分的浓度梯度不会简单地线性变化，需进一步通过模拟计算和实验表征确定。

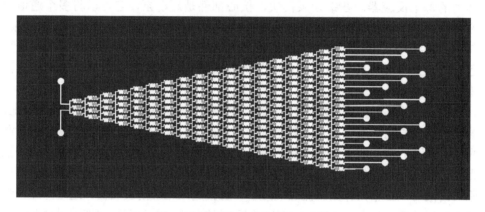

图 11-2　微流控芯片的设计方案[9]

在总体设计思路上，所使用的三组分微流控芯片与双组分微流控芯片一致，采用圣诞树结构，同样利用流体层流混合原理，通过混合 3 种不同组分生成 20 个浓度梯度。此外，该芯片的尺寸、厚度、微通道尺寸、开口尺寸和加工工艺与双组分微流控芯片一致。利用 CAD 软件设计芯片内部的微通道结构。芯片有 3 个入口和 20 个出口。其内部微通道的特性也与先前设计的双组分微流控芯片一致。

2. 微反应器并行合成粉体材料芯片的仿真

为了探索设计的三组分微流控芯片产生的浓度梯度的数学特性，需要以有限元模拟的形式获得芯片浓度梯度的具体数据。

首先，设计微通道的三维模型，模型参数与实际微通道参数一致。设计的三维模型中，所有微通道的横截面均为正方形，边长为 100μm。在完成三维建模工作后，对模型进行网格划分，以便使用 COMSOL Multiphysics 软件进行有限元计算。网格是由层流流场和传质场的物理场控制的单元类型。

其次，需要指定在模拟中使用的解决方案参数，以确保模拟结果尽可能与实际情况一致。使用氯化钴、氯化镍和氯化铁的水溶液 3 种溶液，模拟中使用的具体溶液参数如表 11-1 所示。

表 11-1　在模拟流体仿真中采用的溶液参数

溶液编号	化学成分	溶液浓度/(mol/L)	溶液密度/(kg/m³)	溶液黏度/(Pa·s)	离子扩散系数/(m²/s)	注液速率/(m/s)
A	$CoCl_2$ 溶液	0.05	1007.060	9.23419×10^{-4}	1.27639×10^{-9}	5
B	$NiCl_2$ 溶液	0.05	1003.050	9.10599×10^{-4}	1.20139×10^{-9}	5
C	$FeCl_3$ 溶液	0.05	1003.167	9.64195×10^{-4}	1.27714×10^{-9}	5

在三维模型建立、网格划分和指定求解参数后，即可开始有限元模拟。在模拟时，可以首先分析一些直观的分布，以便快速对微通道设备的整体特性有一个基本的了解。

流速场的整体分布表明，每个入口的注液速率为 5m/s。随着流道分支的增加，流速逐渐减小，各层流速分布基本相同。而出入口局部模拟表明，微通道中流体的流速呈现不均匀分布的特征，且具有边界层。因此，靠近通道内壁的液体流速较低，而靠近通道中心的液体流速较高。这一特征与对封闭管道中黏性液体流动的理解是一致的。入口附近流体的最大速度接近 7m/s，出口附近的最大速度降低到 1m/s。由于微通道模型有 3 个入口和 20 个出口，根据入口总流量和每个出口总流量应相等的原则，出口处的流速应约为入口流速的约 1/7，这与模拟结果一致。

在模拟过程中，分别从微通道的左侧 3 个入口注入 50mol/m³ 的氯化钴溶液、氯化镍溶液和氯化铁溶液，氯化钴溶液从芯片的上部入口注入，氯化镍溶液从芯片的中间入口注入，氯化铁溶液从芯片的下部入口注入，3 种溶液从左向右流动，经过圣诞树结构的 17 级微通道分离、混合后，从右侧 20 个出口流出。

由于氯化钴溶液从上部入口注入，同级微通道中的氯化钴浓度呈现从上往下浓度逐渐降低的特征；而在平行于流动方向上的各级微通道中，随着通道分支的增加，氯化钴的浓度也逐渐降低。因此，在 20 个出口处，氯化钴的浓度从上至下单调下降，且越靠近下侧，浓度的变化越平缓。

由于氯化镍溶液从中间入口注入，同级微通道中氯化镍的浓度呈现出从上到下先升高后降低的特征；在平行于流动方向上的各级微通道中，随着通道分支的增加，氯化镍的浓度逐渐降低。因此，在 20 个出口处，氯化镍的浓度从上到下先升高后降低，基本呈现中轴对称特征；越靠近中间，浓度的变化越温和。

由于氯化铁溶液从下部入口注入，同级微通道中氯化铁的浓度呈现从上到下逐渐增加的特征；在平行于流动方向上的各级微通道中，氯化铁的浓度随着通道分支的增加而从左向右逐渐降低。因此，在 20 个出口处，氯化铁的浓度从上到下单调增加，越靠近上侧，浓度变化越平缓。

根据上述模拟，可以计算出微通道中流体的速度场分布，以及微通道中氯化钴、氯化镍和氯化铁 3 种不同组分的浓度分布，并对微流控器件的浓度梯度调节功能有初步了解。

微通道出口 3 种溶液组分的浓度分布可以用二次曲线相当准确地拟合，这表明三组分微流控芯片的内部结构能够产生浓度梯度特征，即浓度和出口数近似于二次曲线分布。此外，对于从微通道两端的入口注入的溶液，浓度范围可以在 $0\sim50\text{mol/m}^3$ 变化，而对于从微通道中间入口注入的溶液，浓度范围可以在 $0\sim27\text{mol/m}^3$ 变化。这意味着对于相同的 3 种组分，可以选择向微通道的中间入口注入不同的溶液，以获得不同的浓度梯度。这进一步细化了微流控芯片可以产生的浓度梯度的覆盖范围。

初步模拟结果表明，三组分微流控芯片结构能够较好地完成三组分浓度梯度调节的任务，芯片产生的各组分浓度梯度特性呈二次曲线变化，可以覆盖 3 种不同组分的多种组合。

3. 反应器阵列及温控平台的设计

图 11-3 显示了微反应器阵列的设计方案和尺寸规格[9]。通过将 100 个反应器分成五组，每组对应一个反应温度，反应器阵列可以完成高通量制备工作。也就是说，可以同时进行 100 个不同制备参数的湿化学反应，包括 20 个浓度梯度和 5 个温度梯度。每个反应器的内径为 7mm，深度为 10mm。也就是说，每个反应器的最大体积为 0.38mL。选择 PTFE 作为制备反应器阵列的材料。一方面，PTFE 可在高达 260℃的温度下使用；另一方面，PTFE 的化学惰性使其具有良好的系统适用性。此外，使用 5 种不同的正温度系数（positive temperature coefficient，PTC）加热片实现反应温度梯度的产生。该元件通电后能保持恒温一段时间，实现五级温度梯度。

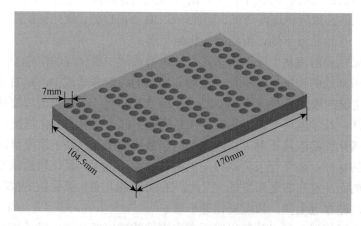

图 11-3 反应器阵列的三维模型[9]

4. 基于层流形成原理的自动注液装置推进速率计算

在基于微流控芯片的自动液体注射平台中，注射泵作为压力进样装置，将前驱物溶液注射到微流控芯片中。根据流体力学层流理论，只有当微流控芯片中的液体流动为层流时，才能在微流控芯片出口处产生稳定的 20 级浓度梯度。为了确保芯片的正常功能，注射泵的推进速度有上限和下限。如果低于下限，微流控芯片内部的微通道很难快速充满溶液，导致无法正常产生浓度梯度；如果高于上限，微流控芯片内部流体出现湍流状态，不满足浓度均匀混合条件，导致产生的浓度梯度与预期不一致。

为了确保微通道中的液体流动为层流，流体的雷诺数（Re）应小于 2100。雷诺数（Re）是一个无量纲数，可通过以下公式计算[55]：

$$Re = \frac{\rho v D}{\mu} \tag{11-2}$$

式中，ρ 是流体的密度；v 是流体的流速；D 是管道或通道的直径；μ 是流体的动力黏度。因此，为了确保 Re 的值不超过 2100，通道中流体的最大流速为

$$v_{max} = \frac{\mu Re_{max}}{\rho D} \tag{11-3}$$

式中，Re_{max} 的值为 2100。因此，芯片入口的最大流量为

$$Q_{max} = v_{max}\frac{\pi D^2}{4} = \frac{\pi \mu D Re_{max}}{4\rho} \tag{11-4}$$

根据芯片入口流量与注射器出口流量相等的原理，可以得到注射装置最大推进速度 u_{max} 的公式为

$$u_{max} = Q_{max}\frac{4}{\pi d^2} = \frac{\mu D Re_{max}}{\rho d^2} \tag{11-5}$$

式中，d 是注射器内径。

代入设备各项数据，$D = 100\mu m$，$Re_{max} = 2100$，$d = 29mm$，水和丙二醇的密度 ρ 及动力黏度 μ，得到水和丙二醇对应的 u_{max} 数值见表 11-2。

表 11-2　对水和丙二醇体系计算得到的 u_{max} 数值[56]

体系	$\rho/(g/cm^3)$*	$\mu/(g/(cm\cdot s))$*	$u_{max}/(mm/s)$**
水	0.997	0.0089	0.2227
丙二醇	1.036	0.4439	10.70

* 密度和黏度均为 298.15K（25℃）下的数值。

** u_{max} 是利用式（11-5）计算得到的。

11.1.3　多通道微反应和电化学表征一体化装置的设计

如果仅建立一个基于微流控芯片的高通量材料制备平台，就不能充分发挥高通量制备的优势，因为在进行表征时往往只能逐个提取样品，用传统方法对其进行表征，然后根据表征结果对材料进行筛选，这将不可避免地导致整体效率显著降低。理想的高通量制备平台还应具有高通量筛选功能，即高通量材料制备后，可直接在反应装置中进行原位表征（采用光学、化学、电化学等手段），并通过设备高效采集表征信号，找到性能最佳的材料配比，从而达到快速筛选的目的。

在表征平台的设计中，核心测试设备应能够同时进行多通道电化学测试，可以进行参数可调和可编程的恒流测试、恒压测试等。同时，系统还应该能够通过串口与上位机（如计算机）连接并控制，通过计算机软件对各通道进行数据监控、数据存储和处理。

为了适配多通道电化学测试设备，将反应器阵列的挖孔设计改为通孔设计，并在每个通孔中固定一个石墨棒电极作为工作电极。同时，还设计了一块专门用于电化学表征的电极固定板，并将石墨电极固定在板孔中作为对电极，排列规律上与多通道微反应阵列一致。这样，原有的多通道微反应装置的每个反应容器都可以与电化学测试装置连接，从而实现高通量的电化学测试。

通过这样的改进，所设计的多通道微反应阵列不仅可以保持原有的高通量材料制备能力，而且可以在每个微反应器中实现独立的双电极电化学测试。这样，当设备与特定的多通道电化学测试设备连接时，可以进行高通量电化学表征。

11.2　高通量制备技术与装备

微流控技术是一种利用大小为数十到数百微米的通道操纵微（$10^{-9} \sim 10^{-18}$L）流体的技术。微流控技术首次应用于分析领域，具有许多有用的特性，包括消耗非常少的样品和试剂、能够以高分辨率和灵敏度进行分离和检测、成本低、分析速度快、分析设备小型化等[57]。微流控技术不仅成功实现了器件的小型化，还充分利用了微通道中流体的层流特性，使得溶液中的分子浓度可以在时间和空间两个维度上进行控制。

11.2.1　国内外相关技术与装备

由于迫切需要寻找新材料和新催化剂，高通量制备技术（组合化学方法）近年来逐渐成为化学合成领域的研究热点，广泛认为是加速新材料发现和优化的分水岭[58, 59]。1995 年，Xiang 等[60]在 *Science* 上发表了第一篇关于组合化学在材料制备中应用的研究。从那时起，高通量制备的各个分支得到了迅速发展。在高通量制备的应用中，研究人员利用高通量技术不仅发现材料、优化材料成分，还快速优化影响材料特性的制备工艺参数，以便更好地研究材料的组分-工艺-结构-性能关系[61]。

催化是现代工业生产中的一种常见工艺。催化剂的发现和改进一直是工业发展的迫切需要。多相催化剂是由多种活性组分、促进剂和高比表面积载体材料组成的多功能材料，催化剂的组成成分和比例有很大的变动空间。此外，需要考虑与制备方法相关的各种工艺参数以及相应催化剂的适用工作条件，这进一步增加了可能的实验探索次数。近十年来，高通量催化剂制备和筛选领域的研究发展迅速。多相催化剂的高通量研究主要包括三部分：催化剂的快速合成、催化剂的高通量测试、数据处理和数据挖掘技术。这些研究将对后续催化剂的合成和优化起到重要作用。在薄膜材料样品库的制备过程中，主要方法包括射频溅射、脉冲激光沉积、分子束外延、CVD 等[62, 63]。此外，自动化机器人/操纵器等设备可用于分配前驱物溶液，并通过湿化学方法制备催化剂样品库。然而，粉末负载型催化剂的制备过程中有许多变量，包括前驱物材料、载体材料、温度、干燥和煅烧参数。因此，必须针对特定材料系统筛选和优化这些可变参数。

在负载型催化剂的高通量筛选领域，方法之一是使用红外热像仪分析反应中的催化剂颗粒温度[64, 65]。此外，研究人员还开发了大规模平行单珠微反应器以实现负载型催化剂的大规模并行制备与筛选[66]以及共振增强多光子电离（resonance-enhanced multiphoton ionization，REMPI）技术，评估环己烷转化为苯的各种催化剂[67]。除质谱法之外的其他分析手段也得到了一定程度的应用，包括气相色谱[68]和气体传感器[69]等。此外，傅里叶变换红外（Fourier transform infrared，FTIR）成像技术可以将焦平面阵列（focal plane array，FPA）检测器集成到标准 FTIR 仪器中用以采集红外光谱，是一种化学敏感、定量和并行分析技术，适用于各种高通量实验操作[70]，近年来也得到了广泛应用。

高通量法可用于快速优化特定聚合反应的反应参数（温度、催化剂等）。例如，Majoros 等利用 Chemspeed Accelerator SLT106 自动并行合成器，以甲苯二异氰酸酯（T80）为原料，分别与不同摩尔质量的聚醚二元醇和聚醚三元醇合成预聚物，以研究不同芳香族聚氨酯（polyurethane，PU）预聚体的聚合[71]。Lorber 等采用不同 pH 条件下丙烯酸与过硫酸钠混合的水滴作为聚合微反应器模型，作为监测聚合动力学的原始工具[72]。美国国家标准技术研究院（National Institute of Standards and Technology，NIST）开发的另一项战略，是利用微流控技术合成聚合物材料并建立材料数据库[73]。例如，使用 CRP 芯片[74]生产连续聚合物流，这可以系统地调节产物的分子量、组成和结构。另一种流体设计可以形成有机液滴

"反应器"，以生成聚合物液滴阵列[75]。梯度表面聚合的最新发展充分利用了微流控技术精确流量控制的固有特性[76]。

1. 微流控高通量制备

早在 20 世纪 70 年代，斯坦福大学（Stanford University）就开发了小型化气相色谱仪[77]。1975 年，斯坦福大学的 Terry 等通过微加工在硅片上蚀刻了一根微管，并将其用作气相色谱的色谱柱，以研究痕量气体的分离和分析。该装置可能是现代意义上的第一台微流控装置。然而，由于技术等因素的限制，该芯片还没有引起足够的重视。随后，微流控技术的发展进入了一个相对缓慢的时期。1990 年，Manz 等提出了微全分析系统的概念[78]，微流控芯片进入快速发展时期。Manz 和 Harrison 在早期芯片毛细管电泳方面进行了深入合作，并开展了一系列开创性的研究工作[79]。在此期间，大多数芯片都是在硅和玻璃基片上制备的，直接借鉴了微电子领域成熟的硅基微加工技术。1998 年，Whitesides 等提出了软光刻技术的概念，宣布微流控芯片进入以弹性材料 PDMS 为关键材料的时代[54]，微流控芯片技术进入快速发展的新阶段。2000 年，Unger 等提出了基于 PDMS 材料的多层软刻蚀技术制造新型气动微阀和微泵的概念[80]。2002 年 10 月，Quake 研究小组正式应用气动微阀技术，并在 *Science* 杂志上发表了一篇题为 "Microfluidic large-scale integration"（大规模集成微流控芯片）的文章，介绍了集成数千个微阀和反应器的微流控芯片[81]，标志着芯片从简单的电泳分离到大规模集成的技术飞跃。如今，微流控芯片已成为一门综合性的交叉学科，涵盖了分离分析、化学合成、医学诊断、细胞生物学、神经生物学、系统生物学、结构生物学、微生物学等一系列应用研究领域。

微流控技术的发展动力来自四个领域的研究：分子分析、生物防御、分子生物学和微电子。首先，在分析领域，早期的微流控技术起源于各种微分析方法，如气相色谱（gas-phase chromatography，GPC）、高压液相色谱（high-performance liquid chromatography，HPLC）和毛细管电泳（capillary electrophoresis，CE）。这些方法使高灵敏度和高分辨率检测痕量样品成为可能。随着这些微量分析方法的成功，人们开始寻找这些方法在化学和生物化学领域的其他潜在应用。冷战结束后，人们意识到化学和生物武器已经成为军事和恐怖威胁的重要来源，这是微流控系统发展的第二个动力。为了应对这些威胁，美国国防高级研究计划局（Defense Advanced Research Projects Agency，DARPA）在 20 世纪 90 年代支持了一系列旨在开发可现场部署的微流控检测系统的项目，这些系统被设计为用于化学和生物威胁的检测设备。这些项目也成为推动微流控技术在学术界快速发展的主要动力。微流控技术的第三个驱动力来自分子生物学领域。自 20 世纪 80 年代以来，基因组学发展迅速，随后出现了与分子生物学相关其他领域的微量分析技术，如高通量 DNA 测序。与生物学中常用的技术相比，这种技术通常需要更高的通量、更高的灵敏度和更高的分辨率，微流控技术为克服这些问题提供了一种方法[17]。

微流控技术的第四个驱动力来自微电子技术。主要原因是，光刻技术和其他相关技术已经应用于微电子和微机电系统，通常可以直接用于制备微流控器件。事实上，微流控研究的一些早期工作确实使用了硅和玻璃，但它们在很大程度上已被聚合物材料所取代。在分析水中的生物样品时，通常不适合使用玻璃和硅制成的设备。此外，硅片价格昂贵，无法透过可见光和紫外光，因此无法与传统的光学检测方法一起使用。与使用刚性材料相比，使用弹性材料制造微分析系统所需的部件，尤其是泵和阀门，要容易得多。此外，玻璃和硅与活细胞的相容性较差（尤其是在透气性方面）[17]。因此，许多与微流控相关的探索性研究都使用 PDMS 作为主要材料，其性质与硅完全不同[82, 83]。PDMS 是一种光学透明软弹性材料，已经成为微流控领域各种研究的关键材料，因为它可以很容易地用于测试新概念和想法，并且能够支持一些非常有用的组件（如气动阀）。随着微电子技术和精细加工技术的发展，玻璃、钢和硅等刚性材料再次应用于微流控研究，以构建需要良好化学稳定性和热稳定性的特殊系统。硅和玻璃的机械稳定性允许它们用于制备具有刚性内壁的微通道，以便更好地研究纳米级（理想情况下小于 50nm）通道中的流体[84, 85]。在微流控领域，新的制备方法和组件，包括作为管道的微通道，以及用于形成阀门[32]、混合器[86]和泵[87]的其他结构，都得到了快速发展。然而，到目前为止，微流控技术还没有对科学产生革命性的影响，需要研究人员开发更多的微流控技术应用。

从目前微流控技术的发展现状来看，无论是微流控器件的制备方法，还是相关元件的丰富程度，都能基本满足各种应用场景的需要。目前，微流控技术在生物医学和生物化学领域的应用较为成熟。其中，应用最广泛的是筛选蛋白质的结晶条件（包括 pH、离子强度和组成、共溶剂和浓度）[88, 89]。其他领域的应用主要包括质谱耦合分离技术[90]、药物开发中的高通量筛选技术[5, 91]、生物分析技术[26]以及单细胞[92, 93]和单分子[94, 95]样本的检测和操作。

微流控技术的主要优点之一是，它可以控制多相流体，如单分散气泡[96]或分散在连续流体中的气/液滴[97, 98]，这为聚合物颗粒、乳液和泡沫提供了一种新的制备方法[99]。液滴也可用作研究快速有机反应的微室。此外，微流控技术也为细胞生物学领域的研究带来了新的思路。真核细胞的线性尺寸一般为 10～100μm，因此这种尺寸非常适合当前的微流控装置。此外，PDMS 具有良好的透光性、低毒性和对氧气及二氧化碳的高渗透性。它非常适合为细胞生长和观察准备微室[100, 101]。PDMS 微流控设备已广泛应用于多种细胞生物学领域，包括细胞骨架研究[102]、细胞浓度分析[103]、活动和非活动细胞（如精子）的分离[104]以及胚胎研究[105]。此外，微流控技术在化学合成（尤其是有机化学和药物化学）领域的应用似乎进展缓慢，导致其应用缓慢主要因素有两个：第一，到目前为止，微流控系统仍不具备常规化学实验装置的灵活性；其次，作为微流控研究中最常使用的材料，PDMS 可以溶解在各种常见的有机溶剂中[106]。如果使用硅、玻璃或钢[107, 108]，或 PDMS 以外的其他聚合物材料[109]，则可以解决此类问题，并且可以在高温高压下进行反应。然而，使用其中任何一种材料的制造过程都比使用 PDMS 更困难。

微分析系统的发展[110, 111]，尤其是用于生物分析的微分析系统，仍在不断发展。然而，该领域的发展速度总是低于预期。这种现象在一定程度上可以归因于整个分析周期中样品制备和样品检测的局限性。生物样品，尤其是血液或粪便等临床样品，或通过土壤等环境采样获得的样品，通常具有低浓度或复杂成分。在使用微流控设备分析这些样品之前，必须将其预处理至与相应分析手段兼容的状态，然后将其引入分析设备。根据样品状态的不同，完成这些任务的基本过程可能会有很大差异。样品制备、引入分析仪并处理后，必须进行测试，例如，通过芯片外的显微镜进行测试。在某些情况下，使用微流控芯片作为系统的一小部分是可行的。在这种系统中，样品的引入和检测可能比芯片本身的操作复杂得多。这种方法可能会削弱微流控设备的潜在优势。微流控领域的其他常见问题，如泵送模式、阀门和芯片试剂存储，也需要更好的解决方案。

微流控不仅是一门技术，也是一门科学，它在各个应用领域显示出强大甚至革命性的潜力。然而，这项技术仍处于初级阶段，需要大量工作才能将其从学术研究转移到工业应用。除了用于传统的生物、制药、聚合物等领域外，由于微流控技术的固有特性，近年来也开始出现各种将微流控技术与高通量制备相结合的研究[6, 112, 113]。

2. 高能量电催化剂筛选

由于多功能性、高活性和化学惰性，铂长期以来一直是几种重要电化学反应的首选电催化剂[114]，但其储量低、价格高，难以支持其大规模应用[115]。此外，在金属空气电池等系统中，需要同时促进析氧反应（OER）和氧还原反应（ORR）的双功能电催化剂[116]。迄今为止，铂及其合金被认为是 ORR 的最有效的催化剂。然而，铂对 OER 的催化活性仅处于中等水平，这使得铂作为双功能电催化剂不能令人满意[117]。钌（Ru）和铱（Ir）氧化物被认为是最著名的 OER 催化剂。然而，这些贵金属材料的成本非常高，它们对 ORR 的催化活性低于铂[118]。因此，近年来，研究人员一直致力于降低电催化剂中贵金属的含量，并希望它们能具有良好的双功能催化活性。通过基于第一性原理的 DFT 计算，研究人员发现，多种常用的金属基和金属氧化物基催化材料与三种中间体之间的结合能呈高度线性。换句话说，为了提高电催化剂的 ORR 活性，理论上有必要牺牲部分 OER 活性，反之亦然[119, 120]。因此，通过对单组分电催化剂的优化，几乎不可能同时获得优异的

OER 和 ORR 性能，即制备高效的单组分双功能催化剂。这一结论为二元、三元甚至多组分电催化剂的后续开发提供了思路。研究表明，由过渡金属（Fe、Co、Ni、Cu、Mn 等）或以铂为基础的贵金属（Ru、Pd、Ag、Au 等）组成的二元、三元甚至多组分电催化剂通常具有更强的催化活性和稳定性[121, 122]。

近年来，研究人员利用多种元素对铂基电催化剂的组成进行了修饰，并取得了良好的效果。Stamenkovic 等[123]研究了由 Ni、Co、Fe、Ti、V 和 Pt 组成的 Pt_3M 合金的表面电子结构和 d 带中心，并测试了相应的催化活性，为 Pt_3M 合金的活性增强提供了理论依据。Jayasayee 等[124]制备了用于质子交换膜燃料电池（proton exchange membrane fuel cell，PEMFC）阴极的碳负载铂及其合金 PtNi、PtCo 和 PtCu。结果表明，不同 Pt-M 合金的催化活性随材料粒径的变化基本相同，并且随粒径的增大而逐渐增大。在这类研究中，电催化剂的优化方法主要包括形态调节和成分调节。其中，成分调节在实际工业生产中是一种比较有意义的方法。因此，近年来，电催化剂的组分调控逐渐成为研究者关注的焦点。基于组分调控的电催化剂筛选一方面可以筛选出同一组分体系中性能最好的组分组合，另一方面也可以比较不同组分体系的优缺点，从而大大加快电催化剂的制备和优化。

对于二元电催化剂，为了筛选最佳的成分组合，需要制备和表征的样品数量可能只有个位数。对于三元电催化剂，即使每个组分按照 10%的梯度变化，要探索的成分组合也已达到 66。因此，在这种情况下，通过传统的电化学表征方法完全调节组分并找到具有最高电催化活性的组分组合是一个非常耗时且复杂的过程[125]。从这一点来看，如果要从一个包含多组分电催化剂的样品库中，根据催化剂的电催化性质实现高效筛选，高通量电化学表征已成为首选方法。近年来，国内外出现了各种高通量电化学表征平台和装置。其中，一些平台和设备是由商业公司开发的，一些是由研究人员根据他们的需要构建的。Reddington 等首次将组合化学和高通量筛选技术引入电催化剂领域，以探索电催化剂不同组分在甲醇电氧化（methanol oxidation reaction，MOR）中的活性。作者对一台商用喷墨打印机进行了改进，制备了一种 645 元电极阵列，该电极阵列包含有 Pt、Ru、Os、Ir 和 Rh 的二元、三元和四元组分。通过荧光标记，在 $Pt_{44}Ru_{41}Os_{10}Ir_5$ 这一成分组合中成功观察到最高的 MOR 活性[126]。在这份报告之后，高通量电催化剂筛选的相关研究开始出现。从高通量电催化剂筛选的技术路线上，可以大致分为以下几类。

（1）光学筛选。光学筛选法原理简单、操作方便、结果形式直观，是电催化剂筛选领域的常用方法。这类方法通常需要向电解质溶液中添加 pH 指示剂，以便指示剂在特定 pH 范围内发出荧光。例如，在 MOR 反应过程中，溶液的 pH 将随着氢离子的生成而继续降低，而在 ORR 反应过程中，溶液的 pH 将随着氢离子的消耗而继续增加[125]。这一原理也成为光学筛选法应用的基础。

Reddington 等对甲醇电氧化过程中产生的高浓度氢离子进行了荧光标记成

像，从包含五种元素（Pt、Ru、Os、Ir 和 Rh）、80 种二元、280 种三元和 280 种四元组合的 645 元电极阵列中，筛选出最好的催化剂是 $Pt_{44}Ru_{41}Os_{10}Ir_5$（数字表示原子分数，%）[126]。如上所述，光学筛选法可以简单快速地评估组分组合库，但活性测量是间接的，不同系统的评估条件（pH 和指示剂）可能完全不同。因此，为了避免由于光学筛选方法的弱点而导致误导性结论，一种可行的方法是通过旋转圆盘电极（rotating disk electrode，RDE）实验等传统方法合成和表征光学筛选方法确定的最佳成分组合。

（2）扫描电化学显微成像（scanning electrochemical microscopy，SECM）。光学筛选法具有灵敏度低、难以量化的缺点，因此能够准确测定电化学反应过程中的电流或电位的方法更为理想。SECM 是此类研究中的一项潜在技术，因为它能够检测和成像具有不同催化活性的区域[127]。近年来，SECM 的应用已扩展到电催化剂筛选领域。例如，SECM 的常规反馈模式用于研究酸性介质中氢氧化反应（hydrogen oxidation reaction，HOR）电催化材料的活性[128]，或用于析氢反应（hydrogen evolution reaction，HER）[129]和 MOR[130]的电催化材料。

Fernández 等利用这项技术扫描了 PdCo、AgCo 和 AuCo 的几种二元合金[131]。以 PdCo 合金为例，当基片电位增加到 0.7V 时，$Pd_{90}Co_{10}$ 的组成组合表现出最高的 ORR 活性。此外，纯 Pd 没有表现出 ORR 活性，但当 PdCo 二元催化剂中 Co 的质量分数大于 20%时，ORR 活性随 Co 浓度的增加而降低。随后的 RDE 表征结果也证实了在 PdCo 阵列中观察到的高 ORR 活性，表明 SECM 技术是快速筛选电催化剂阵列的有效方法。但该技术需要一整套专用设备（扫描电化学显微镜），采购、维护和使用成本较高。

（3）电极阵列半电池法。该技术可以独立控制和评价各个催化点，直接测量 ORR 电流，得到了广泛的应用。然而，使用该方法需要制备精细的催化剂阵列。其中，催化剂点通常通过物理气相沉积系统沉积在基片上，并且在每个点处提供相应的控制。此外，为了实现对系统的快速评估，需要一个多通道恒电位仪来同时测量每个点的 ORR 活性。Guerin 等[132]制备了硅晶圆上的 10×10 个金阵列（每个点的大小为 1mm×1mm），每个点都有独立的电连接，并利用该系统研究了 ORR 活性与相应电极电催化剂粒径之间的关系。他们观察到，当粒径约为 3.0nm 时，按质量归一化的 ORR 活性达到最大值。

尽管电极阵列半电池法具有许多优点，但与上述其他技术相比，制备所需的电催化剂阵列需要更昂贵的基片制备和催化剂沉积设备。此外，该方法的整体实验过程也比较复杂，难以实现大规模应用。

（4）电极阵列全电池法。Liu 等开发了一种使用阵列膜电极组件的燃料电池用以高通量筛选燃料电池电催化剂，他们使用改进的燃料电池硬件以确保稳定的反应条件，阵列燃料电池不需要补充电解质，阵列燃料电池的性能通过测试一种自制的和三种商业可用的燃料电池催化剂来证明,从而找到在 DMFC 阳极的电位范围内(即 0.3~0.4V),催化剂性能排名为 PtRu(Johnson Matthey)、PtRu 氧化物(E-Tek)、硼氢化钠自制 PtRu[133]。

在该系统中,ORR 活性是通过在阵列的一侧产生湿空气流和在对电极/参比电极的一侧产生湿氢气流来测量的。虽然该方法不需要进一步的常规方法来确认催化性能,但显然需要在阵列的制备方法和可并行评估的催化剂数量方面进行更多改进。然而,为了成为高通量筛选电催化剂的可靠方法,该方法还需要其他电催化剂系统或设备进一步验证。

(5)其他方法。除上述常用的方法外,一些研究人员还发现了另一种方法。如查珅隽等基于 DFT,通过计算与模拟的方式,对近三十种铂系双金属反应路径上的反应热和过渡态能量对丙烷脱氢反应的催化能力进行了筛选,证明在 Pt/In 原子比为 3:1 时在活性和选择性上达到了一个平衡,能够获得丙烯生成 TOF 的最大值[134]。

3. 高通量电催化剂制备和筛选领域存在的挑战

通过对高通量制备和高通量电催化剂筛选领域的基本要素和研究现状的分析可发现,虽然研究人员开发了多种高通量制备方法,形成了多种高通量电催化剂筛选思路,但这些领域的研究仍存在以下挑战。

(1)在高通量制备技术方面,虽然研究人员开发了多种高通量制备平台或设备,但这些平台大多需要机器人系统、自动喂料系统等专用设备,成本高,操作过程复杂。

(2)微流控技术在高通量制备的应用中,目前的技术手段主要是通过调节微流控芯片入口不同液体的流速,在微通道中完成连续合成,这很难在单个实验中研究各种不同的反应条件(尤其是反应温度)。

(3)在高通量电化学筛选技术方面,目前的研究成果往往基于较为复杂和昂贵的设备,如扫描电化学显微镜和物理气相沉积系统,系统的通用性往往较差。

此外,这种高通量电化学筛选技术与水热/溶剂热法制备的电催化剂之间的兼容性较差。通常需要将样品制备和筛选过程彼此分离,并且仍然需要复杂的环节,如产品提取和样品注射。面对这些挑战,如果能够开发一个集成化、自动化的高通量电催化剂制备与表征平台,将有助于进一步提高相关研究的效率。

11.2.2　基于微流控芯片的材料成分和反应温度控制平台的搭建

由天津大学和上海交通大学共同构建的基于微流控芯片的产物组成和反应温度控制平台,可以通过一个步骤确定湿化学反应系统所需的最低温度,为湿化学反应产品的组成、反应温度和形态之间的关系提供有价值的信息，比传统方法具有更高的效率，从而实现湿化学粉末材料的高通量制备。

该平台包括微流控芯片、反应器阵列等模块。微流控芯片用于产生稳定的20级前驱物溶液浓度梯度。采用100通道反应器阵列进行高通量湿化学制备，可覆盖20个浓度梯度和五种温度梯度的制备参数，即100种不同的反应条件。该平台可以一次性制备20种不同组分的前驱物溶液；前驱物溶液的注入过程可以自动进行，无须手动操作；五种不同温度下的湿化学反应可以并行进行。通过改变前驱物溶液浓度和反应温度等参数，在100通道反应器阵列中进行钴镍二元粉末材料的高通量湿化学制备。根据样品成分表征结果，每个温度组中的样品都具有预期的成分梯度。根据样品的SEM表征结果，所得钴镍二元粉末的形貌特征与前驱物溶液浓度和反应温度密切相关。所有这些结果表明，该基于微流控芯片的成分和温度控制平台非常适合各种初步实验，以研究湿化学制备参数，同时优化制备参数。此外，平台的模块化设计使其具有灵活性，通过模块替换或扩展，可以满足不同类型或更大规模参数研究的需要。高通量制备平台的应用可进一步扩展到水溶液和非水溶液中的大多数湿化学反应。

该平台的成功构建和测试为将微流控芯片技术引入高通量制备提供了一种新思路，可以通过方便、自动化的工作流程节省时间和人力成本，并可用于环境友好、低成本的湿化学材料制备和参数研究。

该平台的功能特点可归纳为如下三点。

（1）利用微流体层流效应实现前驱物溶液快速混合，并产生一系列浓度呈梯度分布的前驱物溶液。根据微纳米粉体材料制备过程的特殊性，研究各种可能形式的微流控芯片的性能差异，完成两种不同规格微流控芯片的设计方案，该芯片原理简单可行、浓度梯度可控性强、成本相对较低。利用该方案，使用PDMS材料分别制作了二元/三元组分调控微流控芯片。电感耦合等离子体（inductive coupled plasma，ICP）测试结果表明，形成的金属溶液浓度梯度与理论结果/有限元模拟结果高度一致，充分体现了微流控芯片作为浓度梯度发生器的优良性能和良好的实际应用效果。

（2）可实现二元/三元粉末材料的高通量制备。温度梯度反应器阵列的加热温度范围覆盖了水热/溶剂热法的大部分反应温度范围，从而可快速确定特定湿化学反应体系所需的最低温度，并且可有效地研究制备过程与成分形貌/颗粒尺寸之间的关系，最终建立相应的数据库。整个制备过程可以大大简化前驱物溶液的引入流程，一次液体注入可以填充100个反应器，大幅提高了制备效率。利用该装置高通量制备所得的钴镍/铂基粉末材料，其材料组成的成分变化趋势与前驱物溶液浓度梯度的变化相对应，验证了使用微流控芯片进行高通量制备的可行性。

（3）可高通量筛选具有高电化学反应活性的材料体系。将反应器阵列与电化学电极阵列相耦合，可对高通量制备所得粉末样品的电化学性能进行快速表征，通过单元样品的稳态电流/工作电压等评估电催化活性，实现高通量筛选高性能样品的目的。

1. 微反应器并行合成粉体材料芯片的制备

微流控芯片是平台中的浓度梯度发生器，由传统的 PDMS 制成。在制备方法中，首先通过光刻技术在硅模具表面加工微通道特征，然后在硅模具表面进行交联反应后固化液态 PDMS，即在 PDMS 表面雕刻微通道特征。随后，将固化的 PDMS 材料与玻璃基片进行离子键合，以获得闭合的微通道。最后，用打孔器制作芯片进出口，完成微流控芯片的制备。光刻后得到的硅片模具照片如图 11-4 所示[9]，微通道的宽度和深度 H 为 100μm，标记在掩模和硅芯片上。使用该硅芯片，用 PDMS 材料即可制备微流控芯片。

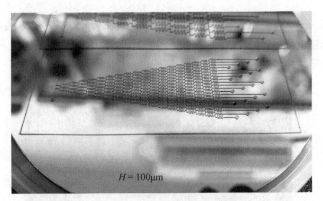

$H = 100μm$

图 11-4　二组分微流控芯片的硅片模具[9]

将液体注入口改为三个（相应地，微通道级数减少一级），其他特征和规格与双组分微流控芯片保持一致，采用相同的工艺，可以制备三组分微流控芯片，作为双组分微流控芯片的可替换模块。

2. 材料成分和反应温度控制平台的搭建

使用纽凯自动化设备（厦门）有限公司的 BT6003DG24-10 蠕动泵灌装机，在注射泵上固定 50mL 注射器，使用内径为 0.5mm 的 PTFE 管连接微流控芯片和注射器，并选取 20 根 4mL 离心管作为离心管阵列，采用外径为 0.7mm 的空心钢针作为传递装置，防止 PTFE 管与微流控芯片连接处的液体泄漏，就可以搭建基于微流控芯片的成分和温度控制平台，如图 11-5 所示[9]。

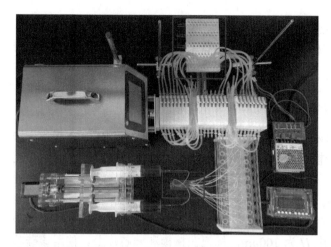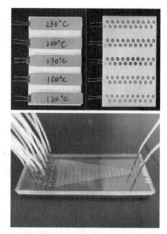

图 11-5　基于微流控芯片的成分和温度控制平台照片，右侧的小图展示了反应器阵列和微流控
芯片的相关细节[9]

通过将双组分微流控芯片替换为三组分微流控芯片，并将离心管阵列替换为 100 个 2mL 的离子色谱瓶，得到制备三组分的成分和温度控制平台的实物图如图 11-6 所示[9]。

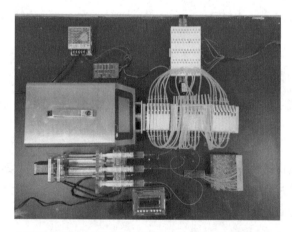

图 11-6　基于微尺度空间流体操控的制备微纳粉体组合材料的装备原型

3. 材料成分和反应温度控制平台的验证

可以使用电感耦合等离子体发射光谱（inductively coupled plasma optical emission spectrometer，ICP-OES）验证所制备的微流控芯片是否能产生预期的稳定的 20 阶线性浓度梯度。

以二组分微流控芯片为例，制备 50.85mmol/L 的 $CoCl_2$ 水溶液和 50.85mmol/L

的 NiCl$_2$ 水溶液，用注射泵将两种溶液注入微流控芯片，在芯片出口收集 20 种不同组分的溶液，通过 ICP-OES 分析溶液组成。图 11-7 显示了 ICP-OES 的测试结果以及圣诞树结构微流控芯片可以产生的理论浓度梯度[9]。结果表明，实际测得的钴离子浓度和镍离子浓度与样品数几乎呈线性关系，与理论浓度梯度结果接近。上述 ICP-OES 测试结果表明，所制备的微流控芯片可以产生稳定的 20 级线性浓度梯度。同样，三组分微流控芯片也可以通过类似的方法进行验证。

为了验证连接到反应器阵列的 PTC 加热片是否可用于产生所需的温度梯度，可使用红外热成像仪获得工作反应器阵列工作过程中的红外照片，如图 11-8 所示[9]。

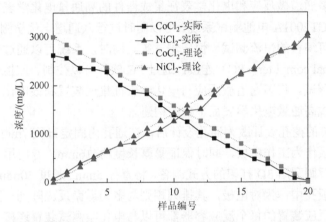

图 11-7　利用 ICP-OES 测得的 CoCl$_2$ 和 NiCl$_2$ 水溶液的浓度梯度生成结果及其与理论浓度梯度的对照[9]

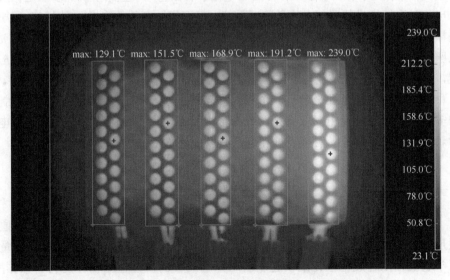

图 11-8　反应器阵列的红外热成像照片（通电状态）[9]

从热成像照片可以看出，反应器阵列涵盖 120～230℃的五个温度范围（每个 PTC 加热器的温度误差为±10℃）五组反应器阵列呈现出相应的温度梯度特征，符合预期。从温度测量结果来看，矩形包围的五个温度区域的最高温度分别为 129.1℃、151.5℃、168.9℃、191.2℃和 239.0℃。因此，可以得出结论，反应器阵列满足设计预期，并能产生稳定的五级温度梯度。

11.2.3 电化学表征一体化平台的搭建

在基于多通道微反应和电化学表征集成器件的高通量电化学表征平台中，核心测试设备 CT2001A 电池测试系统，可以同时进行八通道电化学测试，可以进行参数可调和可编程的恒流测试、恒压测试等。同时，系统可以通过串口与个人计算机（personal computer，PC）连接，通过 PC 软件可以控制、监控、存储和处理各个通道的测试。将多通道微反应与电化学表征集成装置和该电化学测试系统连接，可以完成高通量电化学表征平台的构建。

将 PTFE 的挖孔设计改为通孔设计后，在通孔内固定直径 7mm、长度 20mm 的石墨棒电极作为工作电极，同时保证暴露长度约 16mm。专门用于电化学表征的电极固定板则利用 3D 打印的方式制备，将直径 5mm、长度 20mm 的 20 个石墨电极固定在板孔中作为对电极，其排列规则与多通道微反应阵列一致。这样，原有多通道微反应装置的每个反应容器都可以与电化学测试装置连接，从而实现高通量（最多 20 个通道）电化学测试。

同时，研究学者设计了一种专用的电化学表征基础装置用于确保多通道微反应与电化学表征集成装置与电化学测试系统之间可靠、高效的连接，它由 3D 印刷石墨棒阵列固定板和用于集成布线的印刷电路（printed circuit board，PCB）板组成。底座装置通过 PCB 板的内部布线将 100 个石墨电极连接到侧排引脚接口的相应位置，确保电化学表征装置与电化学测试系统之间能够形成稳定可靠的电气连接。

高通量电化学表征平台是一个相对独立的平台。可以从已经完成高通量制备的多通道微反应装置中提取样品，或者可以将多通道微反应装置作为高通量电化学表征平台的一部分，直接表征和筛选具有电化学活性的制备材料。

11.3 应 用 范 例

利用基于微流体操控原理的微反应器并行合成粉体材料芯片，以及多通道微反应和电化学表征一体化装置，可以进行电催化剂的高通量制备和高通量电化学表征，以达成电催化剂快速制备与筛选的目的，并建立相应的材料数据库。装置具备较好的可用性、高效性和泛用性，为高通量多元电催化剂制备和筛选领域，尤其是为那些贴近产业实际应用的领域，提供了电催化剂制备和优化方面的参考思路。

11.3.1　电催化剂的高通量制备

1. 钴镍电催化剂的微流控高通量制备

在典型的钴镍二元粉体材料的制备流程中，可以选择丙二醇作为有机溶剂体系，丙二醇既可以用作还原剂，也与 PDMS 材料有良好的相容性[106]。两组前驱物溶液分别采用 1mmol 六水合氯化钴（II）、14mmol 氢氧化钠和 0.5mL 去离子水溶于丙二醇制成的 20mL 溶液，以及 1mmol 六水合氯化镍（II）、14mmol 氢氧化钠和 0.5mL 去离子水溶于丙二醇中制成的 20mL 溶液[134]。在将两组前驱物溶液输送到反应器阵列之前，需要通过 2h 的磁力搅拌或超声清洗，以确保溶液均匀且透明，溶液中的颗粒物不会堵塞在通道宽度为 100μm 的微流控芯片中，造成芯片损坏或影响浓度梯度的产生。

成分和温度控制平台的浓度梯度生成步骤如下：首先，将两种前驱物溶液分别加入两个 50mL 注射器中；接下来，启动注射泵，从离心管阵列中的微流控芯片出口处收集具备 20 级浓度梯度的前驱物溶液；最后，在蠕动泵装置和螺旋滑块装置一起运行后，所有反应器都充满所需的前驱物溶液。

图 11-9 显示了使用该基于微流控芯片的成分和温度控制平台引入钴镍二元前驱物溶液后的反应器阵列照片[9]。在每组反应器中，溶液的颜色从一侧到另一侧逐渐变化。根据微流控芯片产生的浓度梯度结果（图 11-7[9]）可以看出，靠近 Co 侧的反应器中，溶液中 Co 元素含量较高，而在靠近 Ni 侧的反应器中，溶液中 Ni 元素含量较高。上述结果表明，该平台能够成功地生成具有所需浓度梯度的前驱物溶液。

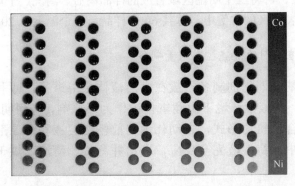

图 11-9　反应前的反应器阵列照片，溶液颜色显示了钴镍二元前驱物溶液的浓度梯度情况（扫描封底二维码可见本图彩图）[9]

反应器阵列底部安装有用于实现不同温度的 PTC 加热片,通过对加热片通电,即可启动反应过程。在此之前,可用聚酰亚胺胶带密封每个反应器,以减少溶剂蒸发。反应 3h 后,待反应器自然冷却至室温,可以观察到如图 11-10 所示的湿化学法制备钴镍二元粉体材料后的反应器阵列[9]。含有产物生成的溶液应显示为黑色。从图 11-10 可以看出,120℃和 150℃区域中的大多数反应器都不是黑色的,表明这些位置的反应不完整或不成功。在 170℃、200℃和 230℃三个区域中,所有反应器都显示为黑色。结果表明,在丙二醇体系中制备钴镍二元粉末需要 150℃以上的温度,高于 170℃可以保证制备成功。这与采用传统湿化学方法的多元醇体系的常见反应温度为 150℃、160℃和 170℃的结论一致。结果表明,该平台可以快速确定特定湿化学反应系统所需的最低温度。

图 11-10　完成钴镍二元粉体材料制备的反应器阵列照片。在 170℃区域标记的数字 1~20 表示的是各个对应反应器的编号(扫描封底二维码可见本图二维码)[9]

合成完毕后,可将三个高温区域合成的样品离心、清洗、干燥后,利用 SEM 和 EDS 进一步表征(如本例中,总共 60 个样品,每个温度组 20 个样品)。

2. 铂基电催化剂的微流控高通量制备

常温的铂基电催化剂制备一般在水溶液体系中进行,即利用各组分水溶液作为前驱物,在碱性环境下由硼氢化钠作为还原剂,得到期望的还原产物。通过蠕动泵结合滑轨的形式,自动化地将前驱物溶液和还原剂分别引入多通道微反应阵列中,待溶液完全反应,取出并离心、清洗、烘干,便可收集到粉末样品。

以制备 NiPtCu、AuPtNi、AuPtCu、RhPtNi 和 RhPtCu 五种铂基三元电催化剂为例。首先需要制备 $NiCl_2$、H_2PtCl_6、$CuCl_2$、$HAuCl_4$、$RhCl_3$ 五种前驱物溶液,

浓度均为 50mmol/L；用作还原剂的硼氢化钠溶液浓度为每 10mL 去离子水中溶解 0.04g NaOH 和 0.1g NaBH₄。硼氢化钠溶液与含贵金属的前驱物溶液反应比较剧烈，会产生大量气泡，因此在加入顺序上先加入前驱物溶液，再加入硼氢化钠溶液，便于反应中生成的气体及时扩散，并防止不同反应容器的液体之间发生交叉污染。

通过蠕动泵结合滑轨将前驱物溶液引入多通道微反应阵列中，再以同样的方式将硼氢化钠溶液引入多通道微反应阵列的每一个反应容器中。在两种反应溶液混合完成后数秒钟，即可看到溶液变黑、产生气泡。等待约 1h 后，所有的反应容器中均不再有气泡产生，说明还原反应进行完全。采用移液器将每个反应容器中的溶液吸取到单独的离心管中，加入去离子水，充分摇晃后放入离心机，离心分离得到固态产物。重复三次，确保溶液中的其他杂质离子清洗干净后，即可将离心管在烘箱中烘干，最终收集到粉末样品。

11.3.2　电催化剂的形貌和成分表征

1. 钴镍电催化剂的形貌和成分表征

利用 SEM 和 EDS 对使用高通量方法制备得到的 60 组钴镍二元粉体材料样品进行表征，可以筛选出钴镍二元粉体材料的最佳制备条件，并建立条件-形貌数据库。

不同温度下所得样品的 Ni 与 Co 的质量比（Ni/Co）数据如图 11-11（a）、图 11-12（a）、图 11-13（a）所示[9]。根据 EDS 分析结果，所有 60 组样品仅包含钴、镍和氧三种元素。随着样品编号的增加，Ni/Co 呈增大趋势，说明钴镍二元前驱物溶液的浓度梯度已成功转变为反应产物的成分梯度。

图 11-11（b）展示的是在 170℃的反应温度下制备的 20 组钴镍二元粉体材料的 SEM 图像[9]。从 SEM 图像中可以清晰地看到，编号 7～13 的样品显示出小颗粒（约 0.5μm）的特征形貌，而在同一组的其他样品中几乎无法看到这种形貌。第 7～13 号样品中 Ni 与 Co 的质量比接近 1∶1。这表明在 Co 和 Ni 的质量分数接近的情况下，在 170℃的温度下倾向于形成小颗粒的特征形貌。同时，在大多数样品中都可以观察到絮状形貌（由椭圆圈出）。这可能是由于在该反应温度下，结晶动力学相对缓慢。另外，具有更大样品编号（更高的 Ni/Co）的样品倾向于具有更多的絮状形貌。基于这些现象，可以得出的初步结论是，具有较高 Ni/Co 的产物可能需要较高的温度才能获得典型的颗粒形貌。这些 SEM 表征结果表明，钴镍二元粉体材料可以在 170℃的温度下成功制得，并且产物同时具有絮状和颗粒两种形貌。

411

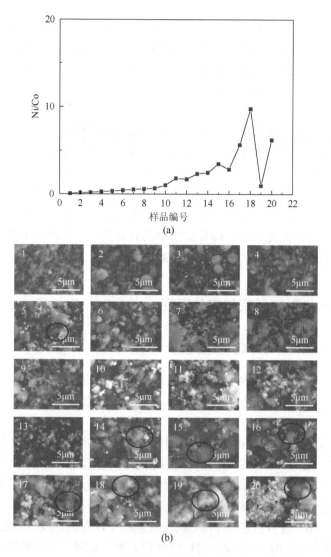

图 11-11　170℃下所得样品的 Ni/Co 数据图（a）以及 170℃样品的 SEM 图（b）[9]

　　图 11-12（b）显示的是在 200℃的反应温度下制备的钴镍二元粉体材料的 SEM 图[9]。除小颗粒（约 0.5μm）外，多数样品中还出现了大颗粒（约 2μm）形貌。该现象表明，随着反应温度升高，晶体形核和长大过程受益于较高的温度，因此颗粒粒径也有所增大。另一个有趣的现象是，一些 200℃样品（尤其是那些 Ni/Co 较高的样品）仍显示出絮状形貌（由椭圆圈出）。该结果证明，此前的初步结论（具有较高 Ni/Co 的产品可能需要更高的温度才能获得颗粒形貌）对于 200℃样品仍然是适用的。200℃下得到的样品比 170℃下得到的样品具有更多的颗粒形

貌以及更大的产物粒径。

图 11-13（b）显示了在 230℃反应温度下合成的钴镍二元粉体材料的 SEM 图[9]。230℃下所得样品的总体形貌更加规则，分布更为均匀。在这些样品中，大颗粒（约 2μm）的形貌占主导地位，使其与 170℃样品和 200℃样品有所不同。此外，在所有 230℃的样品中几乎都没有絮状形貌出现。该结果表明，反应温度达到 230℃时，可以产生钴镍二元粉体材料的常规颗粒形貌。

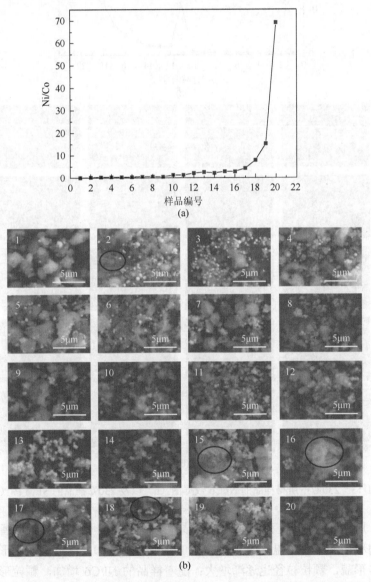

图 11-12　200℃下所得样品的 Ni/Co 数据图（a）以及 200℃样品的 SEM 图（b）[9]

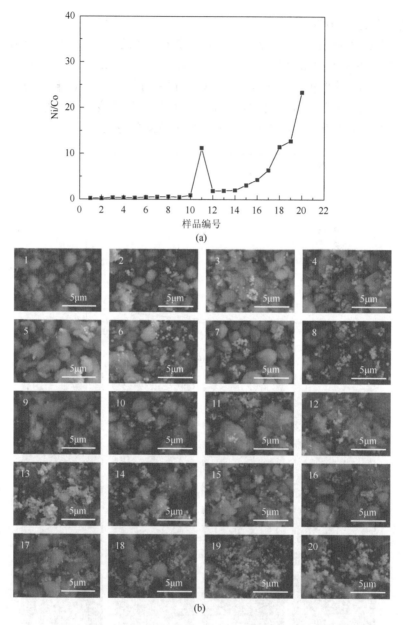

图 11-13　230℃下所得样品的 Ni/Co 数据图（a）以及 230℃样品的 SEM 图（b）[9]

综上所述，对 SEM 和 EDS 表征结果可以总结为：丙二醇体系制备的钴镍二元粉体材料，随着反应温度的升高（从 170℃到 230℃），样品的絮状形貌逐渐转变为颗粒形貌，颗粒粒径也逐渐增大；随着样品的 Ni/Co 增加，颗粒形貌的形成往往需要更高的反应温度。

2. 铂基电催化剂的形貌和成分表征

类似地，利用 SEM 和 EDS 对使用高通量方法制备得到的 100 组铂基三元电催化剂样品进行表征，可以获得材料组分与形貌之间的关系。高通量方法制备的铂基三元电催化剂在微观上大多呈现出类似多孔海绵的形貌，粒径大多为几十纳米，且贵金属元素（Pt、Rh，Au）含量越高，催化剂粒径就越小。例如，随着 NiPtCu 三元电催化剂中 Pt 含量增加，催化剂粒径减小；随着 AuPtNi、AuPtCu 三元电催化剂中 Au、Pt 含量降低，或 RhPtCu、RhPtNi 三元电催化剂中 Rh、Pt 含量降低，催化剂粒径均增加。

11.3.3　铂基电催化剂的高通量电化学表征

对利用高通量方法制备的 NiPtCu、AuPtNi、AuPtCu、RhPtNi 和 RhPtCu 合计 100 种不同成分的铂基三元电催化剂进行高通量电化学表征，能够得到 100 组成分不同的铂基三元电催化剂的性能测试结果，根据这些结果可以找到五种不同体系中电催化性能相对较强和较弱的性能组合，并总结出电催化剂组分与催化性能之间的规律。

研究结果表明，对铂基三元电催化剂的电催化活性起决定性作用的是贵金属元素（Pt、Rh，Au）的组分和含量。当三元电催化剂中仅存在 Pt 一种贵金属元素时，Pt 的含量越高，电催化活性越高。例如，NiPtCu 体系的高通量电化学测试结果表明，$Ni_{0.30}Pt_{0.56}Cu_{0.14}$、$Ni_{0.17}Pt_{0.52}Cu_{0.31}$ 和 $Ni_{0.12}Pt_{0.48}Cu_{0.40}$ 三组电催化剂在稳态下呈现出了相对较高的电流密度，具有相对较强的电催化活性和稳定性。值得注意的是，当催化剂成分满足 Pt 和 Ni 原子比接近 3∶1（$Ni_{0.17}Pt_{0.52}Cu_{0.31}$）或是 Pt/Cu 原子比接近 $Ni_{0.12}Pt_{0.48}Cu_{0.40}$ 的条件时，电催化活性较强。

当三元电催化剂中存在 Au 和 Pt 两种贵金属元素时，活性较高的电催化剂集中在 Au 和 Pt 含量较高的样品附近，且满足以下三种条件之一的电催化活性较为突出：Au 和 Pt 原子比满足（3～4）∶1；Pt 和 Ni 原子比接近 3∶1；或是 Pt 和 Cu 原子比接近 1∶1。例如，AuPtNi 材料 $Au_{0.71}Pt_{0.25}Ni_{0.04}$、$Au_{0.54}Pt_{0.35}Ni_{0.11}$ 和 $Au_{0.09}Pt_{0.39}Ni_{0.52}$ 等催化剂，以及 AuPtCu 材料 $Au_{0.77}Pt_{0.18}Cu_{0.05}$、$Au_{0.35}Pt_{0.42}Cu_{0.23}$、$Au_{0.27}Pt_{0.41}Cu_{0.32}$ 和 $Au_{0.12}Pt_{0.32}Cu_{0.56}$ 四组电催化剂在稳态下呈现出相对较高的电流密度，具有相对较强的电催化活性和稳定性。Mott 等制备了 AuPt 二元合金，并发现当 Au 在合金中的原子分数为 65%～85%时，产物的电催化活性较强，与高通量电化学表征的结果之一（Au 和 Pt 原子比满足 3∶1～4∶1 的电催化剂活性较强）相似。作者将这种协同效应归结为 Au 和 Pt 之间的固溶间隙导致的 Pt 晶格常数增大，导致其 d 带迁移而产生的电子效应[136]。

当三元电催化剂中存在 Rh 和 Pt 两种贵金属元素时，活性较高的电催化剂集中在 Rh 和 Pt 含量较高的样品附近，体系中活性较强的电催化剂成分满足下面两种情况之一：Rh 的含量较高；Rh 和 Pt 原子比接近 1：1。例如，RhPtNi 材料 $Rh_{0.91}Pt_{0.09}$、$Rh_{0.82}Pt_{0.18}$、$Rh_{0.54}Pt_{0.32}Ni_{0.14}$ 和 $Pt_{0.53}Ni_{0.47}$ 几组样品，以及 RhPtCu 材料 $Rh_{0.88}Pt_{0.12}$、$Rh_{0.75}Pt_{0.21}Cu_{0.04}$、$Rh_{0.68}Pt_{0.24}Cu_{0.08}$、$Rh_{0.60}Pt_{0.28}Cu_{0.12}$ 和 $Rh_{0.51}Pt_{0.36}Cu_{0.14}$ 几组电催化剂在稳态下呈现出相对较高的电流密度，具有相对较强的电催化活性和稳定性。另外还可以发现，电催化剂活性随着 Ni 或 Cu 的原子分数增加而降低，当 Ni 和 Cu 的原子分数较高时（＞50%），两种体系电催化剂的活性和稳定性相对较差，这也符合对贵金属和过渡金属电催化剂性能的认知。

11.4 本 章 小 结

基于微流控原理的微反应器并行合成粉体组合材料芯片，在材料的高通量制备与表征领域显示出巨大潜力，其关键技术主要包括两个方面：①自动化产物制备；②材料成分和反应条件的控制。该技术的未来可以着眼于以下几个发展方向。

（1）提高自动化、智能化程度。不同体系的材料制备，制备过程也存在差异。利用机器人技术和机器视觉识别算法等技术，实现更智能、自动化程度更高、泛用性更高的芯片及系统，是基于微流控原理的微反应器并行合成粉体组合材料芯片的一条发展道路。

（2）提高技术与装备的可靠性。如何通过建立有效的管理系统增加基于微流控原理的微反应器并行合成粉体组合材料芯片的可靠性，确保材料制备过程中的可重复性，确保可变参数之外其他条件的一致性，确保对所得材料样品库的高度控制能力，是决定对制备参数系统性探索的努力能否成功的关键因素。

（3）结合机器学习技术。在材料基因工程数据驱动模式的研发理念下，材料研究活动围绕数据产生与数据处理展开。将机器学习技术应用于材料制备和筛选领域，也是基于微流控原理的微反应器并行合成粉体组合材料芯片的发展方向。例如，通过神经网络模型，根据已有数据，利用算法预测并设计实验参数，缩小实验参数范围、减少所需的实验次数，有效提升材料发现和优化的效率。

参 考 文 献

[1] Haeberle S，Zengerle R. Microfluidic platforms for lab-on-a-chip applications. Lab on a Chip，2007，7（9）：1094-1110.

[2] Squires T M，Quake S R. Microfluidics：Fluid physics at the nanoliter scale. Reviews of Modern Physics，2005，77（3）：977-1026.

[3] Yager P，Edwards T，Fu E，et al. Microfluidic diagnostic technologies for global public health. Nature，2006，

442（7101）：412-418.

[4]　Brouzes E，Medkova M，Savenelli N，et al. Droplet microfluidic technology for single-cell high-throughput screening. Proceedings of the National Academy of Sciences of the United States of America，2009，106（34）：14195-14200.

[5]　Dittrich P S，Manz A. Lab-on-a-chip: Microfluidics in drug discovery. Nature Reviews Drug Discovery，2006，5（3）：210-218.

[6]　Feng Q，Zhang L，Liu C，et al. Microfluidic based high throughput synthesis of lipid-polymer hybrid nanoparticles with tunable diameters. Biomicrofluidics，2015，9（5）：052604.

[7]　Liu D F，Cito S，Zhang Y Z，et al. A versatile and robust microfluidic platform toward high throughput synthesis of homogeneous nanoparticles with tunable properties. Advanced Materials，2015，27（14）：2298-2304.

[8]　Wu S T，Xin Z，Zhao S C，et al. High-throughput droplet microfluidic synthesis of hierarchical metal-organic framework nanosheet microcapsules. Nano Research，2019，12（11）：2736-2742.

[9]　Hu Y，Liu B，Wu Y T，et al. Facile high throughput wet-chemical synthesis approach using a microfluidic-based composition and temperature controlling platform. Frontiers in Chemistry，2020，8：8579828.

[10]　Jeon N L，Dertinger S K W，Chiu D T，et al. Generation of solution and surface gradients using microfluidic systems. Langmuir，2000，16（22）：8311-8316.

[11]　Ma T Y，Dai S，Jaroniec M，et al. Synthesis of highly active and stable spinel-type oxygen evolution electrocatalysts by a rapid inorganic self-templating method. Chemistry: A European Journal，2014，20（39）：12669-12676.

[12]　Friebel D，Louie M W，Bajdich M，et al. Identification of highly active Fe sites in (Ni, Fe) OOH for electrocatalytic water splitting. Journal of the American Chemical Society，2015，137（3）：1305-1313.

[13]　Ino K，Saito W，Koide M，et al. Addressable electrode array device with IDA electrodes for high-throughput detection. Lab on a Chip，2011，11（3）：385-388.

[14]　Neves M M P S，González-García M B，Hernández-Santos D，et al. Screen-printed electrochemical 96-well plate: A high-throughput platform for multiple analytical applications. Electroanalysis，2014，26（12）：2764-2772.

[15]　Zhang J D，Xiong M，Hao N，et al. A universal microarray platform: Towards high-throughput electrochemical detection. Electrochemistry Communications，2014，47：54-57.

[16]　余明芬，曾洪梅，张桦，等. 微流控芯片技术研究概况及其应用进展. 植物保护，2014，40（4）：1-8.

[17]　Whitesides G M. The origins and the future of microfluidics. Nature，2006，442（7101）：368-373.

[18]　林炳承，秦建华. 微流控芯片实验室. 色谱，2005，（5）：456-463.

[19]　Schena M，Heller R A，Theriault T P，et al. Microarrays: Biotechnology's discovery platform for functional genomics. Trends in Biotechnology，1998，16（7）：301-306.

[20]　Du G，Fang Q，den Toonder J M J. Microfluidics for cell-based high throughput screening platforms: A review. Analytica Chimica Acta，2016，903：36-50.

[21]　范金坪. 生物芯片技术及其应用研究. 中国医学物理学杂志，2009，26（2）：1115-1117，1136.

[22]　Liu R H，Yang J N，Lenigk R，et al. Self-contained, fully integrated biochip for sample preparation, polymerase chain reaction amplification, and DNA microarray detection. Analytical Chemistry，2004，76（7）：1824-1831.

[23]　Dittrich P S，Tachikawa K，Manz A. Micro total analysis systems. Latest advancements and trends. Analytical Chemistry，2006，78（12）：3887-3907.

[24]　Reynolds O. III. An experimental investigation of the circumstances which determine whether the motion of water shall be direct or sinuous, and of the law of resistance in parallel channels. Proceedings of the Royal Society of London，1883，35（224-226）：84-99.

[25] 冯颖，王敏. 微流控层流技术的研究. 化学进展，2006，18（7）：966-973.

[26] Sia S K，Whitesides G M. Microfluidic devices fabricated in poly(dimethylsiloxane) for biological studies. Electrophoresis，2003，24（21）：3563-3576.

[27] Atencia J，Beebe D J. Controlled microfluidic interfaces. Nature，2005，437（7059）：648-655.

[28] Pattanayak P，Singh S K，Gulati M，et al. Microfluidic chips: Recent advances，critical strategies in design，applications and future perspectives. Microfluidics and Nanofluidics，2021，25（12）：99.

[29] Beebe D J，Moore J S，Bauer J M，et al. Functional hydrogel structures for autonomous flow control inside microfluidic channels. Nature，2000，404（6778）：588-590.

[30] Choban E R，Markoski L J，Wieckowski A，et al. Microfluidic fuel cell based on laminar flow. Journal of Power Sources，2004，128（1）：54-60.

[31] Weibel D B，Whitesides G M. Applications of microfluidics in chemical biology. Current Opinion in Chemical Biology，2006，10（6）：584-591.

[32] Weibel D B，Kruithof M，Potenta S，et al. Torque-actuated valves for microfluidics. Analytical Chemistry，2005，77（15）：4726-4733.

[33] Zhao B，Moore J S，Beebe D J. Surface-directed liquid flow inside microchannels. Science，2001，291（5506）：1023-1026.

[34] Liau A，Karnik R，Majumdar A，et al. Mixing crowded biological solutions in milliseconds. Analytical Chemistry，2005，77（23）：7618-7625.

[35] Bringer M R，Gerdts C J，Song H，et al. Microfluidic systems for chemical kinetics that rely on chaotic mixing in droplets. Philosophical Transactions of the Royal Society A，2004，362（1818）：1087-1104.

[36] Xia H M，Wan S Y M，Shu C，et al. Chaotic micromixers using two-layer crossing channels to exhibit fast mixing at low Reynolds numbers. Lab on a Chip，2005，5（7）：748-755.

[37] Hardt S，Pennemann H，Schöenfeld F. Theoretical and experimental characterization of a low-Reynolds number split-and-recombine mixer. Microfluidics and Nanofluidics，2006，2（3）：237-248.

[38] Huang L R，Cox E C，Austin R H，et al. Continuous particle separation through deterministic lateral displacement. Science，2004，304（5673）：987-990.

[39] Stroock A D，Whitesides G M. Controlling flows in microchannels with patterned surface charge and topography. Accounts of Chemical Research，2003，36（8）：597-604.

[40] Feng X J，Liu B F，Li J J，et al. Advances in coupling microfluidic chips to mass spectrometry. Mass Spectrometry Reviews，2015，34（5）：535-557.

[41] 李宇杰，霍曜，李迪，等. 微流控技术及其应用与发展. 河北科技大学学报，2014，35（1）：11-19.

[42] Ofner A，Moore D G，Rühs P A，et al. High-throughput step emulsification for the production of functional materials using a glass microfluidic device. Macromolecular Chemistry and Physics，2017，218（2）：1600472.

[43] Becker H，Locascio L E. Polymer microfluidic devices. Talanta，2002，56（2）：267-287.

[44] Johnson T J，Ross D，Locascio L E. Rapid microfluidic mixing. Analytical Chemistry，2002，74（1）：45-51.

[45] Vandaveer W R，Pasas S A，Martin R S，et al. Recent developments in amperometric detection for microchip capillary electrophoresis. Electrophoresis，2002，23（21）：3667-3677.

[46] Barker S L R，Tarlov M J，Canavan H，et al. Plastic microfluidic devices modified with polyelectrolyte multilayers. Analytical Chemistry，2000，72（20）：4899-4903.

[47] Duffy D C，McDonald J C，Schueller O J A，et al. Rapid prototyping of microfluidic systems in poly（dimethylsiloxane）. Analytical Chemistry，1998，70（23）：4974-4984.

[48] Grover W H，Skelley A M，Liu C N，et al. Monolithic membrane valves and diaphragm pumps for practical large-scale integration into glass microfluidic devices. Sensors and Actuators B，2003，89（3）：315-323.

[49] Devaraju N S G K，Unger M A. Pressure driven digital logic in PDMS based microfluidic devices fabricated by multilayer soft lithography. Lab on a Chip，2012，12（22）：4809-4815.

[50] Bustillo J M，Howe R T，Muller R S. Surface micromachining for microelectromechanical systems. Proceedings of the IEEE，1998，86（8）：1552-1574.

[51] Kiihamäki J，Franssila S. Pattern shape effects and artefacts in deep silicon etching. Journal of Vacuum Science & Technology A，1999，17（4）：2280-2285.

[52] Martinu L，Poitras D. Plasma deposition of optical films and coatings：A review. Journal of Vacuum Science & Technology A，2000，18（6）：2619-2645.

[53] Knowles K M，van Helvoort A T J. Anodic bonding. International Materials Reviews，2006，51（5）：273-311.

[54] Xia Y N，Whitesides G M. Soft lithography. Annual Review of Materials Science，1998，28（1）：153-184.

[55] Young D F，Munson B R，Okiishi T H. A Brief Introduction to Fluid Mechanics. New York：John Wiley & Sons，2000.

[56] Tanaka Y，Ohta K，Kubota H，et al. Viscosity of aqueous solutions of 1, 2-ethanediol and 1, 2-propanediol under high pressures. International Journal of Thermophysics，1988，9（4）：511-523.

[57] Manz A，Harrison D J，Verpoorte E M，et al. Planar chips technology for miniaturization and integration of separation techniques into monitoring systems：Capillary electrophoresis on a chip. Journal of Chromatography A，1992，593（1-2）：253-258.

[58] Amis E J，Xiang X D，Zhao J C. Combinatorial materials science：What's new since Edison? MRS Bulletin，2002，27（4）：295-300.

[59] Koinuma H，Takeuchi I. Combinatorial solid-state chemistry of inorganic materials. Nature Materials，2004，3（7）：429-438.

[60] Xiang X D，Sun X，Briceño G，et al. A combinatorial approach to materials discovery. Science，1995，268（5218）：1738-1740.

[61] Takeuchi I，Lauterbach J，Fasolka M J. Combinatorial materials synthesis. Materials Today，2005，8（10）：18-26.

[62] Cawse J N. Experimental Design for Combinatorial and High Throughput Materials Development. Hoboken：Wiley，2003.

[63] Potyrailo R A，Amis E J. High-throughput Analysis：A Tool for Combinatorial Materials Science. Berlin：Springer，2012.

[64] Moates F C，Somani M，Annamalai J，et al. Infrared thermographic screening of combinatorial libraries of heterogeneous catalysts. Industrial & Engineering Chemistry Research，1996，35（12）：4801-4803.

[65] Reetz M T，Becker M H，Liebl M，et al. IR-thermographic screening of thermoneutral or endothermic transformations：the ring-closing olefin metathesis reaction. Angewandte Chemie International Edition，2000，39（7）：1236-1239.

[66] Zech T，Bohner G，Klein J. High-throughput screening of supported catalysts in massively parallel single-bead microreactors：Workflow aspects related to reactor bonding and catalyst preparation. Catalysis Today，2005，110（1-2）：58-67.

[67] Senkan S M，Ozturk S. Discovery and optimization of heterogeneous catalysts by using combinatorial chemistry. Angewandte Chemie International Edition，1999，38（6）：791-795.

[68] Gomez S，Peters J A，van der Waal J C，et al. High-throughput experimentation as a tool in catalyst design for the

reductive amination of benzaldehyde. Applied Catalysis A，2003，254（1）：77-84.

[69] Yamada Y，Ueda A，Zhao Z，et al. Rapid evaluation of oxidation catalysis by gas sensor system：Total oxidation，oxidative dehydrogenation，and selective oxidation over metal oxide catalysts. Catalysis today，2001，67（4）：379-387.

[70] Snively C M，Oskarsdottir G，Lauterbach J. Parallel analysis of the reaction products from combinatorial catalyst libraries. Angewandte Chemie International Edition，2001，40（16）：3028-3030.

[71] Majoros L I，Dekeyser B，Hoogenboom R，et al. Kinetic study of the polymerization of aromatic polyurethane prepolymers by high-throughput experimentation. Journal of Polymer Science，Part A，2010，48（3）：570-580.

[72] Lorber N，Pavageau B，Mignard E. Investigating acrylic acid polymerization by using a droplet-based millifluidics approach. Macromolecular Symposia，2010，296（1）：203-209.

[73] Cabral J T，Hudson S D，Harrison C，et al. Frontal photopolymerization for microfluidic applications. Langmuir，2004，20（23）：10020-10029.

[74] Wu T，Mei Y，Cabral J T，et al. A new synthetic method for controlled polymerization using a microfluidic system. Journal of the American Chemical Society，2004，126（32）：9880-9881.

[75] Cygan Z T，Cabral J T，Beers K L，et al. Microfluidic platform for the generation of organic-phase microreactors. Langmuir，2005，21（8）：3629-3634.

[76] Xu C，Wu T，Drain C M，et al. Microchannel confined surface-initiated polymerization. Macromolecules，2005，38（1）：6-8.

[77] Terry S C，Jerman J H，Angell J B. A gas chromatographic air analyzer fabricated on a silicon wafer. IEEE Transactions on Electron Devices，1979，26（12）：1880-1886.

[78] Manz A，Graber N，Widmer H M. Miniaturized total chemical analysis systems：A novel concept for chemical sensing. Sensors and Actuators B，1990，1（1-6）：244-248.

[79] Harrison D J，Fluri K，Seiler K，et al. Micromachining a miniaturized capillary electrophoresis-based chemical analysis system on a chip. Science，1993，261（5123）：895-897.

[80] Unger M A，Chou H P，Thorsen T，et al. Monolithic microfabricated valves and pumps by multilayer soft lithography. Science，2000，288（5463）：113-116.

[81] Thorsen T，Maerkl S J，Quake S R. Microfluidic large-scale integration. Science，2002，298（5593）：580-584.

[82] Ng J M K，Gitlin I，Stroock A D，et al. Components for integrated poly（dimethylsiloxane）microfluidic systems. Electrophoresis，2002，23（20）：3461-3473.

[83] Whitesides G M，Stroock A D. Flexible methods for microfluidics. Physics Today，2001，54（6）：42-48.

[84] Czaplewski D A，Kameoka J，Mathers R，et al. Nanofluidic channels with elliptical cross sections formed using a nonlithographic process. Applied Physics Letters，2003，83（23）：4836-4838.

[85] Mijatovic D，Eijkel J C T，van den Berg A. Technologies for nanofluidic systems：Top-down vs. bottom-up—A review. Lab on a Chip，2005，5（5）：492-500.

[86] Garstecki P，Fischbach M A，Whitesides G M. Design for mixing using bubbles in branched microfluidic channels. Applied Physics Letters，2005，86（24）：244108.

[87] Laser D J，Santiago J G. A review of micropumps. Journal of Micromechanics and Microengineering，2004，14（6）：R35.

[88] Shim J U，Cristobal G，Link D R，et al. Using microfluidics to decouple nucleation and growth of protein crystals. Crystal Growth and Design，2007，7（11）：2192-2194.

[89] Zheng B，Tice J D，Roach L S，et al. A droplet-based，composite PDMS/glass capillary microfluidic system for

evaluating protein crystallization conditions by microbatch and vapor-diffusion methods with on-chip X-ray diffraction. Angewandte Chemie International Edition，2004，43（19）：2508-2511.

[90] Ramsey R S，Ramsey J M. Generating electrospray from microchip devices using electroosmotic pumping. Analytical Chemistry，1997，69（6）：1174-1178.

[91] Pihl J，Karlsson M，Chiu D T. Microfluidic technologies in drug discovery. Drug Discovery Today，2005，10（20）：1377-1383.

[92] Werdich A A，Lima E A，Ivanov B，et al. A microfluidic device to confine a single cardiac myocyte in a sub-nanoliter volume on planar microelectrodes for extracellular potential recordings. Lab on a Chip，2004，4（4）：357-362.

[93] Wheeler A R，Throndset W R，Whelan R J，et al. Microfluidic device for single-cell analysis. Analytical Chemistry，2003，75（14）：3581-3586.

[94] Dittrich P S，Manz A. Single-molecule fluorescence detection in microfluidic channels—The holy grail in μTAS？ Analytical and Bioanalytical Chemistry，2005，382（8）：1771-1782.

[95] Stavis S M，Edel J B，Samiee K T，et al. Single molecule studies of quantum dot conjugates in a submicrometer fluidic channel. Lab on a Chip，2005，5（3）：337-343.

[96] Garstecki P，Gitlin I，DiLuzio W，et al. Formation of monodisperse bubbles in a microfluidic flow-focusing device. Applied Physics Letters，2004，85（13）：2649-2651.

[97] Link D R，Anna S L，Weitz D A，et al. Geometrically mediated breakup of drops in microfluidic devices. Physical Review Letters，2004，92（5）：054503.

[98] Tan Y C，Fisher J S，Lee A I，et al. Design of microfluidic channel geometries for the control of droplet volume，chemical concentration，and sorting. Lab on a Chip，2004，4（4）：292-298.

[99] Xu S Q，Nie Z H，Seo M，et al. Generation of monodisperse particles by using microfluidics：Control over size，shape，and composition. Angewandte Chemie，2005，117（5）：734-738.

[100] Chung B G，Flanagan L A，Rhee S W，et al. Human neural stem cell growth and differentiation in a gradient-generating microfluidic device. Lab on a Chip，2005，5（4）：401-406.

[101] Walker G M，Sai J Q，Richmond A，et al. Effects of flow and diffusion on chemotaxis studies in a microfabricated gradient generator. Lab on a Chip，2005，5（6）：611-618.

[102] Takayama S，Ostuni E，Leduc P，et al. Selective chemical treatment of cellular microdomains using multiple laminar streams. Chemistry & Biology，2003，10（2）：123-130.

[103] McClain M A，Culbertson C T，Jacobson S C，et al. Microfluidic devices for the high-throughput Chemical analysis of cells. Analytical Chemistry，2003，75（21）：5646-5655.

[104] Cho B S，Schuster T G，Zhu X Y，et al. Passively driven integrated microfluidic system for separation of motile sperm. Analytical Chemistry，2003，75（7）：1671-1675.

[105] Walters E M，Clark S G，Beebe D J，et al. Mammalian embryo culture in a microfluidic device. Germ cell protocols//Methods in Molecular Biology. Berlin：Springer. 2004：375-381.

[106] Lee J N，Park C，Whitesides G M. Solvent compatibility of poly（dimethylsiloxane）-based microfluidic devices. Analytical Chemistry，2003，75（23）：6544-6554.

[107] Jensen K F. Silicon-based microchemical systems：Characteristics and applications. MRS Bulletin，2006，31（2）：101-107.

[108] Snyder D A，Noti C，Seeberger P H，et al. Modular microreaction systems for homogeneously and heterogeneously catalyzed chemical synthesis. Helvetica Chimica Acta，2005，88（1）：1-9.

[109] Rolland J P, Van Dam R M, Schorzman D A, et al. Solvent-resistant photocurable "liquid teflon" for microfluidic device fabrication. Journal of the American Chemical Society, 2004, 126 (8): 2322-2323.

[110] Auroux P-A, Koc Y, deMello A, et al. Miniaturised nucleic acid analysis. Lab on a Chip, 2004, 4 (6): 534-546.

[111] Huh D, Gu W, Kamotani Y, et al. Microfluidics for flow cytometric analysis of cells and particles. Physiological Measurement, 2005, 26 (3): R73.

[112] Lee S K, Baek J, Jensen K F. High throuput synthesis of uniform biocompatible polymer beads with high quantum dot loading using microfluidic jet-mode breakup. Langmuir, 2014, 30 (8): 2216-2222.

[113] Banerjee R, Phan A, Wang B, et al. High-throughput synthesis of zeolitic imidazolate frameworks and application to CO_2 capture. Science, 2008, 319 (5865): 939-943.

[114] Pletcher D. Electrocatalysis: Present and future. Journal of applied electrochemistry, 1984, 14 (4): 403-415.

[115] Brouzgou A, Song S Q, Tsiakaras P. Low and non-platinum electrocatalysts for PEMFCs: Current status, challenges and prospects. Applied Catalysis B, 2012, 127: 371-388.

[116] Zhang J T, Zhao Z H, Xia Z H, et al. A metal-free bifunctional electrocatalyst for oxygen reduction and oxygen evolution reactions. Nature Nanotechnology, 2015, 10 (5): 444-452.

[117] Su Y H, Zhu Y H, Jiang H L, et al. Cobalt nanoparticles embedded in N-doped carbon as an efficient bifunctional electrocatalyst for oxygen reduction and evolution reactions. Nanoscale, 2014, 6 (24): 15080-15089.

[118] Lee Y, Suntivich J, May K J, et al. Synthesis and activities of rutile IrO_2 and RuO_2 nanoparticles for oxygen evolution in acid and alkaline solutions. The Journal of Physical Chemistry Letters, 2012, 3 (3): 399-404.

[119] Man I C, Su H Y, Calle-Vallejo F, et al. Universality in oxygen evolution electrocatalysis on oxide surfaces. ChemCatChem, 2011, 3 (7): 1159-1165.

[120] Rossmeisl J, Qu Z W, Zhu H, et al. Electrolysis of water on oxide surfaces. Journal of Electroanalytical Chemistry, 2007, 607 (1): 83-89.

[121] Hu Y J, Zhang H, Wu P, et al. Bimetallic Pt-Au nanocatalysts electrochemically deposited on graphene and their electrocatalytic characteristics towards oxygen reduction and methanol oxidation. Physical Chemistry Chemical Physics, 2011, 13 (9): 4083-4094.

[122] Zhang B W, Yang H L, Wang Y X, et al. A comprehensive review on controlling surface composition of Pt-based bimetallic electrocatalysts. Advanced Energy Materials, 2018, 8 (20): 1703597.

[123] Stamenkovic V R, Mun B S, Arenz M, et al. Trends in electrocatalysis on extended and nanoscale Pt-bimetallic alloy surfaces. Nature Materials, 2007, 6 (3): 241-247.

[124] Jayasayee K, Rob Van Veen J A, Manivasagam T G, et al. Oxygen reduction reaction (ORR) activity and durability of carbon supported PtM (Co, Ni, Cu) alloys: Influence of particle size and non-noble metals. Applied Catalysis B, 2012, 111-112: 515-526.

[125] Jeon M K, Lee C H, Park G I, et al. Combinatorial search for oxygen reduction reaction electrocatalysts: A review. Journal of Power Sources, 2012, 216: 400-408.

[126] Reddington E, Sapienza A, Gurau B, et al. Combinatorial electrochemistry: A highly parallel, optical screening method for discovery of better electrocatalysts. Science, 1998, 280 (5370): 1735-1737.

[127] Bard A J, Mirkin M V. Scanning Electrochemical Microscopy. Second Edition. Boca Raton: CRC Press, 2012.

[128] Jambunathan K, Hillier A C. Scanning electrochemical microscopy of hydrogen electro-oxidation: Part II. Coverage and potential dependence of platinum deactivation by carbon monoxide. Journal of Electroanalytical Chemistry, 2002, 524: 144-156.

[129] Kucernak A R, Chowdhury P B, Wilde C P, et al. Scanning electrochemical microscopy of a fuel-cell electrocatalyst

deposited onto highly oriented pyrolytic graphite. Electrochimica Acta，2000，45（27）：4483-4491.

[130] Shah B C，Hillier A C. Imaging the reactivity of electro-oxidation catalysts with the scanning electrochemical microscope. Journal of the Electrochemical Society，2000，147（8）：3043.

[131] Fernández J L，Walsh D A，Bard A J. Thermodynamic guidelines for the design of bimetallic catalysts for oxygen electroreduction and rapid screening by scanning electrochemical microscopy. M-Co（M：Pd, Ag, Au）. Journal of the American Chemical Society，2005，127（1）：357-365.

[132] Guerin S，Hayden B E，Pletcher D，et al. A combinatorial approach to the study of particle size effects on supported electrocatalysts：Oxygen reduction on gold. Journal of Combinatorial Chemistry，2006，8（5）：679-686.

[133] Liu R X，Smotkin E S. Array membrane electrode assemblies for high throuput screening of direct methanol fuel cell anode catalysts. Journal of Electroanalytical Chemistry，2002，535（1-2）：49-55.

[134] 查珅隽，赵九冰，赵志坚，等. 丙烷脱氢铂基催化剂的筛选及其机理探究//第十三届全国量子化学会议，大连，2017.

[135] Guan J G，Liu L J，Xu L L，et al. Nickel flower-like nanostructures composed of nanoplates：One-pot synthesis，stepwise growth mechanism and enhanced ferromagnetic properties. CrystEngComm，2011，13（7）：2636-2643.

[136] Mott D，Luo J，Njoki P N，et al. Synergistic activity of gold-platinum alloy nanoparticle catalysts. Catalysis Today，2007，122（3-4）：378-385.

第六篇

组合材料芯片高通量制备技术与装备专利分析

第 12 章

国内外组合材料芯片高通量
制备技术与装备专利分析

随着材料基因工程不断深入发展,组合材料芯片(或称组合材料样品库)高通量制备技术与装备研发快速推进,形成了一系列可应用于实验室甚至工业界的高效实验技术和装备,加速了材料研究进程。特别是我国启动"十三五"重点研发计划"材料基因工程关键技术与支撑平台"专项之后,科技工作者在材料高通量制备技术领域取得了长足进展,在国际上引起高度关注并产生重要影响。为此,本章专题论述国内外材料高通量制备技术与装备的专利技术分析,为我国材料高通量制备技术与装备发展重点和发展路线的制定提供参考。

本章涉及的专利分析数据来自 Incopat 和 Patsnap 数据库平台,两个平台收录了全球 120 个国家/组织/地区的 1 亿余件专利信息,并对全球专利均提供了中英双语的标题和摘要,对中国、美国、俄罗斯、德国等重要国家提供中英双语的全文信息,支持通过中文对全球专利信息进行检索。

专利分析采用时间序列分析法、自然语言处理、文本聚类及可视化等多种数据处理和分析方法,针对专利的申请、公开、授权趋势、法律状态、申请人、申请人地域、发明人、专利价值度、国际专利分类(international patent classification, IPC)技术分类、关键词聚类的分布情况开展分析。最后采用技术功效分解与类似专利侵权表的方法对于高价值专利的主要关键技术进行分解分析解读。

12.1 国内专利申请与授权分析

12.1.1 国内专利申请与公开趋势

1. 国内专利申请趋势

根据检索式(见附录),利用 Incopat 平台对专利数据进行检索,并对噪声结果进行人工判读剔除。选择 2000~2021 年的国内(简写为 CN)专利申请公开文件作为国内专利情况研究对象。如图 12-1 所示,其间共有 268 篇与组合材料芯片高通量制备技术和装备相关的 CN 专利申请。在 2013 年之前，相关的申请非常少，部分年份甚至无专利申请。2013 年开始，专利申请逐渐增多，2013～2015 年，专利申请量都在 10 篇左右；2016 年的专利申请数量出现爆发性增长，年度申请量从之前年份的不超过 10 篇提升至 32 篇。2018 年的专利申请量较 2017 年又出现了明显的提升，申请数量已接近 50 篇。2019～2021 年的年度申请量维持在较高的水平，每年的申请数保持在 40 篇左右[①]。

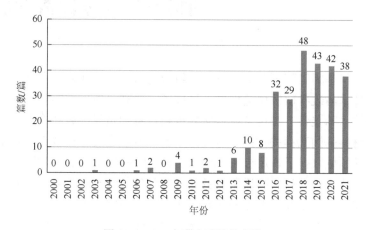

图 12-1　CN 专利申请趋势变化

2. 国内专利申请公开趋势

如图 12-2 所示，CN 专利与发明专利申请公开文件公开趋势与申请趋势保持一致性，CN 专利的公开数量的明显增长分别出现在 2016 年和 2018 年两个年份。由于近年来年度专利申请量的提升，2018～2021 年专利的年度公开篇数都超过了40 篇。

3. 国内专利授权趋势

CN 专利授权中包括 109 篇发明专利和 44 篇实用新型专利，其获得授权的年份分布情况如图 12-3 所示。2010 年前的专利授权主要是创新程度较低的实用性专利，而近年来创新程度较高的发明专利授权的占比占据了当年专利授权的大部分。2015 年和 2018 年的授权量较各自之前的年份均有显著的提升。2017～2021 年，专利授权量呈现逐年递增趋势。

---

① 检索时间为 2022 年 6 月底，因为我国专利申请从提交到公开最长有 18 个月的时限，超过 18 月的申请会自动公开，故图 12-1 中显示的 2021 年的申请数量不是当年实际的申请数量，要少于实际的申请数量，图中该年的数据仅供参考。

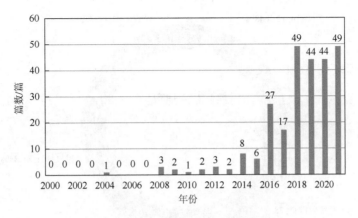

图 12-2　CN 专利申请公开趋势变化

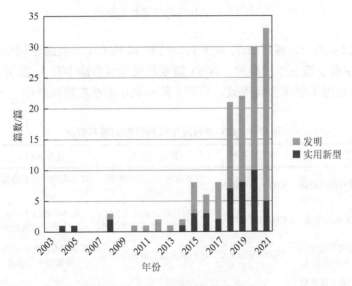

图 12-3　CN 专利授权趋势变化

4. 国内专利当下法律状态分析

　　截至 2022 年 6 月，组合材料芯片高通量制备技术与装备领域大部分的专利处于实质审查或者授权（有效）状态，授权（有效）状态的专利数量多于正在进行实质审查的专利申请数量，显示出该方向的专利申请具有一定的活力。对于失效专利的失效原因进行分析，最主要的三个原因分别是申请被驳回、发明专利申请公布后的视为撤回以及授权专利未缴年费而权利终止，如图 12-4 所示。其中，申请被驳回是失效的主要原因，因后两种情况而失效的专利或专利申请的数量基本相当。

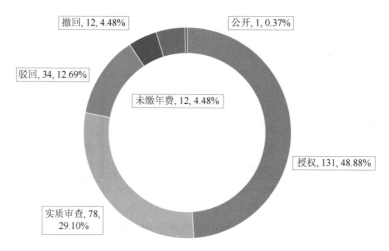

图 12-4　CN 专利法律状态概况

如表 12-1 所示，截至 2022 年 6 月，共有 14 篇 CN 专利或专利申请发生过转让，14 篇中有 3 篇发生过质押，这 14 篇专利或专利申请中有 11 篇专利是有效状态，2 篇专利因年费未缴而失效，另有 1 篇专利申请在实质审查中。

表 12-1　CN 专利发生权利转移的专利概况

专利名称	专利公开号	原专利权人	现专利权人	专利状态
阵列多喷头静电纺丝设备	CN101586288A	江苏泰灵生物科技有限公司	江苏海川生物科技有限公司	失效
高通量反应系统和方法	CN101274250A	亚申科技研发中心（上海）有限公司；美国亚申公司	亚申科技研发中心（上海）有限公司	质押/失效
一种含碳化硅的隐形无纺布的制备方法	CN104963096A	苏州威尔德工贸有限公司	东莞市联洲知识产权运营管理有限公司	有效
封装用高硅铝合金结构梯度材料高通量制备装置及方法	CN105970013A	上海大学	苏州芯慧联半导体科技有限公司	有效
高通量组合材料热处理系统及其热处理及检测方法	CN106992131A	电子科技大学	成都芯翌科技有限公司	有效
高通量组合材料芯片及其制备方法、制备装置	CN106222615A	电子科技大学	成都芯翌科技有限公司	有效
一种磁控溅射装置及磁控溅射方法	CN106222621A	电子科技大学	成都芯翌科技有限公司	有效
一种高温合金材料的高通量制备方法	CN108620538A	中国科学院金属研究所	辽宁红银金属有限公司	质押/有效
一种金属材料凝固组织的高通量制备方法	CN110153373A	中国科学院金属研究所	辽宁红银金属有限公司	质押/有效

续表

专利名称	专利公开号	原专利权人	现专利权人	专利状态
一种 SERS 芯片的制备方法	CN108872185A	苏州天际创新纳米技术有限公司	苏州英菲尼纳米科技有限公司	有效
一种高温喷雾反应设备	CN208356787U	湖南行者环保科技有限公司	海南行者新材料科技有限公司	有效
一种用于化学气相沉积反应的源瓶	CN209081980U	君泰创新（北京）科技有限公司	德运创鑫（北京）科技有限公司	有效
一种精确操控和配对单微粒的微流控芯片及其应用	CN109722385A	厦门大学	德运康明（厦门）生物科技有限公司	有效
一种多组分玻璃纤维梯度高通量制备方法	CN110590152A	南京玻璃纤维研究设计院有限公司	南京玻璃纤维研究设计院有限公司；中材科技股份有限公司	实审中

12.1.2　国内专利申请分布

1. 主要省份分布

如图 12-5 所示，全国有 21 个省（自治区、直辖市）涉及相关专利申请，其中北京、上海、浙江三个省市的专利申请数量显著多于其他省（自治区、直辖市），申请篇数都在 30 篇以上，其中北京的申请数量高达 58 篇。

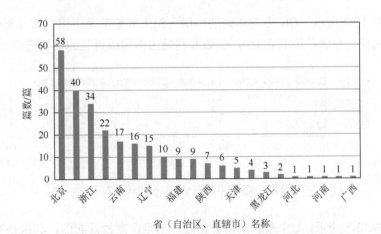

图 12-5　CN 专利申请来源省份分布

如图 12-6 所示，对各省（自治区、直辖市）的申请时间分布进行了研究，发现浙江省的专利申请主要集中于 2015 年，上海市集中在 2016 年，北京则集中于

2017~2021 年。2015 年、2016 年、2017~2021 年的专利申请量也分别主要由浙江、上海、北京贡献。部分省份在个别年份也有集中申请现象出现，如云南省 2019 年有 8 篇专利申请，四川省 2016 年有 6 篇专利申请，山东省 2021 年有 6 篇专利申请。

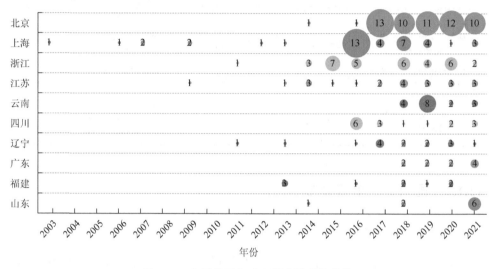

图 12-6　主要省份年度专利申请变化趋势

2. 主要申请人和申请人类别分布

如图 12-7 所示，CN 专利申请的申请人绝大多数都是中国机构（此处的机构指大专院校、科研单位或企业），少数专利是由美国或荷兰的机构进行的申请。

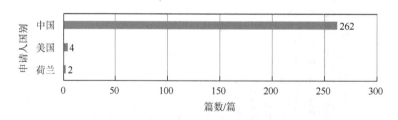

图 12-7　各国申请人 CN 专利申请分布概况

如图 12-8 所示，CN 专利申请有超过一半是由高校发起的，其次是有近 30% 来自企业，有 15% 来自科研机构，仅有极少数为个人申请人提交的专利申请。

对具体专利申请人进行分析和研究，如图 12-9 所示，北京科技大学、上海大学、宁波星河材料科技有限公司三个申请人的专利申请数量排名前三，北京、上海、浙江三个地区的主要专利申请也来自于这三个申请人。

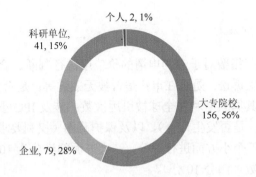

图 12-8　不同类型专利申请人的 CN 专利申请分布概况

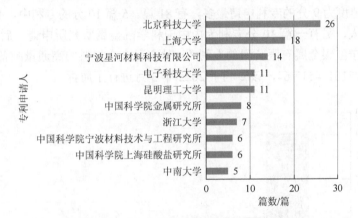

图 12-9　CN 专利主要申请人申请量概况

3. 主要发明人分布

对主要发明人情况进行研究，如图 12-10 所示，向勇涉及的发明数量最多，其现为四川省柔性显示材料基因组工程研究中心主任。其他主要发明人中，闫宗楷、项晓东、张晓琨为向勇团队成员；高克玮、庞晓露、杨杨均来自北京科技大学且为同一团队成员，李才巨、易健宏来自昆明理工大学且为同一团队成员。翟启杰为上海大学教授。

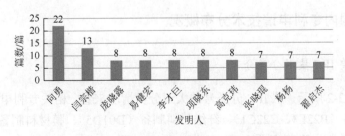

图 12-10　CN 专利主要发明人申请量概况

4. 高价值度专利分布

利用合享价值度指数对于专利申请的价值度进行判断。合享价值度主要从技术稳定性（是否发生诉讼；是否在审；是否被无效过等；是否发生过质押）、技术先进性（该专利及其同族专利在全球被引用次数；涉及 IPC 小组数量；发明人数量；是否发生转让；是否发生许可），以及保护范围（权利要求数量，布局国家数量）三个大方面若干个小方面进行评分，三大方面的满分为 10 分，最终得到一个总的合享价值度分数（满分 10 分）。

如图 12-11 所示，268 篇专利申请，其合享价值度主要分布于 5 分及以上，其中合享价值度为 9 分的专利申请最多，有 81 篇。5 篇 10 分的专利中，有 4 篇来自国外申请人，另有一篇 10 分专利为由中国科学院金属研究所申请，后于 2021 年转让给辽宁红银金属有限公司的专利"一种高温合金材料的高通量制备方法"（申请号：201710174517.6），该专利于 2022 年 3 月进行了质押。

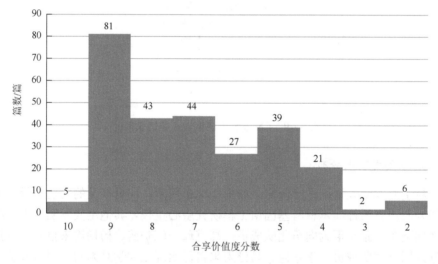

图 12-11　CN 专利申请的合享价值度分布

12.1.3　国内专利申请技术分布概况

1. 主要 IPC 技术分类分布

如表 12-2 所示，从 IPC 分类号的大组分类情况来看，相关专利申请主要分布在合金制备（B22F3、C22C1）、纤维材料制备（D01D5）、膜材料制备（C23C14、C23C16）等制造工艺方面。

表 12-2　CN 专利申请的主要 IPC 分类号（大组）分布

IPC 大组分类号	分类号释义	专利申请篇数
B22F3	由金属粉末制造工件或制品，其特点为用压实或烧结的方法及所用的专用设备	29
C23C14	通过覆层形成材料的真空蒸发、溅射或离子注入进行镀覆	27
G01N1	取样；制备测试用的样品	26
C22C1	有色金属合金的制造	19
D01D5	长丝、线或类似物的生成	17
B01L3	实验室用的容器或器皿，如实验室玻璃仪器	16
B01J19	化学的、物理的或物理-化学的一般方法及其有关设备	13
B33Y10	增材制造的过程	12
C21D1	热处理的一般方法或设备，如退火、硬化、淬火或回火	11
C23C16	通过气态化合物分解且表面材料的反应产物不留存于镀层中的化学镀覆，如 CVD 工艺	11

如图 12-12 所示，CN 专利申请所涉及的主要 IPC 分类号（大组）呈现不同的年度分布特点。涉及合金制备的 B22F3 和 C22C1 分别在 2019 年和 2020 年有较多的专利申请。涉及膜材料制备的 C23C14 在 2019 年有较多的专利申请，与之相关的 C23C16，即气相沉积法在 2018 年和 2019 年也有一定的布局。涉及纤维材料制备的 D01D5 的相关申请主要集中于 2014 年之前，2019 年之后鲜有专利申请布局。与之形成鲜明对比，增材制造技术在近年来受到重点的关注，尤其是在 2021 年，该方向（B33Y10）上有 6 篇相关的专利申请。

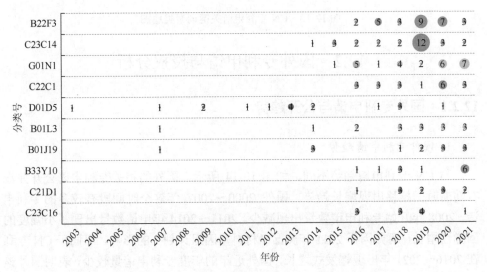

图 12-12　CN 专利申请的主要 IPC 分类号（大组）的变化趋势

2. 专利技术关键词聚类

利用 Patsnap 平台制作专利技术关键词聚类地图。如图 12-13 所示，通过对 268 篇专利的摘要文本进行分词处理，对关键词进行聚类后形成数个比较明显的峰，多数专利申请集中于金属材料制备相关的聚类中，尤其是粉末冶金方法相关的聚类中。此外，在微流控芯片、纤维材料制备、薄膜材料制备、超重力技术、激光加热技术等方面也有一定数量的专利布局。

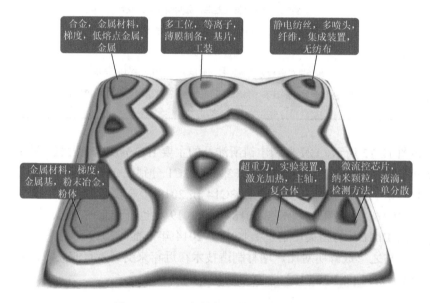

图 12-13　CN 专利申请关键词聚类地图

12.2　国外专利申请与授权分析

12.2.1　国外专利申请与公开趋势

1. 国外专利申请趋势

与 CN 专利申请趋势不同，如图 12-14 所示，国外的相关专利申请公开并没有随着时间推移出现增长趋势。国外 2000～2007 年这个时间段有较多的专利申请，2008 年开始专利申请数量出现减少。2011～2014 年申请数量出现了小幅度的回弹性增长，可归因于 2011 年美国"材料基因组计划"的影响。不同于 CN 专利在 2016～2021 年出现爆发式增长，国外近年的年度专利申请量较少，表明国外该技术的专利化热潮已过，已进入技术发展的成熟期。

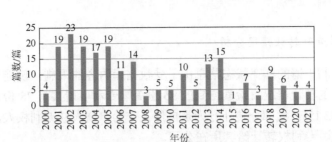

图 12-14　国外专利申请趋势变化

2. 国外专利申请公开趋势

如图 12-15 所示，专利公开态势也同专利申请态势呈现较强的一致性，2003 年出现峰值，公开量呈现波动趋势，部分年份公开量较少。

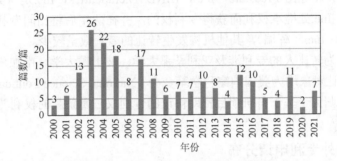

图 12-15　国外专利申请公开趋势变化

3. 国外专利授权趋势

如图 12-16 所示，国外相关专利的授权情况呈现出一定的趋势性，在 2004～2005 年和 2013 年出现了两个高峰，其中 2007～2013 年的授权量呈现比较显著的递增趋势。但是从 2014 年开始，专利的授权量出现了比较明显的下跌。

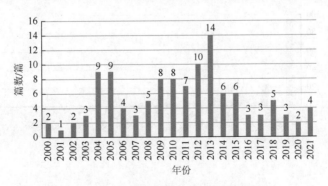

图 12-16　国外专利授权趋势变化

4. 国外专利转让情况分析

国外专利申请的法律状态信息由于受数据库内容的限制，仅能分析美国专利（US 专利）的转让情况。检索得到的 95 份美国专利申请共有 78 份发生过转让情况，占比 82.1%。大部分转让行为是自然人作为申请人或专利权人，将其持有的专利申请权、专利权转让给其所在公司。

公司作为转让人的包括 Symyx Technologies，Inc.（Symyx 公司）以及其关联公司 Symyx Solutions，Inc.、BIND Therapeutics，Inc.和其前身 BIND Biosciences，Inc.、Visyx Technologies，Inc.、Aixtron，Inc.。通过分析发现 Symyx Technologies，Inc.的 13 篇发生转让的专利中的大部分（占其全部转让的 66.67%）是转让给其同一品牌的 Symyx Solutions，Inc.，Symyx Solutions，Inc.又将这些专利中的大部分（75%）转让给 Freeslate，Inc.，BIND Therapeutics，Inc.是从其前身 BIND Biosciences Inc.处继承权利而获得专利权的，并在两年后将相同专利的专利权出让给了 Pfizer Inc.（辉瑞），其他机构发生转让的专利数量较少。

大学作为转让人的专利涉及亚利桑那大学、波士顿大学、南加州大学和华盛顿大学，受让对象均为美国国家科学基金会（National Science Foundation，NSF），这类现象可归因于基于科研项目资助协议的专利权归属条款的权利转移。

12.2.2　国外专利申请分布

1. 主要国家/地区分布

如图 12-17 所示，除中国以外，组合材料高通量制备技术与装备的专利申请主要集中在美国，共有 95 份专利申请，其次是澳大利亚、日本。除上述国家以外，该领域在韩国、加拿大、德国、印度、以色列、挪威、巴西、荷兰、新加坡

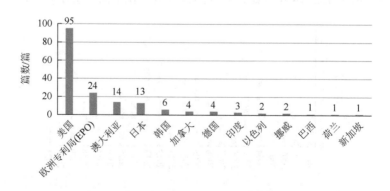

图 12-17　国外专利申请分布

等国也有专利申请。另有 24 份专利申请是向欧洲专利局（European Patent Office，EPO）提交的。除了本国申请以外，还有 55 份专利申请是通过专利合作条约（patent cooperation treaty，PCT）申请渠道进行的申请。

2. 主要申请人分布

虽然近 20 年间国外和国内专利申请的数量差不多，但与我国不同的是国外专利申请的申请人更加分散，每个申请人申请的专利数量并不多。图 12-18 展示了申请数量排在前列的国外专利申请人，其中蓝色为机构申请人，红色为自然人申请人。机构申请人（蓝色）主要包括美国 Symyx 公司、荷兰 Avantium 技术公司、德国 hte 公司（hte GmbH）、德国爱思强公司（Aixtron, Inc.）、美国超级能源公司（Superpower, Inc.）等，值得注意的是我国的亚申科技研发中心（上海）有限公司也提交了 7 件 PCT 专利申请。对两位自然人申请人（红色）的专利申请情况进行分析，发现他们是与亚申科技研发中心（上海）有限公司联合申请，且同时为这些专利申请的发明人，推测他们为亚申科技研发中心（上海）有限公司的联合研发人员。

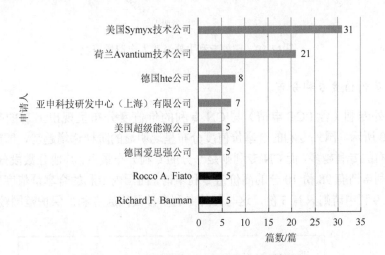

图 12-18　国外专利主要申请人申请量概况

3. 主要发明人分布

如图 12-19 所示，对国外专利申请的主要发明人进行分析，发明人较多，且和申请人情况类似，各发明人涉及的专利数量较少。因此，仅分析涉及专利申请数大于等于 5 篇的发明人。通过与申请人关联研究后发现，涉及 11 篇申请的 Peter John van den Brink 以及涉及 8 篇申请的 Maarten Bracht 所涉专利申请的申请人均为荷兰 Avantium 技术公司，另一位涉及 11 篇申请的 Ericd D. Carlson 所涉专利申请的申请人为美国 Symyx 公司，涉及 8 篇申请 Alfred Haas 所涉专利申请的申请人为德国 hte 公司，上述发明人为这些对应公司（申请人）的技术人员，这些专利属于他们的职务发明创造。涉及申请数量为 5 篇的发明人包含德国爱思强公司和亚申科技研发中心（上海）有限公司的技术人员。

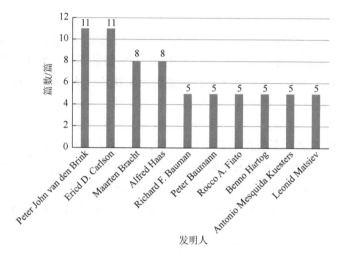

图 12-19　国外专利主要发明人申请量概况

4. 高价值度专利分布

国外专利（含 PCT 申请）与 CN 专利的价值度分布呈现出显著的差异。如图 12-20 所示，国外专利的合享价值度分布呈现明显的阶梯递增趋势，即越高的分数段分布的专利越多，而 CN 专利则是 9 分的专利分布最多，其他分数段分布较少。国外专利申请有 98 份 10 分的高价值专利申请，而国内专利的合享价值度分数最高 10 分的专利申请则只有 5 份，这与国外专利多涉及同族专利，保护范围较广有关。

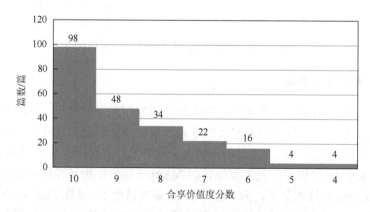

图 12-20　国外专利申请的合享价值度分布

12.2.3　国外专利申请技术分布概况

1. 主要 IPC 技术分类分布

国外专利涉及包含两个及以上专利申请的 IPC 大组分类号大组 70 项,其中超过 20 篇专利申请的 IPC 大组分类号有 10 项。如表 12-3 所示,国外专利申请主要布局在组合化学、化合物库相关方向(C40B 下属三个方向)以及膜材料制备(C23C16、C23C14)方向,其他形态材料方向未见明显的布局。

表 12-3　国外专利申请的主要 IPC 分类号(大组)分布

IPC 大组分类号	分类号释义	专利申请篇数
B01J19	化学的、物理的或物理化学的一般方法以及其有关设备	70
C40B60	专门适用于组合化学或化合物库的装置	44
C40B40	库本身,如阵列、混合物	40
C23C16	通过气态化合物分解且表面材料的反应物不留存于镀层中的化学镀覆,如 CVD 工艺	39
C40B30	筛选化合物库的方法	28
C23C14	通过覆层形成材料的真空蒸发、溅射或离子注入进行镀覆	28
B01L3	实验室用的容器或器皿,如实验室的玻璃仪器	24
G01N31	利用本组规定的化学方法对非生物材料进行测试分析,以及此类方法专用的装置	22
G01N33	借助于测定材料的化学或物理性质来测试或分析材料的特殊方法	21
G01N35	采用多种测定材料的化学或物理性质方法或材料所进行的自动分析及材料的传送	20

如图 12-21 所示,国外有关组合化学、化合物库的装置(C40B60)的专利申请主要集中在 2002 年,结合图 12-14 可知该年也是国外专利申请最多的一年。CVD 的相关技术(C23C16)在 2005 年迎来了大量的专利布局,该年共有 11 篇国外专利申请涉及该领域。

2. 专利技术关键词聚类

如图 12-22 所示,通过专利申请的关键词聚类分析发现,国外的专利主要集中在气相沉积技术、反应器系统和催化剂相关的电化学单元单体的高通量制备等三个聚类峰上。在纤维材料高通量制备和固体材料的高通量制备方面也有一定数量的专利布局。

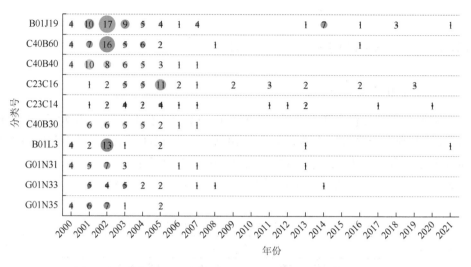

图 12-21 国外专利申请的主要 IPC 分类号（大组）的变化趋势

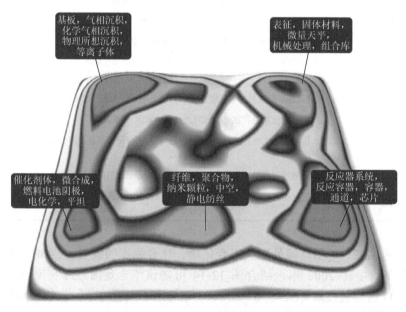

图 12-22 国外专利申请关键词聚类地图

3. 国内外技术分布差异性对比

通过 IPC 分类号和专利关键词聚类地图的对比分析可以发现 CN 专利与国外专利布局方面的差异。

IPC 分类号方面，CN 专利与国外专利的分布较多的 IPC 大组分类号种类仅有三种相同，分别为 C23C14（通过覆层形成材料的真空蒸发、溅射或离子注入进行镀覆)、B01L3(实验室用的容器或器皿,如实验室玻璃仪器)以及 C23C16(通过气态化合物分解且表面材料的反应物不留存于镀层中的化学镀覆,如 CVD 工艺),其他大组分类号均不相同。从分布来看,CN 专利对于各种形态的材料制备的专利分布比较平均,而国外专利则主要集中于膜材料方面。

从专利关键词聚类地图方面来看,CN 专利和国外专利在静电纺丝/纳米纤维等为关键词的专利均有布局。不同之处在于 CN 专利在金属基复合材料和金属材高通量制备相关的专利方面有较多的布局,国外专利则没出现明显的布局。国外专利在气相沉积技术方面布局较多,而 CN 专利在这个方向上布局专利相对较少。

12.2.4　同族专利分析

检索得到的 494 篇国内外专利申请中共涉及 399 个简单同族的专利家族,其中包含多篇专利申请的专利家族 67 个,其中只有 5 个家族的优先权专利是 CN 专利。覆盖国家/地区最多的专利家族覆盖了 9 个国家/地区,专利家族成员最多的家族包含了 15 份专利申请。

覆盖国家/地区最多的专利家族和成员最多的专利家族的具体信息如表 12-4 和表 12-5 所示,以最早申请专利的专利申请号作为家族的名称。

1. 覆盖国家/地区最多的专利家族:US15093598

布局国家/地区数:9。
同族专利申请数:10。
申请人/专利权人:Lockheed Martin Advanced Energy Storage,LLC。
是否含 PCT 申请:是。

表 12-4　覆盖国家/地区最多的专利家族的家族成员专利申请概况

序号	国别或地区	标题	申请号	申请日
1	印度	High-Throughput Manufacturing Processes for Making Electrochemical Unit Cells and Electrochemical Unit Cells Produced Using the Same	IN201817039369	2018.10.17
2	澳大利亚	High-Throughput Manufacturing Processes for Making Electrochemical Unit Cells and Electrochemical Unit Cells Produced Using the Same	AU2016401681	2016.4.27
3	加拿大	High-Throughput Manufacturing Processes for Making Electrochemical Unit Cells and Electrochemical Unit Cells Produced Using the Same	CA3020092	2016.4.27
4	中国	用于制作电化学单元电池单体的高产量制造工艺以及使用该工艺生产的电化学单元电池单体	CN201680085481.8	2016.4.27

序号	国别或地区	标题	申请号	申请日
5	欧洲专利局（EPO）	High-Throughput Manufacturing Processes for Making Electrochemical Unit Cells and Electrochemical Unit Cells Produced Using the Same	EP16898130	2016.4.27
6	日本	The Electrochemical Cell for the Production of a Highly Productive Process and Produced by the Electrochemical Cell	JP2018552734	2016.4.27
7	韩国	For Electrochemical Unit Cells can be Used to Process for Preparing High - Throughput and High Pressure Liquid Coolant Number Prepared by the Electrochemical Unit Cells	KR1020187032247	2016.4.27
8	墨西哥	High-Throughput Manufacturing Processes for Making Electrochemical Unit Cells and Electrochemical Unit Cells Produced Using the Same	MX2018012226	2016.4.27
9	PCT申请	High-Throughput Manufacturing Processes for Making Electrochemical Unit Cells and Electrochemical Unit Cells Produced Using the Same	WOUS16029599	2016.4.27
10	美国	High-Throughput Manufacturing Processes for Making Electrochemical Unit Cells and Electrochemical Unit Cells Produced Using the Same	US15093598	2016.4.7

2. 专利家族成员最多的专利家族：NL2011856

布局国家/地区数：9。

同族专利申请数：15。

申请人/专利权人：Avantium Technologies B. V.。

是否含 PCT 申请：是。

表 12-5　专利家族成员最多的专利家族的家族成员专利申请概况

序号	国别或地区	标题	申请号	申请日
1	荷兰	Reactor System FOR High Throughput Applications	NL2011856	2013.11.28
2	PCT 申请	Reactor System for High Throughput Applications	WONL14050793	2014.11.20
3	美国	Reactor System for High Throughput Applications	US15036831	2014.11.20
4	韩国	Reactor System for High Throughput Applications	KR1020167016901	2014.11.20
5	日本	The Application of the Reactor System for High Throughput	JP2016556240	2014.11.20
6	欧洲专利局（EPO）	Reactor System for High Throughput Applications	EP18159143	2014.11.20
7	欧洲专利局（EPO）	Reactor System for High Throughput Applications	EP14809538	2014.11.20

续表

序号	国别或地区	标题	申请号	申请日
8	丹麦	Reactor System for High Throughput Applications	DK18159143	2014.11.20
9	丹麦	Reactor System for High Throughput Applications	DK14809538	2014.11.20
10	中国	用于高通量应用的反应器系统	CN201711457155.8	2014.11.20
11	中国	用于高通量应用的反应器系统	CN201480064950.9	2014.11.20
12	巴西	Reactor System for High Throughput Applications	BR112016012030	2014.11.20
13	印度	Reactor System for High Throughput Applications	IN201617015237	2016.5.2
14	美国	Reactor System for High Throughput Applications	US16132552	2018.9.17
15	日本	Reactor System for High Throughput Application	JP2019083924	2019.4.25

12.3　主要关键技术解读分析

　　针对已授权且处于有效状态的高价值专利的技术方法和技术效果通过技术功效拆解的方法进行分解，并通过表格形式进行类似专利侵权表（claim charts）的对比，有利于对主要高价值专利的技术细节开展微观维度的分析，有利于对技术细节进行理解，对技术风险点进行规避。具体各高价值专利的主要关键技术内容以及技术效果如表 12-6 所示。

表 12-6　主要关键技术的技术方法与技术效果

专利申请号	技术方法	技术效果	制备的材料种类
IL216921	多喷嘴静电纺丝法或无喷嘴静电纺丝法，聚合物溶液在高电压的作用下转变为带电喷射流，沉积在基材的表面或者通过收集器接收固化成纤维	高通量制备直径小、纤维直径分布窄且球珠形成有限的纳米纤维	纤维材料
CN201110096700.1	微流控芯片液滴融合	针状羟基磷灰石纳米颗粒合成，液滴体积小，混沌混合传质快	微粒材料
JP2012187792	两级 CVD 反应器，分层次沉积不同硅，并在第三反应器中减少粉尘	比传统方法更高的生产量和更好的收率	微粒材料
CN201610285401.5	对同样大小样品进行热处理，保温时间相同，独立冷却，利用显微硬度计或金相显微镜等设备进行样品检测	快速筛选最优样品及其热处理工艺参数	金属块体

专利申请号	技术方法	技术效果	制备的材料种类
CN201610288337.6	在样品底部放置感应线圈，热电偶或红外测温仪采集降温温度变化信息	快速筛选最优合金样品成分、凝固组织及工艺参数	合金材料
CN201510689381.3	制备腔内具有能够放置多个靶材的组合材料芯片前驱物沉积装置，通过磁控溅射的制备工艺完成基片上不同组分材料的分布沉积	不需要进行额外的靶材更换操作即能实现多种不同组分材料沉积，同时能够实现原子尺度下的多元材料混合	合金材料
CN201510689741.X	根据不同组分材料的分布规律，将基片移动经过各个靶材下方进行磁控溅射以完成基片上不同组分材料的分布沉积	不需要进行额外的靶材更换操作即能实现不同组分材料多种规律分布的沉积制备，同时能够实现多种原料均匀混合	合金材料
CN201610284444.1	不锈钢模、铜模、陶瓷模、预热陶瓷模、导流器、平台都位于一个不锈钢腔体内	大幅度地减少实验次数和时间，实现快速优化或者筛选凝固工艺参数	合金材料
CN201610287138.3	高温上模，低温下模，外模模具，感应线圈，梯度工件，冷却水循环装置，热电偶组合设备	合金致密度更高，组织更加细化，具有优异的综合性能	合金材料
CN201610287346.3	将坩埚和冷却水水冷的铜模作为一个模块，将多个模块整合在一台装置中，共用一套电磁感应设备和水冷设备	非晶块体材料的制备效率提高10倍以上，大幅度降低制备的分摊成本	合金材料
CN201610382259.6	微流体的反复分裂合并	自动化地在一次实验中就生成系列浓度梯度	粉体材料
CN201410143534.X	多喷头静电纺丝装置进行静电纺丝	多孔复合纳米纤维直接在非织造布表面沉积	薄膜材料
CN201611192298.6	不同反应前驱物气体（SiH_4，C_2H_4，O_2）以N_2为载气	控制其在反应室中的流向分布，形成反应前驱物浓度比例的梯度变化	薄膜材料
KR1020077004151/US14038669	反应室具有多个彼此隔离的沉积室，输送各成分气体的不同管道通到该沉积室，基片借载板位移可先后进入该沉积室	高通量沉积不同的薄膜或薄膜成分	薄膜材料
JP2008534089	高通量物理气相沉积法	用于燃料电池的阴极质子交换膜氧化还原反应的催化	薄膜材料
CN201610284230.4	氮气输送装置、氮氧混合气输送装置、钒源加热升华装置、掺杂剂加热升华装置、混合装置	实现多种厚度组合以及用于合成材料样品的多种物料的分子级混合，组合材料样品中单一子样品内部组分均匀分布，制备薄膜灵活可控	薄膜材料
CN201510005522.5	微区加热装置通过加热源经具有一通孔的掩模对样品进行加热，并通过一位移控制设备改变样品与掩模的相对位置	对同一加热样品的不同位置加热到不同温度	其他

续表

专利申请号	技术方法	技术效果	制备的材料种类
CN201610286470.8	控制电阻线圈的疏密程度；有机-无机材料的流量连续变化并混合涂覆；梯度辐射技术	控制辐射强度的梯度变化；材料芯片中有机-无机组分浓度的连续变化；材料芯片中有机组分的聚合、交联、玻璃化程度，及有机-无机组分间界面接触状态的连续变化	其他
US10757302	PVD 法的多种材料共沉积或多个催化剂组分的连续逐层沉积	有利于发现用于特定反应和装置中的最佳催化剂组合，节约时间，降低工艺复杂性	其他

12.4　项目相关专利解读分析

2016 年启动的国家重点研发计划项目"低维组合材料芯片高通量制备及快速筛选关键技术与装备"（2016YFB0700200）涉及的五个课题目前已提交 29 件有关高通量制备技术的专利申请，均为 CN 专利申请，其中九件已获得授权，其相关信息如表 12-7 所示。该项目所涉及的相关成果，基本覆盖了除纤维以外的材料类型，所涉及的技术方法包括物理和化学气相沉积、等离子喷涂、光定向沉积、外场加热处理、并行合成、微流控芯片等技术。

12.5　本 章 小 结

根据上述专利调研与分析，并结合我国在组合材料芯片高通量制备技术相关领域的资助政策及基金支持力度情况，可以提出如下观点，以期为该高技术领域发展重点和发展路线的制定提供一些参考。

我国从"十三五"开始大力度对组合材料芯片高通量制备技术研发给予政策和资金支持。虽然 20 世纪 90 年代国家就开始关注相关技术，也启动了"香山会议"进行专题讨论，但相比欧美于 2011 年左右就开始对该领域技术启动具体政策支持的情况，我国在政策和基金上大规模支持高通量技术研发还是晚了五年左右。我国于"十三五"从国家层面发布了《新材料产业发展指南》，并启动了"材料基因工程关键技术与支撑平台"重点专项，从 2016 年开始每年资助相关研究工作，资助力度大，项目划分明确，研发成果显著，凸显了该类技术在加速新材料探索和用材料改性升级的优势和效果。同时，一些地方政府也在其新材料领域的相关规划中有所部署，提出了针对性的政策支持和计划，部分规划已延伸至"十四五"时期。因此，可以预见组合材料芯片高通量制备技术在未来可以继续获得国家

表 12-7 "低维组合材料芯片高通量制备及快速筛选关键技术与装备"项目相关专利基本信息

序号	专利名称	申请号	发明人	专利权人	申请日期	授权日期	所属课题编号
1	高通量组合材料热处理系统及其热处理及检测方法	201610626508.1	王维，向勇，苏阳，闫宗楷	电子科技大学	2016.8.2	2020.1.3	2016YFB0700201
2	高通量组合材料芯片及其制备方法、制备装置	201610711985.8	闫宗楷，向勇，彭志，蒋赵琰，李响	电子科技大学	2016.8.23	2019.5.21	2016YFB0700201
3	一种磁控溅射装置及磁控溅射方法	201610708664.2	闫宗楷，黄楮，向勇，彭志	电子科技大学	2016.8.23	2019.5.21	2016YFB0700201
4	一种利用 PLD 制备 $Hf_{0.5}Zr_{0.5}O_2$ 铁电薄膜电容器的方法	202010190579.8	邱宇，朱俊	电子科技大学	2020.3.18	—	2016YFB0700201
5	一种高通量聚合物检测方法	201711144293.0	向勇，刘芬芬，朱焱麟，张晓琨，吴露	电子科技大学	2017.11.17	2020.3.27	2016YFB0700201
6	一种高通量薄膜材料芯片的分立掩膜高精度对准系统	201910905251.7	吕文来，陈飞，张金仓	上海大学	2019.9.24	—	2016YFB0700201
7	一种高通量电子束组合材料蒸发系统及其方法	201910727547.4	余应明，郭鸿杰，鲁森钱	宁波星河材料科技有限公司	2019.8.7	—	2016YFB0700201
8	一种高通量分立掩膜装置	201910727545.5	余应明，郭鸿杰，鲁森钱	宁波星河材料科技有限公司	2019.8.7	—	2016YFB0700201
9	一种便于更换坩埚的高通量薄膜制备装置及其应用	202110358133.6	郭鸿杰，杨露明，冯秋洁	宁波星河材料科技有限公司	2021.4.1	—	2016YFB0700201
10	一种垂直结构石墨烯的衬底快速筛选方法	202010843466.3	王俊杰，叶继春，邹苏东，杨熹，盛江，廖明墩	中国科学院宁波材料技术与工程研究所	2020.8.20	—	2016YFB0700202
11	高通量 CVD 装置及其沉积方法	201810479661.5	邹苏东，汪晓平，杨熹，叶继春，张欢，项晓东，盛江	中国科学院宁波材料技术与工程研究所	2018.5.18	—	2016YFB0700202
12	高通量 PECVD 装置和方法	201810480213.7	项晓东，邹苏东，张欢，杨熹，盛江，叶继春	中国科学院宁波材料技术与工程研究所	2018.5.18	—	2016YFB0700202

续表

序号	专利名称	申请号	发明人	专利权人	申请日期	授权日期	所属课题编号
13	一种 Si-B-C 三组元相的高通量制备方法	201811542938.0	董绍明、廖春景、靳喜海、胡建宝、章龙龙、高乐、王震	中国科学院上海硅酸盐研究所	2018.12.17	—	2016YFB0700202
14	一种高通量制备 SiBCN 用沉积装置及高通量制备 SiBCN 的方法	202110323660.3	廖春景、董绍明、靳喜海	中国科学院上海硅酸盐研究所	2021.3.26	—	2016YFB0700202
15	一种垂直结构石墨烯的大面积快速制备方法	202010708947.3	王俊杰、叶继春、邹苏东、杨熹、廖明墩、盛江	中国科学院宁波材料技术与工程研究所	2020.7.22	—	2016YFB0700202
16	等离子喷涂 Ni 基高温合金涂层高通量制备方法	201710477654.7	贾延东、王刚、易军、瞿启杰	上海大学	2017.6.22	—	2016YFB0700203
17	基于多喷等离子喷涂和激光后处理的厚膜组合材料芯片高通量制备方法	201910474293.X	贾延东、徐龙、王刚、易军、穆永冲、张靓博	上海大学	2019.5.31	—	2016YFB0700203
18	一种光定向沉积池及其使用方法	202010335914.9	余兴、林枞、李德俊	钢铁研究总院	2020.8.25	—	2016YFB0700203
19	阵列样品激光加热系统	201811348693.8	刘茜、余野建定、李勃、徐小科、周真真	中国科学院上海硅酸盐研究所	2018.11.13	2021.2.12	2016YFB0700204
20	基于溶液滴注并行合成阵列粉体样品库的高通量制备系统	202110615800.4	刘茜、王家成、徐小科、周真真、花云	中国科学院上海硅酸盐研究所、亚申科技（浙江）有限公司	2021.6.2	—	2016YFB0700204
21	一种燃烧合成制备 ZrTiCB 四元陶瓷粉体的方法	201711343924.1	贺刚、李宏华、杨潇、李江涛	中国科学院理化技术研究所	2017.12.15	—	2016YFB0700204
22	一种高通量粉体的制备装置及其使用方法	201910724802.X	双爽、李宏华、贺刚、李江涛	中国科学院理化技术研究所	2019.8.7	2021.5.7	2016YFB0700204
23	一种溶胶凝胶并行合成装置	202010202173.7	孙松、魏宇学、张亚洲、朱晓嫦、鲍骏、高琛	中国科学技术大学、安徽大学	2020.3.20	—	2016YFB0700205
24	一种水热溶剂热并行合成装置	202010201347.8	魏宇学、孙松、张亚洲、陈新、鲍骏、徐法强、高琛	中国科学技术大学、安徽大学	2020.3.20	—	2016YFB0700205

续表

序号	专利名称	申请号	发明人	专利权人	申请日期	授权日期	所属课题编号
25	一种双通道原位红外反应池	202010201359.0	孙松、魏宇学、朱晓娟、鲍婉、高探	中国科学技术大学、安徽大学	2020.3.20	—	2016YFB0700205
26	微流控高通量合成和电化学表征一体化装置	201910158845.6	钟澄、刘杰、胡文彬	天津大学	2019.3.1	2020.7.14	2016YFB0700205
27	一种系统集成高通量制备和高通量电化学测试的方法	202010642504.9	钟澄、刘晓瑞、刘杰、邓意达、韩晓鹏、胡文彬	天津大学	2020.7.6	—	2016YFB0700205
28	梯度加热的微流控合成材料装置	201910107754.X	钟澄、刘杰、邓意达、韩晓鹏、胡文彬	天津大学	2019.2.1	2021.4.2	2016YFB0700205
29	一种均匀混合的微流控反应合成材料装置	201910105773.9	钟澄、刘杰、邓意达、韩晓鹏、胡文彬	天津大学	2019.2.1	2021.4.2	2016YFB0700205

政策、项目等方面的支持，甚至可以吸引企业或民间资本的加入，促进新兴装备产业的建立和发展。"十三五"开始，我国对于相关技术的专利保护出现明显增长。与国外专利近年来对于相关技术的专利保护力度比较稳定不同，从 2016 年开始，我国在相关技术领域的专利申请量出现陡增，2016～2018 年相关 CN 专利的平均申请量约为 2013～2015 年申请量的 3 倍，且这些 CN 专利申请几乎全部来自国内申请人。从专利授权趋势也可以看出，2018 年开始授权量陡增，2018～2021 年，相关主题的专利授权量呈现逐年递增趋势。可以预见，在政策的持续支持下，未来几年，相关专利的申请、授权量将继续保持较高的水平。

专利申请量的地区、时间等维度分化明显。国内的专利申请主要来自北京、上海和浙江三省市。不同地区主要申请的年份也不尽相同，例如，浙江省的专利申请主要集中于 2015 年，上海市集中在 2016 年，北京市则集中在 2017～2021 年。国外的专利申请中，美国专利申请占了大多数，这与美国政府对相关技术的政策支持力度较大直接相关。

目前，我国发生专利权转让包括大学→企业、机构→企业、企业→企业等多种类型的专利权转让形式。通过技术入股的形式，较好地实现了科研成果向产业化、商品化方面的过渡。同时，有部分专利权进行了质押，从侧面反映出该专利及专利所涉及的技术具有一定的市场价值。

具体技术领域的分布，我国专利所涉及的技术领域分布更加多样化，在合金块体、纤维、薄膜形态材料的制备领域以及气相沉积、微流控、超重力、激光加热等领域，我国均有专利布局。增材制造相关技术是近期高通量制备技术重点关注和发展的主要方向。国外的相关技术主要集中于膜材料沉积领域。

基于我国原始创新在国外的专利布局不多。通过同族分析可以发现，67 个专利家族中，只有 5 个家族的优先权专利是 CN 专利，我国专利作为优先权专利在海外的布局不多。覆盖国家最多以及专利家族规模最大的专利家族其优先权专利均为美国专利。

综上所述，我国的组合材料芯片高通量制备技术与装备研发已经迈入世界前列，但我国原始创新的知识产权在国外的专利布局明显不足，必须在专利战略方面加大人力、物力、财力和技术攻关的投入，继续深入分析专利情报信息，对比国外技术壁垒，分析我国专利存在的薄弱环节和进攻优势，为我国技术创新战略的制定提供参考依据。

附 录

检 索 式

(TIAB = (高通量合成) OR TIAB = (高通量材料合成) OR TIAB = (高通量制备) OR TIAB = (高通量材料制备) OR TIAB = (高通量制造) OR TIAB = (高通量材料制造) OR TIAB = (高通量增材制造) OR TIAB = (高通量材料增材制造) OR TIAB = (高通量成型) OR TIAB = (高通量材料成型) OR TIAB = (高通量快速成型) OR TIAB = (高通量材料快速成型) OR TIAB = (高通量 3D 打印) OR TIAB = (高通量材料 3D 打印)) OR (TIAB = (组合材料) AND TIAB = (高通量)) OR ((TIAB = (高通量材料制备) OR TIAB = (高通量制备)) AND (TIAB = (粉体) OR TIAB = (粉末) OR TIAB = (颗粒) OR TIAB = (微粒))) OR (TIAB = (微反应器) AND TIAB = (高通量) AND (TIAB = (粉体) OR TIAB = (粉末) OR TIAB = (颗粒) OR TIAB = (微粒))) OR (TIAB = (微流控芯片) AND TIAB = (高通量) AND (TIAB = (粉体) OR TIAB = (粉末) OR TIAB = (颗粒) OR TIAB = (微粒))) OR ((TIAB = (多喷头静电纺丝) OR TIAB = (高通量制备)) AND TIAB = (纤维)) OR ((TIAB = (多喷头静电纺丝) AND TIAB = (纤维))) OR ((TIAB = (高通量材料制备) OR TIAB = (高通量制备)) AND (TIAB = (膜) OR TIAB = (薄膜) OR TIAB = (涂层))) OR ((TIAB = (气相沉积) OR TIAB = (CVD) AND TIAB = (PVD)) AND TIAB = (高通量)) OR (TIAB = (多工位) AND TIAB = (等离子) AND TIAB = (喷涂)) OR ((TIAB = (光定向) AND TIAB = (沉积)) AND (TIAB = (膜) OR TIAB = (薄膜) OR TIAB = (涂层))) OR ((TIAB = (高通量材料制备) OR TIAB = (高通量制备)) AND (TIAB = (块体) OR TIAB = (块材) OR TIAB = (合金))) OR (TIAB = (梯度热处理) AND TIAB = (高通量制备)) OR ((TIAB = (3D 打印) OR TIAB = (3D 增材制造)) AND (TIAB = (高通量制备) OR TIAB = (高通量材料制备)))